中国通信学会普及与教育工作委员会推荐教材

21世纪高职高专电子信息类规划教材

21 Shiji Gaozhi Gaozhuan Dianzi Xinxilei Guihua Jiaocai

CDMA2000系统
管理与维护

U0318021

韦泽训 董莉 阳旭艳 编

Electronic
Information

人民邮电出版社
北京

图书在版编目（CIP）数据

CDMA2000系统管理与维护 / 韦泽训，董莉，阳旭艳编. -- 北京：人民邮电出版社，2014.2
21世纪高职高专电子信息类规划教材 中国通信学会普及与教育工作委员会推荐教材
ISBN 978-7-115-33590-6

Ⅰ. ①C… Ⅱ. ①韦… ②董… ③阳… Ⅲ. ①码分多址移动通信－通信设备－高等职业教育－教材 Ⅳ. ①TN929.533

中国版本图书馆CIP数据核字(2013)第290261号

内 容 提 要

本书主要介绍了CDMA2000 1X系统基础知识、核心网的组成与配置维护、无线网的组成与配置维护、天馈系统的结构与维护等四个方面的内容。本书以CDMA2000网络中运营商使用较多的中兴设备为例进行讲解。内容组织力求简化繁杂理论，重在介绍系统管理维护过程中的实践应用。全书包含四个部分，第一篇介绍CDMA技术基础，设置了3个任务；第二篇介绍CDMA2000核心网的系统结构、硬件组成、数据配置和管理维护，设置了12个任务；第三篇介绍无线网的系统结构、硬件组成、数据配置和管理维护，设置了11个任务；第四篇介绍了塔桅天馈系统的组成、连接、测试和维护操作，设置了5个任务。

全书通过布置任务工单、任务学习引导和任务实施步骤的方式，以任务驱动组织教学内容，能较好地满足"教学做"一体的教学过程，符合培养高素质操作技能型人才的专业培养模式。

本书既可做通信类、电子信息类专业学生的移动通信教材，也可满足 C 网安装维护专业人员的学习与使用，还可满足通信类的培训机构或技能鉴定机构做培训用书。

◆ 编 韦泽训 董 莉 阳旭艳
   责任编辑 滑 玉
   责任印制 彭志环 焦志炜

◆ 人民邮电出版社出版发行 北京市丰台区成寿寺路 11 号
   邮编 100164 电子邮件 315@ptpress.com.cn
   网址 http://www.ptpress.com.cn
   北京鑫正大印刷有限公司印刷

◆ 开本：787×1092 1/16
   印张：19.75   2014 年 2 月第 1 版
   字数：538 千字   2014 年 2 月北京第 1 次印刷

定价：49.80 元
读者服务热线：(010)81055256 印装质量热线：(010)81055316
反盗版热线：(010)81055315

前　言

我国自 2009 年颁发 3G 牌照以来，3G 网络建设开创了全球规模最大、速度最快的建设记录。大规模的网络建设，以及来自其他移动网络的激烈竞争，使得加强移动通信网络的管理维护力量更加迫切，对网络管理与维护高素质技能型人才的需求日益增大。

CDMA2000 1X 系统是我国电信重组后中国电信获得的 3G 牌照标准。截至 2013 年 6 月，工信部发布的统计数据显示，移动通信 C 网用户数达 1.745 亿户，其中 3G 用户数达 8733 万户，C 网 3G 基站数量超过 22.6 万个。大规模的网络建设和超大数量的网络用户，势必需要加强 C 网的安装施工和管理维护力量，提升 C 网核心网、无线网和天馈系统的现场管理维护水平。因此，培养 CDMA2000 系统操作管理维护高素质技能型人才，具有重要的现实意义。

本书旨在满足培养移动 C 网管理与维护的高素质技能型人才。全书包含 31 个学习任务，以 CDMA2000 网络中，运营商使用较多的中兴 C 网典型设备为例进行讲解。以任务驱动组织教学内容，通过布置任务工单、任务学习引导和任务实施步骤的方式，使"教学做"一体化的教学过程，更加符合高素质操作技能型人才的专业培养模式。

本书在编写过程中，侧重于介绍"系统组成"、"硬件结构"、"数据配置"和"管理维护"等方面，力求简化繁杂理论，深化 C 网系统管理维护过程中的实践应用。全书包含四个篇章，第一篇介绍 CDMA 技术基础，设置了 3 个任务；第二篇介绍 CDMA2000 核心网的系统结构、硬件组成、数据配置和管理维护，设置了 12 个任务；第三篇介绍无线网的系统结构、硬件组成、数据配置和管理维护，设置了 11 个任务；第四篇介绍了塔桅天馈系统的组成、连接、测试和维护操作，设置了 5 个任务。

不同类型的学校和培训机构，在使用本书时，可根据实际需要和要求，选取其中全部或部分任务进行学习。如需要全面掌握 C 网的基本技术、核心网维护、无线网维护和天馈管理维护时，就可以学习全部任务；如只需要掌握基站现场维护技能时，就可以只选择学习无线网和天馈系统的管理维护任务。

全书由四川邮电职业技术学院移动通信系移动教研室联合相关企业兼职教师共同编写。其中，阳旭艳和韦泽训老师共同编写了任务 1～任务 3；韦泽训老师编写了任务 4～任务 15、任务 28～任务 30；董莉老师编写了任务 16～任务 26；阳旭艳老师编写了任务 27 和任务 31。全书由韦泽训老师完成了统编定稿和审校。

在本书编写过程中，得到了四川邮电职业技术学院领导和各部门的大力支持；特别是李海涛、李珂和张绍林老师提供了部分编写素材；电信企业的培训师也提供了部分素材，并对教材编写提供了指导建议；本书在编写过程中还参照了中兴公司 C 网设备的大量用户资料；移动通信系的同事们给予了无私的帮助和支持。在此一并致以衷心的感谢。

编者水平有限，书中难免有疏漏和不妥之处，恳请读者不吝批评指正。

韦泽训

前　言

目　录

第三篇　CDMA2000 1X/EV-DO 无线网

第四篇 天馈系统

第一篇

CDMA2000
技术基础

认识 3G 移动通信

1.1 认识 3G 移动通信任务工单

任务名称	认识 3G 移动通信
学习目标	1. 专业能力 ① 了解移动通信的发展历程和移动通信的特点 ② 认识主要的 3G 移动通信标准及特点 ③ 掌握 CDMA2000 标准的演进路线 ④ 掌握 3G 移动通信中 WCDMA、CDMA2000 和 TD-SCDMA 标准的比较 ⑤ 学会专业调查问卷的设计与数据分析 2. 方法与社会能力 ① 培养阅读和认识标准规范的能力 ② 学会用比较的方法学习新知识 ③ 培养查阅资料、跟踪学习新技术的能力
任务描述	1. 查阅资料，归纳总结移动通信的特点和基本发展历程 2. 制表比较，学习 3G 移动通信三个标准及其区别 3. 设计表格，调查本班或年级的手机制式、运营商、业务等使用情况 4. 根据调查资料，整理分析数据，撰写 1 份关于移动通信的小型调查报告
重点难点	重点：3G 标准比较与认识 CDMA2000 技术 难点：3G 移动通信 WCDMA、CDMA2000 和 TD-SCDMA 的比较
注意事项	1. 调查问卷设计要简单明晰，便于统计分析 2. 发放问卷前，应对被调查人做简短的课题介绍 3. 调查时要礼貌、耐心、详细，不可勉强和发生冲突 4. 调查地点的选取要安全，不可影响自己和他人的学习工作
问题思考	1. 对 3G 的 3 种主要标准列表比较 2. CDMA2000 1X 有什么主要技术特点
拓展提高	3G 中的 WiMAX 技术
职业规范	中国电信 CDMA2000 1X 总体技术规范 中国联通 GSM WCDMA 数字蜂窝移动通信网技术体制 v3.0 中国移动 TD-SCDMA 试验网技术体制QB-007QB-A-007-2007

1.2　认识 3G 移动通信的学习任务引导

1.2.1　移动通信的特点

移动通信是指通信双方中至少一方是在移动中完成信息交互的通信，包括移动台与移动台之间的通信、移动台与固定用户之间的通信。

移动通信系统是一个有线和无线相结合的通信系统。移动台由用户携带操作，因此，要求移动台体积小、重量轻、成本低，操作使用简便、安全。

移动通信与固定通信相比具有以下特点。

① 移动通信利用无线电波进行信息传输。无线电波传播构成的信道是随参信道，与固定通信中的恒参信道相比，传播环境要比固定网中有线媒质的恒参传播特性复杂。

② 移动通信是在复杂的干扰环境中运行的。受到周围各种发射体和环境自然噪声的影响较大，这就要求移动通信具有较强的抗干扰能力。

③ 移动通信可以利用的频谱资源非常有限，而移动通信业务量的需求却与日俱增。

④ 移动通信在电波传播过程中，具有多径衰落现象、阴影效应、多普勒频移效应和远近效应。

⑤ 移动通信终端设备（主要是移动台）适于在移动环境中使用。

1.2.2　移动通信的发展历程

现代无线通信起源于 19 世纪赫兹的电磁波辐射试验，使人们认识到电磁波和电磁能量是可以控制发射的，其后 Marconi 的跨大西洋无线电通信证实了电波携带信息的能力，而理论基础则是由 Maxwell 的电磁波方程组奠定。

移动通信并不是一项很新的技术，但却是发展非常迅速的技术。移动通信可以说从 1897 年马可尼所完成的无线通信试验之日起就产生了，但现代移动通信的真正发展始于 20 世纪 20 年代（美国警察的车载无线电系统），其发展过程分为 6 个阶段，如表 1.1 所示。

表 1.1　移动通信的发展历程

阶　　段	时　　间	主要特点	典型系统
第一阶段	20 世纪 20 年代至 40 年代	专用网，工作频率低	车载电话调度系统
第二阶段	20 世纪 40 年代至 60 年代	公用网，人工接续，容量小	公用汽车电话网
第三阶段	20 世纪 60 年代至 70 年代中期	自动接续，容量增大	大区制系统
第四阶段	20 世纪 70 年代中期至 80 年代中期	蜂窝移动通信第一代：模拟通信，蜂窝小区，大容量	AMPS、TACS
第五阶段	20 世纪 80 年代中期至 90 年代末	蜂窝移动通信第二代：数字移动通信，保密性强，支持低速数据	GSM、IS-95
第六阶段	20 世纪 90 年代末至今	蜂窝移动通信第二代：数字宽带，支持更高速率数据	WCDMA、TD-SCDMA、CDMA2000、Wimax

移动通信发展到 20 世纪 80 年代，面向公众的商用蜂窝移动通信投入使用，如图 1.1 所示，蜂窝移动通信可以分为：第一代模拟移动通信系统；第二代数字移动通信系统和第三代移动通信系统，并将继续朝着第四代（4G）的方向发展。

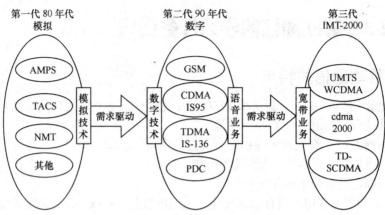

图 1.1 公众蜂窝移动通信的发展历程

1. 第一代模拟移动通信

第一代移动通信系统为模拟蜂窝移动通信系统，以美国的 AMPS（IS-54）和英国的 TACS 为代表，采用频分双工、频分多址技术。由于采用频分多址，信道利用率较低，因此通信容量有限；模拟通信，保密性较差；不能提供非话数据业务。

2. 第二代数字移动通信系统

第二代移动通信系统为数字蜂窝移动通信系统，以 GSM 和窄带 CDMA 为典型代表。采用了数字通信技术，多址方式由频分多址转向时分多址和码分多址技术，双工技术仍采用频分双工。典型的数字移动通信制式主要有泛欧的 GSM、美国的 D-AMPS（IS-136）、日本的 JDC（又称 PDC）和窄带 CDMA 系统（IS-95）等。

（1）GSM

由于第一代模拟移动通信系统存在的缺陷和市场对移动通信容量的巨大需求，20 世纪 80 年代初期，欧洲电信管理部门成立了一个被称为 GSM（移动特别小组）的专题小组研究和发展泛欧各国统一的数字移动通信系统技术规范，1988 年确定了采用以 TDMA 为多址技术的主要建议与实施计划，1990 年开始试运行，然后进行商用，到 1993 年中期已经取得相当的成功，并吸引了全世界的注意，现已成为世界上最大的移动通信网。GSM 已从 Phase1 过渡到 Phase2，正在从 Phase2 向 Phase2plus 发展，并向第三代移动通信系统过渡。

（2）IS-95CDMA

美国于 1990 年确定了采用以 TDMA 为多址技术的数模兼容的数字移动通信系统 D-AMPS（IS-54/136）。1992 年美国 Qualcomm 公司发展了基于 CDMA 多址技术的 IS-95 数字移动通信系统，该系统不仅数摸兼容，而且系统容量是模拟系统的 20 倍、数字 TDMA 系统的 4 倍。IS-95 现已成为仅次于 GSM 的第二大移动通信网，正从 IS-95A 向 IS-95B 发展，并向第三代 CDMA2000 移动通信系统过渡。

3. 第三代 CDMA 移动通信系统

虽然第二代数字移动通信系统较第一代模拟移动通信系统有很大的改进，但没有统一的国际标准，频谱利用率较低，不能满足移动通信容量的巨大要求，不能提供高速数据业务，不能有效地支持 Internet 业务。为了满足日益增长的高速数据业务发展需要，ITU 在 1985 年提出了未来陆地移动通信系统（FPLMTS）的理念，后来考虑到该系统大约在 2000 年左右商用，工作的频段在 2000MHz，且最高业务速率为 2000kbit/s，因此 1996 年将它正式更名为 IMT-2000。

第三代蜂窝移动通信系统即 IMT-2000，3G 业务的特征是支持宽带多媒体业务，在车速环境下 144kbit/s、步行环境 384kbit/s、室内环境 2Mbit/s。3G 业务按用户需求可分为通信类业务、资讯类业务、娱乐类业务及互联网业务等；按 3G 承载网络可分为电路域业务、分组域业务，其中 CS 域业务包括语音、短信、彩铃、补充业务等，PS 域业务包括数据、数据卡上网、IMS 等。所有 2G 业务，在 3G 网络上均能提供，但在 3G 网络上业务内容更丰富，速度更快。3G 的标志性业务主要体现在多媒体和高数据速率上，如多媒体业务、移动游戏、PTT、无线高速上网、视频类业务等。PTT（Push To Talk）就是所谓的"一键通"，是将有相应功能的手机当成对讲机使用，利用 VoIP 技术实现的"点到点"和"点到多点"的话音通信业务，融合了手机与对讲机的功能，以便于群体交流。

1999 年 ITU 芬兰赫尔辛基会议确定了 5 项 3G 标准，地面移动通信三大主流技术标准 WCDMA、CDMA2000 和 TD-SCDMA，都属宽带 CDMA 技术。其中，WCDMA 和 CDMA2000 采用 FDD 方式；中国提出的 TD-SCDMA 采用了 TDD 方式、智能天线和上行同步技术，具有适合非对称数据传输、容量大、频段使用灵活等主要特点。

3G 的标准化工作实际上是由 3GPP 和 3GPP2 两个第三代移动通信的合作伙伴组织来推动和实施的，如图 1.2 所示。3GPP 成立于 1998 年 12 月，由欧洲的 ETSI、日本 ARIB、韩国 TTA、美国 T1 等组成，主要采用欧洲和日本的 WCDMA 技术，构建无线接入网络，在核心交换侧以 GSM 移动交换网络为基础平滑演进。在 1999 年的 1 月，3GPP2 正式成立，由美国的 TIA、日本 ARIB、韩国 TTA 等组成，无线接入采用 CDMA2000 和 UWC-136 为标准，CDMA2000 这一技术在很大程度上采用了高通公司的专利，核心网基于 IS-95 标准的 ANSI/IS-41 演进。我国的无线通信标准研究组（CWTS）也是这两个组织的成员。

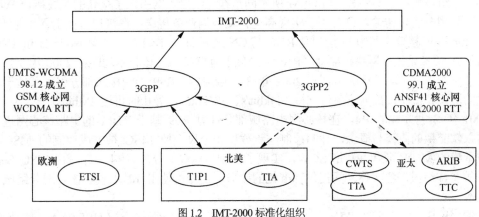

图 1.2　IMT-2000 标准化组织

4．第四代移动通信系统

2012 年是全球向 4G LTE 的发展演进迈出坚实步伐的一年，2013 年年底中国很有可能颁发 4G 移动通信牌照。长期演进（Long Term Evolution，LTE）项目是基于 3G 的长期演进，它改进并增强了 3G 的空中接口技术。在物理层方面以 OFDM 和 MIMO 技术为基础，即在多址接入技术上使用 OFDM 取代 CDMA 技术，在智能天线技术上引入 MIMO 技术。LTE 支持可变带宽（20/15/10/ 5/1.4MHz），在 20MHz 带宽内能提供下行 100Mbit/s 上行 50Mbit/s 的峰值速率。

3GPP LTE 系统定义了 FDD 和 TDD 两种双工方式。这两种制式的上层结构高度一致，区别仅在物理层，而物理层的差异集中体现在帧结构。FDD 模式，10ms 的无线帧被分为 10 个子帧；TDD 模式，10ms 的无线帧包括两个长度为 5ms 的半帧，每个半帧由 4 个数据子帧和 1 个特殊子帧组成。LTE 网络采用了相比 3G 更为扁平化的网络结构。将 3G 中 RNC 的功能分给了 GW 和 eNodeB，简化了网络，也降低了业务时延。

1.2.3 3G 移动通信概述

3G 三大主流技术标准 WCDMA、CDMA2000 和 TD-SCDMA，其系统均包括 3 个基本部分：用户终端、无线接入网 RAN、核心网 CN。核心网一般包括分组域 PS 和电路域 CS 两部分。下面分别简介 WCDMA、CDMA2000 和 TD-SCDMA 的发展演进。

1. WCMDA 系统

WCDMA 标准由 3GPP 组织制订，已有版本 R99、R4、R5、R6 等协议规范，如图 1.3 所示。3GPP 在 1998 年年底 1999 年年初开始制定 3G 的规范，R99 版本原计划在 1999 年年底完成，最后是在 2000 年 3 月完成。后来按年度命名版本会给实现带来困难，因此从 R99 后不再按年来命名版本。R99 的规范是 R4 规范集的一个子集；同样 R4 规范集是 R5 规范集的子集。

图 1.3 WCMDA 标准发展

R99 版本在核心网结构上兼容 GSM/GPRS 核心网结构，核心网 CS 域继承了传统的电路语音交换，分组域继承了 GPRS；与 GSM 所不同是在无线接入网引入了全新的无线接口 WCDMA 标准，并采用分组化传输，更有利于实现高速移动数据业务传送；在接口方面引入了基于 ATM 的 Iub、Iur 和 Iu 接口，其中 Iu 接口是 RNC 与 CN 之间的接口，Iub 接口是 Node B 和 RNC 之间的接口，Iur 接口是无线网络控制器（RNC）之间的互联接口。该版本功能在 2000 年 3 月确定，目前标准已相当完善。后续版本都与 2002 年 3 月版兼容。R99 无线接入部分引入了适于分组数据传输的协议和机制，数据速率可支持 144kbit/s、384kbit/s，静止时可达 2Mbit/s。

2001 年 3 月完成的 R4，在核心网电路域部分针对 R99 基于 TDM 的电路核心网进行了改进，引入软交换的协议与概念，呼叫控制与承载层相分离，使 MSC 被完成控制的 MSC Server 和完成承载的 MGW 取代并新增 SGW，实现了控制与承载的分离。R4 电路域由 MSC Server 和 MGW 等实体组成，各实体之间提供标准化的接口，信令可使用 IP 承载。核心网分组域继承了 R99 版本。

2002 年 3 月完成的 R5，无线网引入了高速下行分组接入（HSDPA），使速率达到 10Mbit/s；同时，核心网分组域引入了 IP 多媒体子系统 IMS；核心网电路域继承了 R4。核心网引入基于 PS 域的 IMS 域叠加在 PS 域上，接入网逐渐 IP 化，HLR 被 HSS 替代，虽然保留了话音由 CS 实现，但逐渐成为全 IP 的网络。特别是引入 IMS 改变了原有呼叫流程，可支持端到端的 VOIP。

2004 年 12 月冻结的 R6 版本在无线网引入了 HSUPA，核心网分组域 IMS phase2，电路域并无重大改进。R6 主要特性包括：UTRAN 和 CN 传输增强；无线接口增强；IMS phase2；Presence；Push 业务；多媒体广播和多播 MBMS；LCS、MMS、MeXE、紧急呼叫等增强；数字权限管理 DRM；WLAN-UMTS 互通；优先业务；通用用户信息 GUP；网络共享；不同网络间的互通。所有这些特性都要根据 3G 运营商在实际网络中的需要进行制定。

2006 年的 R7 版本无线网引入 HSPA+，网络结构进行简化 RNC 功能可置于基站中。2009 年的 R8 版本无线网引入 LTE，核心网 IP 化。2010 年 R9 版本、2011 年 R10 版本引入 LTE-Advanced 等。

2．CDMA2000 系统

（1）CDMA2000 系统的演进路线

CDMA2000 规范主要由 3GPP2 负责制定。CDMA2000 的标准经历了多个技术阶段：最初是由 IS-95A/B 标准演进而来，IS-95A/B 统称 IS-95，属于第二代移动通信技术的窄带 CDMA 标准；CDMA2000 是宽带 CDMA 规范，是 IS-95 标准向第三代技术演进的方案。如图 1.4 所示。

从 IS-95 到 CDMA2000 1X、CDMA2000 1X EV-DO 及 CDMA2000 1X EV-DV，都是后向兼容，可以较低的代价平滑向下一代演进。CDMA2000 1X 指采用单载波形式的 CDMA2000 系统，它在

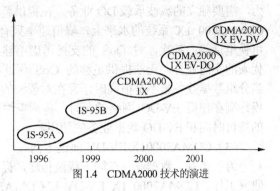

图 1.4　CDMA2000 技术的演进

核心网引入了分组交换，可支持移动 IP 业务。目前 3GPP2 制定了 Release0、A、B、C、D 版本，其中 CDMA2000 1X Release0 在全球多个国家和地区成功商用。CDMA2000 1X 采用 DS-CDMA、FDD，码片速率 1.2288Mchip/s，载波带宽 1.25MHz。CDMA2000 1X 可分别向 CDMA2000 3X、CDMA2000 1X EV-DO 及 CDMA2000 1X EV-DV 三个方向独立演进，目前运营商较多采用的是 CDMA2000 1X 和 CDMA2000 1X EV-DO 并行运行的模式。CDMA2000 3X 前向信道采用 3 载波捆绑并行方式，提高数据传输速率。CDMA2000 1X EV 是在 CDMA2000 1X 基础上进一步提高速率的增强体制，它从 2000 年开始分为两个方向发展：一个是 CDMA2000 1X EV-DO 技术，主要是运用独立载波传数据，对数据业务进行了增强；另一个是 CDMA2000 1X EV-DV 技术，它将对数据业务和语音业务放在同一载波传送，同时采用新技术对业务速率进行了增强。

（2）CDMA2000 1X EV-DO 演进方向

尽管 CDMA2000 1X 数据承载能力相对 IS-95 有了很大的提高，但应用于多媒体业务时，还是存在空中接口上的瓶颈。为了解决这一问题，3GPP2 发布了基于 CDMA2000 1X EV-DO Release 0 标准的 HRPD-High Rate Packet Data，该标准根据无线数据业务的非对称特性，优化了数据业务的传输能力，前向最高传输速率提高到 2.4Mbit/s。

1X EV-DO Release0 的主要技术特点主要包括以下 5 点。

① 前向链路时分复用。前向链路采用时分复用的方式，提高了下行数据速率，在给定的某一瞬间，某一用户将得到 CDMA2000 1X EV-DO 载波的全部功率，CDMA2000 1X EV-DO 载波总是以全功率发射。

② 自适应调制编码。根据前向射频链路的传输质量，移动终端可以要求 9 种数据速率，最低为 38.4kbit/s，最高为 2457.6kbit/s。网络不决定前向链路的速率，而是由移动终端根据测得的 C/I 值，请求最佳的数据速率。

③ 混合自动重传 HARQ。根据数据速率的不同，一个数据包在一个或多个时隙中发送。HARQ 功能允许在成功解调一个数据包后提前终止发送该数据包的剩余时隙，从而提高系统吞吐量。

④ 反向链路码分复用。移动终端根据前向 RAB 信道指示，增加或降低传输速率，数据承载能力与 1X 系统相同，峰值速率为 153.6kbit/s。

⑤ 调度算法兼顾 Best Effort 和 Fair。对无线信道状况比较好的用户，基站给予的前向业务速率比较大。前向调度算法决定下一个时隙给哪一个用户使用。调度程序向某一用户分配时隙的原则是，移动终端请求的速率与其平均吞吐量之比为最高。在保证系统综合性能最大的同时，所

有用户都能获得适当的服务。

CDMA2000 1X EV-DO 是 CDMA 迈向 3G 的第一步，设计的初衷是优化数据业务传输能力，需要独立的载波承载 DO 业务，在提供新业务方面仍显不足。首先，反向业务能力还维持在 CDMA2000 1X 系统的水平上，峰值速率只有 153.6kbit/s，难以适应对称性较强的业务需求，如可视电话等；其次，对 QoS 的支持考虑不够，不能满足业务多样性要求，如对于以可视电话为代表的实时业务，无法提供足够的 QoS 保证机制；第三，存在数据与话音业务的并发问题，且当分组数据业务量不是很高时，存在对载波的利用不够充分；第四，不能后向兼容 1X 系统，双模终端在使用 EV-DO 网络的同时，需周期性监听 1X 网络的高优先级寻呼信息，这将影响终端的待机时间和 EV-DO 数据业务的使用。

（3）CDMA20001X EV-DV 演进方向

为了语音、数据业务在同一载波传送，提高效率，3GPP2 开始了 CDMA2000 1X EV-DV 的研究工作。CDMA2000 1X EV-DV 与 CDMA2000 系列标准完全后向兼容，能够在同一个载波上提供混合的高速数据和话音业务。CDMA2000 1X EV-DV 空中接口标准有两个版本 Release C 和 Release D。Release C 主要改进和增强了 CDMA2000 1X 的前向链路，前向峰值速率达到 3.1Mbit/s。Release D 在 Release C 的基础上改进和增强了反向链路，反向峰值速率达到 1.8Mbit/s。EV-DV 的主要技术特点有如下 5 点。

兼容 CDMA2000，支持多种业务组合。同时使用了时分复用（Time Division multiplexing，TDM）和码分复用（Code Division Multiplexing，CDM），根据所支持的业务性质使用不同的资源分配方法，可通过多个业务信道的组合，支持不同 QoS 要求的多种业务。

增强的前反向信道。增加了新的前反向分组数据信道（Packet Data CHannel，PDCH）和相应的控制信道、链路质量指示信道等，采用高阶调制（16QAM/8PSK）技术，将前反向峰值速率提高到 3.1Mbit/s 和 1.8Mbit/s。

自适应调制编码（Adaptive Modulation Coding，AMC）。改变调制和编码格式，使它在系统限制范围内与信道条件相适应，而信道条件则可以通过发送反馈来估计。

Hybrid ARQ。结合使用纠错编码和 ARQ 技术，有效增加无线链路的数据吞吐量，减小重传的时延。物理层的 HARQ 技术和 AMC 的结合，可以使数据传输更加适应无线链路的变化，改善数据链路的性能。

反向链路控制方式灵活，调度和速率控制快。支持公共速率控制、专用速率控制等不同的调度模式，并且由 MAC 层向基站传输 MS 的相关信息和请求，使得反向链路从申请到发送的调整时延减小，保证了系统的 QoS 性能和对时延敏感型业务的支持能力。

（4）CDMA2000 1X EV-DO 与 1X EV-DV 的比较

随着 EV-DV 的性能在 Release D 中的完善和增强，CDMA2000 1X EV-DO 也于同期针对 Release0 的不足做了改进，制定了 Release A。

Release A 的分组数据信道采用了和 EV-DV Release D 相同的复用和调制方式，支持的前反向峰值速率也达到 3.1Mbit/s 和 1.8Mbit/s。同时，增强了 QoS 支持，前向链路增加了对小数据包的支持，有利于对时延敏感的小包的传送，RLP 层改进了对单用户多流程的支持，反向链路采用子分组发送、公共速率控制的调度机制，这些改进有效减少了时延，保障了 EV-DO 的 QoS。Release A 还完善了 1X/DO 双模操作，在网络侧对结构做了改动，使得 EV-DO 系统可以接收 1X 系统发送的寻呼消息、短信息等电路域消息。

CDMA2000 1X 演进到 1X EV-DO 或 1X EV-DV，在分组核心网结构方面，并没有发生大的变化，网络结构基本同 1X 一致。即使是专门提供数据业务的 EV-DO，也仅需在核心网中增加 AN-AAA，分组域无需大的改动。

从 CDMA 的两条技术演进路径看，EV-DO 和 EV-DV 都充分考虑了同现网的后向兼容性，如与 CDMA2000 1X 的互操作性、核心网的一致性；在数据速率支持方面，EV-DO ReleaseA 与 EV-DV Release D 相同，相比较而言，在对话音和高速数据并发业务的支持、对同一载波话音和数据业务的配置比例支持等方面，EV-DV 相对 EV-DO 具有一定优势，但技术也更复杂，实现难度更大。

3. TD-SCDMA 系统

TD-SCDMA 是时分同步码分多址的简称，是 ITU 批准的 3G 标准之一，是我国知识产权为主的、被国际上广泛接受和认可的无线通信国际标准，是我国电信史发展重要的里程碑。其标准主要由 CWTS 在进行规范和编制。

TD-SCDMA 标准的发展可以分为 3 大阶段：TD-SCDMA 基本版本、TD-SCDMA 增强型技术阶段和 TD-SCDMA 长期演进技术阶段，如图 1.5 所示。TD-SCDMA 基本版本即 3GPP R4 版本，主要是实现话音和中低速数据业务，在 2002~2004 年期间完成标准化工作；TD-SCDMA 增强型技术版本 3GPP 的 R5/R6/R7 版本，在 TD-SCDMA 基本版本技术的基础上，通过引入 HARQ、AMC、高阶调制、快速高度机制等技术，取得明显的性能提升，主要以 HSDPA、HSUPA、MBMS（包括优化的 MBMS）、HSPA+ 为代表；TD-SCDMA 的长期演进阶段 TD-SCDMA LTE，在多址接入技术上引入正交频分复用 OFDM 替代 CDMA，在 SA 基础上引入 MIMO 技术，形成 SA+MIMO 的先进多天线技术，同时保持基本帧结构特征和同步以及联合检测等技术优势，取得性能提升的同时，保证 TD-SCDMA 及 TD-SCDMA 增强网络向 TD-SCDMA LTE 平滑演进。

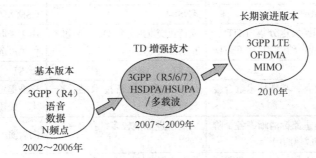

图 1.5 TD-SCDMA 的演进

目前，我国的 TD-SCDMA 网络已具备一定规模，在 2008 年开始支持 HSDPA，2009 年上半年可以支持 HSUPA。

1.2.4 3G 移动通信在中国

我国 2008 年开启电信重组，"中国移动+铁通"整合成中国移动，"中国联通（CDMA 网）+中国电信"整合形成中国电信，"中国联通（GSM 网）+中国网通"整合形成中国联通；2009 年向 3 家公司颁发 3G 牌照：中国移动获得 TD-SCDMA 的经营权、中国电信获得 CDMA2000 的经营权、中国联通获得 WCDMA 的经营权。从而奠定了当前中国电信、中国移动、中国联通全业务通信运营商的大格局。

CDMA2000 在中国则经历了比较复杂的过程，主要节点有：1995 年美国 TIA 正式颁布窄带 CDMA（N-CDMA）标准；1994 年高通在中国天津建试验网；1997 年解放军总参与原邮电部共建电信长城公司；1997 年底长城的 133 网开始放号；1998 年 8 月，"军队不得参与经商"，开始逐渐被联通 CDMA 网取代收购；2001 年 133 网进入机卡分离时代；2008 年网络整合进入中国电信；2009 年正式颁发 CDMA2000 的 3G 牌照。

3G 三种制式的主要区别比较如表 1.2 所示。

表 1.2　　　　　　　　　　　　　　3G 移动通信主要制式的比较

制　式	WCDMA	CDMA 2000	TD-SCDMA
多址方式	FDMA+CDMA	FDMA+CDMA	FDMA+CDMA+TDMA
双工方式	FDD	FDD	TDD
工作频段	上行 1920～1980MHz 下行 2110～2170MHz	上行 1920～1980MHz 下行 2110～2170MHz	1880～1920 MHz 2010～2025 MHz
载波带宽	5 MHz	1.25 MHz	1.6 MHz
码片速率	3.84Mchip/s	1.2288Mchip/s	1.28Mchip/s
基站同步方式	异步（不需 GPS） 同步（可选）	同步	同步
最大速率	上行 5.76Mbit/s 下行 14.4Mbit/s	上行 1.8Mbit/s 下行 3.1Mbit/s	上行 384kbit/s 下行 2.8Mbit/s
接收检测	相干解调	相干解调	联合检测
功率控制	1500Hz	800Hz	200Hz
越区切换	软、硬切换	软、硬切换 （EVDO 前向虚拟切换）	接力切换
核心网	GSM MAP	ANSI-41	GSM MAP
基站发射分集	时间切换发送分集 TSTD、空时发射分集 STTD、FBTD	支持正交发射分集 OTD 或空时扩展分集 STS	由于采取智能天线，发射分集仅仅是可选技术
接收机	RAKE	RAKE	RAKE
与新技术融合能力	标准完善，与新技术融合会较难	标准完善，与新技术融合会较难	标准提出较晚，便于融合最新技术，如智能天线
向后演进能力	向后演进路标清晰，各个阶段都有成熟商用	向后演进标准较多，存在一定争议	向后演进还处于摸索阶段
应用情况	大部分运营商采用 W 建网	主要应用于韩国、美国等	主要为中国采用
终端情况	多家主流终端厂商支持，终端成本较低	多家主流终端厂商支持，由于收取专利费，终端成本较高	正在不断改进提高

对于表 1.2 中的几个主要指标说明如下。

·　关于带宽。载波带宽越高，支持的用户数就越多，在通信时发生网塞的可能性就越小，在这方面 WCDMA 具有优势。但 TD-SCDMA 只需占用单一的 1.6M 带宽，就可传送 2Mbit/s 的数据业务；而 WCDMA 与 CDMA2000 要传送 2Mbit/s 的数据业务，均需要两个对称的带宽，分别作为上、下行频段，因而 TD-SCDMA 对频率资源的利用率是较高的。

·　关于双工方式。FDD 是上行和下行传输使用分离的两个对称频带，需成对频率；TDD 是上行和下行传输使用同一频带，物理层的时隙被分为上、下行两部分，不需要成对的频率。FDD 对对称业务（如语音）能充分利用上下行的频谱，但对非对称分组交换数据业务，由于上行业务量低，频谱利用率则降低；TDD 方式上下行链路业务共享同一载频，可以不平均分配上下行时隙，特别适用于非对称的分组交换数据业务。虽然 TDD 的频谱利用率高，但由于采用多时隙的不连续传输方式，基站发射峰值功率与平均功率的比值较高，造成基站功耗较大，基站覆盖半径较小，同时也造成抗衰落和抗多普勒频移的性能较差，当手机处于高速移动的状态下时通信能力较差。

- 关于码片速率。首先明白几个基本概念：比特（Bit）是指经过信源编码的含有信息的数据称为"比特"；符号（Symbol）是指经过信道编码和交织后的数据称为"符号"；码片（Chip）是指经过最终扩频得到的数据称为"码片"。码片速率越高，能有效地利用频率选择性分集以及空间的接收和发射分集，可以有效地解决多径问题和衰落问题。

- 关于基站间的同步。CDMA2000 与 TD-SCDMA 需要基站间的严格同步，因而必须借助 GPS 等设备；WCDMA 可无需基站间的同步（可选同步），通过两个基站间的定时差别报告来完成软切换。由于 GPS 依赖于卫星，CDMA2000 与 TD-SCDMA 的网络布署将会受到一些限制，而 WCDMA 的网络在许多环境下更易于部署，即使在地铁等 GPS 信号无法到达的地方也能安装基站。

- 关于兼容 2G。WCDMA 由 GSM 网络过渡而来，可以保留 GSM 核心网络，但必须重新建立 WCDMA 的接入网，一般不可能重用 GSM 基站。CDMA2000 从 CDMA IS-95 过渡而来，可以保留原有的 CDMA IS-95 设备。TD-SCDMA 系统的建设只需在已有的 GSM 网络上增加 TD-SCDMA 设备即可。

- 对于频段分配。CCIR 在 1992 年对 2GHz 段的 1885～2025MHz、2110～2200MHz 共辟出 230MHz 作为 3G 系统专用频率。目前各国及国际组织对移动通信频率的划分各不相同。我国早在 2002 年就公布了 3G 频率规划，在 3G 频率规划的基础上为中国电信 CDMA2000 分配的频率是 1920～1935MHz（上行）/2110～2125MHz（下行），共 15MHz×2；为中国联通 WCDMA 分配的频率是 1940～1955MHz（上行）/2130～2145MHz（下行），共 15MHz×2；为中国移动 TD-SCDMA 分配的频率是 1880～1900MHz 以及 2110～2025MHz，共 35MHz，2009 年 2 月工业和信息化部发文，1900～1920MHz 频段无线接入系统应在 2011 年年底前完成清频退网，以确保不对 1880～1900MHz 频段 TD-SCDMA 系统产生干扰，因此中国移动 TD-SCDMA 拥有 55MHz，此外频段 C：2300～2400MHz 也为 TDD 制式预留。此外，在 2G 段重组后的中国联通有上行 909～915MHz、下行 954～960MHz 共 6MHz×2 的 GSM 900MHz 频率资源；中国移动仍留有上行 890～909MHz、下行 935～954MHz 共 19MHz×2 的 GSM 900MHz 频率资源，在 DCS1800MHz 频段，中国移动有 1710～1720MHz 上行、1805～1815MHz 下行的 10MHz 带宽；而重组后的中国电信却拥有 10MHz×2 的 800MHz 频率资源 825～835MHz（上行）/870～880MHz（下行），双工间隔 45MHz，载频间隔 41 个 30kHz 的信道，对应的 7 对频点号和频率是：f_{283}=833.49/878.49，f_{242}=832.26/877.26，f_{201}=831.03/ 876.03，f_{160}=829.80/874.80，f_{119}=828.57/873.57，f_{78}=827.34.49/872.34，f_{37}=826.11/871.11，283 号载波常用于 1X 语音业务，201 常用于 1X 数据业务。

- 对于切换技术。硬切换是指断开与原基站的联系，再和新小区建立联系的切换，在 GSM 中使用硬切换；CDMA 中若邻区基站正好处于不同 MSC 之间，将使用硬切换；CDMA 系统同一 MSC 中的不同频点之间，也采取硬切换；CDMA 系统中，若发生软切换时，切换目标已经满负荷，则 MSC 会让基站指示 MS 切换到相邻基站的载频上，这也是一种硬切换，硬切换成功率相对较低容易掉话。软切换是指与新基站建立连接前，并不断开与原站的连接，而是有一段同时解调，当某站导频强度低于门限值后再启动断开，软切换发生在相同频率的信道之间，CDMA 系统中相同频点间均采用软切换方式，包括同一 BTS 下不同扇区同载频、同一 BSC 下不同 BTS 同载频、同一 MSC 下不同 BSC 之间同载频点的切换，这种软切换方式不容易掉话，而且在两个基站覆盖区的交界处起到了业务信道的分集作用。更软切换是软切换的一种，特指发生在同一个小区内不同扇区之间相同频率间的切换，不通过 BSC 和 MSC，仅由基站完成，切换更快，不同扇区天线起到了分集作用。接力切换在 TD-SCDMA 系统中采用，是利用智能天线获取 UE 的位置距离信息，在切换测量期间，使用上行预同步的技术，提前预先获取切换后的上行信道发送时间、功率信息，然后进行的切换，断开原基站并与目标基站建立通信链路几乎是同时进行，不需要像软切换那样同时有多个基站为一个移动台提供服务，所需的切换时延减少，减轻了网络的负荷。CDMA2000 1X EV-DO 系统的前向使用虚拟软切换，反向使用软切换，虚拟软切换又称为站址选择发射分集 SSTD，指终端在任意时刻（从多个导频的激活集中）选择最优接入扇区，只接收来自一个最优接入扇区的数据，实质是实现了多扇区选择分集，过程是终端定时把选择接收的小区临时识别码报告给正连接的扇区，而没选择的扇区就关闭发射功率。

- 对于 RAKE 接收。RAKE 接收机本质上就是一个接收多径并分别解调的接收机，接收多路径信号相关解调，并按信号进行不同的实践延迟使其同相后合并信号。可见 RAKE 接收首先要将那些复读大于背景噪声的多径分量分离取出，再进行延时和相位校准，最后合并。

- 对于分集技术。分集技术是指系统同时接收衰落互不相关的两个或多个输入信号，分别解调再合并，从而克服衰落的措施，如空间分集（天线分集）、极化分集、频率分集等。关于基站发射分集，是为了增加空中接口的传输效果，使用在下行链路方向的发射分集功能，又称基站传输发射分集。在 CDMA2000 系统中，正交发射分集 OTD，是指通过分离数据流再用不同的正交 Walsh 码对两个数据流进行扩频，并通过高两个发射天线发射；空时扩展分集 STS，是指通过对数据流进行空时编码，采用两个不同的 Walsh 码进行扩展，用空间两根分离天线发射。在 WCDMA 系统中，空时发射分集 STTD 可以应用于除同步信道（Synchroni sation CHlannel，SCH）外的所有物理信道，而时间交换发射分集 TSTD 专门用于同步信道的发射分集；STTD 是指将信道编码、速率匹配和交织后的数据流分为多路（一般 4 路），各段独立再编码（实际就是既进行时间进程又包含空间域的空时编码）、调制，用多根天线独立发射（非分集发射）；TSTD 是指是根据时隙号的奇偶，在两个天线上交替发送基本同步码和辅助同步码。

1.3 3G 及应用情况的调查分析任务实施

情境名称	2G/3G 网络业务使用区域（或单位）
情境准备	组建调查小组，选举组长，制定工作机制 确定一个调查范围，如校园、年级或班级 确定一个意在达成的调查目标框架，如制式、手机类型、业务类型、业务量、消费值等 设计纸质调查问卷，或在问卷星等开放网站设计调查项目 小组讨论与分工，分配任务并执行任务
实施进程	1. 学习任务准备：分组领取任务工单；自学任务引导；教师提问并导读 2. 任务方案计划：各小组根据任务描述，制订完成任务的分工和方案计划 3. 任务实施进程 ① 调查方案的设计：设计调查目的，明确调查对象，明确调查项目，明确调查形式，问卷说明；调查人员；调查时间等 ② 调查问卷设计：对 2G/3G 手机及网络的了解情况，对 2G/3G 网络了解程度，基本业务与增值服务的使用情况，最关注的增值服务类型，有吸引力 3G 网络功能服务，每月平均话务话费情况，2G/3G 手机价格情况等 ③ 调查数据分析：对调查数据分类汇总，撰写 1 份关于移动通信的小型调查报告（不低于 800 字、图文并茂） 4. 任务资料整理与总结：各小组梳理本次任务，总结发言，主要说明调研实施过程、得到的结论和实施中发现的不足

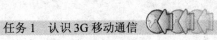

续表

情境名称	2G/3G 网络业务使用区域（或单位）		
任务小结	1. 小结调查任务执行情况，统筹指出各小组得到的结论和不足 2. 移动通信的主要特点 3. 移动通信的发展历程 4. 3G 三种制式的比较，着重说明 CDMA2000 制式 5. 国内运营商 3G 网络简要情况		
任务考评	任务准备与提问	20%	1. 移动通信及其主要特点是什么 2. 公众蜂窝移动通信各代的主要制式和特点 3. CDMA2000 的演进历程和 1X EV-DO 的主要特点 4. 简要说明 3G 三种制式的比较
	分工与提交的任务方案计划	10%	1. 讨论后提交的完成本次任务详实的方案和可行情况 2. 完成本任务的分工安排和所做的问卷情况 3. 对工作中的注意事项是否有详尽的认知和准备
	任务进程中的观察记录情况	30%	1. 调查方案的设计是否合理 2. 调查问卷设计是否合理 3. 对问卷分析是否详尽，数据分析的结果是否合理 4. 小组成员之间的协作情况
	任务总结发言情况与相互补充	30%	1. 任务总结发言是否条理清楚 2. 3G 三个制式的比较是否清楚 3. 是否每个同学都能了解并补充 3G 知识 4. 提交的反分析报告情况
	练习与巩固	10%	1. 问题思考的回答情况 2. 自动补充更正的情况

任务 2

认识 CDMA2000 1X/EV-DO 系统组成与网络结构

2.1 认识 CDMA2000 1X/EV-DO 系统组成与接口任务工单

任务名称	认识 CDMA2000 1X/1X EV-DO 系统组成设备与接口
学习目标	1. 专业能力 ① 掌握 CDMA2000 系统的组成部分 ② 掌握 CDMA2000 核心网、无线网的组成实体与主要功能 ③ 掌握 CDMA2000 系统中各物理实体之间的接口与功能 2. 方法与社会能力 ① 培养观察记录机房、机架的方法能力 ② 培养完成任务的一般顺序与逻辑组合能力 ③ 培养规范意识和完成工作的分工协作能力
任务描述	1. 明确 CDMA2000 实训室环境核心网、无线网、通信动力环境支撑和 OMC 4 个部分的区域、机架 2. 观察核心网机架，记录核心网机架的电路域、分组域设备组成 3. 观察无线网机架和基站，记录 BSC 和 BTS 的主体设备组成 4. 观察通信动力环境设备，记录 AC/DC 机架和其他环境支撑设备组成 5. 观察并记录 OMC 网络搭建与组成 6. 画出 CDMA2000 实训室环境各个部分的连接图和主要接口
重点难点	重点：CDMA2000 系统各部分的组成与功能 难点：CDMA2000 系统各部分的接口与功能
注意事项	1. 实训认识和记录过程中，注意人身安全 2. 注意设备安全，未经老师允许，严禁对设备进行任何操作 3. 触摸设备时必须带上防静电手腕 4. 实验过程中遵守秩序，听从老师指挥，保持实验室清洁
问题思考	1. CDMA2000 系统无线网、CS、PS 各部分由哪些实体组成 2. 组成 CDMA2000 系统的物理实体的主要功能 3. 简要回答各主要物理实体之间是什么接口 4. 画出实训环境下的 CDMA2000 系统无线网、CS、PS 各部分组成连接
拓展提高	1. CDMA2000 系统如何与其他网络实现连接互通 2. 无线网与核心网之间如何传输
职业规范	中国电信 CDMA2000 1X 总体技术规范 ITU-T Q.1742.1

2.2 认识 CDMA2000 1X/EV-DO 系统组成与接口任务引导

2.2.1 CDMA2000 1X 系统组成结构

CDMA2000 1X 系统组成结构如图 2.1 所示，CDMA2000 系统分为核心网、无线接入网、MS 和操作维护等部分。核心网分为电路域 CS、分组域 PS 等部分；电路域和分组域的界限清晰，即 MSC（甚至 SMC）与 PDSN 之间互不相关没有接口，PDSN 不直接与 HLR、VLR 等话音网络节点通信。与 IS-95 系统相比，电路域没有本质改变，电路域包括了交换子系统 MSC/VLR/HLR/AC、智能网平台 SSP/SCP、短消息平台 SMC 和定位系统；CDMA2000 1X 系统主要是在核心网引入了分组交换域，可支持移动 IP 技术，因此，CDMA2000 1X 系统分组域需增加支持分组数据业务的核心网分组域设备功能实体如分组数据服务节点 PDSN、本地代理 HA、AAA（鉴权、认证和计费）服务器等。无线接入网 RAN 包括 BSC\BTS 和新增分组控制功能模块 PCF。MS 包括移动台设备 ME 和 UIM 卡。

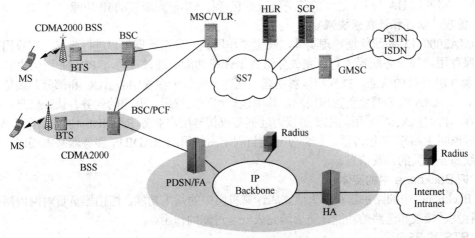

图 2.1 CDMA2000 1X 网络结构图

2.2.2 CDMA2000 1X 系统实体功能

CDMA2000 1X 电路域、RAN 等设备实体的功能与 2G 类似，下面着重描述新增实体的功能。

1. 分组控制功能模块 PCF

位于 BSC 与 PDSN 之间，CDMA2000 1X 系统新增物理实体，其作用主要是对移动用户所进行的分组数据业务进行转换、管理与控制，PCF 与 BSC 配合完成与分组数据有关的无线信道控制功能。通常在商用产品中，PCF 作为 BSC 的一部分存在（私有接口）。

2. 分组数据服务节点 PDSN

CDMA2000 1X 系统新增物理实体，为移动台提供接入"Internet"、"Intranet"和"WAP"的能力，类似于接入服务器。PDSN 负责管理用户通信状态（点对点连接的管理），转发用户数据，是连接无线网络和分组数据网的接入网关。为用户终端建立和终止 PPP 连接，提供简单 IP 和移动 IP 服务。简单 IP 类似于拨号上网，用户需要使用数据业务时，拨号形式建立与 PDSN 的点对点 PPP 连接，每次 PDSN 给 MS 分配动态 IP 地址，连接到远端认证拨号接入服务器 RADIUS（类似于 3A 服务器）进行认证、鉴权和计费；当采用移动 IP 技术时，移动台以一个永久 IP 地址以 IP 路由机制连接到任何子网中，采用移动 IP 时 PDSN 中还应增加外部代理 FA 功能，为 MS 提供隧道出口或将数据解封装后发往 MS。

3. 外部代理 FA

CDMA2000 1X 系统新增 PDSN 的一个功能部分，FA 通过 PDSN 来实现，在功能上类似于部分移动交换中心 MSC 与 VLR 功能。FA 是位于移动台拜访网络的一个路由器，为在该 FA 登记的移动台提供路由功能。当采用移动 IP 方式时，PDSN 作为移动台的外地代理，相当于移动台访问网络的一个路由器，为移动台提供 IP 转交地址和 IP 选路服务。

4. 本地代理 HA

CDMA2000 1X 系统新增物理实体，又称原籍代理、归属代理，HA 负责将分组数据通过隧道技术发送给移动用户，并实现 PDSN 之间的移动管理。是移动台在归属网上的路由器，负责维护移动台的当前位置信息，完成移动 IP 的登记功能。当移动台离开归属网络时，通过隧道将数据包送往 FA，由 FA 转发给移动台。只有使用移动 IP 时才需要 HA，功能上类似于部分归属位置寄存器 HLR。是 MS 在本地网中的路由器，负责维护 MS 的当前位置信息，建立 MS 的 IP 地址和 MS 转发地址的关系。当 MS 离开注册网络时，需要向 HA 登记，当 HA 收到发往 MS 的数据包后，将通过 HA 与 FA 之间的隧道将数据包送往 MS，完成移动 IP 功能。

5. 鉴权、认证和计费模块 AAA

CDMA2000 1X 系统新增物理实体，其主要作用是对分组数据用户进行鉴权，判决用户的合法性；保存用户的业务配置信息；完成分组数据计费功能。通过 IP 与 PDSN 通信来实现关于 PPP 和移动 IP 连接的认证，授权和计费功能。功能上类似于鉴权中心 AUC 和部分归属位置寄存器 HLR，如 AAA 服务器负责管理用户，其中包括用户的权限、开通的业务、认证信息、计费数据等内容。目前，AAA 采用的主要协议为远程鉴权拨号用户业务 RADIUS 协议，所示 AAA 服务器有时也叫 RADIUS 服务器。这部分功能与固定网使用的 RADIUS 服务器基本相同，仅增加了与无线部分有关的计费信息。

6. IP Backbone 中的实体

IP Backbone 中的路由器和防火墙完成计算机网中的基本功能。路由器负责对网内网外的数据包进行发送接收和选路的功能；防火墙完成安全过滤的作用。

7. BTS 和 BSC

BTS 除原有基本的发送和接收信号外，还负责分配物理和逻辑信道资源、分配可用的 Walsh 码、分配用于用户的功率等。BSC 则将时分复用 TDM 业务连接到电路交换域；将数据业务（数据包）选路由连接到 PDSN。

总之，在分组域中一个完整的业务过程实现功能模块如图 2.2 所示。

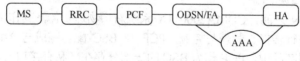

图 2.2　分组域业务功能组成模块

- MS 负责请求无线资源，负责建立、终止和 PDSN 之间的数据链路协议；
- 无线资源控制 RRC 负责建立、终止为用户提供的无线资源，并管理无线资源；
- PCF 负责建立、终止与 PDSN 的第二层链路连接；
- PDSN 负责建立和终止与 MS 的 PPP 连接，为简单 IP 用户指定 IP 地址，为移动 IP 业务用户提供外部代理 FA 功能，与 AAA 服务器通信实现各种业务鉴权、认证和计费，与 PCF 建立、终止第二层链路连接；

- HA 对 MS 发出的移动 IP 注册请求进行认证，从 AAA 服务器获得用户业务信息，并将从网络侧来的数据包传送至当前为 MS 服务的 FA；
- AAA 服务器：业务提供网的 AAA 负责在 PDSN 和归属网络 HA 之间传递认证、计费信息，归属网络的 AAA 对 MS 进行鉴权、授权与计费。

2.2.3　CDMA2000 1X 系统接口

在 2G 网络或 CDMA2000 1X 电路域中，各功能实体的基本接口如图 2.3 所示。其中的主要接口如 A、B、C、D、E（MSC 与 MSC 之间）接口，以及与 PSTN/ISDN 的网络接口等，都是 NO.7 信令接口标准 E1 的 PCM 链路；Um 是符合 2G（如 IS-95 或 GSM）规范的空中接口。

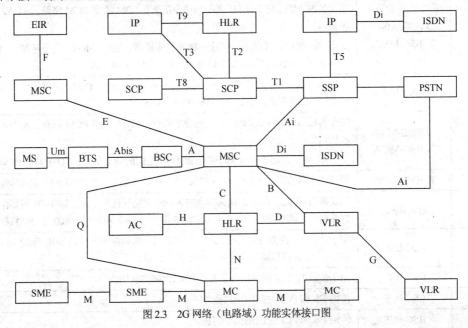

图 2.3　2G 网络（电路域）功能实体接口图

在 CDMA2000 1X 网络中，主要的相关接口如图 2.4 所示；接口连接的功能实体和主要功能如表 2.1 所示。其中 AT、AN 主要用于 1X EV-DO 系统，终端适配器 AT 是用户数据连接设备，

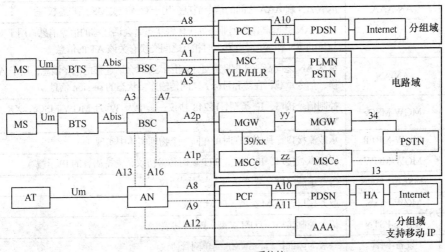

图 2.4　CDMA2000 1X 系统接口

17

它自身可以是一个独立的数据设备如智能手机，也可以与计算机连接的数据卡等；接入网 AN，主要与 AT 进行无线通信来完成接入功能，AN 相当于 1X 系统中的一个 BSS 系统（BSC&BTS），另外 AN 在逻辑上还包含会话控制和移动性管理功能。

表 2.1   CDMA2000 1X 的接口

接 口	连接实体	主要功能
Um	MS-BTS	在 2G 网络中，符合 2G（如 IS-95 或 GSM）规范的空中接口 在 CDMA2000 中，符合 CDMA2000 规范的空中物理接口（高版本无 BSC）
Abis	BTS-BSC	厂商内部规范的私有接口，承载 BSC-BTS 之间的信令和业务
A1	2GBSC-MSC 2GBSC-MSCe	用于传输 MSC 与 2GBSC 之间的信令信息，TDM 类型 PCM 链路，A1/A2 就是原 A 接口 又名 48 接口，可以没有直接的物理连接通道，通过 MGW 进行转接。用于传输 MSCe 与 2GBSC 之间的信令信息，TDM 类型 PCM 链路
A1p	3GBSC-MSCe	可以没有直接的物理连接通道，通过 MGW 进行转接。控制流承载接口传 MSCe 与 3GBSC 之间的信令信息，IP 类型 RTP 实时传输协议
A2	2GBSC-MSC 2GBSC-MGW	用于传输 MSC 与 2GBSC 之间的业务信息，TDM 类型 PCM 链路，A1/A2 就是原 A 接口 又名 27 接口，用于传输 MGW 与 2GBSC 之间的业务信息，TDM 类型 PCM 链路
A2p	3GBSC-MGW	媒体流承载接口传 MGW 与 3GBSC 之间的业务信息，IP 类型 RTP 实时传输协议
A5	BSC-IWF	当交换数据单元 SDU 和互联功能 IWF 不在同一设备中时，即 IWF 设备由网络侧提供时，才需要此接口，BSC 提供 A5 接口与 IWF 相连用于承载电路型数据业务
A3	BSC-BSC	用于传输不同系统下的 BSC 之间，BSC 与交换数据单元模块 SDU 间的用户业务和信令，A3 接口包括独立的信令和业务子信道
A7	BSC-BSC	用于传输 BSC 之间的信令，支持 BSC 之间的软切换
A8	BSC-PCF	传输 BS 和 PCF 之间的用户业务
A9	BSC-PCF	传输 BS 和 PCF 之间的信令信息
A10	PCF-PDSN	传输 PCF 和 PDSN 之间的用户业务，是 RAN 和分组核心网之间的开放接口
A11	PCF-PDSN	传输 PCF 和 PDSN 之间的信令信息，是 RAN 和分组核心网之间的开放接口
A12	AN-AAA	承载 AN 和 AAA 之间的信令消息，用于对 AT 或 MS 用户鉴权等
A13	AN-AN	承载 AN 之间高速数据业务处于休眠状态时会话迁移的信令消息，用于支持源 AN 与目的 AN 在 AT 漫游发生时相互之间交换有关该 AT 的信息
A16	AN-AN	承载 AN 之间高速数据业务处于连接状态时会话迁移的信令消息，用于 AN 间硬切换、信令承载，在源和目标 AN 间传输连接状态的 session 信息
39/XX	MGW-MSCe	控制信令接口，IP 类型，H.248 协议；其中为 39 为 MGW-MSCe，XX 为 MRFP-MSCe
33	MGW-MRFP	承载流接口，具体实现时可在同一个物理实体中实现
yy	MGW-MGW	媒体承载接口，IP 类型，RTP 实时传输协议，支持语音的 IP 承载
zz	MSCe-MSCe	信令承载接口，基于 IP 承载，SIP 协议
34	MGW-PSTN	业务接口，TDM 类型，PCM 协议
13	MSCe-PSTN	信令控制接口，TDM 类型，PCM 协议
网管	设备-网管	一般为内部接口，SNMP 简单网管协议

2.3 认识 CDMA2000 1X/EV-DO 系统组成与接口的教学实施

情境名称	CDMA2000 1X/1X EV-DO 系统设备（无线网&核心网）		
情境准备	一套 CDMA2000 1X/1X EV-DO 核心网设备（包括电路域和分组域主要设备） 一套 CDMA2000 无线网设备（包括 MS/BTS/BSC 等） 防静电腕带等		
实施进程	1. 学习任务准备：分组领取任务工单；自学任务引导；教师提问并导读 2. 任务方案计划：各小组根据任务描述，制订完成任务的分工和方案计划 3. 任务实施进程 ① 进入 CDMA2000 实训室环境，明确核心网、无线网、通信动力环境支撑和 OMC 四个部分 ② 观察核心网机架，记录核心网机架的电路域、分组域设备组成 ③ 观察无线网机架和基站，记录 BSC 和 BTS 的主体设备组成 ④ 观察通信动力环境设备，记录 AC/DC 机架和其他环境支撑设备组成 ⑤ 观察并记录 OMC 网络搭建与组成 ⑥ 画出 CDMA2000 实训室环境各个部分的连接图和主要接口 4. 任务资料整理与总结：各小组梳理本次任务，提交文档，着重交待实训环境下各部分的组成与连接，并总结发言		
任务小结	1. 画出 CDMA2000 系统的组成结构图 2. CDMA2000 系统的组成结构，各部分功能实体的主要作用 3. CDMA2000 系统各主要接口介绍 4. 实训室 CDMA2000 系统机架设备构成与连接图 5. 简要说语音与数据信号经过的设备流程		
任务考评	任务准备与提问	20%	1. CDMA2000 系统无线网、CS、PS 各部分由哪些实体组成 2. 组成 CDMA2000 系统的物理实体的主要功能 3. 各主要物理实体之间是什么接口
	分工与提交的任务方案计划	10%	1. 讨论后提交的完成本次任务详实的方案和可行情况 2. 完成本任务的分工安排和所做的相关准备 3. 对工作中的注意事项是否有详尽的认知和准备
	任务进程中的观察记录情况	30%	1. CDMA2000 实训室环境中核心网、无线网、通信动力环境支撑和 OMC 四个部分是否分清楚 2. 对实训室环境中核心网机架的电路域、分组域设备是否记录完备清楚 3. 对实训室环境中无线网 BSC 机架和 BTS 设备是否记录完备清楚 4. 对实训室环境中通信动力环境设备是否记录完备清楚 5. 对实训室环境中 OMC 网络的组成是否记录完备清楚 6. 实训室 CDMA2000 系统机架设备构成与连接图情况 7. 组员之间是否相互协作
	任务总结发言情况与相互补充	30%	1. 任务总结发言是否条理清楚 2. CDMA2000 系统无线网、CS、PS 各部分的组成与功能描述是否清晰 3. 是否每个同学都能了解并补充 CDMA2000 系统组成其他方面的知识 4. 提交的任务总结文档情况
	练习与巩固	10%	1. 问题思考的回答情况 2. 自动加练补充的情况

认知扩频技术与空间接口

3.1 扩频与空间接口认知任务工单

任务名称	认知扩频技术与 CDMA2000 空中接口
学习目标	1. 专业能力 ① 认识扩频通信技术，掌握扩频通信模型 ② 了解扩频通信码，掌握扩频码在 CDMA2000 中的应用 ③ 了解 CDMA2000 空间接口物理信道，掌握移动台基本的呼叫过程和物理信道在呼叫过程中的应用 ④ 掌握 CDMA2000 中的功控技术、导频与导频污染、分集技术与 RAKE 接收 2. 方法与社会能力 ① 培养学习和归纳总结的能力 ② 培养逻辑分析和解决问题的能力 ③ 培养完成任务的一般顺序与逻辑组合能力 ④ 学会用比较的方法学习知识
任务描述	1. 查阅资料，归纳扩频技术与模型、扩频码在 CDMA2000 中的应用、空间接口物理信道、移动台呼叫过程、无线功控技术、导频技术与导频污染、分集技术与 RAKE 接收 2. 操作带有移动通信扩频、解扩的实验系统，观察记录扩频、解扩的实际应用 3. 进入维护台，查看某移动台从开机到呼叫结束的信令跟踪过程，观察其物理信道的占用情况 4. 进入维护台，查看导频信号强度测量 PSMM 消息，记录导频强度信息，分析是否存在导频污染 5. 结合完成的任务，总结 CDMA2000 空间接口的几项关键技术
重点难点	重点：扩频码、物理信道和导频在 CDMA2000 中的实际应用 难点：扩频码、功控技术和 RAKE 接收
注意事项	1. 热电子仪器避免频繁开、关机；波形干扰大，可示波器外壳接地 2. 维护台跟踪信令时，尽量避免多手机同时使用 3. 严格按照机房操作规范进行
问题思考	1. 为什么说扩频通信可提高系统抗干扰能力？扩频通信有哪些优点 2. CDMA2000 采用哪种扩频方式？扩频速率是多少 3. CDMA2000 系统中采用的扩频码及其作用分别是什么 4. 简要说明 CDMA2000 空中接口的频点使用情况和 1X 物理信道的作用 5. 简要说明 CDMA2000 系统 MS 的初始化过程 6. 结合 CDMA2000 系统中移动台的呼叫处理过程说明空中接口物理信道的应用情况 7. 为什么要无线功率控制？功控有哪些类型？1X 和 1X EV-DO 的功控有什么区别 8. 导频的作用是什么？什么情况表明导频污染，如何解决导频污染 9. 什么是分集技术？RAKE 分集接收是如何实现的

任务名称	认知扩频技术与 **CDMA2000** 空中接口
拓展提高	了解 4G 通信与 3G 通信在空间接口关键技术上的异同
职业规范	CDMA2000 蜂窝移动通信网技术要求：空中接口物理层 YD/T1580-2007

3.2 扩频技术和空间接口

3.2.1 扩频通信技术

1．扩频通信的理论基础

扩频通信是将信息的频谱展宽后进行传输的技术，通过扩频后传输信息的信号带宽远大于信息本身的带宽，频带的扩展由独立于信息的扩频码实现，与所传信息数据无关，在接收端同步接收，用相同扩频码实现解扩和数据恢复。

扩频通信的理论基础来源于信息论和抗干扰理论。C.E.Shannon 在其信息论中得到有关信道容量的著名公式

$$C=B\log_2\left(1+\frac{S}{N}\right)$$

其中：C 为信道容量，单位 bit/s；B 为信道带宽，单位 Hz；S 为信号功率，N 为噪声功率。

从该公式可以得出以下重要结论：对于给定的信道容量 C 可以用不同的带宽 B 和信噪比 S/N 的组合来传输；若减小带宽则必须发送较大的信号功率；若有较大的传输带宽，则同样的信道容量能够用较小的信号功率来传送。这表明宽带系统有较好的抗干扰性。因此，当 S/N 太小无法保证通信质量时，常采用增加带宽（展宽频谱）来提高信道容量或改善通信质量，即所谓带宽换功率的措施。Shannon 给出的是基带模型，但也适合于射频（Radio Frequency，RF）信道。扩频通信就是将信息信号的频谱扩展再进行传输，因而提高系统抗干扰能力，使之在强干扰情况下甚至信号被噪声淹没的情况下，仍然能保持可靠的通信。

2．扩频技术的抗干扰原理

扩频与解扩提高系统抗干扰的过程如图 3.1 所示。首先是信源信息经过载波调制后变成窄带信号（假定带宽为 B1）；窄带信号经扩频编码发生器产生的伪随机码（PN 码）扩频调制，生成功率谱密度极低的宽带扩频信号（假定带宽为 B2，B2 远大于 B1），并被发射出去；在信号传输过程中会产生一些干扰噪声（窄带噪声、宽带噪声）；在接收端，宽带信号经与发射时相同的伪随机码扩频解调，恢复成窄带信号，并被解调成信息数据，干扰噪声则被解扩成跟信号不相关的宽带信号。

3．扩频技术类型

扩频技术有下列类型。

- 直接扩频序列（Direct Squence Spread Spectrum，DSSS）：将要传送的信息数据用一高速伪随机序列调制（如模 2 加），由于伪随机序列的速率（带宽）远大于信息数据速率，因而受调信号的频谱被展宽。

- 跳频扩频（Frequency-Hopping Spread Spectrum，FHSS）：荷载信息的信号受伪随机序列的控制，在一组预先指定的频率上离散地跳变，从而扩展了发射信号的频谱。

- 跳时扩频（Time-Hopping Spread Spectrum，THSS）：信息数据受伪随机序列的控制随机占用发射时隙和时隙的长短，因信号在时域中压缩，相应地在频域中扩展了频谱宽度。

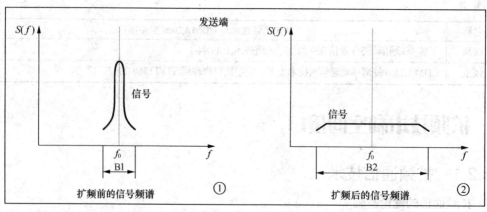

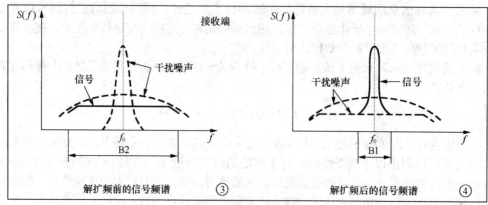

图 3.1　扩频与解扩抗干扰原理

- 混合扩频：以上几种类型的混合扩频。

通信系统中抗干扰的 CDMA 技术正是通过扩频技术来实现的，但扩频通信技术有多种应用并不局限于只在 CDMA 中应用；3G 的主要制式 WCDMA、CDMA2000 和 TD-SCDMA 空间接口中都采用了 DS 扩频方式，GSM 系统则采用了 FH 方式；不同的 3G 标准扩频序列的码速率不同，CDMA2000 1X 系统的扩频码采用 1.2288Mbit/s 的速率。

4．扩频通信的参数

扩频增益与抗干扰容限是衡量扩频通信的两个重要参数。

扩频增益用来衡量扩频解调处理过程对信噪比的改善情况，是衡量系统抗干扰性能的一个重要指标，一般也称为"处理增益"。扩频增益是接收机相关器输出信噪比和接收机相关器输入信噪比的比值，即：

$$G = \frac{S_o / N_o}{S_i / N_i}$$

其中：S_i 和 S_o 分别为接收机相关器的输入、输出端信号功率；N_i 和 N_o 分别为相关器的输入、输出端干扰功率。

相关的理论推导表明，直接序列扩频系统的扩频增益 G_p 为伪随机码的信息速率 W 与基带信号信息速率 ΔF 的比值，即

$$G_p = \frac{W}{\Delta F}$$

扩频通信系统的处理增益表明了扩频解扩后的理论改善状况，但还不能充分说明系统在干扰环境下的工作性能，为此引入另一个参数抗干扰容限 M_j。在扣除系统的其他损耗之后，需保证输出端有一定的信噪比，才能使系统正常工作，因此，抗干扰容限 M_j 的定义为

$$M_j = G_p - (S_o / N_o + L_s)$$

其中：G_p 为扩频增益；S_o / N_o 为输出端的信噪比；L_s 为系统损耗。

由此可见，抗干扰容限 M_j 与扩频处理增益 G_p 成正比，扩频处理增益提高后，抗干扰容限大大提高，甚至信号在一定的噪声湮没下也能正常通信。通常的扩频设备总是将用户信息（待传输信息）的带宽扩展到数十倍、上百倍甚至千倍，以尽可能地提高处理增益。

5．扩频通信模型

完成 CDMA 系统无线收发的基站，都是基于如图 3.2 所示的无线通信基本通信模型。其处理过程包括四步，第一步是进行信源编码（语音编码）；第二步是进行信道编码和交织，主要是用来抵抗无线传播环境中的各种衰落；第三步是进行扩频、加扰；第四步是把信息调制到要求的频段载波上发射出去。

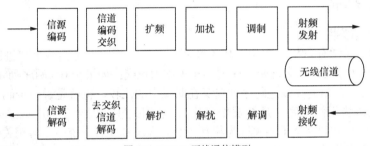

图 3.2　CDMA 无线通信模型

其中的扩频又称为信道化操作，扩频处理是用一个高速数字序列与数字信号相乘，即采用模 2 加运算（即二进制异或逻辑运算），把一个一个的数据符号转换为一系列码片，大大提高了数字符号的速率，增加了信号带宽。在接收端，用相同的高速数字序列与接收符号相乘，进行相关运算，将扩频符号解扩。如图 3.3 所示。这个过程中的数据流使用了几个基本的概念，分别如下。

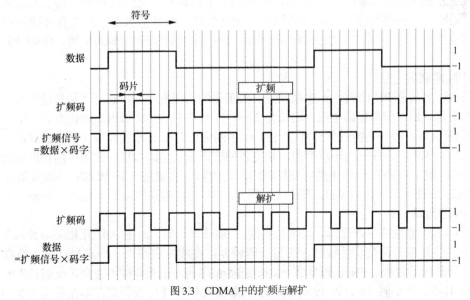

图 3.3　CDMA 中的扩频与解扩

比特（Bit）：经过信源编码的含有信息的数据称为"比特"。

符号（Symbol）：经过信道编码和交织后的数据称为"符号"。

扩频码：又称信道化码，是用来转换数据的数字序列符号叫作信道化码。

码片（Chip）：经过最终扩频得到的数据称为"码片"，其速率称为码速率，单位是 chip/s。

扩频增益等于输入信号速率与扩频码速率的比值。图 3.3 所示的例子中，扩频操作就是将每一个用户信息数据符号与一个 8 比特的码序列相乘，可以看出，最后得到的扩展后的数据速率是用户数据速率的 8 倍，这种情况下我们说其扩频因子为 8。扩频后得到的宽带信号将通过无线信道传送到接收端。在解扩时，把扩展的用户码片序列与扩频这些比特时所用的相同的 8bit 的码片序列逐位相乘，只要我们能在扩展后的用户信号和扩频码（解扩码）之间取得很好的同步，就能很好地恢复出原始的用户比特序列。

扩频通信的主要优点是：抗干扰能力强，其处理增益越大，抗干扰能力越强；保密性好，扩频后频谱均为近似白噪声，具有良好的保密性；扩频码采用伪随机序列码，伪随机码作为不同用户的地址码，从而实现 CDMA 通信。

3.2.2 扩频码

1. 码序列的相关性

衡量码序列，通常有自相关性和互相关性两个指标。相关性是指两个二进制序列的异或结果具有相同个数的 0 和 1，那么这两个序列不相关称为正交；如果全 0（两序列完全相同），这两个序列 100%相关。自相关性就是码序列自身在时域上的比较，也就是说一个码与自身经过一段延迟时间后相比较的相似程度（是否发生变化）；互相关性是指两个码序列之间进行比较的相似程度，两个码序列之间完全不相关称为相互正交。在 CDMA 系统中，自相关代表了基站发射同一信号后，用户收到的多径信号的相关性，自相关越小，表示可独立解调，故干扰越小；互相关代表用户收到的不同基站发来的两个不同信号，互相关性越小，表示只能解调本基站信号，因而干扰越小。因此，为实现码分多址，扩频码之间需正交或基本正交，这样在信号扩频传输和解扩恢复的过程中各个信号之间才不易产生相互干扰，以利于有效的接收。

完全随机的序列就是很好的用来传输信号的正交码，但完全的随机码在接收端是无法再生的，因此无法恢复出原始的信号。因此，扩频码常采用相互正交性较好的可再生的伪随机序列码（PN 码序列：伪随机序列，具有类似噪声序列性质，貌似随机但实际上有规律可再生的周期性二进制序列），扩频系统常用伪随机码包括：PN 码（m 序列）、Walsh 码、Gold 码、OVSF 码等。

2. PN 序列码

伪随机序列简称 PN 序列，m 序列就是一类重要的伪随机序列，它是"最长线性移位寄存器序列"的简称，由移位寄存器生成，码长为 $2^{15}-1$ 的 m 序列称 PN 短码，码长为 $2^{42}-1$ 的 m 序列称 PN 长码。Gold 序列是由两个长度相同的 m 序列优选对模 2 相加而成，具有良好的自相关性和互相关性。Walsh 码序列由矩阵产生，是完备的非正弦正交函数集，常用作用户地址码，特点是正交和归一化。OVSF 码即正交可变扩频码，它的同一层就是一个 Walsh 码函数集合。IS-95 和 CDMA2000 使用扩频码为 Walsh 码和 PN 码（m 序列），码速率均为 1.2288Mchip/s。

3. m 序列码

m 序列发生器由移位寄存器、反函数和模 2 加法器组成。m 序列的互相关函数具有多值特性，其中一些互相关函数特性较好，而另一些较差，在实际应用中，应选择互相关特性较好的 m 序列才能作为地址码。PN 长码为 $2^{42}-1$ 长度的 m 序列，虽然有些不完全正交但长度长，周期也很长为 41 天 10 小时 12 分钟 19.4 秒，适合做用户区分，PN 长码寄存器在移动台初始化期间与 CDMA 系统建立同步。CDMA 系统中的 PN 短码由长度为 $2^{15}-1$ 的 m 序列在检测到一个特定状态（连续输出 14 个 "0"）时附加一个 "0" 得到的。CDMA 系统规定短码最小偏移单位是 64 个 bit（即 64 个码片 chip），所以 PN 短码共有 512 个偏置（$2^{15}/64=512$）；同一（BTS）扇区内所有 CDMA 信道的短码相同（Walsh 码区分前向码道，PN 长码区分反向用户），不同（BTS）扇区内的 CDMA 信道的短码时间偏置不同。

4．Walsh 码

Walsh 码是一种正交编码的码序列，最常用的 Walsh 码生成方法是利用哈达玛的行（或者列）构成。哈达玛矩阵是由 0 和 1 构成的正交方阵，它的任意两行或者两列都是相互正交的。用 H_N 表示 $N \times N$ 的哈达玛矩阵，其递归过程为

$$H_1 = [0]，\quad H_{2N} = \begin{bmatrix} H_N & H_N \\ H_N & \bar{H}_N \end{bmatrix}$$

例如：$H_2 = \begin{bmatrix} 00 \\ 01 \end{bmatrix}，\qquad H_4 = \begin{bmatrix} 0000 \\ 0101 \\ 0011 \\ 0110 \end{bmatrix}$

将哈达玛矩阵中的第 j 行用二进制序列表示，即可以得到相应的 Walsh 码序列。64 阶 Walsh 码序列就是 H64 的每一行，如 Walsh_0 码就是 64 个 0，Walsh_1 码就是 16 个 0101，Walsh_2 码就是 16 个 0011，依次类推直到 Walsh_{63}。由于 Walsh 码之间的正交性，在 CDMA 的前向链路中，每一个信道的信息符号在被 PN 码扩频之前，分别与不同的 64 阶 Walsh 码进行模 2 加（波形相乘），用于区分各信道，接收端再用相同的 Walsh 码恢复信号。多个信道在同一频率上发送而不会相互干扰，这正是码分多址得以实现的基础。

5．CDMA 系统中扩频码的应用

在 CDMA2000 系统中，前向链路使用 PN 短码进行调制，并用以区分扇区（标识基站），即不同的基站使用不同偏置的 PN 短码加以区分，故一个区群最大可以 512 个；前向链路使用 Walsh 码正交扩频，并用以区分前向各信道；前向链路使用 PN 长码对业务信道进行扰码（加密）。反向链路中，使用 PN 短码对业务信道进行调制；使用 PN 长码直接扩频并区分不同的用户（信道）。简言之，PN 长码标识不同用户；PN 短码标识不同基站；Walsh 码标识不同前向信道。或者说 Walsh 码在前向链路中用于信道识别，在反向链路用于正交扩频调制；PN 短码在前向链路用于区分扇区，在反向链路用于扩频；PN 长码在前向链路中用于数据加扰，在反向链路用于区分用户。无论 Walsh 码和 PN 短码长码，实质都起到了一定的扩频作用。具体应用如表 3.1 所示。

表 3.1　　　　　　　　　　CDMA2000 系统中 3 种码应用比较

码序列		应用位置	主要作用
名称	长度		
PN 长码	$2^{42}-1$	反向接入信道	直接序列扩频；标识移动用户（信道）
		反向业务信道	
		前向寻呼信道	用于数据扰码
		前向业务信道	
PN 短码	2^{15}	所有反向信道	正交扩频，利于调制
		所有正向信道	正交扩频，利于调制；标识基站

续表

码序列		应用位置	主要作用
名称	长度		
Walsh 码	64	前向基本信道 前向导频 $Walsh_0^{64}$、寻呼 $Walsh_{1-7}^{64}$、同步信道 $Walsh_{32}^{64}$	正交扩频，标识各前向信道
	4/8/16/32	前向补充信道	
	128	快速寻呼信道（ $Walsh_{80}^{128}$ 或 $Walsh_{48}^{128}$、$Walsh_{112}^{128}$ ）	
	16	反向基本信道	正交扩频
	32	反向导频信道	
	2 或 4	反向补充信道	

3.2.3 CDMA2000 空中接口物理信道

CDMA 系统物理层标准规范了无线空中接口，包括频率、前向与反向物理信道、输出参数等。

1．CDMA2000 系统的无线频点

对于 CDMA2000 系统空中接口频率，前面已有介绍。在 800MHz 段，中国电信 10MHz×2 的 800MHz 频率资源 825～835MHz（上行）/870～880MHz（下行），双工间隔 45MHz，载频间隔 41 个 30KHz 的信道，对应 7 对频点号 283、242、201、160、119、78、37。每个载频都可以用作 EV-DO 和 1X，为避免 1X 系统和 DO 系统间造成干扰，一般 DO 系统频点从下往上启用，1X 系统频点从上往下启用。因此，一般 283 号载波常用于 1X 语音业务，201 常用于 1X 数据业务，37 常用于 EV-DO 频点；用户较多时 283、242、201、160 都用于 1X，37、78 都用于 EV-DO，119 热点备用。在 2000MHz 频段暂未使用。

2．CDMA2000 系统的物理信道

在 CDMA2000 空间接口频道（频点）上，每个码道就是一个物理信道，其中前向使用 Walsh 码区分不同码道后调制到相应频点，反向使用 PN 长码区分不同用户（码道）后调制到相应频点。但对于 EV-DO 来讲，采用独立载频，而且前向信道将码分多址改为了时分多址（仍保留了 CDMA 扩频，以抗干扰），因此一个载频被分为 16 时隙的帧结构，一个时隙分为 4 个子时隙复用了导频、控制、MAC 和业务信道，时隙空闲时只传 MAC，时隙占用时传控制数据和用户数据；反向信道仍然主要采用码分方式。

CDMA2000 每个码道就是一个物理信道，物理信道上传输的信息根据实现的功能不同分为不同的逻辑信道。

3．IS-95 的物理信道

下面先简要介绍 IS-95 中的前反向物理信道，IS-95 物理信道如表 3.2 所示。CDMA2000 系统 MS 的初始化过程：①开机寻找 CDMA 频点，捕获导频信道，实现短码同步（因为 PN 短码的偏置不同标识着不同基站）；②同步信道接收同步信道消息，获取导频偏置 PILOT_PN、长码状态 LC_STATE、系统时间 SYS_TIME、寻呼信道速率 P_RAT 等系统信息；③守候在基本寻呼信道，接收系统消息；④在接入信道进行登记、发起始呼或响应被叫。

4．CDMA2000 1XRTT 物理信道

下面介绍 CDMA2000 1XRTT 系统中的信道配置，如表 3.3 所示。

表 3.2　　　　　　　　　　　　　　　　IS-95 物理信道

信　道		主要功能
前向信道	导频信道	基站在该信道不停连续发射，用于使移动台开机在捕获状态搜索导频信号，进行同步相干解调，基站在此信道发送导频信号供移动台识别基站并引导移动台入网。全 0 导频信息采用 PN 短码调制但不同偏置区分基站（最大 512），$Walsh_0^{64}$ 扩频区分码道
	同步信道	用于为移动台提供系统时间和帧同步信息，基站在此信道发送同步信息提供移动台建立与系统的定时和同步。用 $Walsh_{32}^{64}$ 扩频，移动台每次呼叫结束重新与系统同步
	寻呼信道	基站在此信道向移动台发送有关寻呼、指令以及指配业务信道，包括系统参数、接入参数、邻区列表、信道列表等。用 $Walsh_{1-7}^{64}$ 扩频，其中 $Walsh_1^{64}$ 为基本码道，2-7 不用时可用于业务信道
	业务信道	基站在此向移动台发送用户信息和信令信息，包含业务数据和功率控制信息（基本码道数据 +MS 功率控制子信道）。$Walsh^{64}$ 中剩余码道，最少有 55 个前向业务信道
	前向补充码分信道	IS-95B 增加的信道。用来在一次呼叫通话过程中传递用户信息给指定的移动台。每个前向业务信道可包括 7 个前向补充码分信道
反向信道	接入信道	用于移动台接入系统或响应基站的寻呼信息。每个寻呼信道能同时支持 32 个接入的信道
	业务信道	用于在呼叫期间移动台向基站发送用户信息和信令信息
	反向补充码分信道	IS-95B 增加的信道。用于在通话中向基站发送用户信息，每个反向业务信道可包括 7 个反向补充码分信道

表 3.3　　　　　　　　　　　　　　　　CDMA2000 1X 物理信道

信　道			主要功能
前向信道 F-CH	公共物理信道	导频信道 PICH	同 IS-95。使 MS 获得 PN 短码相位信息，并据此进行信道估计和相干解调等。（如支持发射分集还可分为前向导频、发送分集导频、辅助导频、辅助发送分集导频信道）
		同步信道 SynCH	同 IS-95
		寻呼信道 PCH	同 IS-95
		广播控制信道 BCCH	工作在无线配置 RC3 以上，用于传递系统开销消息（如原来在 PCH 上发送的开销）以及需要广播发送的消息（如群发短信）给移动台。使用 $walsh_n$ 其中 n 只要不和其他分配的码道冲突即可
		快速寻呼信道 QPCH（可选）	工作在无线配置 RC3 以上，该信道解调简单迅速，用来快速指示 MS 是否在下一个 F-PCH 或 F-CCCH 时隙上接收消息，使 MS 不必长时间监听 F-PCH 或 F-CCCH 可省电
		公共功率控制信道 CPCCH	当移动台在 R-CCCH 或 R-EACH 上发送数据时，向移动台传递反向功率控制比特。BS 支持 1 个或多个 F-CPCCH，每个 F-CPCCH 又分为多个功控子信道，每个功控子信道控制 1 个 R-CCCH 或 R-EACH
		公共指配信道 CACH	工作在 RC3 以上，与 F-CPCH、R-EACH、R-CCCH 配合使用，当基站解调出一个 R-EACH Header 后，通过 F-CACH 指示 MS 在哪个 R-CCCH 信道上发送接入消息，接收哪个 F-CPCH 子信道的功率控制比特
		公共控制信道 CCCH	用于当移动台还没有建立业务信道时，基站和移动台之间传递一些控制消息和突发的短数据

信　　道			主要功能
前向信道 F-CH	专用物理信道	专用控制信道 DCCH	每个前向业务信道包括 1 个 F-DCCH。工作在 RC3 以上，属于业务信道的一种，当移动台处于业务信道状态（通话过程中或数据业务使用中）时，用于传递用户信息和信令信息（包括一些消息或低速的分组数据业务、电路数据业务）
		基本信道 FCH	每个前向业务信道包括 1 个 F-FCH，工作于 RC1-RC2 时相当于 IS-95 的业务信道。属于业务信道的一种，用于当移动台进入到业务信道状态后（通话过程中或数据业务使用中），承载信令、话音、低速的分组数据业务、电路数据业务或辅助业务
		补充信道 SCH	工作在 RC3 以上，属于业务信道的一种，用于当移动台进入到业务信道状态后（通话过程中或数据业务使用中），承载高速的分组数据业务，每个业务信道可包括最多 2 个前向补充信道。与前向补充码分信道类似，但补充码分信道只适于 RC1-RC2，每个业务信道可包括最多 7 个前向补充码分信道
反向信道 R-CH	专用物理信道	导频信道 R-PICH	工作在 RC3 以上，用于辅助基站检测移动台所发射的数据，进行相干解调和功率控制测量
		专用控制信道 R-DCCH	每个反向业务信道包括 1 个 R-DCCH 工作在 RC3 以上，属于业务信道的一种，当移动台处于业务信道状态（通话过程中或数据业务使用中）时，用于传递用户信息和信令信息（包括一些消息或低速的分组数据业务、电路数据业务）
		反向基本信道 R-FCH	每个反向业务信道包括 1 个 R-FCH。属于业务信道的一种，用于当移动台进入到业务信道状态后（通话过程中或数据业务使用中），承载信令、话音、低速的分组数据业务、电路数据业务或辅助业务
		反向补充信道 R-SCH	工作在 RC3 以上，属于业务信道的一种，用于当 MS 进入到业务信道状态后（通话过程中或数据业务使用中），承载高速分组数据业务，每个业务信道可包括最多 2 个反向补充信道。反向补充码分信道 R-SCCH 只适于 RC1-RC2，功能类似
	公共物理信道	反向接入信道 R-ACH	同 IS-95
		增强型反向接入信道 R-EACH	工作在 RC3 以上，当移动台还未建立业务信道时，可以通过该信道发送控制消息到基站，提高移动台的接入能力
		反向公共控制信道 R-CCCH	用于当移动台还没有建立业务信道时，基站和移动台之间传递一些控制消息和突发的短数据

在表中，话音业务用基本信道 FCH 承载；数据业务用基本信道 FCH 和补充信道 SCH 一起承载，补充信道或补充码分信道用于高速数据的传送，基本信道用于低速数据的传送。当数据业务呼叫建立的时候，首先分配给 MS 的是基本信道；如果数据速率超过 9.6kbit/s，那么系统将会分配补充信道给 MS。

扩频速率简称 SR，指扩展 CDMA 信号的扩频波形的 chip 速率，决定了频谱的宽度和处理增益。SR1 是 1.2288 Mchip/s，和 IS-95 是一样的，它形成 1.25 MHz 宽的信号，每扇区能承载一定数量的数据。

无线配置简称 RC，指一系列前向和反向业务信道的工作模式，每种 RC 支持一套数据速率，其差别在于物理信道的各种参数，包括调制特性和扩频速率 SR 等。CDMA2000 1XRTT 工作在 SR1 下时，它有几种射频配置 RC，如 RC1、RC2、RC3、RC4、RC5 等，其中 RC1 和 RC2 是与 IS-95 兼容的。

5. CDMA2000 系统呼叫处理过程

CDMA2000 系统中移动台的呼叫处理过程如图 3.4 所示。从中可以了解空中接口物理信道的应用情况。

移动台初始化状态。移动台接通电源后就进入"初始化状态"。在此状态中，移动台不断检测周围各基站发来的导频信号，各基站使用相同的导频 PN 序列，但其相位偏置各不相同。移动台比较这些导频信号强度，即可捕获最强的导频信号。此后，移动台要捕获同步信道，同步信道中包含有定时信息，当对同步信道解码之后，移动台就能和基站的定时同步。

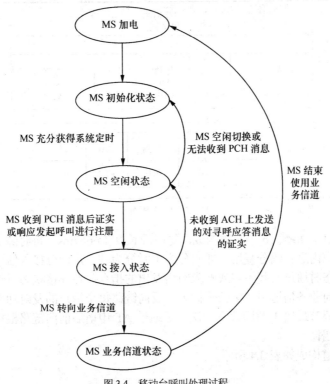

图 3.4　移动台呼叫处理过程

移动台空闲状态。移动台在完成同步和定时后，即由初始化状态进入"空闲状态"。在此状态中，移动台要监控寻呼信道。此时，移动台可接收外来的呼叫或发起呼叫，还可进行登记注册、接收来自基站的消息和指令。

系统接入状态。如果移动台要发起呼叫，或者要进行注册登记，或者接收呼叫时，即进入"系统接入状态"，并在接入信道上向基站发送有关的信息。这些信息可分为两类：一类属于应答信息（被动发送）；一类属于请求信息（主动发送）。

业务信道控制状态。当接入尝试成功后，移动台进入业务信道状态。在此状态中，移动台和基站之间进行连续的信息交换。移动台利用反向业务信道发送语音和控制数据，通过正向业务信道接收语音和控制数据。

6. CDMA2000 1X EV-DO 的空中接口

对于 CDMA2000 1X EV-DO 系统的空中接口，一个载频承载语音，一个载频承载数据，即 EVDO 只做数据业务不传传统语音业务。为了有效支持数据业务，1X EV-DO 系统的前向信道采用了时分复用方式（码分仅作扩频抗干扰用），即时分为主码分为辅，前向信道的一帧由 16 个时隙构成，一个时隙 1.6667ms，每个时隙由 2048chip 组成，一个时隙又分为两半各 1024chip，有数据业务时时隙处于激活态，"1024chip=400 数据+64 的 RAB/RPC+96 导频+64 的 RAB/RPC+400 数据"构成，没有数据业务时时隙处于空闲态，只传 MAC 信道（64 的 RAB/RPC+96 导频+64 的 RAB/RPC），如图 3.5 所示。EV-DO 的前向链路对每个用户都是全功率发射（与 1X 不同，EV-DO 是一个用户独享一个时刻的时分复用方式，该时刻全部码道为一个用户使用），采取了用速率控制代替功率控制的方法，即前向链路根据接入终端 AT 反馈给网络的无线环境情况（DRC 信道传来的消息）来决定采用何种速率传送数据。

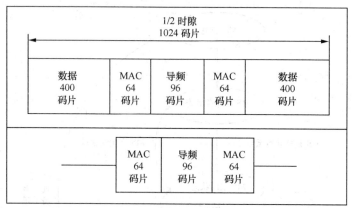

图 3.5　1/2 时隙组成

EV-DO 反向信道，每帧 16 个时隙构成，每时隙长度 1.6667ms，每时隙 2048chip，各信道以码分方式在一个时隙内进行码分复用，即码分为主时分为辅。反向分接入信道和业务信道，接入终端 AT 在空闲状态时通过发起主叫或响应网络发出的指令；在连接状态时使用业务信道发送业务或信令消息，反向业务信道用 PN 长码标识。反向链路每个用户的发射功率仅占全功率的一部分，传输速率自我调节最快 1 时隙改变一次，是通过 AT 申请后前向链路根据无线环境情况通知 AT 采用何种速率发射。

EVDO 物理信道构成如表 3.4 所示。

表 3.4　　　　　　　　　　　　　CDMA2000 1X EV-DO 物理信道

信　道		主要功能
前向信道	导频信道	用于系统捕获、信道估计和相干解调。不再连续发射，而是插入每半个时隙（1024chip）的中间发射 96chip
	媒体接入控制信道 反向活动比特子信道 RAB	当收到反向负荷过载时传 1、反向空闲时传 0，终端 AT 通过监视 RA 信道的 Bit 值从而调整自身的发送速率
	DRC 锁定信道	RPC 与 DRClock 信道时分复用，RPC/DRClock 信道与 RA 信道是码分复用，在每半时隙中的两个 64 的 RAB/RPC 中传。每个建立了空中链路的 AT 都被分配 1 个 RPC 信道，用来指示 AT 调整功率；DRClock 信道用于通知 AT 证实其所发的 DRC 请求是否被网路可靠接收
	反向功率控制子信道 RPC	
	业务信道	业务信道和控制信道时分复用，而业务信道又由多个用户时分复用，一般是采取 4 时隙复用，即某用户的数据分组包在 1 时隙传后是其他 3 个用户的到第 5 时隙再传第 1 个用户。业务信道承载业务数据，由前缀 n 和业务 400-n 构成，前缀标识 AT 和分组数据起点以及 MAC 信道索引等。控制信道承载广播消息和对 AT 的指示信息，相当于 1X 中的寻呼信道
	控制信道	

续表

信　道			主要功能
反向信道	业务信道	导频信道	Walsh$_0^{16}$ 扩频，导频信道与 RRI 信道时分复用，每时隙 RRI 占起始的 256 导频占后 1792chip，各时隙连续发射。RRI 用于指示反向业务信道的数据速率
		媒体接入控制信道	反向速率指示信道 RRI	
			前向速率控制信道 DRC	Walsh$_8^{16}$ 扩频，请求前向业务速率和告知选择的服务扇区
		响应信道	Walsh$_4^8$ 扩频，发全 0 表示 AT 成功接收前向业务信道数据；发全 1 表示错误。如没有前向业务信道数据，不需响应
		数据信道	Walsh$_2^4$ 扩频，传反向用户业务数据
	接入信道	导频信道	连续发全 0，Walsh$_0^{16}$ 扩频。做前缀时仅发射导频，在有接入消息数据时，导频与接入数据同时发射用 Walsh$_2^4$ 和 Walsh$_0^{16}$ 区分
		数据信道	传 AT 的接入或响应数据，walsh$_2^4$ 扩频

3.2.4　CDMA2000 无线功控

移动通信存在远近效应，如一个小区的用户都以相同的功率发射，则靠近基站的移动台到达基站的信号强，远离基站的移动台到达基站的信号弱，这样就会导致强信号掩盖弱信号，这就是所谓的"远近效应"。移动通信存在系统干扰，基站发射功率太大，会对邻区造成干扰；但功率太小，又影响覆盖范围，所以需要功率控制在最合适范围内。CDMA 是一个自干扰系统，所有用户使用同一个频率，远近效应更加严重。

为了在发射功率小的情况下确保满足要求的通话质量，这就要求基站和移动台都能够根据通信距离的不同、链路质量的好坏，实时地调整发射机所需的功率，这就是"功率控制"。功率控制分为两类：前向功控和反向功控。前向功控控制基站发射功率；反向功控控制移动台发射功率。

反向功控分为 3 类：反向开环、反向闭环和反向外环功控。

反向开环功控是指移动台发起呼叫时，从广播信道得到导频信道的发射功率，再测量自己收到的功率，相减后得到下行路损值；根据互易原理，由下行路损值近似估计上行的路损值，计算出移动台的发射功率；缺点是上下行路径衰耗不完全相同。

反向闭环功控是指基站检测来自移动台的信噪比，与预定的门限值比较，形成功率调整指令，通过前向功控子信道通知 MS 调整发射功率。

反向外环功控与闭环功控相比，预定门限值是变化的，基站通过 CRC 检验统计接收数据误块率 BLER（误码率 BER），改变信噪比门限标准值，从而更精确地控制 MS 功率。

前向功控采用前向闭环和前向外环结合。前向闭环功控是指 MS 将接收到的 E/N 比与预设值比较，在反向功控子信道发基站功控 Bit；前向外环功控与闭环不同的是，预设参数值是通过检测误帧率动态调整的。

在 CDMA2000 1X 系统中，采取功率控制，当用户的接收信噪比 E_b/N_0 较低时，基站可增大发射功率，反之则降低发射功率。CDMA2000 1X 前向一般采取开环、闭环相结合的闭环功控；反向也采取开环、闭环相结合的闭环功控。

在 EV-DO 系统中，前向采取的是速率控制，当用户的接收信噪比 E_b/N_0 较低时，则通过降低基站业务数据速率（减少数据量也可增加重复度）来增加接收信噪比。事实上，1XRTT 中 AT 不能决定前反向速率和选择基站（扇区），但 EV-DO 系统中由于具有 DRC 信道，AT 可以告知选择的服务扇区并请求前向业务速率。EV-DO 系统前向是最大功率发射；反向采取了开环、闭环相结合的闭环功控。

3.2.5 导频和导频污染

在 CDMA2000 1X 系统中，具有相同的频率但有不同的 PN 短码相位的导频集合，被称为导频集。系统 AN 的导频集分为 4 种：激活集（有效集）、候选集、相邻集（邻区集）和剩余集。

激活集是指当前前向业务信道对应的导频集合；候选集是指不在有效集中，但终端检测到其强度已足以供正常使用的导频集合；相邻集是指当前不在有效集或候选集中但是有可能进入候选集的导频集合（由基站发送的邻区列表确定）；剩余集则是剩余的未在以上 3 种中的其他导频集合。在搜索导频时终端按照有效集、候选集、邻区集和剩余集的顺序。如图 3.6 所示。图中参数 T-ADD 为导频信号监测门限，AT 检测到邻区集或候选集中某导频超过 T-ADD 值，则将该导频列入候选集；T-DROP 为导频信号下降监测门限，AT 检测到有效集或候选集中某导频低于 T-DROP 值，则 AT 启动计时器 T-TDROP，计时器超时，将该导频转入邻区集；T-COMP 有效集与候选集的导频信号比较门限，当 AT 检测到候选集中某导频信号强度超过当前有效集的基站导频 $\frac{1}{2}$ T-COMP 值时，就向基站发送导频强度测量消息，准备切换。

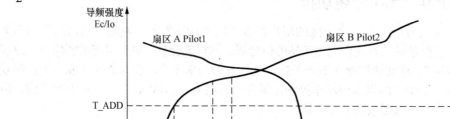

图 3.6 导频集切换情况

对于从 A 扇区向 B 扇区移动的 AT 而言，导频信号 2 开是始处于相邻集中；当监测到导频信号 2 大于 T-ADD 时（1 位置），将其纳入候选集；当导频信号 2 继续增加达到比 1 信号还高出 $\frac{1}{2}$ T-COMP 时（2 位置），向基站发送导频信号强度测量信息 PSMM，基站决定将信号 2 增添到激活集并准备软切换；AT 收到信息后将导频信号 2 放入激活集（位置 3）。随着 AT 进入 B 扇区远离 A 扇区，对于原 A 扇区的导频信号 1 逐渐减弱，当低于 T-DROP（位置 4）时，AT 启动计时器；计时器超时（位置 5）后，移动台发送导频信号强度测量信息 PSMM；AT 收到信息后（位置 6）将导频信号 1 置入候选集；当信号持续低（位置 7）时，AT 启动另一定时器；定时器超时（位置 8）将导频信号 1 置入相邻集。

通过调整 T_ADD，可以较好地控制软切换比例。如果该值设置过大，使得软切换门限很高，这将减小软切换区域，降低软切换比例，但是可能导致出现覆盖漏洞，由于不能充分利用软切换增益，可能导致掉话；如果该值设置过校，使得软切换门限降低，这将增大软切换区域，提高软切换比例，从而花费较多的前向信道资源，减少了前向容量。一般 T-ADD 可设为-14dB，T-DROP 设-16dB，定时器设为 4s，T-COMP 设为 2.5dB。

导频污染是指某测试点接收的导频信号差别不大（都很强或都很弱）。一般导频信号有多于

3 个超过 T-ADD 进入激活集后，手机内置的 RAKE 接收机只能解调其中 3 路，而没有被解调的信号就会成为强干扰信号，就成为导频污染。导频污染增加了系统的背景噪声，会导致误帧率的上升，影响系统功能，甚至引起掉话。导频污染通常表现为导频太多或无主导频两种情况。当查看 PSMM（导频信号强度测量信息），如有 4 个导频的强度都在 T-ADD±1.5dB，就属于典型的无主导频现象；当查看 PSMM（导频信号强度测量信息），如有 7 个导频都大于 T-ADD，就是典型的导频太多。清除导频污染的主要方法有：选择所有导频信号中的最佳导频，调整相应基站的天线方位角、下倾角与导频功率，同时降低其他基站的导频强度；改变基站配置，降低天线的挂高；检查是否有基站过覆盖，调整该基站的天线倾角，减小覆盖范围；在导频污染区域通过直放站等引入一个强导频等。

移动台搜索前向导频时，对处于不同集的导频采取了不同的搜索策略，对于激活集、候选集搜索频度较高，相邻集次之，剩余集最慢。一般是搜索一次激活集或候选集所有导频，才搜索 1 个相邻集导频；再搜索一次激活集或候选集所有导频，才再一次搜索 1 个相邻集导频；所有相邻集导频搜索完 1 次，才搜索 1 个剩余集里的导频。移动台搜索器的搜索速度最大为 4800chip/s；移动台寻找导频时的搜索宽度称为搜索窗；不同的导频集可以有不同大小的搜索窗；搜索窗越大，搜索到导频的机会越大，但遍历导频集所有导频的时间越长。搜索时是以搜索到最早到达的那个多径信号的中心开始搜索的，如果一个多径分量与最早到达的分量之间的时延超过搜索窗的一半时，该分量将不能被搜索到。

3.2.6　分集与 RAKE 接收

分集技术的理论基础是认为多径支路信号所受的干扰具有分散性，即干扰不同，从而有可能从这些多径信号中挑选出受干扰最小的信号或通过一定合并规则得到高信噪比的信号，降低多径衰落的影响。同一信源的多径信号:传输相同信息、具有近似相等的平均信号强度和相互独立衰落特性。常见的分集发射技术如空间分集、极化分集、频率分集等；也有隐形的交织编码技术（实质是时间分集）、跳频技术（实质是频率分集）、RAKE 接收等。

CDMA2000 1X 前向支持多种前向链路发射分集技术，主要有正交发射分集（OTD）、空时扩展分集（STS）。OTD 方式是通过分离数据流，采用正交 Walsh 序列分别对两个数据流扩频。STS 方式是通过对数据流进行空时编码，在两根分离天线发射已交织的数据，即在多天线上发射所有前向信道。前向链路发射分集可以减少发射功率，抗衰落，增大系统容量。

在接收端得到多个不相关的信号后，需进行合并处理，常见有选择合并、等增益合并、最大比合并等。RAKE 接收机技术实际也是一种分集接收的方式，CDMA2000 1X 系统采用 RAKE 接收技术。

RAKE 接收的基本原理是：接收到的多径信号由于传输路径不同，导致接收到的多径信号幅度、相位不同，如果直接合成则是一个多径信号的矢量和；若采用 RAKE 接收机，则是将各路径信号分开各自接收、再分别相位校准，变多信号的矢量和为代数相加，有效利用了多径分量。可见，RAKE 接收需满足多径信号不相关能分离和相位延迟校准，才能实现。当两信号的多径时延相差大于 1chip 宽度时，两个信号被认为是不相关的可以分离的。

RAKE 接收机的实现方法是：移动台通过天线接收到信号，进行中频变换，进入 RAKE 接收解调；RAKE 接收是数字解调的核心，它包括 4 个解调器，一个做为导频（Pilot）搜索器，用 Walsh0 码道对短码（PN）的导频信道进行相关，搜索出最强的 3 个多径信号及其 PN 码相位参数。另外 3 个解调器，按照得到的 PN 码相位参数延迟校准，对 3 个最强的多径信号分别进行 PN 码解扩和 Walsh 相关，从而解调出 3 个信号；进入加法器进行最大比合并；合并后的信号进行译码和解交织、信源解码，还原出原始信号。在基站侧的 RAKE 接收也是相似的。

3.3 认知扩频与空间接口任务教学实施

情境名称	移动通信实验系统或无线维护台		
情境准备	移动通信实验系统，双踪示波器； 或 1 套基站无线设备，无线操作维护终端		
实施进程	1. 查阅资料，归纳扩频技术与模型、扩频码在 CDMA2000 中的应用、空间接口物理信道、移动台呼叫过程、无线功控技术、导频技术与导频污染、分集技术与 RAKE 接收 2. 操作带有移动通信扩频、解扩的实验系统，在收端地址码与发端地址码相同、不同情况下，用双踪示波器观察，并记录扩频、解扩的实际应用 3. 进入基站无线操作维护台，查看某移动台从开机到呼叫结束的信令跟踪过程，观察其物理信道的占用情况 4. 进入基站无线操作维护台，查看导频信号强度测量 PSMM 消息，记录导频强度信息，分析是否存在导频污染 5. 结合完成的任务，总结 CDMA2000 空间接口的几项关键技术		
任务小结	1. 画出扩频通信技术实现的波形原理图，并解释如何提高抗干扰性能 2. 说明 CDMA2000 系统中采用的扩频方式、扩频速率，扩频码及其作用 3. 说明 CDMA2000 空中接口的频点使用情况和 1X 物理信道的作用 4. 结合跟踪信令情况，说明 CDMA2000 系统中移动台的呼叫处理过程说明空中接口物理信道的应用情况 5. 说明 CDMA2000 系统 MS 的初始化过程 6. 小结无线功控有哪些类型，解释 1X 和 1X EV-DO 的功控的不同 7. 结合查看的 PSMM 消息，说明导频污染与解决导频污染的方式 8. 小结分集技术与类型，阐述 RAKE 分集接收		
任务考评	任务准备与提问	20%	1. 解释扩频通信和好处 2. 扩频码在 CDMA2000 系统前向和反向中有什么作用 3. CDMA2000 空中接口用哪些频点，有哪些物理信道 4. CDMA2000 系统中 MS 的初始化过程有哪些步骤 5. 结合 CDMA2000 系统中移动台的呼叫处理过程说明空中接口物理信道的应用情况 6. CDMA2000 无线功控有哪些类型 7. 什么是导频污染，如何解决 8. RAKE 分集接收是如何实现的
	分工与提交的任务方案计划	10%	1. 讨论后提交的完成本次任务详实的方案和可行情况 2. 完成本任务的分工安排和所做的相关准备 3. 对工作中的注意事项是否有详尽的认知和准备
	任务进程中的观察记录情况	30%	1. 对扩频通信系统实现的波形原理图，是否记录清楚准确 2. 是否正确的观察跟踪到移动台初始化过程 3. 是否正确的观察跟踪到呼叫处理过程，并明确了物理信道的占用情况 4. 是否查看到 PSMM 消息，并能说明导频情况 5. 组员之间是否相互协作
	任务总结发言情况与相互补充	30%	1. 任务总结发言是否条理清楚 2. 归纳总结扩频技术与模型、扩频码在 CDMA2000 中的应用、空间接口物理信道、移动台呼叫过程、无线功控技术、导频技术与导频污染、分集技术与 RAKE 接收等是否准确清晰 3. 是否小组中每个同学都能了解并补充 CDMA2000 空间接口的相关知识 4. 提交的本组任务总结文档情况
	练习与巩固	10%	1. 问题思考的回答情况 2. 自动加练补充的情况

第二篇

CDMA2000 1X/EV-DO 核心网

任务 4

认识、装拆并配置 MGW 单板

4.1 认识、装拆并配置 MGW 单板任务工单

任务名称	认识、装拆并估算配置 MGW 机框单板
学习目标	1. 专业能力 ① 掌握 CDMA2000 核心网 MGW 实体硬件的机架机框组成与配线 ② 掌握 CDMA2000 核心网 MGW 设备主要单板功能、槽位、指示灯与接口 ③ 学会通过单板指示灯识别是否开工与故障识别的技能 ④ 学会 CS 域 MGW 机箱单板的安装与更换技能 ⑤ 学会 CDMA2000 核心网 MGW 设备单板拔插操作技能 ⑥ 掌握 CDMA2000 核心网 MGW 媒体流与控制流信号经过的单板线缆流程 ⑦ 学会 CDMA2000 核心网 MGW 单板配置与容量估算 2. 方法与社会能力 ① 培养观察记录机房、机架与单板的方法能力 ② 培养机房安装操作的一般职业工作意识与操守 ③ 培养完成任务的一般顺序与逻辑组合能力
任务描述	1. 记录 CDMA2000 核心网 CS 域 MGW 硬件组成架构与关系 2. 画出 MGW 机架的机框、槽位与单板对应位置 3. 观察并记录单板指示灯的含义,识别是否开工是否故障 4. 完成几块主要单板的更换操作 5. 完成 MGW 中电源、媒体流、控制流和时钟信号经过的单板线缆描述 6. 设定用户估算 MGW(内置 SGW)兼做端局与关口局的单板配置
重点难点	重点:CDMA2000 核心网 CS 域 MGW 设备单板的识记与指示灯含义 难点:通过单板指示灯识别 MGW 单板及接口的工作状态
注意事项	1. 拆装机箱断电操作,防止机箱滑落造成人身伤害与设备损坏 2. 更换单板注意防静电,防槽位与单板未对准引起的接口物理损坏。严格按操作规程进行 3. 不允许带电插拔电源分配板单板 PWRD,以避免造成损坏 4. 注意保持机架的通风散热,不能因为风扇噪声而关闭机架上的风扇
问题思考	1. LMSD 阶段的特点是什么? 承载与控制分离有什么好处 2. CDMA2000 核心网 CS 域包括哪些设备,各物理实体的主要功能 3. CDMA2000 核心网 CS 域 MGW 实体由哪些单板构成,单板主要功能是什么 4. CDMA2000 核心网 CS 域 MGW 设备业务机柜控制流经过哪些单板 5. CDMA2000 核心网 CS 域 MGW 设备业务机柜媒体流经过哪些单板
拓展提高	学习程控交换与软交换相关知识
职业规范	1. 中国电信 CDMA2000 核心网络设备技术规范 2. CDMA2000 数字蜂窝移动通信网工程设计暂行规定 YD5110-2009

4.2 认识、装拆并配置 MGW 单板任务引导

4.2.1 CDMA2000 核心网演进

1. CDMA2000 系统演进概况

从早期的数字化趋势，到现在人们对无线化、宽带化的通信业务需求，不断推动着移动通信向前发展。国际电联（ITU）早在 1985 年就提出了 3G 移动通信，并负责 3G 体制技术规范的制定，但 ITU 对 3G 的研究工作主要由 3GPP 和 3GPP2 承担。3GPP2 集合了 Qualcomm、Lucent、ARIB 等公司，中国通信标准化协会 CCSA 也加入了 3GPP2，这是一个共同研究 3G 的合作伙伴组织，研究在原 IS-95 的基础上演进的 CDMA2000 技术标准体系。

在 CDMA2000 网络演进过程中，核心网和无线接入网是独立演进的，CDMA2000 技术的发展演进过程如表 4.1 所示。

表 4.1　　　　　　　　　　　　3G-CDMA2000 系统演进过程表

阶段划分	系统演进	业务	前向数据速率	主要技术进步
2G	CDMA One（IS95A/IS95B）	语音、低速数据	14.4kbit/s 64kbit/s	IS95B 下行链路信道捆绑提高速率；CN 基于电路交换
2.5G——Phase1（1XRTT）	CDMA2000 1X	语音、中速数据	153.6kbit/s	前向快速功控和发射分集；快速寻呼 CH；引入补充 CH 传数据；反向导频 CH。CN 由 CS、PS 组成
3G——Phase1（1XEV-DO）Phase2（LMSD）	CDMA2000 1X CDMA20001X EV-DO	语音、中速数据；EVDO 仅数据	153.6kbit/s 2.4Mbit/s	DO 用独立载频只传数据；前向 TDM 反向 CDM、虚拟软切换、速率控制、APE 等。LMSD 时 CN 中 CS 升为软交换
3G——Phase3（MMD）	CDMA2000 1XEV-DV	语音；高速数据	3.1Mbit/s	兼容 1X；数据速率与语音容量同时提高。CN 全 IP 由 PDS 和 IMS 组成
4G	FDD LTE	语音、高速数据	100Mbit/s	全 PS 域；全 IP 扁平化仅 EPC 和 eNB 去 RNC；更灵活信道带宽

CDMA2000 1X 采用直接序列扩频码分多址（DS-CDMA）、FDD 方式，码片速率为 1.228Mchip/s，载波带宽 1.25MHz。目前运营商主要处在 CDMA2000 1X 和 CDMA2000 1X、EV-DO 并行使用的阶段。1X EV-DO 的含义 1X Evolution-DataOnly 就是指 1X 演进到一个只支持数据业务的载波，1X EV-DO 与 1X 相对比，主要是通过采用独立载频将语音和高速数据分开，即 1X EV-DO 系统使用独立的载波，在前向链路上采用时分复用的方式，使一个时刻只能有一个用户接受服务，提高了数据速率；但 CDMA 技术仍然保留在调制解调和扩频中，射频参数如频段、码片速率等与 1X 相同，因此 1X EV-DO 与 1X 又可共享射频部分，实际上 1X 和 1X EV-DO 并行不悖。CDMA2000 1X 和 CDMA2000 1X EV-DO 的主要对比如表 4.2 所示。CDMA2000 1X 和 CDMA2000 1X EV-DO 常见的组网方案，有 EV-DO 独立组网方式和 1XEV-DO 混合组网方式，混合组网方式即在现网 1X 主设备上增加 DO 信道板和控制单元（两者使用不同的信道板和载波实际是独立的），并对原有的 1X 系统软件进行升级，两者共用 1X 的分组核心网。

1X EV-DV 的含义 1X Evolution-Data and Voice 就是指 1X 演进到一个只支持数据和语音业务的载波，将话音和数据业务都放在一个载波上传输。CDMA2000 3X 则是采用多载波技术，具体说就是将一路数据分为 3 股分别在 3 个不同载波传输，在接收端再合并。

表 4.2　　　　　　　　　　CDMA2000 1X 和 CDMA2000 1X EV-DO 技术对比表

比较项目		CDMA20001X	CDMA20001X EV-DO
码片速率相同		1.228Mchip/s	1.228Mchip/s
基站间同步相同		需要同步	需要同步
编码调制不同		固定编码调制	自适应编码调制
支持的业务不同		语音、数据	只支持数据
同频段频点不同		独立选用载频	独立选用载频
核心网		基于 ANSI-41，CS/PS 并存	基于 IP
多址方式	前向信道不同	码分复用	时分复用，但保留 CDMA 扩频
	反向信道相同	CDMA	CDMA
功率控制	前向链路不同	开、闭环功控	最大功率
	反向链路相同	开、闭环功控	开、闭环功控
切换方式	前向不同	软/更软/硬切换并存	虚拟软切换（类似硬切换但更先进）
	反向相同	软/更软/硬切换并存	软/更软/硬切换并存

2．CDMA2000 核心网的演进

从窄带的 CDMA One 即 IS-95，发展到宽带的 CDMA2000 即 IS-2000，CDMA2000 1X 是 CDMA2000 的基础阶段，核心网引入了分组交换，可支持低速数据的移动 IP 业务。之后 CDMA2000 1X 可以向 3 个各自独立的方向发展演进：CDMA2000 3X、CDMA2000 1X&CDMA2000 1X EV-DO、CDMA2000 1X EV-DV。

CDMA2000 系统核心网的演进可以分为 3 个阶段。

第一阶段为传统电路交换域（LCSD）阶段，如图 4.1 所示。核心网是 CS+PS 的网络结构，CS 域交换由基于 TDM 电路交换的移动交换中心 MSC 组成，PS 域由 PDSN、HA 组成。

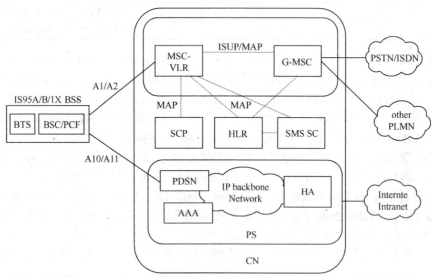

MSC—移动交换中心；G-MSC—关口移动交换中心；VLR—拜访位置登记器；HLR—归属位置登记器；
SCP—业务控制点；SMS SC—短消息义务服务中心；PDSN—分组数据业务节点；HA—归属代理；
MAP—移动应用部分协议；PSTN—公用电话交换网；ISDN—综合业务数字网；PLMN—公用陆地移动网；
MGW—媒体网关；PS—分组域；CN—核心网

图 4.1　LCSD 阶段核心网组成

第二阶段为传统移动交换域（LMSD）阶段，如图 4.2 所示。核心网仍然是 CS+PS 的网络结构，PS 域没变，但核心网 CS 域引进软交换思想、基于呼叫控制和承载分离原则，用分组网技术替换 TDM 技术，把传统的电路域核心网元 MSC 分离为 MSCe 和 MGW 两个功能实体。MSCe 提供呼叫控制和移动性管理功能，MGW 提供媒体承载和编解码转换功能。整个核心网基于 IP 承载，同时为了有别于 TDM 方式传输的系统，HLR 和 SCP 分别称为 HLRe 和 SCPe。MSCe 和 MGW 可提供与传统网络的互通功能，因此原来基于 TDM 接口的基站系统可以接入，采用 IP 接口的 ALL-IP 基站也可以接入，MSCe 通过 MGW 实现与传统的 MAP 网络互通，同时也提供与 PSTN 网络的互通。

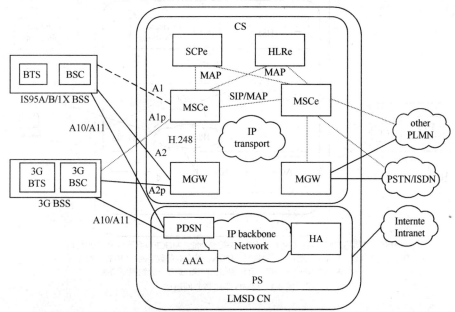

MSCe—移动交换中心仿真；HLRe—归属位置登记器仿真；SCPe—业务控制点仿真；PDSN—分组数据业务节点；
HA—归属代理；AAA—鉴权认证与计费；MAP—移动应用部分协议；PSTN—公用电话交换网；
ISDN—综合业务数字网；PLMN—公用陆地移动网；CS—电路域；PS—分组域；CN—核心网

图 4.2　LMSD 阶段核心网组成

对于分组域，PDSN 是连接无线网络和分组数据网的接入网关，负责为用户建立和终止 PP 连接，以向用户提供分组数据业务；对于简单 IP 业务（类似拨号上网），PDSN 使用 IP 控制协议为用户分配动态 IP；对于移动 IP 业务（移动台以永久 IP 以 IP 路由机制连接到任何子网中），PDSN 则需要支持外部代理 FA 的功能；PDSN 的设置可采取集中设置即全省一套 PDSN，也可分布设置即一个或多个本地网设置一个 PDSN。AAA 服务器是认证、授权与计费服务器的简称，主要使用 RADIUS 协议，又称为 RADIUS 服务器；负责为本地用户提供认证、授权与计费，负责为外地漫游来的用户传递业务网 PDSN 与其归属网络间的认证、计费等信息；AAA 一般设置两级即全国中心和省中心。本地代理 HA，负责将分组数据通过隧道技术发与移动用户，并实现 PDSN 之间的移动管理。

第三阶段为移动多媒体域（MMD）阶段，如图 4.3 所示。核心网包含两个子系统：分组数据子系统 PDS 和 IP 多媒体子系统 IMS，分组数据子系统 PDS 为 IP 多媒体子系统 IMS 提供可靠的 IP 承载通道，IMS 为 CDMA2000 网络提供丰富多彩的移动多媒体相关业务。这一阶段主要以实现基于 IP 的空中接口为标志。HSS 为归属用户服务器，是所有和服务相关的数据存储器，包括用户身份、注册信息等；CSCF 为呼叫会话控制功能，是 IMS 网络核心，实现了多媒体呼叫中主要的软交换控制功能，负责对用户多媒体会话进行处理；MGCF 为媒体网关控制功能，MGCF 和 MGW 一起是 IMS 与 CS 域和 PSTN/ISDN 互通的功能实体，MGW 负责 CS 域与 IP 网间的媒体流转换，MGCF 完成 CSCF 与 CS 域间的控制流转换。

从 3GPP2 标准发展看，LMSD 逐渐演进到 MMD 最终 LMSD 会消失，AGW（FA）和 HA 网元为多媒体域业务提供 IP 承载路径，多媒体域网络是个完全的 SIP 软交换网络；HLR 和 AAA 也演变为统一的 HSS；多媒体呼叫涉及到的网元设备主要为 CSCF（呼叫会话功能）。

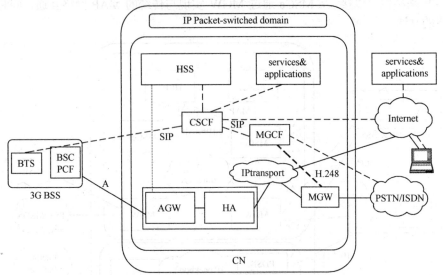

HSS—归属用户服务器；CSCF—呼叫状态控制功能；MGCF—媒体网关控制功能；
HA—归属代理；PSTN—公用电话交换网；ISDN—综合业务数字网；MGW—媒体网关；
AGW—接入网关；SIP—会话初始化协议；PCF—分组控制功能

图 4.3 MMD 阶段核心网组成

4.2.2 CDMA2000 1X 核心网 CS 域实体功能

CDMA2000 1X 核心网的 LMSD 阶段引进了软交换的思想，是当前 C 网的主要设备，现以此为例来说明核心网 CS 域的物理实体。CDMA2000 1X 核心网 CS 域物理实体包括以下设备。

1. MSCe

移动交换中心仿真，为多种逻辑功能实体的集合，提供呼叫控制、连接以及移动性管理功能，兼具 VLR 功能，是本阶段软交换系统中提供电路域实时语音/数据业务呼叫、控制、业务提供的核心设备。MSCe 的设置考虑大容量、少居所的原则，在一个本地网内可设置 1 个或多个 MSCe，也可几个本地网合设一个 MSCe 实体，同省内一般可以分区域设置 1～2 个，可集中放置在中心城市。

2. MGW

媒体网关，为核心网中的分组环境和 PSTN 网络中的电路交换环境提供承载业务支持、提供话音编解码的声码器功能、提供调制解调器 MODEM/IWF 功能，也提供终结 PPP 连接的能力。MGW 具有与 SS7 信令网、IP 分组网及 PSTN 网之间的互通功能；MGW 支持 TDM 承载、IP 承载两种形式承载的媒体流，并支持在这两种承载下的媒体流间进行互通。其中内置的媒体资源功能处理器 MRFP，与控制实体 MSCe 一起提供多方会议桥接、通知回放和语音回放等业务。也可内置 SGW，具有 SG 的功能，以实现 SS7 信令到 IP 信令的转换，将信令转交至其他网元（如 MSCe）处理。MGW 一般分散设置在各个本地网中，一个本地网可设置 1 个或多个 MGW，同一本地网的 MGW 一般集中设置在一个城市（但可以不同局址），MGW 也可兼做 GMGW。

3．HLRe

归属位置寄存器仿真，在 HLR 基础上增加了 IP 信令接口，管理用户的语音业务和数据业务特征以及用户的位置和可接入性信息。即用户数据的存储、检索、鉴权和登记。HLRe 可与 MSCe 合设，也可独立设置。

4．SGW

信令网关，在核心网中主要承担信令的转发功能，以及 SS7 的信令传输（SS7MTP）和基于 IP 的信令传输（SigtranSCTP/IP）之间的转换，即 Sigtran 信令与 SS7 信令的相互转发。为不同网络之间的业务融合做保障。通常可不独立存在，与 MGW 合为一个实体设备。

5．SCPe

业务控制点仿真，SCPe 提供 IP 信令接口，处理 WIN（无线智能网）过程中的呼叫控制和定制业务请求，与其他功能实体交互来接入附加的逻辑，获得处理呼叫及业务逻辑实例所需要的信息。

4.2.3　CDMA2000 1X 核心网 CS 域实体 MGW 机架机箱

1．MGW 系统组成逻辑功能块

MGW 由资源子系统、交换子系统和信令控制子系统组成，构成 MGW 资源子系统的逻辑功能单元包括：声码器单元、媒体资源单元、SS7 信令单元、IP 接入单元、中继接入单元等；构成交换子系统的逻辑功能单元包括：电路交换单元、IP 包交换单元；构成信令控制子系统的逻辑功能单元包括控制处理单元、时钟处理单元。MGW 的逻辑功能模块如图 4.4 所示。

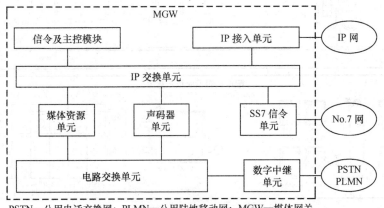

PSTN—公用电话交换网；PLMN—公用陆地移动网；MGW—媒体网关

图 4.4　MGW 逻辑功能模块

MGW 通过数字中继单元提供 E1/SDH155 等接口，连接 2G 的 BSC、PSTN 程控交换机中继、其他运营商移动网 PLMN 的移动交换机中继等；MGW 通过 IP 接入单元提供 FE、GE、STM-1 等接口，至 IP 网连接 MSCe、其他 MGW、3GBSC 等；MGW 通过 SS7 信令单元连接 No.7 信令网可实现内置 SGW 的功能；MGW 中的 IP 交换单元和电路交换单元，通过声码器实现语音电路域和 IP 域的转换互通，电路交换单元完成电路时隙的交换，IP 交换单元完成包交换；MGW 通过媒体资源单元实现多媒体资源功能处理器 MRFP 的功能，如会议电话、放音、DTMF 等；整个 MGW 由信令及主控模块实现控制。此外，时钟单元由 CLKG 时钟单板组成，单板的时基可以是 BITS 时钟输入或线路时钟提取，通过时钟同步锁相和时钟分发功能，为整个 MGW 提供全局同步时钟。

2. MGW 系统机架机框

以某 Z 移动厂商的设备为例，构成 MGW 的资源子系统、交换子系统和信令控制子系统，每个子系统都至少由 1 块背板提供 17 个前后槽位的标准机框组成，组成子系统的单板插在指定的机框背板槽位中，采用前后对插单板的结构形式，前插板是核心后插板是辅助出电缆接线口（但有光纤的在前插板出），背板不同则为不同的插框。单板插入机框，机框插在机柜中。

MGW 局用机柜由标准的 19 英寸业务机柜和服务器机柜组成。业务机柜由包括安装在顶部的配电插箱、分散在各业务框之间的风扇插箱、业务插箱和底部的防尘插箱组成。服务器机柜内可安装各种服务器、以太网交换机、防火墙、路由器等。二者的不同主要在于顶部电源的不同，业务机柜为直流-48V 输入后的分配；而服务器机柜则为交流 220V 输入后的分配。下面主要说明业务机柜插箱的情况。

（1）业务机柜配电插箱

业务机柜配电插箱前面板安装有用于监控和电源分配的 PWRD 板，前面板可绕轴向外翻转便于检修；配电插箱的后盖板下则装有连接的接线端子，系统的配电和监控的输入输出电缆都通过后部进行连接。外接电源采取两路输入，自动切换实现双备份。配电插箱的前后面板如图 4.5 所示。配电插箱前面板左边为两路-48V 直流电源输入开关；右边为 8 个指示灯，从左至右指示灯含义如表 4.3 所示。配电插箱后面板从左至右为输入输出的接口如表 4.4 所示。

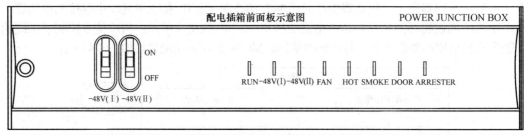

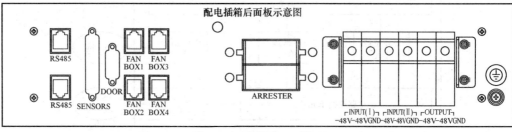

图 4.5　配电插箱前-后面板图

表 4.3　　　　　　　　　　　　MGW 配电箱前面板指示灯含义

指示灯	含　　义	颜色	说　　　　明
RUN	运行指示	绿	闪：工作正常；灭：异常
-48V I	第 I 路输入 48V 告警指示	红	亮：I 路输入欠压或过压告警；灭：无告警
-48V II	第 II 路输入 48V 告警指示	红	亮：II 路输入欠压或过压告警；灭：无告警
FAN	风扇告警指示	红	亮：风扇异常告警；灭：无告警
HOT	温度告警指示	红	亮：温度异常告警；灭：无告警

指示灯	含义	颜色	说明
SMOKE	烟雾告警指示	红	亮：烟雾异常告警；灭：无告警
DOOR	门禁告警指示	红	亮：门禁异常告警；灭：无告警
ARRESTER	避雷器告警指示	红	亮：避雷器异常或损坏告警；灭：无告警

表 4.4　　　　　　　　　　　　　MGW 后面板输入输出接口

接口名称	接口连接说明	接口名称	接口连接说明
RS485 上	输出，连至 OMP 单板对应后插板的 PD485 处	FAN BOX3	输入，连至二层风扇的信号电缆
RS485 下	输入，从相邻机架配电插箱的 RS485 上过来	FAN BOX4	输入，连至三层风扇的信号电缆
SENSORS	输入，连接传感器的信号电缆	ARRESTER	输入，连至避雷器的信号电缆
DOOR	输入，连接门禁装置信号电缆	INPUT I	输入，第 I 路-48V 直流
FAN BOX1	输入，连至顶层风扇的信号电缆	INPUT II	输入，第 II 路-48V 直流
FAN BOX2	输入，连至一层风扇的信号电缆	OUTPUT	输出，-48V 直流输出至汇流条

业务机柜后视整体接线配线如图 4.6 所示。

对于服务器机柜的顶部电源盒，前面板左右为两个空气开关，中间是两路 220V 交流电输入指示灯和防静电手环插孔。电源盒后面两边为两路 220V 交流输入接线端子；中间为 4 路交流输出的接线端子，接 4 个插板为服务器以太网交换机等供电。如图 4.7 所示。

（2）业务插箱

业务插箱是一级交换插箱，采用前后对插单板的结构形式，插箱前后各有 17 插板槽位，前插单板和后插单板通过插槽安装在背板上。前插面板有指示灯和光纤连接口；后插单板一般是辅助前插单板引出对外的信号接口和调试接口，如电缆从后插板引出，有些单板则不一定要配后插板如 MPB 用做 SMP 逻辑板时就不需要，用做 OMP 时就需要后插板。每个插箱后部上有带电源滤波器的-48V 电源接口（6 芯插口）通过电源电缆与机架汇流条连接。插箱中安装的背板不同如 BCTC/BCSN/BPSN/BUSN，则该框成为不同的业务插箱。

所有业务插箱背板 BCTC/BCSN/BPSN/BUSN 的背视左上角都有两个电源插座 X1 和 X2；背视左上角电源插座下面都有 3 个 4 位拨码开关，其中 S1 前三位以二进制标识局号取值 0~7第四位备用，S2 四位以二进制标识机柜号取 0~15，S3 前两位以二进制标识机框号取值 0~3 第三四位备用。

（3）风扇插箱

风扇插箱内包含 3 单元，每单元 2 个风扇，构成一个层面 6 风扇，形成机架内下进上出的散热风道。每单元前面板可独立向里盲插，前面板上按钮按下可向外拉出，方便现场维护与带电更换。每单元前面板上有 RUN 和 ALM 两个指示灯，RUN 绿表示正常开工，ALM 红表示本单元风扇有异常告警；后面板左面有 RS485 接口输出连接至配电箱 FAN BOX；右面有 POWER 为风扇电源连接端，连接机柜两边汇流条为风扇供电。

（4）防尘插箱

防尘插箱位于机柜底部，内置可拆洗防尘滤网。

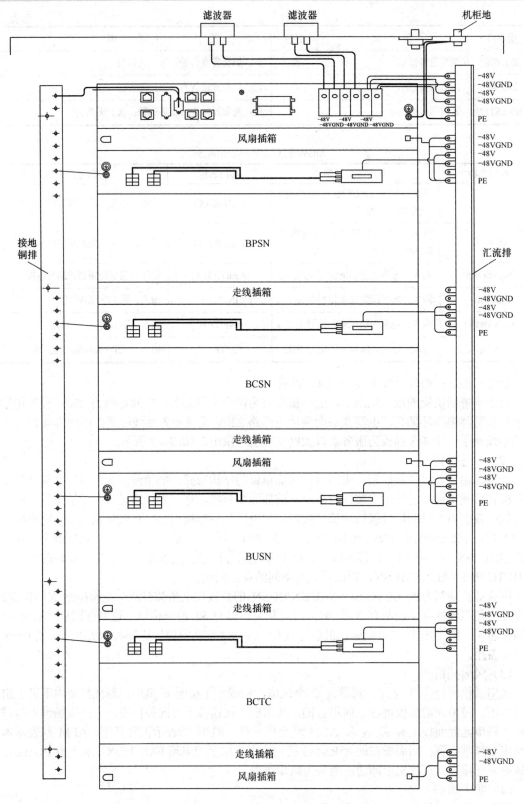

图 4.6　业务机柜后视电源接线配线图

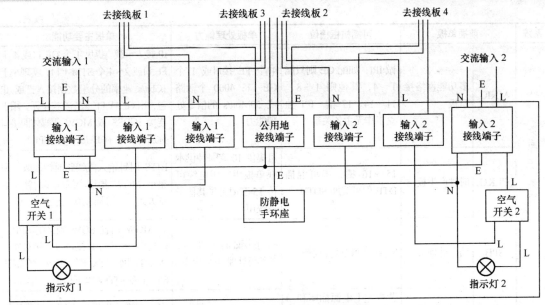

图 4.7　服务器机柜顶部电源盒配线图

4.2.4　CDMA2000 1X 核心网 CS 域实体 MGW 单板与接口

以某 Z 移动厂商的设备为例，MGW 各子系统的单板、可插槽位及其功能如表 4.5 所示。

表 4.5　MGW 单板组成与功能表

系统	前插单板	可插机框槽位	单板处理能力	单板主要功能
资源子系统	BUSN 资源子系统背板	背视左上电源插座和 3 个 4 位拨码，S1 前三位局号 0~7，S2 四位机柜号 0~15，S3 前两位机框号 0~3	提供前后各 17 个槽位	提供到 2GBSC/PSTN 的 TDM 接口，提供到 3GBSC/MSCe/ 其他 MGW 的 IP 接口，实现数据承载与转换
	UIM（U/T） 通用接口模块（单 BUSN 框为 UIMU/ 多 BUSN 框未 UIMT）	固定 9/10 槽主备方式。UIM 不能同时提供电路交换和 TDM 框间互连，互连通过 BCSN 的 TFI 转接	2 个 "24×100M+2× 1000M" 的交换以太网及 16kbit/s DM 时隙的接入或交换	IP：4 个 FE 口接信令控制框，1 个 GE 口接包交换框；相当于两个 Hub 各完成本框内单板的分组交换。TDM：为本框提供 16kbit/s 电路交换；由 HW 线连背板再由两对光纤到电路交换框实现 16kbit/s 时隙接入
	DTB 数字中继板	可插 9~10、15~16 以外任何槽	32 条 E1	提供 32 路 E1 接入实现 TDM 接入承载
	SDTB 光接口数字中继板	可插 9~10 和 17 以外任何槽	STM-1 即 63E1	提供 STM1 的 155Mbit/s 光接口（相当于 63 个 E1）实现 TDM 的光接入承载
	MRB 媒体资源板	除 9~10 以外任何槽，无后插板	480 路 Tone/DTMF/MFC，120 路会议电话	提供多路录音通知/提示音/DTMF/MFC/会议电话功能
	VTCD 声码器板	除 9~10 以外任何槽，无后插板	420 路	支持多种解码方式间的相互转换，如网络侧 64kbit/s 的 PCM 时隙数据与空中接口来的压缩比特流转换等

续表

系统	前插单板		可插机框槽位	单板处理能力	单板主要功能
资源子系统	MNIC	多功能网络接口板	做 IPI，如配 GE 则只能 1～4，其他则 1～8、11～14、17 槽。IPI 独立工作无主备关系	4 个 FE 接口或 1 个 GE 口；4000 个话路或 50Mbit/s 的信令处理能力	IP 接入承载。提供 1 个 GE 口或 4 个 FE 口或 2～4 个 STM-1 口，实现小于 1Gbit/s 速率的分组数据接入打成 IP 包，由 GE 或 FE 送至交换单元。用于连接 3GBSS 或 MGW 等媒体面接口称逻辑 IPI，在 BUSN 中为 IPI。
	CLKG	时钟产生板	15～16 槽，不可混插 DTB 但可混插 SDTB	可提供 10 套时钟供本框单板用；用电缆可传 15 套时钟供其他子系统用	BITS 时钟输入或线路时钟提取，为整个 MGW 提供全局同步时钟，主备方式，也可插在其他框
	SPB	信令处理板	除 9～10 以外任何槽	64 条 64kbit/s 链路，每条约可处理 5000 用户	如 MGW 内置 SGW 则必配 SPB。能提供 16 个 E1 接口可直接对外连接 SS7 网；能处理 64 条信令链路 SS7 信令 MTP2 以下信令
核心包交换子系统	BPSN	包交换子系统背板	背视左上电源插座和 3 个 4 位拨码，S1 前三位局号 0～7，S2 四位机柜号 0～15，S3 前两位机框号 0～3	提供前后各 17 个槽位	完成交换；提供以太网连接作为控制通道；提供高速光纤备份通道；向各单板供电与接地；提供以太网、同步时钟、RS232 等接口
	UIMC	通用接口模块	固定 15、16 槽	2 个 "24×100Mbit/s+2×1000Mbit/s" 的交换以太网（16kbit/sTDM 时隙的接入或交换未用）	同上相当于 24+2Hub，提供 FE 以太网口接入信令控制框和 PSN；提供 GE 口接入 GLI，但无 TDM 功能
	PSN	IP 分组交换网板	固定 7、8 槽，一般为负荷分担也可主备，无后插板	40Gbit/s 容量	分组数据交换中心；是其他所有子系统的业务数据交汇点，是一个自路由的交换系统
	GLI	GE 以太网接口板	1～6 和 9～14 槽，无后插板，逻辑标识 TFI	4 个 GE 接口	4 个 GE 以太网口，接到资源框或资源子系统 UIM 板来实现业务数据的接入；QoS、流量及优先级处理；线速转发。成对可工作在主备，也可独立
核心电路交换子系统	BCSN	电路交换子系统背板	背视左上电源插座和 3 个 4 位拨码，S1 前三位局号 0～7，S2 四位机柜号 0～15，S3 前两位机框号 0～3	提供前后各 17 个槽位	T 网子系统背板，为子系统内各单板提供承载，为子系统内各单板信号提供链接，完成 64kbit/s 的交换
	UIMC	通用接口模块	固定 9、10 槽，不可混插其他单板，主备方式	2 个 "24×100Mbit/s+2×1000Mbit/s" 的交换以太网（16kbit/sTDM 时隙的接入或交换未用）	实现 TSNB 与控制系统间的 100Mbit/s 控制流以太网交换，即控制流的交换通路，连接控制框，亦无 TDM 功能
	TSNB	TDM 电路交换网板	固定 5、7 槽位，主备方式，无后插板	256kbit/s 电路交换网板	64kbit/s 到 256kbit/s 的 TDM 交叉

续表

系统	前插单板		可插机框槽位	单板处理能力	单板主要功能
核心电路交换子系统	TFI	TDM 光接口板	1～4/11～14 槽，无后插板（1～2 必插，其余不插 TFI 时可插 MPB，13～14 也可插 MNIC）	64kbit/s 交换接口	在 TSNB 板和资源子系统的 UIM 板之间提供桥接作用，共 8 条 622Mbit/s 多模光纤，每条可承载 512Mbit/s 的 TDM 净荷，8kbit/s 个时隙，因此 1 对主备 TFI 板可链接 4 个资源子系统的 UIM 板
	CLKG	时钟板	64	kbit/s 交换接口	同上，如有 BCSN 插框必配本插框
信令与控制子系统	BCTC	信令控制子系统背板	背视左上电源插座和 3 个 4 位拨码，S1 前三位局号 0～7，S2 四位机柜号 0～15，S3 前两位机框号 0～3	提供前后各 17 个槽位	完成控制面媒体流的汇接和处理
	UIMC	通用接口模块	BCTC 的 9、10 槽位，主备方式	2 个 "24×100Mbit/s+2×1000Mbit/s" 的交换以太网（16kbit/s TDM 时隙的接入或交换未用）	通过 GE 口将 CHub 汇集的其他各框数据，与 FE 口连接的本框各槽 MP/SPB/MNIC 数据，提供交换通路，亦无 TDM 功能，即系统内控制流以太网交换
	MPB	主处理器板（OMP/SMP 等）	做操作维护 OMP 固定在 11、12 槽位	处理 100 次（H.248 控制的）呼叫/秒或 2 Mbit/s ～ 4Mbit/s 的 SS7 信令流	系统控制及 OMC 功能，主备方式
			做业务处理 SMP 时无后插板，可插 BCTC 的 1～8 和 11、12、17 槽位		整个系统的控制与处理核心，1 块 MPB 上有两个相互独立的 CPU；大容量内存
	SPB	信令处理板	BCTC 的 1～8、11～12、13、17，一般 5～6 槽	64 条 64kbit/s 链路或 4 条 2Mbit/s 链路	能提供 16 个 E1 接口可直接对外连接 SS7 网；能处理 64 条信令链路 SS7 信令 MTP2 以下信令；通过 4 对 HW 线接入由 DTB/SDTB 送 T 交换后来的 SS7
	CHUB	控制流集线器板	BCTC 的 15-16，一对主备用	46 个 100Mbit/s 口	用于汇接资源、IP 交换、T 交换和其他信令控制子系统的控制面以太网数据流；对外提供 46 个 100Mbit/s 口与子系统 UIM 连接，对内 1 个 GE 口与本框 UIM 连
	MNIC	多功能网络接口板	一般一对，插 1～2 槽做 SIPI。做 SIPI 成对 1+1 主备或负荷分担	4 个 FE 接口或 1 个 GE 口；4000 个话路或 50Mbit/s 的信令处理能力	提供 FE 口，将从 IP 网收到的 IP 包转发给 SMP 处理，通过 SIPI 可实现 MGW 与 HLRe 等 3G 网络设备对接。用于连接 MSCe 等控制面接口称逻辑 SIPI，在 BCTC 中为 SIPI
	CLKG	时钟板	BCTC 的 13、14 槽		提供 FE 口，将从 IP 网收到的 IP 包转发给 SMP 处理，通过 SIPI 可实现 MGW 与 HLRe 等 3G 网络设备对接。用于连接 MSCe 等控制面接口称逻辑 SIPI，在 BCTC 中为 SIPI

多框成局时资源子系统（框）、交换子系统（框）和信令控制子系统（框）槽位安排如表 4.6 所示。一个机架只能从上至下含 4 个业务框，如果仍然不够，还可多机架成局。

表 4.6　　　　　　　　　　　　　　MGW 各框背板槽位单板分布表

BUSN 背板	槽位	1	2	3	4	5	6	7	8	9	10	11	12	13	14	15	16	17
	单板	配 GE 业务板优先				普通 2×100M 业务板				UIM		普通 2×100M 业务板				CLKG 优先		1×100M
BPSN 背板	槽位	1	2	3	4	5	6	7	8	9	10	11	12	13	14	15	16	17
	单板	GLI 0	GLI 1	GLI 2	GLI 3	GLI 8	GLI 9	PSN		GLI 10	GLI 11	GLI 4	GLI 5	GLI 6	GLI 7	UIM		可插 MNIC
BCSN 背板	槽位	1	2	3	4	5	6	7	8	9	10	11	12	13	14	15	16	17
	单板	TFI		TFI/MPB		TSNB		TSNB		UIM		TFI/MPB		TFI/MPB/MNIC		CLKG		MPB/MNIC
BCTC 背板	槽位	1	2	3	4	5	6	7	8	9	10	11	12	13	14	15	16	17
	单板	MPB/SPB/MNIC								UIM		MPB/SPB/MNIC		CLKG/SPB	CLKG	CHUB	CHUB/SPB	CHUB/SPB/MPB

如果对于小容量局，可以单机架成局，电路交换框 TFI 单板需要很少，则可以将主控框的 MPB、MNIC 插到电路交换框中，用做 OMP 的 MPB 插到 11～12 槽，节省主控框及其 BCTC 背板。槽位配置如表 4.5 中 BCSN。单机架成局控制框融合进电路框后的槽位典型配置如图 4.8a 所示。对于更小容量的局，MGW 甚至可以单 BUSN 资源框框成局（但一般只要有两框 BUSN 就需要配 BPSN 框），单框成局槽位典型配置如图 4.8b 所示。单框成局时资源框的 UIMT 完成 16KT 网交换，多框成局时 UIMT 的 16KT 网交换不够需要通过大容量的 T 网交换。

1	2	3	4	5	6	7	8	9	10	11	12	13	14	15	16	17
TFI	TFI	MPB	MPB	TSNB		TSNB		UIM	UIM	OMP	OPP	MNIC	MNIC	CLKG	CLKG	

（a）控制框融合进电路交换框典型配置

1	2	3	4	5	6	7	8	9	10	11	12	13	14	15	16	17
DTB	DTB	DTB	DTEC	IPI	MRB	VTCD		UIMU	UIMU	OMP	OPP	SIPI	SIPI	CLKG	CLKG	SPB

（b）MGW 单资源框成局典型配置

图 4.8　典型配置

不管多架、多框成局，还是单架成局、单框成局，一般安排 1 号架的 2 号框放置带 OMP 的主控框。

从表 4.5 可见，构成 MGW 四种业务框（资源框、T 交换框、IP 交换框和控制框）的单板主要有 14 种类型。现在分别来看 MGW 中这 14 种主要单板的指示灯与接口。

1. UIM 通用接口模块板接口与指示灯

UIM 单板可分为 UIMC 和 UIMU/UIMT 三种用途。UIMU/UIMT 主要完成资源框内的以太网二级交换、电路域时隙复接交换、插箱管理等功能，同时提供控制面以太网级联接口，但

UIM 不能同时提供电路交换和 TDM 框间互连，多框互连通过 BCSN 的 TFI 转接，故单资源框称为 UIMU 只完成电路交换，如多个资源框通过 UIM 连接则该 UIM 不完成交换只完成框间连接称为 UIMT。UIMC 主要完成控制框/T 交换框/IP 交换框各框内的以太网二级交换、插箱管理等功能，同时提供控制面以太网级联接口。做 UIMU/UIMT 时后插板配 RUIM1，做 UIMC 时后插板配一块 RUIM2 与一块 RUIM3，RUIM2 配小号槽位（9/15），RUIM3 配大号槽位（10/16）。

UIM 单板前面板和 RUIM 后面板示意如图 4.9 所示。UIM 单板前面板有两个按钮 EXCH 和 RST。按下 EXCH 按钮可手工倒换 UIM 单板的主备状态；按下 RST 为单板复位操作。UIM 前面板指示灯含义如表 4.7 所示。后插 RUIM 面板接口如表 4.8 所示。

表 4.7   UIM 前面板指示灯及光接口含义

指示灯与接口	含　义	颜　色	说　明
RUN	运行指示	绿	慢闪：工作正常；快闪：上电过程中；灭：异常
ACT	主备指示	绿	亮：主用；灭：备用
ALM	告警指示	红	亮：告警；灭：正常
ENUM	拔板指示	黄	单板的扳手动作检测信号传与 CPU 从而控制单板是否工作。拔板时先打开扳手 CPU 控制该板退服，灯亮可拔板，不亮不能强拔否则会丢失业务；插板时合上扳手软件启动后，灯灭
UIMC Link1-10 UIMU/T Link1-4	控制面 100Mbit/s 级联口状态指示	绿	亮：正常；灭：未连接
UIMU/T ACT-P	分组域指示	绿	亮：正常；灭：不正常
UIMU/T ACT-T	电路域指示	绿	亮：正常；灭：不正常
UIMU/T ACT1-2	GE 口状态指示	绿	指示当前激活的光口 亮：已激活；灭：未激活
UIMU/T SD1-4	GE 口 1～4 路光信号指示灯	绿	指示光口是否收到光信号 亮：收到光信号；灭：未收到光信号
UIMU/T：X/TX1-2	两对 GE 光接口		实现 BUSN 到 BPSN 的 IP 媒体流连接通路
UIMT：RX/TX	TDM 光复用接口		实现 BUSN 到 BCSN 的 TDM 媒体流连接通路

表 4.8   RUIM 后面板接口说明

接口名称		功能说明
CLKIN	时钟输入口	与时钟后插板上的 CLKOUT 连接，收到时钟分发本框各单板
DEBUG-FE	单板调试网口	单板调试时用
DEBUG-232	单板调试串口	单板调试时用
RUIM1：FE	100Mbit/s 以太网口	UIM 的控制面级联接口，1/2 连接其他 UIM 和 CHUB。3/4 和 U 口为单板调试接口
RUIM2/3：FE 单/双	100Mbit/s 以太网口	UIMC 对外的 FE 接口，1～6 口用于控制面级联，连接其他 UIMC 和 CHUB。7～10 为单板调试接口

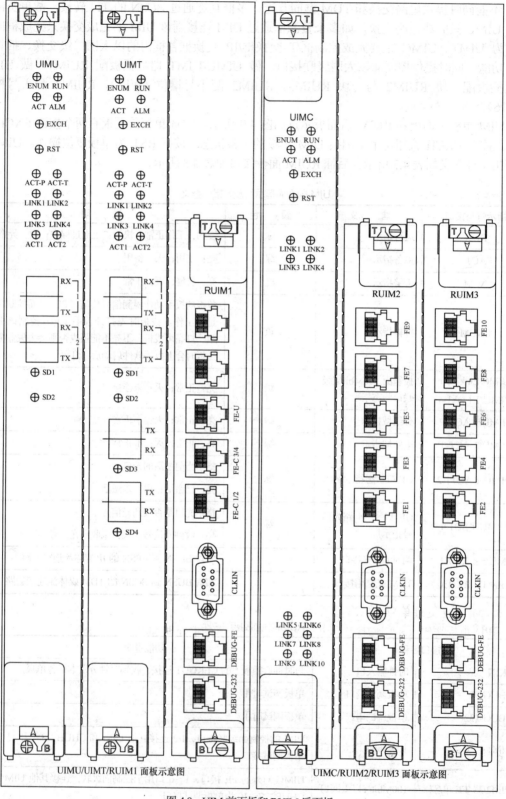

图 4.9 UIM 前面板和 RUIM 后面板

2. MNIC 多功能网络接口板接口与指示灯

MNIC 单板为系统提供到外部的 IP 物理接口,对内完成 IP 包处理。MNIC 单板的逻辑标识在 MGW 资源框中为 IPI,用于连接 3GBSC 的 A2p 接口或 MGW 间的 yy 接口,独立工作无主备;在控制框中为 SIPI,实现 MGW 控制面连接 MSCe 的 39/xx 接口,连接 MSCe 之间的 zz 接口,连接 3GBSC 与 MSCe 间的 A1p 接口,做 SIPI 时成对配置为 1+1 备份或负荷分担;在 HLRe 中用做 HLRe 前置机与数据库模块间接口时逻辑标识为 USI 采取 1+1 备份配置。

MNIC 单板前面板和 RMNIC 后面板示意如图 4.10 所示。MNIC 单板前面板有两个按钮 EXCH 和 RST。按下 EXCH 按钮可手工倒换 UIM 单板的主备状态;按下 RST 为单板复位操作。MNIC 前面板指示灯含义如表 4.9 所示。后插 RMNIC 面板接口如表 4.10 所示。

表 4.9　　　　　　　　　　　　　MNIC 前面板指示灯含义

指示灯	含　义	颜色	说　明
RUN	运行指示	绿	慢闪:工作正常;快闪:上电过程中;灭或一直快闪:异常
ACT	主备指示	绿	亮:主用;灭:备用
ALM	告警指示	红	亮:告警;灭:正常
ENUM	拔板指示	黄	单板的扳手动作检测信号传与 CPU 从而控制单板是否工作。拔板时先打开扳手 CPU 控制该板退服,灯亮可拔板,不亮不能强拔否则会丢失业务;插板时合上扳手软件启动后,灯灭
Link1-4	FE 状态指示	绿	亮:正常;灭:未连接

表 4.10　　　　　　　　　　　　　RMNIC 后面板接口说明

接口名称		功能说明
8kOUT/ARM232	单板调试网口	单板调试时用
DEBUG-FE	单板调试网口	单板调试时用
PrPMC-232	单板调试网口	单板调试时用
FE1-4	100M 以太网口	用于与外部网元的 IP 连接口

3. MPB 主处理单板接口与指示灯

MPB 单板逻辑上可用做操作维护主处理 OMP、信令主处理 SMP、呼叫控制主处理 CMP 和路由处理单元 RPU,其中 SMP 与 CMP 常集成在一起统称 SMP。配为 OMP 时负责系统操作维护相关的控制,监控管理系统中的单板,实现与 OMC 的 FE 连接和内外网段隔离;配为 SMP 时主要用于移动性管理、MAP、CC 子层管理及 VLR 分布式数据库管理等。做业务处理 SMP 时无后插板。

每块 MPB 单板包含两个独立的 CPU 子系统,称 A 子系统和 B 子系统。MPB 单板前面板和 RMPB 后面板示意如图 4.11 所示。MPB 单板前面板有 3 个按钮 EXCH1-2 和 RST。EXCH1 按钮为系统 A 主备倒换开关;EXCH2 按钮为系统 B 主备倒换开关;按下 RST 为单板复位操作。MPB 前面板指示灯含义如表 4.11 所示。后插 RMPB 面板接口如表 4.12 所示。

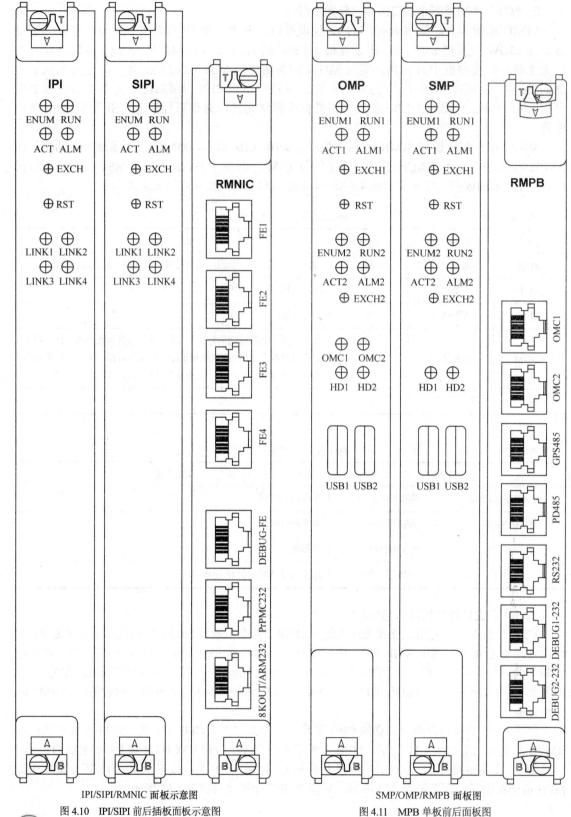

IPI/SIPI/RMNIC 面板示意图

图 4.10 IPI/SIPI 前后插板面板示意图

SMP/OMP/RMPB 面板图

图 4.11 MPB 单板前后面板图

表 4.11　　　　　　　　　　　　　MPB 前面板指示灯与接口含义

指示灯	含　义	颜色	说　明
RUN1/2	1 为 CPU 子系统 A 运行指示 2 为 CPU 子系统 B 运行指示	绿	慢闪：工作正常；快闪：上电过程中 灭或一直快闪：异常
ACT1/2	1 为 CPU 子系统 A 主备指示 2 为 CPU 子系统 B 主备指示	绿	亮：主用 灭：备用
ALM1/2	1 为 CPU 子系统 A 告警指示 2 为 CPU 子系统 B 告警指示	红	亮：告警 灭：正常
ENUM1/2	1 为 CPU 子系统 A 拔板指示 2 为 CPU 子系统 B 拔板指示	黄	拔板时先打开扳手该板退服，灯亮可拔板，不亮不能强 拔否则会丢失业务；插板时合上扳手软件启动后，灯灭
OMC1/2	1 系统 A 后台 OMC 以太网指示 2 系统 B 后台 OMC 以太网指示	绿	亮：后台 OMC 网口接通 灭：后台 OMC 网口未通
HD1/2	1 为子系统 A 硬盘指示 2 为子系统 B 硬盘指示	红	亮：对应硬盘正在工作 灭：对应硬盘没有工作
USB1/2	1 为子系统 A 硬盘接口 2 为子系统 B 硬盘接口		1 为子系统 A 硬盘接口 2 为子系统 B 硬盘接口

表 4.12　　　　　　　　　　　　　RMPB 后面板接口说明

接口名称		功能说明
OMC1/2	1 为子系统 A 以太网维护接口 1 为子系统 B 以太网维护接口	OMC1 在 MGW 不使用；OMC2 子系统 B 的 FE 以太网维 护接口，用于和 OMCServer 或计费服务器相连
GPS485	GPS485 串口	MGW 不使用
PD485	PD485 串口	连接到机架顶电源插箱的 RS485 上插口，将电源箱监控信 息输入 OMP 处理，以便到 OMC 输出到 OMCServer
RS232	RS232 串口	带外管理串口
DEBUG1-232	子系统 A 调试串口	子系统 A 调试串口
DEBUG2-232	子系统 B 调试串口	子系统 B 调试串口

4．SPB 信令处理板接口与指示灯

SPB 单板是带有 16E1 和 4 条 8M HW 接口的多 CPU 处理板。主要处理 SS.7 的 MTP2 及以下层信令，既支持 64kbit/s 信令链路，也可支持 2Mbit/s 信令链路，但最大 64 条 64kbit/s 或 4 条 2Mbit/s 链路。SPB 板可输出 2 路 8kbit/s 时钟给时钟板做时钟参考基准。单板上的多个跳线开关可选择匹配不同阻抗的链路，在此不赘述，需要时可查阅相关手册。

SPB 单板前面板和 RSPB 后面板示意如图 4.12 所示。SPB 单板前面板有单板复位操作按钮 RST。SPB 前面板指示灯含义如表 4.13 所示。后插 RSPB 面板接口如表 4.14 所示。

表 4.13　　　　　　　　　　　　　SPB 前面板指示灯含义

指示灯	含　义	颜色	说　明
RUN	运行指示	绿	慢闪：工作正常；快闪：上电过程中；灭或一直快闪：异常
ACT	主备指示	绿	亮：主用；灭：备用
ALM	告警指示	红	亮：告警；灭：正常
ENUM	拔板指示	黄	拔板时先打开扳手待该板退服，灯亮可拔板。同表 4.9

表 4.14　　　　　　　　　　　　　RSPB 后面板接口说明

接口名称		功能说明
8kOUT/ DEBUG 232	时钟输出口	连接时钟后插板的 8KIN 输入口，给时钟板做时钟参考基准
E1-16	E1 接口	连接 E1 传输线

5. CHUB 控制面互联板接口与指示灯

　　CHUB 只用在控制箱 BCTC 框中。控制箱 CHUB 板通过内部 GE 接口与本框 UIMC 连接，实现 UIMC 板的扩展板作用；控制箱 RCHUB 板上的 FE 口与其他插箱的 RUIM 板 FE 口相连，实现系统控制面的互联。CHUB 有两种后插板 RCHUB1 和 RCHUB2，前者插 15 槽后者插 16 槽。

　　CHUB 单板前面板和 RCHB 后面板示意如图 4.13 所示。CHUB 单板前面板有 EXCH 和 RST 操作按钮 RST，EXCH 按钮为 CHUB 主备倒换开关；按下 RST 为单板复位操作。CHUB 前面板指示灯含义如表 4.15 所示。后插 RCHB 面板接口如表 4.16 所示。

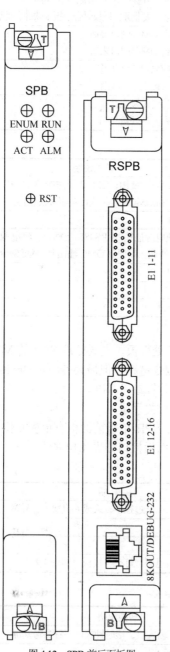

图 4.12　SPB 前后面板图

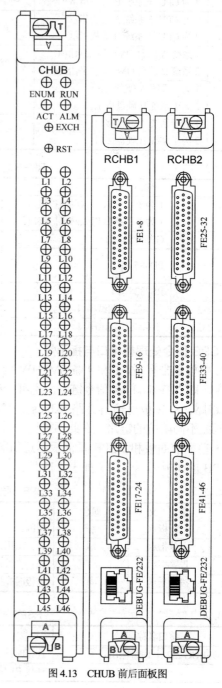

图 4.13　CHUB 前后面板图

表 4.15　　　　　　　　　　　　　　　　CHUB 前面板指示灯含义

指示灯	含　义	颜　色	说　明
RUN	运行指示	绿	慢闪：工作正常；快闪：上电过程中；灭或一直快闪：异常
ACT	主备指示	绿	亮：主用；灭：备用
ALM	告警指示	红	亮：告警；灭：正常
ENUM	拔板指示	黄	拔板时先打开扳手待该板退服，灯亮可拔板。同表 4.9
L1-46	FE 口连接指示	绿	亮：该条控制面的 100Mbit/s 已连接；灭：未连接或连接异常

表 4.16　　　　　　　　　　　　　　　　RCHB 后面板接口说明

接口名称		功能说明
DEBUG FE232	单板调试口	单板调试用
FE 1-46	控制面 100Mbit/s 以太网接口	每板 3 插头两板 6 插头，每插头 8 条 FE（最后个 6 条）

6. MRB 媒体资源板指示灯

MRB 板可支持 480 路 Tone/DTMF/MFC 和 120 路会议电话混音功能，DTMF、MFC 收号结果通过控制流以太网上报控制中心。MRB 单板没有后插板，没有对外接口仅有内部接口。MRB 单板前面板有 4 个指示灯，分别是 RUN 运行指示、ALM 告警指示、ACT 主备指示和 ENUM 拔板指示，其含义与其他单板指示灯相同。此外，MRB 单板前面板有单板复位操作按钮 RST。

7. VTCD 语音码型变换板指示灯

VTCD 也称声码器板，支持多种解码方式间的相互转换，如网络侧 64kbit/s 的 PCM 时隙数据与空中接口来的压缩比特流转换等。VTCD 没有后插板，没有对外接口仅有内部接口。VTCD 单板前面板有 4 个指示灯，分别是 RUN 运行指示、ALM 告警指示、ACT 主备指示和 ENUM 拔板指示，其含义与其他单板指示灯相同。此外，VTCD 前面板有按钮 RST 可进行整板复位操作。

8. DTB 数字中继板接口与指示灯

位于资源框的 DTB 板提供 32 路 E1 接口，支持从线路提取 8k 时钟通过电缆传送给 CLKG 做时钟基准。DTEC 与 DTB 的不同是 DTEC 可选配 EC 功能。

DTB 单板前面板和 RDTB 后面板示意如图 4.14 所示。DTB 单板前面板有单板复位操作按钮 RST。DTB 前面板指示灯含义如表 4.17 所示。后插 RDTB 面板接口如表 4.18 所示。单板上的多个跳线开关可选择匹配不同阻抗的链路，在此不赘述，需要时可查阅相关手册。

表 4.17　　　　　　　　　　　　　　　　DTB 前面板指示灯含义

指示灯	含　义	颜　色	说　明
RUN	运行指示	绿	慢闪：工作正常；快闪：上电过程中；灭或一直快闪：异常
ACT	主备指示	绿	亮：主用；灭：备用
ALM	告警指示	红	亮：告警；灭：正常
ENUM	拔板指示	黄	拔板时先打开扳手待该板退服，灯亮可拔板。同表 4.9
L1-32	32 路 E1 指示	绿	慢闪：正常；常亮：已配置 E1 但不通；灭：未配置 E1

表 4.18　　　　　　　　　　　　　　　　RDTB 后面板接口说明

接口名称		功能说明
DEBUG FE232	单板调试口	单板调试用
E1 1-32	E1 接口	连接 E1 传输线

9. SDTB 光数字中继板接口与指示灯

SDTB 是 STM-1 光中继板，提供 1 路 STM-1 的 SDH 接入，支持 SDH 具备的各种组网保护功能；支持从线路提取 8k 时钟通过电缆传送给 CLKG 做时钟基准。SDTB 没有后插板，1 对光口 TX/RX 在前面板。SDTB 单板前面板有 EXCH 和 RST 操作按钮 RST，EXCH 按钮为手工主备倒换开关；按下 RST 为单板复位操作。前面板指示灯含义如表 4.19 所示。

表 4.19 SDTB 前面板指示灯含义

指示灯	含 义	颜色	说 明
RUN	运行指示	绿	慢闪：工作正常；快闪：上电过程中；灭或一直快闪：异常
上 ACT	主备指示	绿	亮：主用；灭：备用
ALM	告警指示	红	亮：告警；灭：正常
ENUM	拔板指示	黄	拔板时先打开扳手待该板退服，灯亮可拔板。同表 4.9
下 ACT	光口激活指示	绿	用于指示当前光口激活状态
SD	光信号指示	绿	用于指示光口是否收到光信号

10. TSNB T 网交换板指示灯

电路交换框的 TSNB 板通过背板与本框光纤接口板 TFI 连接，为系统提供 64k 电路时隙交换。TSNB 没有后插板只有内部背板接口。TSNB 单板前面板有 4 个指示灯，分别是 RUN 运行指示、ALM 告警指示、ACT 主备指示和 ENUM 拔板指示，其含义与其他单板指示灯相同。TSNB 前面板有 EXCH 和 RST 操作按钮 RST，EXCH 按钮为手工主备倒换开关；按下 RST 为单板复位操作。

11. TFI T 框 TDM 光接口板接口与指示灯

TFI 实现 T 框 TSNB 与外部资源框 UIM 板之间的媒体面接口，是 DTB/SDTB/VTCD/MRB 等单板汇聚到 UIM 后接入 T 框的接口板。TFI 单板没有后插板，只有前面板 8 对 TDM 的 TX/RX 光接口，通过光纤与资源框 UIM 光口相连。TFI 前面板有 EXCH 和 RST 操作按钮 RST，EXCH 按钮为手工主备倒换开关；按下 RST 为单板复位操作。前面板指示灯含义如表 4.20 所示。

表 4.20 TFI 前面板指示灯含义

指示灯	含 义	颜色	说 明
RUN	运行指示	绿	慢闪：工作正常；快闪：上电过程中；灭或一直快闪：异常
ACT	主备指示	绿	亮：主用；灭：备用
ALM	告警指示	红	亮：告警；灭：正常
ENUM	拔板指示	黄	拔板时先打开扳手待该板退服，灯亮可拔板。同表 4.9
ACT1-8	光口激活指示	绿	用于指示该路光口激活状态
SD1-8	光信号指示	绿	用于指示该路光口是否收到光信号

12. PSN IP 交换框分组交换网板指示灯

IP 交换框的 PSN 板通过背板与本框 GE 以太网 GLI 接口板相连，实现 40G 的用户数据交换容量。PSB 没有后插板只有内部背板接口。PSN 单板前面板有 4 个指示灯，分别是 RUN 运行指示、ALM 告警指示、ACT 主备指示和 ENUM 拔板指示，其含义与其他单板指示灯相同。PSN

前面板有 EXCH 和 RST 操作按钮 RST，EXCH 按钮为手工主备倒换开关；按下 RST 为单板复位操作。

13. GLI GE 线路接口板接口与指示灯

GLI 实现 IP 框 PSN 与外部资源框 UIM 板之间的媒体面接口，是资源框 MNIC 等单板汇聚到 UIM 后接入 IP 框的接口板。GFI 单板没有后插板，只有前面板 8 对 TX/RX 光接口（一般用前面 4 个 GE），通过光纤与资源框 UIM 光口相连。GLI 前面板有 EXCH 和 RST 操作按钮 RST，EXCH 按钮为手工主备倒换开关；按下 RST 为单板复位操作。前面板指示灯含义与 TFI 前面板指示灯相同，如表 4.20 所示。

14. CLKG 时钟板接口与指示灯

CLKG 是 MGW 系统的时钟板，主备单板锁定同一基准，热主备方式以实现平滑倒换。CLKG 前面板和后插板面板接口如图 4.15 所示。CLKG 前插板有四个按钮和 18 个指示灯，功能如表 4.21 所示。后插板 RCKG 有两种类型 RCKG1 和 RCKG2，其接口功能如表 4.22 所示。此外单板上的跳线用于选择接线阻抗匹配等用途。

表 4.21　　　　　　　　　　　　　　　　CLKG 前面板按钮与指示灯含义

按钮与指示灯	含　义	颜色	说　明
RUN	运行指示灯	绿	闪：工作正常；长亮：晶体正预热；灭：异常
ACT	主备指示灯	绿	亮：主用；灭：备用
ALM	告警指示灯	红	亮：告警；灭：正常
ENUM	拔板指示灯	黄	拔板时先打开扳手待该板退服，灯亮可拔板。同表 4.9
CATCH	捕获指示灯	绿	亮：表示处于快捕状态，有基准未锁定
TRACE	跟踪指示灯	绿	亮：表示处于跟踪状态，有基准已锁定
KEEP	保持指示灯	绿	亮：表示已锁定，但中途基准丢失
FREE	自由运行指示灯	绿	亮：表示无基准更没有锁定，处于自由运行状态
EXCH	手工倒换按钮		用于手工倒换单板主备状态
RST	复位按钮		用于复位整块单板
MANSL	手动选择时钟基准按钮		按按钮 MANEI 灯亮进入手动选择时钟基准状态，按 MANEN 选择
MANEN	手动选择使能按钮		MANEI 亮后，每按 1 次面板灯（2Mbps1/2Mbps2/2MHz1/2MHz2/8K1/8K2/NULL）依次点亮，亮灯者为当前选定的基准
MANI	手动选择指示灯	绿	按下 MANSL 钮后亮：表示可手动选择输入基准；灭：不能手选
2Mbit/s1	时钟基准指示灯	绿	亮：表示当前基准为 BITS 设备输入的第 1 路 HDB3 编码 2M
2Mbit/s2	时钟基准指示灯	绿	亮：表示当前基准为 BITS 设备输入的第 2 路 HDB3 编码 2M
2MHz1	时钟基准指示灯	绿	亮：表示当前基准为 BITS 设备输入的第 1 路 TTL 差分 2M
2MHz2	时钟基准指示灯	绿	亮：表示当前基准为 BITS 设备输入的第 2 路 TTL 差分 2M
8K1	时钟基准指示灯	绿	亮：表示当前基准为 SPB 等单板提供的线路 8kHz 基准
8K2	时钟基准指示灯	绿	亮：表示当前基准为 GPS 板提供的 8kHz 基准
8K3	时钟基准指示灯	绿	亮：表示当前基准为 UIMC 板提供的 8kHz 基准
NULL	时钟基准指示灯	绿	亮：表示当前没有可用外部基准
QUID	基准降质指示灯	红	亮：表示基准降质，处于三级钟或以下标准

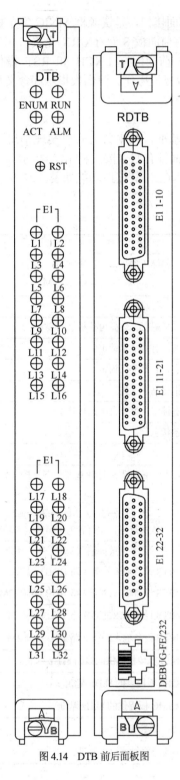

图 4.14 DTB 前后面板图

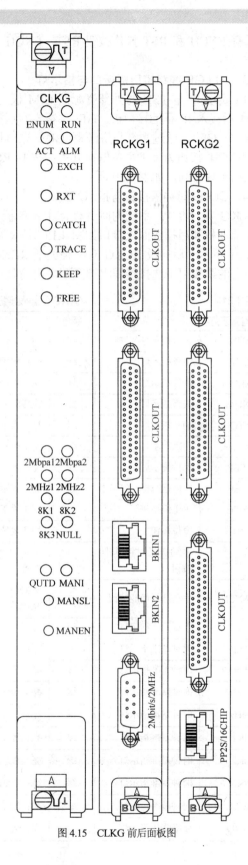

图 4.15 CLKG 前后面板图

接口名称		功能说明
CLKOUT	时钟输出口	每口接 1 条一拖六的电缆输出三组时钟，可连接 3 个插框的 3 对 UIMC 单板。3 个 CLKOUT 口共可输出 15 组。
8KIN1	时钟输入口	连接由 SPB 提供的线路 8kHz 时钟
8KIN2	时钟输入口	MGW 中不使用此口
2Mbit/s/2MHz	时钟输入口	连接外部 BITS 时钟基准源
PP2S/16CHIP	时钟输入口	MGW 中不使用此口

表 4.22　　　　　　　　　　　RCLKG 后面板接口说明

4.2.5　CDMA20001X 核心网 CS 域实体 MGW 信号流程

1. MGW 系统信号流程

以上认识了 MGW 各框中的单板槽位及其功能后，图 4.4 中 MGW 的逻辑功能模块框图，便可以具体化为框间单板的连接图，如图 4.16 所示。从图中可以看到，主控框 CHUB 单板的 FE 接口可外接其他任何子系统控制流，包括 MSCe、OMC 等。从图中还可以看到，来自 2GBSC 的 E1 流/PSTN 的 E1 流/其他 PLMNE1 流/3GBSC 的 IP 流/其他 MGW 的 IP 流/MSCe 的 IP 流等，通过资源框内相应的业务板（DTB/SDTB/MNIC/MRB 等）接入，不同的业务板将数据分为 TDM 媒体流与控制数据流、IP 包媒体流与控制数据流，分别汇聚进入 UIM 单板。

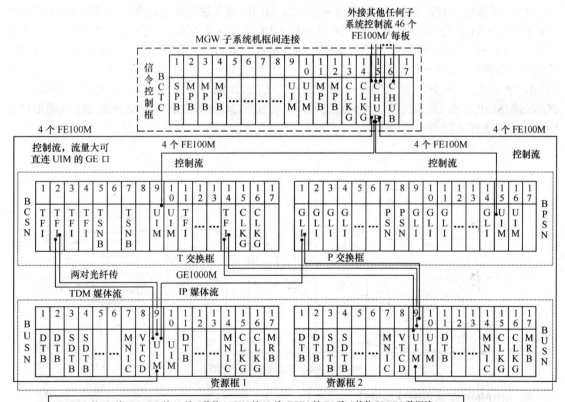

图 4.16　MGW 子系统机框间连接图

对于资源框中的 TDM 媒体流，经资源框 UIM 的 HW 线连背板再由前面板一对 TX-RX 光纤连接到电路交换框的 TFI，在 T 交换框中由 TSNB 网板完成交换（受控于 T 框 UIM 来的控制指令），进入目标 TFI，再送到目标资源框的 UIM 中，（同样受控于控制指令）交叉到目标业务板后送出。

对于资源框中的 IP 媒体流，经资源框 UIM 中的两对 TX/RX1-2 即 GE1000M 以太网光接口连接到 IP 交换框中的 GLI 单板，在 IP 框中 PSN 分组交换单板下交换（受控于 UIM 来的控制指令），交换到目标 GLI，再送到目标资源框的 UIM 中，（同样受控于控制指令）交叉到目标业务板后送出。

对于资源框中的控制流、T 交换框中的控制流、IP 交换框中的控制流等，均由本框 UIM 单板后插板的 FE100M 以太网口（有 4 个一般用第 1 个）送到主控框的 CHUB（如果控制流量大可直连两框间 UIM 板 GE 口；如果被控制的框很少，也可不经 CHUB 汇聚直接连接主控框的 UIM 板 FE 以太网口）。

对于时钟单元，从图 4.16 中可以看到，CLKG 单板可以插在主控框、T 交换框或任一资源框中，但如有 T 交换框则只能配在 T 框。CLKG 单板时基可以从 BITS 时钟输入、线路时钟提取或 GPS 时钟输入，进行时钟锁相同步后，进行时钟分发。除为本框单板提供外，也送其他框为整个 MGW 提供全局同步时钟；CLKG 单板通过本框 UIM 板或其他各框 UIM 板进行分发。

以上，了解了媒体流和控制流的基本处理过程，现在来看系统媒体流和信令控制流的具体信号流程实例，便于更深理解 MGW 对信号的处理过程。

① 3GBSS 或其他 MGW ⇔ 2GBSS/MSC/PSTN

RNC 或其他 MGW 来的 IP 语音包→资源框 MNIC 接入进行解包处理→资源框 UIM 汇聚到前面板 TX/RX1-2 的 GE 级光口→经 IP 交换框 GLI 接入→IP 交换框 PSN 板分组交换→再经 IP 交换框 GLI→送给资源框 VTCD 进行编码转换（将移动侧 QCELP、EVRC 或 SMV 转换为 G.711 格式）→资源框 UIM 汇聚到前面板 TX/RX 的 GE 级光口→送给 T 交换框 TFI 接入→T 交换框 TSNB 单板交换→资源框 UIM→资源框 DTEC/DTB/STDTB（DTEC 负责回声消除）→2GBSS/MSC/PSTN。反方向的处理流程类似，从而实现 3G 移动用户与 PSTN 或 2G 移动用户之间的互通，如图 4.17 中 1 线所示。

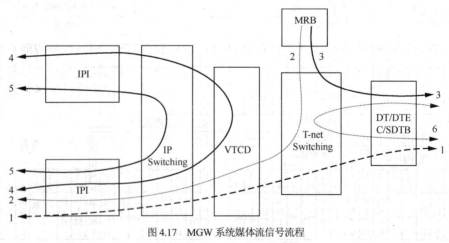

图 4.17　MGW 系统媒体流信号流程

② MRFP 多媒体资源功能处理

MRFP 是由资源框中的 MRB 单板提供的，一块 MRB 单板可支持 480 路 Tone/DTMF/MFC 和 120 路会议电话混音功能。

放音 Tone 功能：资源框 MRB 板的 G.711 Tone→资源框 UIM 汇聚到前面板 TX/RX 的 GE 级光口→送给 T 交换框 TFI 接入→T 交换框 TSNB 单板交换→资源框 UIM→交换给资源框 VTCD 进行编解码转换（G.711 Tone 转换为 QCELP/EVRC/SMV）打成 IP 包→资源框 UIM 汇聚到前面板 TX/RX1-2 的 GE 级光口→经 IP 交换框 GLI 接入→IP 交换框 PSN 板分组交换→再经 IP 交换框 GLI→送给资源框 UIM→资源框 MNIC 封装→发送给 RNC 或其他 MGW，为 3G 用户放音，如图 4.17 中 2 线所示。

会议电话功能：3GBSS 来的某 3G 用户 IP 语音包→资源框 MNIC 接入→经资源框 VTCD 转换为 G.711 语音后→交换到资源框 MRB 上进行混音→再从 MRB 经反向路径发送给多路 3G 受话用户。如果是 3G 用户与 2G 用户/PSTN 用户的会议电话则为：3GBSS 来的某 3G 用户 IP 语音包→资源框 MNIC 接入→经资源框 VTCD 转换为 G.711 语音后→交换到资源框 MRB 上进行混音→再从 MRB 到资源框 UIM 汇聚前面板 TX/RX 的 GE 级光口→送给 T 交换框 TFI 接入→T 交换框 TSNB 单板交换→资源框 UIM→资源框 DTB/SDTB→2GBSS/MSC/PSTN。MRB 处理后流程如图 4.17 中 3 线所示。

DTMF 双音多频：DTMF 收发号处理过程与上述类似。收号处理：3GBSS 来的 IP 语音包→资源框 MNIC→资源框 UIM→资源框 VTCD 转换为 G.711 格式→资源框 UIM 前面板 TX/RXGE 级光口→T 交换框 TFI 接入→TSNB 时隙交换→再经 T 交换框 TFI→资源框 UIM→资源框 MRB 收号。发号处理：资源框 MRB 根据收到号码产生 DTMF 音→资源框 UIM 交换到 VTCD 打成 IP 包→资源框 UIM 到前面板 TX/RX1-2 的 GE 级光口→IP 交换框 GLI 接入→IP 交换框 PSN 板分组交换→再经 IP 交换框 GLI→送给资源框 UIM→资源框 MNIC 封装→发送给 RNC 或其他 MGW。

③ 不同编解码方式 3GMSS ⟺ 3GMSS/2GBSS/MSC/PSTN 的互通（RTO 远端码型转换操作）

一般来说，在传统的 2G 业务过程中，尽管两个手机都支持相同的话音编码（如 EVRC），但在语音传递过程中，仍然要两次用到声码器，一次是主叫侧 BTS 声码器将 EVRC 转成 G.711 格式，另一次是在被叫侧 BTS 声码器将 G.711 格式转回 EVRC 格式发送给手机，这个过程被称为传统声码器操作 Tandem。

当两个 3GMSS 的手机之间不支持相同的编解码方式，或手机用户与 PSTN 用户之间的呼叫，通过在核心网远端使用一次声码器转换，将语音由 IP 网络承载编码方式转换为合适的其他编码（如 PSTN 的 G.711PCM 格式），称为远端码型转换操作 RTO。具体过程是：3GBSS 来的 IP 语音包（EVRC 格式）→资源框 MNIC 接入进行解包处理（SMV 格式）→资源框 UIM→资源框 VTCD 转换→资源框 UIM 前面板光口→经 IP 交换框或 T 交换框接入→PSN 板分组交换或 TSNB 时隙交换→再经 IP 交换框或 T 交换框→资源框 UIM→资源框 MNIC 或 DTB/SDTB→3GBSS 或 PSTN。如图 4.17 中 4 线所示。

④ 同种编解码方式 3GMSS ⟺ 3GMSS 的互通（TrFO 免码型转换操作功能）

对于同一种编解码方式 3G MSS 用户之间的互通，在呼叫过程中通信双方协商并支持相同的编码方式，不需要经过 VTCD 的编解码转换，从 MNIC 接入后经 IP 交换，直接发送给对端用户，实现 TrFO 的功能。3GBSS 来的 IP 语音包→资源框 MNIC 接入进行解包处理→资源框 UIM 汇聚到前面板 TX/RX1-2 的 GE 级光口→经 IP 交换框 GLI 接入→IP 交换框 PSN 板分组交换→再经 IP 交换框 GLI→资源框 UIM→资源框 MNIC 进行 IP 封装→3GBSS。如图 4.17 中 5 线所示。

⑤ 2G MSS ⟺ 3PSTN 的互通

2G MSS→资源框 DTB/SDTB 接入→资源框 UIM 到前面板 TX/RX 的 GE 级光口→送给 T 交换框 TFI 接入→T 交换框 TSNB 单板交换→资源框 UIM→资源框 DTEC/DTB/SDTB→PSTN。可见经 T 网交换，从 DTEC 出局，不需要经过 VTCD 转换和 IP 交换，即可完成 2G MSS ⟺

PSTN 互通，实现带 BSC 的功能。如图 4.17 中 6 线所示。

以上从①到⑤为 MGW 系统媒体流的信号处理流向。下面看 MGW 中信令处理的信号流程。

⑥ MSCe⇔ MGW 间的 H.248 信令

H.248 协议是软交换中媒体网关控制器与媒体网关之间的控制协议，在 3GCN 中 MGW 与 MSCe 之间以及 MGCF 与 MGW 之间的接口采用 H.248 协议。

来自 MSCe 的 H.248 信令消息通过 IP 方式由 MNIC 板的 FE 口接入，板上处理的协议栈为 SCTP/IP，处理后将上层 H.248 信令消息通过系统的控制面 IP 交换网分发给各个 MPB 模块处理。反方向，各 MPB 的 H.248 信令消息经系统的控制面以太网交换到 MNIC 板，进行 SCTP/IP 的封装处理后，由 FE 口发送给 MSCe。其中控制面以太网是指 MGW 系统中控制流所经过和处理的以太网。

⑦ SS.7 信令

SS7 信令协议的分层结构为：消息传递部分第一层 MTP1 即物理层，定义数字链路在物理、电气等特性；MTP2 即数据链路层，通过数据流控制、消息序号和差错检查等，确保消息在链路上的端到端准确传送；MTP3 即网络层，提供两个信令点之间消息的路由选择功能；其他上层包括信令连接控制部分 SCCP、事务处理应用部分 TCAP、ISDN 用户部分 ISUP、电话用户部分 TUP 等。

SS7 信令可以由 SPB 板的 E1 口直接接入，或者由 DTEC 的 E1、SDTB 的 STM-1 接口接入后，经 TDM 交换网送到 SPB。SPB 处理 MTP2 层消息后，将 MTP3 以上的消息作为净荷封装在内部消息中，通过控制面 IP 交换网，将消息发送至各个 MPB 板进行处理。

⑧ Sigtran 信令传输协议

SS7 信令早期的设计是基于电路网传送的，但当核心网分组（IP）化后，SS7 信令在 IP 网上的传送就需要基于 Sigtran 信令传输协议。Sigtran 协议的底层为传输层流控制传送协议 SCTP，用来在 IP 网中传 SS7 信令；Sigtran 协议的上层为用户适配层 UA，如 M3UA 为 7 号信令的 MTP3 用户适配层。

MPB 板将 SS7 信令的上层消息进行用户适配（如 M3UA）后，作为内部消息经控制面 IP 交换网发送到 MNIC，MNIC 再进行解包及 SCTP/IP 的封装，通过 FE 口发送出去。反方向的处理流程类似。

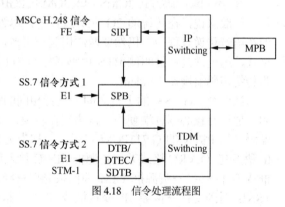

图 4.18　信令处理流程图

以上⑥到⑧的信令处理流程如图 4.18 所示。

2. MGW 系统内部与外部接口类型

MGW 系统的总体结构图如图 4.19 所示。前台部分包括 4 个子系统：资源子系统，承载背板为 BUSN，提供到 2GBSS/PSTN/2GPLMN 的 TDM 接口，同时提供到 3GBSS/MSCe/其他 MGW 的 IP 接口，实现媒体的承载和转换功能；T 网子系统，承载背板为 BCSN，提供 TDM 交换，实现资源子系统中 TDM 话路的交换接续；包交换子系统，承载背板为 BPSN，提供分组交换，实现资源子系统中 IP 媒体流的交换；控制子系统，承载背板为 BCTC，完成所有控制流的汇接，实现信令、协议的处理。主要单板如 UIM\CHUB\CLKG\OMP 等可采取 1+1 备份的主备工作方式，MNIC 单板可主备也可采取负荷分担方式。前台部分硬件包括机柜、机顶、插框和单板，告警箱单独配置。

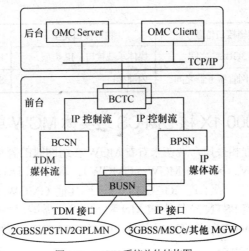

图 4.19　MGW 系统总体结构图

后台部分即操作维护中心，分为 OMC Server 和 OMC Client：通过以太网线把 OMC Server 连接至前台的操作维护处理板 OMP 或者后插板 RMPB；提供操作维护管理功能，包括数据维护、软件版本升级，提供至网管中心的接口，也可通过路由器和数据网接远程维护终端等；OMC Server 一般选用大型商用服务器，OMC Client 一般选用普通 PC。

MGW 与其他网元之间的互通接口如图 4.20 所示，其中逻辑接口及其物理接口的对应关系，接口协议如表 4.23 所示。

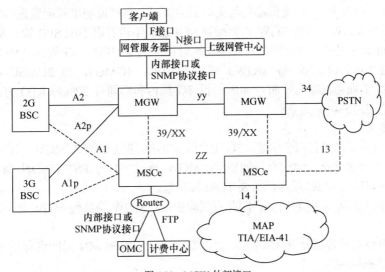

图 4.20　MGW 外部接口

表 4.23　　　　　　　　　　　　　　　　MGW 接口定义表

逻辑接口名称	逻辑接口位置	物理接口类型	协议类型
39/XX 接口	MGW 与 MSCe 之间	信令接口，IP 类型	H.248 协议
yy 接口	MGW 与 MGW 之间	媒体承载接口，IP 类型	RTP 实时传输协议
34 接口	MGW 与 PSTN 之间	TDM 类型	PCM 协议
A2 接口	MGW 与 2GBSC 之间	TDM 类型	PCM 协议

逻辑接口名称	逻辑接口位置	物理接口类型	协议类型
A2p 接口	MGW 与 3GBSC 之间	媒体承载接口，IP 类型	RTP 实时传输协议
网管接口	MGW 与网管服务器之间	内部接口	SNMP 简单网管协议接口

4.2.6　CDMA2000 1X 核心网 CS 域实体 MGW 单板配置与容量估算

知道了单板、信号流程和接口，现在来看看 MGW 在组网时的容量计算与单板数配置计算。

MGW 可做端局 MGW、关口局 MGW（GMGW）、端局关口局合一局、汇接局（TMGW）等方式组网。做端局组网时一般下连 2G/3GBSS，上连其他 GMGW 和 MSCe；做关口局组网时一般下连其他 MGW，上连 PSTN 及其他 PLMN 和 MSCe；做端局关口局合一局组网时，一般下连 2G/3GBSS，上连其他 MGW、PSTN 及其他 PLMN 和 MSCe；做汇接局组网时，主要是汇接多个端局 MGW，连接 TMSCe。

MGW 组网容量的计算，主要是基于各种类型单板的处理能力进行考虑。主要基本单板的处理能力如：VTCD 单板每板 420 路处理能力；MNIC 用在资源框做逻辑 IPI 接口板时按每板 4000 话路处理能力独立配置，MNIC 用在控制框做逻辑 SIPI 时一般一个 MGW 系统配一对主备用；DTB/DTEC 每板 960 路处理能力；SPB 单板为 64 条 64kbit/s 信令处理能力，每条约处理 5000 用户；MPB 中用做操作维护的逻辑单板 OMP 一个 MGW 系统配一对主备用；MPB 中用做主处理的逻辑单板 SMP 一对主备用处理能力约 20 万用户；CLKG 单板一个 MGW 系统配一对主备用等，除此以外还要考虑部分单板 1+1 负荷分担、部分单板是 N+1 备份或主备用等因素。下面以比较多的 MGW（内置 SGW）兼做端局与关口局的情况，举例说明单板配置数的实例计算。

设某 3G 局为 MGW（内置 SGW 需要配置 SPB 板，不内置则不配 SPB 板）兼做端局与关口局，用户规模 60000 用户；移动用户每户平均忙时话务量 0.03Erl；3G 局内（MGW 内用户）呼叫占 20%，3G 局间（MGW 与 MGW）呼叫占 10%；3GMGW 与 2GMSC 呼叫占 30%，3GMGW 与 PSTN 固话程控间呼叫占 40%；设 3G 局内和局间有 20% 为 RTO 方式其余为 TrFO 方式；局间电路中继利用率为 0.8。

组网分析如下。

① 因有端局功能，故有用户中继：3G 用户经 3GBSS 通过 IP 接入 MGW，需要 IP 接口板。

② 由于有关口局功能，因此有局间中继：MGW 通过 E1 与 PSTN/ISDN 局互连，通过 E1 与 2G 所在的 PLMN 局 MSC 互连，需要 TDM 接口板。

③ 由于不同 MGW 之间的话务，因此有局间中继：MGW 与其他 MGW 之间通过 IP 互连，需要 IP 接口板。

④ 3G 局内和局间有部分 RTO 方式，且 MGW 与 PSTN/PLMN 局间也有不同格式媒体流，因此需要 VTCD 板转换。

⑤ MGW 与 PSTN 间话务需要回声消除，因此需要 DTEC 板。

⑥ MGW 通过 IP 网传送与 MSCe、HLRe 等网元间信令，PSTN/PLMN 等与 MSCe 间信令由 MGW 内置 SG 转发，因此需要配置 SPB。SGW 是否内置，主要决定于是否配置 SPB 板。

主要前插单板配置计算如下（后插板则根据与前插单板的对应关系进行配置）。

① VTCD 单板：6 万用户，0.03 话务，RTO 为 20%，MGW 与 PSTN/PLMN 局间 70%，每板 420 话路。$60000 \times 0.03 \times 90\% \div 420 \approx 4$ 块，采用 N+1 备份时，配 5 块。

② MNIC（IPI）接口板：6 万用户，0.03 话务，3G 用户 100% IP 接入+其他 MGW 局 10% 接入共 110%，每板 4000 话路。$60000 \times 0.03 \times 110\% \div 420 \approx 1$ 块，独立配置 1 块。也可 3G 用户

接入 1 块，局间中继单独 1 块。

③ DTEC 单板：6 万用户，0.03 话务，40%与 PSTN 话务（一般 GMSC 与 PSTN 的纯关口局 100%），每板 960 话路，局间中继利用率 0.8。$60000×0.03×40\%÷960÷0.8≈1$ 块，配 1 块。

④ DTB 单板：6 万用户，0.03 话务，30%与 2G 话务（如果全部 DTB 不配 DTEC 则为 70%），每板 960 话路，局间中继利用率 0.8。$60000×0.03×30\%÷960÷0.8≈1$ 块，配 1 块。

⑤ SPB 单板：6 万用户，每板 64 条 64kbit/s 信令链路，每条 Link 约 5000 用户处理能力。$60000÷5000÷64≈1$ 块，主备用配 2 块。

⑥ UIM 单板：每框配 1 对。以上 VTCD6 块、MNIC2 块、DTB1 块，一般 1 个资源框 BUSN 可插业务板 12 块，因此配 1 框 BUSN；再加上一框 BPSN，一框 BCSN，一框 BCTC，每框 2 块 UIM，所以需配 8 块 UIM。如果采取 BCSN 与 BCTC 共用框，则可仅配 6 块 UIM。

⑦ TFI 单板：因为每（对主备）TFI 板 8 条光纤可链接 4 个资源子系统 UIM 板，所以 BUSN 框数除以 4。

⑧ GLI 单板：因为每（对主备）GLI 支持 4GE 可支持两框 BUSN，所以 BUSN 框数除以 2。

⑨ 其余单板：一般地 CLKG 板=2；OMP 板=2；CHUB 单板每板可提供 46 个 FE 口，一般配 1 对 2 块已足够，当仅 1 框时甚至可不配；TSN 每框 1 对；PSN 每框 1 对。

4.3　认识、装拆并配置 MGW 单板任务教学实施

情境名称	MGW 机架机框单板硬件开工运行的工作环境
情境准备	一框未插单板的待装机框 一框 MGW 机框单板和线缆 调试 MGW 机框单板数据，处于正常开工后关闭电源（下电）待用 防静电腕带与包装袋 拆装机箱的相关工具（如改刀等）
实施进程	1. 学习任务准备：分组领取任务工单；自学任务引导；教师提问并导读 2. 任务方案计划：各小组根据任务描述，制订完成任务的分工和方案计划 3. 任务实施进程 ① 简要画出 CDMA2000 核心网 CS 域系统组成，并说明主要接口类型 ② 组内对机箱结构、槽位、接口进行相互描述；进行拔插单板操作 ③ 详细观察 MGW 机架的机框、槽位与单板对应位置，填写记录表 ④ 观察并记录电源框指示灯的状态与含义 ⑤ 观察并记录单板指示灯的含义，识别是否开工是否故障 ⑥ 完成 MGW 中电源、媒体流、控制流和时钟信号经过的单板线缆描述 ⑦ 设定用户估算 MGW（内置 SGW）兼做端局与关口局的单板配置 4. 任务资料整理与总结：各小组梳理本次任务，总结发言，主要说明 MGW 的作用、机箱类型、机框主要单板功能、指示灯概括、拔插注意事项、媒体流与控制流信号流程经过的单板、估算的方法等
任务小结	1. CDMA2000 核心网演进的 3 个阶段及其主要特点 2. CDMA2000 核心网 CS 域包括的功能实体与主要作用 3. MGW 系统的逻辑功能组成，MGW 包括的主要机框 4. MGW 业务柜电源插箱的指示灯含义，电源插箱的接口与连接 5. MGW 业务框结构，控制框、TD 框、IP 框与资源框的主要单板及功能 6. MGW14 种主要单板的指示灯如何识读，单板的主要接口连接 7. MGW 中控制流、媒体流和时钟流经过的单板；几种典型通信经过的单板 8. MGW 中单板配置数与容量估算的基本方法

情境名称			MGW 机架机框单板硬件开工运行的工作环境
任务考评	任务准备与提问	20%	1. CDMA2000 核心网演进过程中 3 个阶段的主要区别 2. CDMA2000 核心网 CS 域包括哪些设备 3. CDMA2000 核心网 MGW 设备主要功能块包括哪些
	分工与提交的任务方案计划	10%	1. 讨论后提交的完成本次任务详实的方案和可行情况 2. 完成本任务的分工安排和所做的相关准备 3. 对工作中的注意事项是否有详尽的认知和准备
	任务进程中的观察记录情况	30%	1. MGW 机架的机框、槽位与单板对应位置是否清晰准确 2. MGW 单板指示灯的含义记录能否识别开工与故障 3. 对主要单板的更换操作是否正确 4. MGW 中电源、媒体流、控制流和时钟信号经过的单板线缆流程是否清晰 5. 设定用户估算 MGW 单板配置的方法是否正确 6. 是否相互之间有协作
	任务总结发言情况与相互补充	30%	1. 任务总结发言是否条理清楚 2. MGW 的掌握是否清楚 3. 是否每个同学都能了解并补充 MGW 中的其他方面 4. 任务总结文档情况
	练习与巩固	10%	1. 问题思考的回答情况 2. 自动加练补充的情况

任务 5

认识、装拆并配置 MSCe 单板

5.1 认识、装拆并配置 MSCe 单板任务工单

任务名称	认识、装拆并估算配置 MSCe 机框单板
学习目标	1. 专业能力 ① 掌握 CDMA2000 核心网 MSCe 实体硬件的机架机框组成与配线 ② 掌握 CDMA2000 核心网 MSCe 设备主要单板功能、槽位、指示灯与接口 ③ 学会通过单板指示灯识别是否开工与故障识别的技能 ④ 学会 CS 域 MSCe 机箱单板的安装与更换技能 ⑤ 学会 CDMA2000 核心网 MSCe 设备单板拔插操作技能 ⑥ 掌握 CDMA2000 核心网 MSCe 控制流及其他信号经过的单板线缆流程 ⑦ 学会 CDMA2000 核心网 MSCe 单板配置与容量估算 2. 方法与社会能力 ① 培养观察记录机房、机架与单板的方法能力 ② 培养机房安装操作的一般职业工作意识与操守 ③ 培养完成任务的一般顺序与逻辑组合能力
任务描述	1. 记录 CDMA2000 核心网 CS 域 MSCe 硬件组成架构与关系 2. 画出 MSCe 机架的机框、槽位与单板对应位置 3. 观察并记录单板指示灯的含义，识别是否开工是否故障 4. 完成几块主要单板的更换操作 5. 完成 MSCe 中电源、控制流、时钟信号、监控信号、OMC 信号经过的单板与线缆描述 6. 设定用户估算 MSCe 兼做端局与关口局的单板配置
重点难点	重点：CDMA2000 核心网 CS 域 MSCe 设备单板的识记与指示灯含义 难点：通过单板指示灯识别 MSCe 单板及接口的工作状态
注意事项	1. 拆装机箱断电操作，防止机箱滑落造成人身伤害与设备损坏 2. 更换单板注意防静电，防槽位与单板未对准引起的接口物理损坏。严格按操作规程进行 3. 不允许带电插拔电源分配板单板 PWRD，以避免造成损坏 4. 注意保持机架的通风散热，不能因为风扇噪声而关闭机架上的风扇
问题思考	1. CDMA2000 核心网 MSCe 实体由哪些单板构成，单板的主要功能是什么 2. CDMA2000 核心网 MSCe 设备包含哪些外部接口？由什么单板提供 3. CDMA2000 核心网 MSCe 中的监控信号、OMC 信号、IP 信号流分别经过哪些单板 4. 设定一个 120 万用户估算 MSCe 兼做端局与关口局的单板配置并画图
拓展提高	学习程控交换与软交换相关知识
职业规范	1. 中国电信 CDMA2000 核心网络设备技术规范 2. CDMA2000 数字蜂窝移动通信网工程设计暂行规定 YD5110-2009

5.2 认识、装拆并配置 MSCe 单板任务引导

3G 核心网的硬件平台具有模块化的特点，不论 MGW、MSCe、HLRe 都具有相似的硬件子系统（机框），主要的单板是通用的，仅在配置逻辑功能时有部分不同。

5.2.1 CDMA2000 1X 核心网 CS 域实体 MSCe 机架机箱

1. MSCe 系统组成逻辑功能块

MSCe 主要功能是提供呼叫控制、连接以及移动性管理功能，兼具 VLR 功能。某 Z 厂商 MSCe 的硬件系统由前台设备和后台管理两部分组成。前台以控制子系统（控制框即 BCTC 框）为基本模块配置，根据系统容量的需要可以是几个控制框，前台的主要功能就是完成多种控制协议的处理，系统控制流在内部以太网上实现交换。后台设备是操作维护中心服务器和客户端，完成对 MSCe 的操作、维护和管理。系统组成如图 5.1 所示。

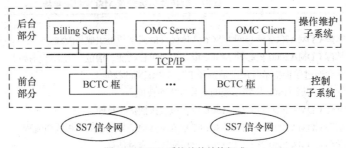

图 5.1 MSCe 系统总体结构组成

构成 MSCe 前台系统（控制子系统）的逻辑功能组成单元包括：接入单元、交换单元、时钟单元和主控制单元，如图 5.2 所示。接入单元提供了两种外部接口：IP 接口的 FE 接入，由 MNIC 单板（SIPI）完成；SS7 接口的 E1 接入，由 SPB 单板完成。交换单元包含 UIMC 单板和 CHUB 单

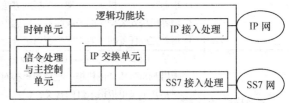

图 5.2 MSCe 组成逻辑功能块

板，完成的功能与在 MGW 中相似，CHUB 实现不同子系统和主用 BCTC 之间的控制流以太网连接。时钟单元由 CLKG 单板构成，与 MGW 中的 CLKG 单板相同，用于时钟锁相和分发时钟。主控单元由 MPB 单板（OMP/SMP）完成。

2. MSCe 机架机框

以某 Z 移动厂商的设备为例，MSCe 机柜与 MGW 机柜相同，仍然由标准的 19 英寸业务机柜和服务器机柜组成。业务机柜由包括安装在顶部的配电插箱、分散在各业务框之间的风扇插箱、业务插箱和底部的防尘插箱组成。服务器机柜内可安装各种服务器、以太网交换机、防火墙、路由器等。二者的不同主要在于顶部电源的不同，业务机柜为直流-48V 输入后的分配；而服务器机柜则为交流 220V 输入后的分配。

机柜由前门、后门、机架、插框、汇流条和接地铜排等组成。机柜前门右上角贴信息标贴，如位列号等，距右端边框 120mm 处起贴。机架顶装滤波器接线柱是整机电源的输入接口，连接从电源机房或电源机柜来的-48V 电源，从机架顶部接入馈至机柜后部右侧的汇流条，每个插箱都从汇流条引入-48V 电源，经插箱背面左上部插座的滤波器引入，以保证插箱的屏蔽要

求，PGND（PE）、GND、-48VGND 在机架汇合就近接入机房接地地排。

MSCe 的业务机柜插箱包括电源插箱、业务插箱、风扇插箱、光纤走线插箱和防尘网等。电源插箱、风扇插箱的结构、接口和指示灯与 MGW 完全相同，可参见任务 4 中相关内容。MSCe 业务插箱只有控制插箱（BCTC 背板）一种，单机柜可插 4 框，MSCe 最大配置 5 框占两个机柜，控制插箱数量多少根据用户容量配置，业务插箱结构与 MGW 一样，都是由 1 块背板提供 17 个前后槽位的标准金属屏蔽机框组成，前插板是核心后插板是辅助出电缆接线口（但有光纤的在前插板出），前面板有显示单板运行状态的指示灯、实现单板倒换与复位的按钮。光纤走线插箱占 1U（1U=1.75 英寸=44.45mm）的高度，主要为有光口的前插单板的光纤出线，使用光纤插箱前面板下的走线槽走线，可以方便理线和整洁。

5.2.2　CDMA2000 1X 核心网 CS 域实体 MSCe 单板与接口

MSCe 的组成逻辑功能块具体化为单板，则成为控制插箱的原理和接口图，如图 5.3 所示。以某 Z 移动厂商的设备为例，MSCe 各子系统的单板、可插槽位及其功能如表 5.1 所示。

从图 5.3 中可以看到 MSCe 对外的接口包括 4 种：一是机架的-48V 电源接口，从机架顶部引入；二是 MSCe 与后台的 10/100BASE 网管接口；三是对外的两种信令接口，E1 连接 2G 类设备，可使 MSCe 与 MSC、SC、SCP 等 2G 设备对接，IP 接口连接 3G 类设备，可实现 MSCe 与 HLRe 的 C 接口、与 MGW 的 39/XX 接口、与其他 MSCe 的 ZZ 接口等 3G 网络设备对接，参见任务 4 中图 4.20 所示；四是时钟基准接口。

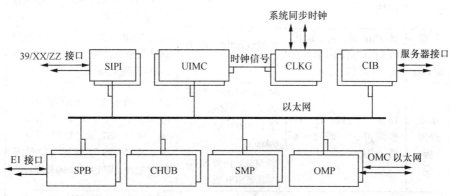

SIPI—信令转换处理 IP 接口板；UIMC—通用接口模块控制板；CLKG—时钟产生板；
CIB—计费接口板；SPB—信令处理板；CHUB—控制面集线器；SMP—信令主处理板；
OMP—操作维护主处理板

图 5.3　控制插箱原理与接口图

图 5.3 中组成 MSCe 控制子系统（BCTC 框）的单板、槽位与功能如表 5.1 所示。除 MNIC（SIPI）单板可采用主备也可采取负荷分担方式，UIMC、OMP、CHUB、CLKG 和 SPB 均采取 1+1 主备份，即成对配置。MSCe 控制箱中的单板指示灯、接口等与 MGW 中完全相同，需要时查阅任务 1，在此不赘述。除电源框的 PWRD 单板不支持带电插拔外，其余单板均支持带电插拔。

机柜顶部配电插箱前面板安装有用于监控和电源分配的 PWRD 板，与 MGW 相同；PWRD 中的监测单元进行过压、欠压、风扇转速、温度湿度、门禁、红外、烟雾等监测，通过 RS485 接口传递到 OMP 单板反馈到后台；PWRD 板对接入的-48V 滤波、避雷等处理后分发至汇流条。

MSCe 中 CLKG 单板的时钟基准输入可以是来自 SPB 板 8kHz 帧同步信号，或来自 BITS 的 2MHz/2Mbit/s 信号，或来自 UIMC 的 8kHz 时钟信号；后插板两块三个 CLKOUT 口时钟输出 15 组，每口三组一根一拖六电缆输出三组接三对 UIMC 单板，即可供三框。

表 5.1 MSCe 单板组成与功能表

前插单板		可插机框槽位	单板处理能力	单板主要功能	后插板
BCTC	控制框背板	背视左上有电源插座和 3 个 4 位拨码，S1 前三位局号 0～7，S2 四位机柜号 0～15，S3 前两位机框号 0～3	提供前后各 17 个槽位	完成控制面媒体流的汇接和处理	机箱中间
UIMC	通用接口模块	9～10 槽，主备	2 个 24×100Mbit/s+2× 1000Mbit/s 的交换以太网	控制箱的信令交换二级中心，完成各单板间的信息交换；并提供对外连接的控制以太网通道。通过 GE 将 CHUB 汇集的其他各框数据，与 FE 口连接的本框各槽 MPB/SPB/ MNIC 数据，提供交换通路，即系统内控制流以太网交换	RUIM1/2
MPB	主处理器板	做操作维护 OMP 固定 11～12 槽，主备	处理 100 次（H.248 控制的）呼叫/秒或 2～4Mbit/s 的 SS7 信令流，处理能力约可按 10 万用户/对配	系统控制及 OMC 以太网接口功能，连后台服务器；带 OMP 的为主控制插箱	RMPB
MPB	主处理器板	做业务处理 SMP 无后插板，1～8、11、12、17 槽	处理 100 次（H.248 控制的）呼叫/秒或 2～4Mbit/s 的 SS7 信令流，处理能力约可按 10 万用户/对配	整个系统的控制与处理核心；信令 MTP3 处理和业务处理；呼叫控制、H.248 信令处理、移动性管理和 VLR 数据库	无
MPB	计费接口板 CIB	做 CIB 时，除 OMP/ CLKG/UIM/CHUB 占用外都可插，主备	处理能力可按 40 万用户/对配	接收 SMP 产生的原始计费话单数据转至后台的计费服务器，连接故障时数据缓存	RMPB
SPB	信令处理板	1～8、11～12、13、17 槽均可，一般 5～6 槽，主备	64 条 64kbit/s 链路或 4 条 2Mbit/s 链路；5000 用户/每 64kbit/s；如 MSCe 内置 SGW 则需配 SPB 板	E1 接口外连 SS7 网，可使 MSCe 与 MSC、SC、SCP 等 2G 设备对接；处理 SS7 的 MTP2 以下信令，将 MTP3 包通过 FE 转发 SMP 处理，即 E1 信令的处理转换	RSPB
CHUB	控制集线器板	15～16，主备。当 MSCe 有 3 个控制插箱时才需配 CHUB	46 个 100Mbit/s 口	用于汇接多控制插箱互连；对外提供 46 个 100Mbit/s 口与子系统 UIM 连接，对内 1 个 GE 口与本框 UIM 连；与 OMP 放同一插箱	RCHB1/2
MNIC	多功能网络接口板	做 SIPI 一般插 1～2 槽；1+1 主备或负荷分担	4 个 FE 接口或 1 个 GE 口；4000 个话路或 50Mbit/s 的信令处理能力	MSCe 与外部的 IP 信令接口 FE，完成 SINGTRAN 底层协议处理，将从 IP 网收到的 IP 包转发给 SMP 处理，通过 SIPI 可实现 MSCe 与 HLRe 的 C 接口、与 MGW 的 39/XX 接口、与其他 MSCe 的 ZZ 接口等 3G 网络设备对接	RMNIC
CLKG	时钟产生板	13～14 槽，主备	可提供 10 套时钟供本框单板用；用电缆可传 15 套时钟供其他子系统用	BITS 时钟输入或线路时钟提取，输出到 UIM 板后分发，为整个 MSCe 各插箱提供同步时钟	RCKG1/2

图 5.4 为 MSCe 配两框控制插箱的前后单板情况，其中 CHUB 单板在只有两框 BCTC 时也可不配，但 3 框及以上时必配。当然单框也可成局。

BCTC 插箱 1																	
RMPB	RMPB	RMNIC	RMNIC			RSPB	RSPB	RUIM2	RUIM2	RMPB	RMPB	RCKG1	RCKG2	RCHB1	RCHB2	RSPB	主控插箱后插板
1	2	3	4	5	6	7	8	9	10	11	12	13	14	15	16	17	
CIB	CIB	SIPI	SIPI	SMP	SMP	SPB	SPB	UIMC	UIMC	OMP	OMP	CLKG	CLKG	CHUB	CHUB	SPB	主控插箱前插板
BCTC 插箱 2																	
								RUIM2	RUIM2							RSPB	控制箱后插板
1	2	3	4	5	6	7	8	9	10	11	12	13	14	15	16	17	
SMP	SMP	SMP	SMP	SMP	SMP	SMP	SMP	UIMC	UIMC	SMP	SMP	SMP	SMP	SMP	SMP	SPB	控制箱前插板

图 5.4　MSCe 单板配置示意图

为方便集中维护和网管，也可在机架背板上前插 SBCX（或 SVB）单板，后插对应的 RSVB。SBCX 是一种架构服务器，可分别用于代替计费服务器、网管服务器或性能统计告警服务器，实际就是一个带有硬盘、内存等的片状计算机。SBCX 前面板同样有 RUN 运行、ALM 告警、ACT 主用指示和 ENUM 热插拔指示灯，含义与其他单板相同；除此以外还有 HD 硬盘指示（灯亮时禁止拔板）、SAS 硬盘正常运行指示、ALM1/2 硬盘告警等指示灯、SD 光纤接口信号监测灯、ACT1/2 光口运行指示灯等；前面板有按钮 EXCH 主备倒换开关、RST 单板复位开关、PWB 单板电源控制开关、硬盘 ENUM 开关；前面板有两个 USB 接口和两个 FC 光纤信道接口，一般 FC 口外接磁盘阵列如计费磁阵等，还有键盘鼠标和显示器接口等。RSVB 后插板接口有：6 个以太网接口、1 个 RS232 接口、2 个 USB 接口、还有键盘鼠标和显示器接口。

5.2.3　CDMA2000 1X 核心网 CS 域实体 MSCe 信号流程

1. 时钟信号流程

线路基准时钟电缆连接 RSPB 的 8KOUT 口和 RCLKG 的 8KIN 口，即时钟板提取 SPB 的线路时钟为基准。系统时钟电缆连接连接 RCLK 的 CLKOUT 和 RUIM 的 CLKIN，即时钟由 CLKG 产生后连到每框的 UIM 单板，通过 UIM 分发给本框。因此典型信号流程为：SS7 网→SPB 的 E1 口→SPB 的 8kOUT/DEBUG232 口→线路基准时钟电缆→RCLKG 的 8KIN1 口→RCLK 的 CLKOUT 口→系统时钟电缆→RUIM 的 CLKIN 口→背板到各单板。

2. IP 信号流程

MSCe 与 HLRe 的 C 接口、与 MGW 的 39/XX 接口、与其他 MSCe 的 ZZ 接口等 3G 网络设备→IP 接入电缆→RMNIC（SIPI）的 FE 口→内部总线及处理。信号为双工 100Mbit/s 以太网信号。

3. 控制框间信号流程

各控制箱间控制信号，少于 3 框时，通过 UIM 的接口完成以太网互联；3 框及以上时通过

CHUB 板与 UIM 板完成以太网互联。其他控制箱 RUIM 的 FE 口→控制面互连电缆→RCHUB 的 FE 口→CHUB 的 GE 口至背板内部→主控制箱 UIM 单板。信号为双工以太网信号。

4. 监测信号

过压/欠压信号进入 PWRD、风扇监控、各种传感器线连到电源框后插板相应接口→PWRD 内部处理→PWRD 后的 RS485 上口（如果其他机架 RS485 上口的信号连本框 RS485 下口）→PD485 电缆→输出至 OMP 后插板的 PD485 口→以下面的 OMC 信号进入后台。

5. OMC 信号

RSMP 的 OMC 口→OMC 以太网电缆→后台服务器。信号为双工 100Mbit/s 以太网信号。

5.2.4 CDMA2000 1X 核心网 CS 域实体 MSCe 单板配置与容量估算

MSCe 可做端局（VMSCe）、关口局（GMSCe）、端局关口局合一的方式组网，每种方式又有内置 SGW 和外置 SGW 的形式。内置和外置 SGW 的区别是，属于 NO.7 信令的各种接口在内置时 MSCe 可直接提供信令接口，在外置时需要通过 MGW 转接（SGW 是否内置，主要决定于是否配置 SPB 板，不内置则对应的 MSCe 就不配 SPB）。

MSCe 做端局时，提供与 RAN 的连接，不提供与 PSTN 接口。当 MSCe 外置 SGW 时，14 接口和 A1P 的信令接口都需通过 MGW 中转，由 MGW 对协议进行适配；当 MSCe 内置 SGW 时，则 MSCe 可直接提供 14 接口和 A1P 信令接口。

MSCe 做关口局时，提供与 PSTN 接口，不提供与 RAN 的连接。外置 SGW 时，与 PSTN 和 MAP 信令网的信令接口都通过 MGW 转接（PSTN-13 接口-MGW-14 接口 overIP-MSCe 和 MAP 信令网-14 接口-MGW-14 接口 overIP-MSCe）；内置 SGW 时，与 PSTN 的 13 接口、与 MAP 信令网的 14 信令接口均直接连接。

VMSCe/GMSCe 合一局，外置 SGW 时，与 PSTN 的 13 信令接口、与 MAP 信令网的 14 信令接口、与 RAN 的 A1P 信令接口，均通过 MGW 转接；内置 SGW 时，则直接提供。

MSCe 中只用到 BCTC 框，单框也可以成局，多框则可以成大容量 MSCe。对于单板数量的配置主要有以下原则。

① 单框成局配 1 对 UIMC 板；每增 1 框多配 1 对 UIMC；超过 3 框则还需配 1 对 CHUB 与 OMP 置同一框。

② 1 个 MSCe 只配 1 对 OMP，1 对 CLKG，1 对 SIPI（MNIC）。

③ SMP、SPB 和 CIB 的数量则通过用户容量和话务模型进行计算。其中 SMP 一般是按每对处理 10 万用户估算；SPB 则按每板有 64 条 64kbit/s Link 链路，每条 Link 链路处理 5000 用户估算；CIB 按每对 40 万用户估算配置。

④ 后插板按对应原则配置。

基于上述基本原则，举例说明，如果一个需要容纳 180 万用户 MSCe（内置 SGW）的配置情况如下。

① CLKG、OMP 和 SIPI（MNIC）各一对 2 块。一般包含 OMP 的主插框安排在第 2 插框，因此 CLKG 插在第 2 插框的 13~14 槽；OMP 插在第 2 插框的 11~12 槽；SIPI（MNIC）插在第 2 插框的 1~2 槽，UIMC 每框两块占 9~10 槽。这样安排后第 2 框剩余 3~8 和 15~17 共 8 个槽位。

② SPB：180 万÷64÷5000=5.6，配 6 块。

③ SMP：180 万÷10 万=18，配 18 对 36 块。

④ CIB：180 万÷40 万=4.5，配 5 对 10 块。

⑤ 鉴于 SPB+SMP+CIB 共有 52 块，而第 2 框只剩 8 槽，其余每框除 UIMC 外剩 15 槽，所

以需配至少 4 框。

⑥ UIMC：4 框 8 块。插在每框 9～10 槽。

⑦ CHUB：4 框需配 1 对 2 块，插在第 2 框的 15～16 槽。

综上情况配置如图 5.5 所示。

1	2	3	4	5	6	7	8	9	10	11	12	13	14	15	16	17	
SMP	SMP	CIB	CIB	SMP	SMP	SMP	SMP	UIMC	UIMC	SMP	SMP	SMP	SMP	SMP	SMP	SPB	第1框

1	2	3	4	5	6	7	8	9	10	11	12	13	14	15	16	17	
SIPI	SIPI	CIB	CIB	CIB	CIB	SPB	SPB	UIMC	UIMC	OMP	OMP	CLKG	CLKG	CHUB	CHUB	SPB	第2框

1	2	3	4	5	6	7	8	9	10	11	12	13	14	15	16	17	
SMP	SMP	CIB	CIB	SMP	SMP	SMP	SMP	UIMC	UIMC	SMP	SMP	SMP	SMP	SMP	SMP	SPB	第3框

1	2	3	4	5	6	7	8	9	10	11	12	13	14	15	16	17	
SMP	SMP	CIB	CIB	SMP	SMP	SMP	SMP	UIMC	UIMC	SMP	SMP	SMP	SMP	SMP	SMP	SPB	第4框

图 5.5　BCTC 控制插箱配置图

5.3　认识、装拆并配置 MSCe 单板任务教学实施

情境名称	MSCe 机架机框单板硬件开工运行的工作环境
情境准备	一框未插单板的待装机框 一框 MSCe 机框单板和线缆 调试 MSCe 机框单板数据，处于正常开工后关闭电源（下电）待用 防静电腕带与包装袋 拆装机箱的相关工具（如改刀等）
实施进程	1. 学习任务准备：分组领取任务工单；自学任务引导；教师提问并导读 2. 任务方案计划：各小组根据任务描述，制订完成任务的分工和方案计划 3. 任务实施进程 ① 找出任务 1 画出的 CDMA2000 核心网 CS 域系统组成，重温系统的主要接口类型 ② 组内对机箱结构、槽位、接口进行相互描述；进行拔插单板操作 ③ 详细观察 MSCe 机架的机框、槽位与单板对应位置，填写记录表 ④ 观察并记录电源框指示灯的状态与含义 ⑤ 观察并记录单板指示灯的含义，识别是否开工是否故障 ⑥ 完成 MSCe 中电源、IP 流、OMC 信号、时钟信号、监控信号、框间信号经过的单板线缆描述 ⑦ 设定用户估算 MSCe（内置 SGW）兼做端局与关口局的单板配置 4. 任务资料整理与总结：各小组梳理本次任务，总结发言，主要说明 MGW 的作用、机框类型、机框主要单板功能、指示灯概括、拔插注意事项、媒体流与控制流信号流程经过的单板、估算的方法等

情境名称	MSCe 机架机框单板硬件开工运行的工作环境		
任务小结	1. CDMA2000 核心网 CS 域 MSCe 的总体组成与逻辑功能块 2. MSCe 系统的机框与单板构成及其主要功能 3. MSCe 电源插箱的指示灯含义，电源插箱的接口与连接 4. MSCe 中主要单板的指示灯如何识读，单板的主要接口连接 5. MSCe 电源、IP 流、OMC 信号、时钟信号、监控信号、框间信号流程经过的单板线缆情况 6. MSCe 中单板配置数量估算的基本原则		
任务考评	任务准备与提问	20%	CDMA2000 核心网 MSCe 由哪两部分组成，其中前台设备的主要功能块包括哪些
	分工与提交的任务方案计划	10%	1. 讨论后提交的完成本次任务详实的方案和可行情况 2. 完成本任务的分工安排和所做的相关准备 3. 对工作中的注意事项是否有详尽的认知和准备
	任务进程中的观察记录情况	30%	1. MSCe 机架的机框、槽位与单板对应位置是否清晰准确 2. MSCe 单板指示灯的含义记录能否识别开工与故障 3. 对主要单板的更换操作是否正确 4. MSCe 中电源、IP 流、OMC 信号、时钟信号、监控信号、框间信号经过的单板线缆流程是否清晰 5. 设定用户估算 MSCe 单板配置的数量是否正确 6. 组员是否相互之间有协作
	任务总结发言情况与相互补充	30%	1. 任务总结发言是否条理清楚 2. MSCe 的掌握是否清楚 3. 是否每个同学都能了解并补充 MSCe 中的其他方面 4. 任务总结文档情况
	练习与巩固	10%	1. 问题思考的回答情况 2. 自动加练补充的情况

任务 6

装拆 HLRe 前置机和连接后台部件

6.1 装拆 HLRe 前置机并连接后台部件的任务工单

任务名称	装拆 HLRe 前置机并连接后台部件
学习目标	1. 专业能力 ① 掌握 CDMA2000 核心网 HLRe 的系统结构与组成 ② 掌握 CDMA2000 核心网 HLRe 实体前置机硬件的机框单板组成与配线 ③ 掌握 CDMA2000 核心网 HLRe 前置机主要单板功能、槽位、指示灯与接口 ④ 学会通过前置机单板指示灯识别是否开工与故障识别的技能 ⑤ 学会 CS 域 HLRe 机箱单板的安装与更换技能 ⑥ 掌握 CDMA2000 核心网 HLRe 后台部件的作用 ⑦ 学会后台服务器、业务受理台、代理、数据库及前台设备之间的连接 2. 方法与社会能力 ① 培养观察记录机房、机架与单板的方法能力 ② 培养机房安装操作的一般职业工作意识与操守 ③ 培养运用以前所学知识解决问题的能力（数据库、服务器、计算机网络的连接配置） ④ 培养完成任务的一般顺序与逻辑组合能力
任务描述	1. 记录并画图描述 CDMA2000 核心网 CS 域 HLRe 系统的组成架构与关系 2. 画出 HLRe 前置机的机框、槽位与单板对应位置 3. 观察并记录单板指示灯的含义，识别是否开工是否故障 4. 完成几块主要单板的更换操作 5. 完成 HLRe 系统前置机、服务器等的连接与配置
重点难点	重点：CDMA2000 核心网 CS 域 HLRe 前后台各部件的功能与关系 难点：HLRe 后台各部件的配置开通（计算机网络与数据库知识的运用）
注意事项	1. 拆装机箱断电操作，防止机箱滑落造成人身伤害与设备损坏 2. 更换单板注意防静电，防槽位与单板未对准引起的接口物理损坏。严格按操作规程进行 3. 不允许带电插拔电源分配板单板 PWRD，以避免造成损坏 4. 注意保持机架的通风散热，不能因为风扇噪声而关闭机架上的风扇 5. 不得进行格式化硬盘、更改用户管理名与密码的相关操作
问题思考	1. CDMA2000 核心网 HLRe 系统由哪些部件或实体组成 2. CDMA2000 核心网 HLRe 前置机实体由哪些单板构成，单板的主要功能是什么 3. CDMA2000 核心网 HLRe 前置机包含哪些外部接口？由什么单板提供 4. CDMA2000 核心网 HLRe 后台部件各自有什么作用
拓展提高	学习计算机网络和数据库相关知识的具体应用
职业规范	1. 中国电信 CDMA2000 核心网络设备技术规范 2. CDMA2000 数字蜂窝移动通信网工程设计暂行规定 YD5110-2009

6.2 装拆 HLRe 前置机并连接后台部件任务引导

HLRe 是在 HLR 的基础上增加了 IP 信令接口，管理用户的语音业务、数据业务特征以及用户的位置和可接入性等信息。Z 厂商 HLRe 系统一般采用 HLRe 与 AUC 鉴权中心合设的结构。HLRe 由前台设备 CPM 通用处理模块部分和服务器数据库等后台两部分组成。其中的 CPM 与前面的 MSCe 都具有相似的硬件子系统（机框），主要的单板与逻辑功能是通用的。

6.2.1 CDMA2000 1X 核心网 CS 域实体 HLRe 机架机箱

1. HLRe 系统组成逻辑功能块

HLRe 的主要功能是移动数据管理、基本呼叫业务特征管理、短信及补充业务管理、智能网相关业务管理等。

组成 HLRe 的系统结构由两大部分组成，如图 6.1 所示。前台设备 CPM 和后台数据库相关部件构成，其中后台部件包括 HLRe 数据库代理、数据库服务器、数据库应用服务器、业务受理台、OMC 服务器与客户端（维护台）或者远程的维护台（可选）。所有这些部件和前台设备模块一起组成以太网。

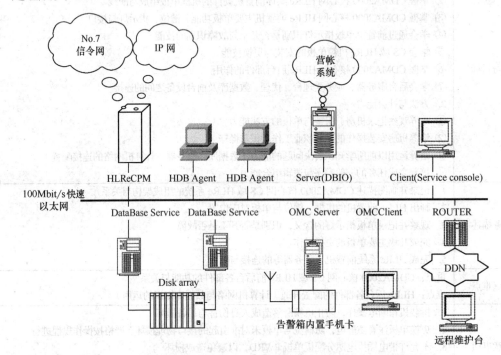

CPM—通用处理模块（HLRer 的前置机）；HDB Agent—HLRe 数据库代理；
Server（DBIO）—数据库应用服务器；Client—客户端；Service console—业务受理台；
DataBase Service—数据库服务器；Disk array—双机磁阵；OMC Server—OMC 服务器；
OMC Client—OMC 客户端；ROUTER—路由器；DDN—数字数据网

图 6.1 HLRe 系统结构图

HLRe 系统的逻辑功能原理框图如图 6.2 所示。从图中可见 HLRe 前台设备与 MSCe 相同，由 1 个 BCTC 主控框或几个从控制框 BCTC 构成，控制框即信令控制系统，通过 MNIC/SPB 完成与 IP 网/No.7 信令网的接口；每个 BCTC 通过本框 UIM 连接到主控框 CHUB，数据库子系统的数据库代理和数据库服务器也连接到 CHUB，共同组成一个 FE 以太网。主控框与其他 BCTC

框的区别是多了 CHUB 板完成汇聚，多了 OMP 板连接 OMC 系统。

2. HLRe 机架机框

HLRe 的机柜机框与 MSCe 及其 MGW 都是一样的，仍然由标准的 19 英寸业务机柜和服务器机柜组成。具体内容可参见任务 4 和任务 5 中的 MSCe 与 MGW 相关内容。

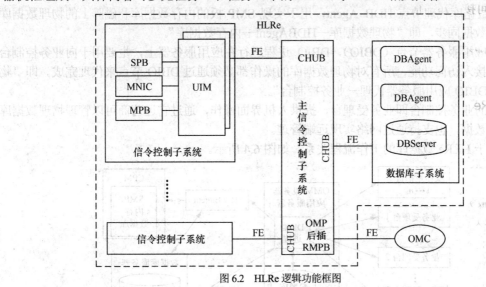

图 6.2　HLRe 逻辑功能框图

6.2.2　CDMA2000 1X 核心网 CS 域实体 HLRe 单板与接口

HLRe 前置机 CPM 是介于 CDMA2000 核心网络与其他功能模块之间的连接纽带，其主要功能是提供基于 IP 和 TDM 的消息接入与处理、处理 HLR MAP 消息、提供内存数据库、接收 OMC 后台指令并返回结果。前置机提供的接口如图 6.3 所示。从图中可见，构成 HLRe 前置机的单板包括 MNIC、SPB、UIMC、OMP、CHUB、CLKG。除 MNIC（SIPI）单板可采用主备也可采取负荷分担方式，UIMC、OMP、CHUB、CLKG 和 SPB 均采取 1+1 主备份，即成对配置。单板接口、指示灯和功能与 MSCe 是相同的，见任务 5 中表 5.1，单板板位配置也相同。

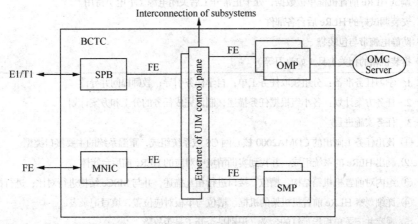

MNIC—多功能网络接口板；SPB—信令处理板；SMP—业务主处理板；OMP—操作处理板

图 6.3　HLRe 前置设备接口

HLRe 数据库服务器采用集群技术增加系统的可靠性，即每个数据库服务节点由两台服务器与一个磁盘阵列构成，同时通过磁盘冗余技术保证数据安全。

　　HLRe 系统内有两个完全相同的用户数据库，一个是存放于数据库服务器磁阵中的物理数据库，另一个是存放于前置机 SMP 板内存中的内存数据库。

　　HLRe 数据库代理节点 HDB Agent，用于实现 SMP 板的内存数据库和磁阵上的物理数据库之间的用户数据同步，即"物理数据库—HDBAgent—内存数据库"。

　　HLRe 应用服务器节点（DBIO），DBIO 进程运行在应用服务器上，主要用于向业务控制台提供数据库接入访问功能，所有对物理数据库的操作都必须通过 DBIO 节点来代理完成。即"物理数据库—DBIO 应用服务器代理—业务控制台"。

　　HLRe 的业务控制台即业务受理台，提供人机界面操作，通过它运营商可以管理物理数据库里面的用户数据，也支持通过网络实现远端管理。

　　以上关于 HLRe 数据库的工作流程关系，如图 6.4 所示。

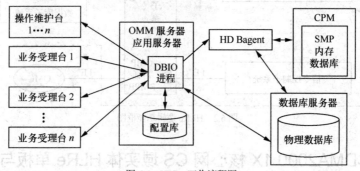

图 6.4　HLRe 工作流程图

　　HLRe 的前台设备信号流程，前台设备单板配置与容量估算，均可参见 MSCe 的相关章节。

6.3　装拆 HLRe 前置机并连接后台部件任务的教学实施

情境名称	HLRe 前置机与后台部件开工运行的工作环境
情境准备	一框 HLRe 前置机机框单板和线缆
	调试 HLRe 前置机框单板数据，处于正常开工后关闭电源（下电）待用
	安装调试好的 HLRe 后台各部件
	防静电腕带与包装袋
	拆装机箱的相关工具（如改刀等）
实施进程	1. 学习任务准备：分组领取任务工单；自学任务引导；教师提问并导读
	2. 任务方案计划：各小组根据任务描述，制订完成任务的分工和方案计划
	3. 任务实施进程
	① 找出任务 1 画出的 CDMA2000 核心网 CS 域系统组成，重温系统的主要接口类型
	② 画出 HLRe 的系统组成，并找到实训情境中对应的 HLRe 前后台实体
	③ 组内对前置机机箱结构、槽位、接口进行相互描述，并与 MSCe 结构进行对比；进行拔插单板操作
	④ 详细观察 HLRe 前置机机架的机框、槽位与单板对应位置，填写记录表
	⑤ 观察并记录单板指示灯的含义，识别是否开工是否故障
	⑥ 自己重新连接 HLRe 设备的前后台部件

情境名称	HLRe 前置机与后台部件开工运行的工作环境		
实施进程	⑦ 配置后台各部件直至正常运行 4. 任务资料整理与总结：各小组梳理本次任务，总结发言，主要说明 HLRe 的作用、HLRe 组成部件及功能、HLRe 后台部件的连接配置体会		
任务小结	1. CDMA2000 核心网 CS 域 HLRe 的系统组成 2. HLRe 系统前置机与 MSCe 的比较及其接口情况 3. HLRe 后台各部件功能与工作流程		
任务考评	任务准备与提问	20%	CDMA2000 核心网 HLRe 由哪两部分组成，其中前台与 MSCe 的对比，后台部件包括哪些
	分工与提交的任务方案计划	10%	1. 讨论后提交的完成本次任务详实的方案和可行情况 2. 完成本任务的分工安排和所做的相关准备 3. 对工作中的注意事项是否有详尽的认知和准备
	任务进程中的观察记录情况	30%	1. HLRe 前置机机框、槽位与单板对应位置是否清晰准确 2. 能否通过 HLRe 前置机单板指示灯识别开工与故障 3. 对主要单板的更换操作是否正确 4. HLRe 前后台部件的连接是否正确 5. HLRe 前后台部件是否正常开工运行 6. 组员是否相互之间有协作
	任务总结发言情况与相互补充	30%	1. 任务总结发言是否条理清楚 2. HLRe 的系统组成是否清楚 3. 是否每个同学都能了解并补充 HLRe 中的其他方面 4. 任务总结文档情况
	练习与巩固	10%	1. 问题思考的回答情况 2. 自动加练补充的情况

安装 MGW/MSCe/HLRe 机架机框与线缆

7.1 安装 MGW/MSCe/HLRe 硬件与线缆的任务工单

任务名称	拆装 MGW/MSCe/HLRe 机架线缆
学习目标	1. 专业能力 ① 学会拆卸 MGW/MSCe/HLRe 线缆、单板、机箱和机架的能力 ② 学会验收清点设备的技能 ③ 学会一般的机房布局规划技能 ④ 学会安装机架、机箱、单板的技能 ⑤ 学会安装中继线、内部连接线、电源线、地线和网线的技能 ⑥ 学会制作标签标注的技能 ⑦ 学会电源测试和接地测试的技能 ⑧ 学会设备上电下电检查与操作技能 2. 方法与社会能力 ① 培养团队协作统筹进行装拆施工的方法能力 ② 培养室内机房工程的职业工作意识 ③ 培养完成精细任务时的细心与耐心能力 ④ 培养标注标签的逻辑规范与观察识读能力
任务描述	1. 拆卸 MGW/MSCe/HLRe 线缆、单板、机箱和机架 2. 清点造册拆卸设备单板与线缆 3. 简要画出机房工程安装设计图 4. 安装 MGW/MSCe/HLRe 机架、机箱、单板 5. 安装中继线和内部连接线缆，制作标签 6. 安装连接监控系统与线缆，制作标签 7. 安装后台系统与连线，制作标签 8. 安装电源、地线并测试电压和接地情况 9. 完成设备上电下电检查与操作
重点难点	重点：安装机架机框与单板；上电前的检查 难点：内部线缆的连接
注意事项	1. 所有拆装断电操作，防止机箱滑落造成人身伤害与设备损坏 2. 更换单板注意防静电，防槽位与单板未对准引起的接口物理损坏 3. 上电前必须经过检测允许后方能上电
问题思考	1. 1 个电源柜、3 个业务机柜、1 个服务器机柜的机房布置简明图 2. 试安排机房机柜、电源等的接地线安装计划（图示）

续表

任务名称	拆装 MGW/MSCe/HLRe 机架线缆
问题思考	3. 设备机房维护监控系统的连接情况 4. 设备初次上电需做哪些检查，上电顺序是怎样的
拓展提高	1. 注意室内联合接地相关规程，画出机房接地情况图 2. 学习交直流电源配电相关知识
职业规范	1. 通信局（站）防雷与接地工程设计规范 YD5098—2005 2. CDMA2000 数字蜂窝移动通信网工程设计暂行规定 YD5110—2009 3. 生产厂商硬件安装指导、安装调试规范 4. 数字蜂窝移动通信网工程验收暂行规定 YD/T5172—2009

7.2　安装 MGW/MSCe/HLRe 硬件与线缆的任务引导

7.2.1　设备硬件安装与上电流程

设备硬件安装上电流程主要包括以下几个部分。

1. 工程安装场地勘察

工程安装设计人员前期熟悉合同配置与技术要求，了解当前的通信网络结构。现场充分沟通，对设备运行环境进行第 1 次仔细检查，现场勘察，做好详细记录，制订计划。勘察完毕整理勘测数据，写出工程勘察报告和环境验收报告，划定工程责任界面。

2. 工程安装设计

根据勘察报告，并依据相关设计规范，产生规范的施工图纸，详细的工程施工图包括网络图、电气连线图和平面布置图等，形成工程设计文件。工程设计文件一般应包括：原有设备和本期工程概况、设计依据、网络组织结构及业务处理方式、局（站点）详细设备配置清单、系统数据与用户数据等。

机房分主机房和辅机房，主机房安装主体硬件设备，辅机房安装后台操作维护设备。主辅机房分开，但应使连接线缆尽量短，且操作维护台面对设备正面（中间可以玻璃隔墙）。尽量避免主设备与一次电源在同一房间。主机房地面承重不小于 450kg/m²；辅机房地面承重不小于 300kg/m²。采用上走线，走线架应高于地面 2.5～3m，多层走线架或设备与走线架间距较高要采用爬梯，信号线、电力线分层走线；采用下走线，地板下面注意预留管道空洞等；走线平直，转弯有过渡，线缆绑扎间距 200mm。机房墙面可使用石灰涂料或抗静电墙纸，不能使用普通墙纸或塑料墙纸。机房采光应避免灯光和阳光直射设备。门廊等宽度不小于 1.8m，高度不低于 2.2m，应适合搬移设备。主体设备机架采用向上抽风散热方式，因此，中央空调设施进风口宜在活动地板下，有利于设备散热。主机房空调设备宜采用双备份。

3. 二次环境查验

工程督导与安装设计人员，对项目环境进行二次查验，对不符合规范的方面提出整改意见。不具备工程开工条件的可暂行停工，填写停/开工报告，说明原因。

4. 开箱验货

设备甲乙方、工程督导与工程安装人员在场，参照合同与开箱验货指导书进行验收，重要设备与电路板拆封需做好防静电措施，保证存放环境符合要求。首先取出设备装箱清单，按单查验总件数和箱内物品。验收完毕，签字确认。

5．硬件安装

工程人员备好安装工具、仪器仪表、相关技术手册和表格，按照安装设计书、安装调试规范和设备硬件安装指导，进行硬件安装。设备硬件安装参见 7.2.2 小节内容。

6．检查与上电

设备机架与机框上电前，务必做好以下检查：接线正确无误；电源线径及接线符合要求；接地和接地电阻符合规范；电压在标称要求范围内-48～-57V；电源模块及单板开关处于关闭状态。确保无误后，按要求佩戴防静电手腕，按照上电顺序依次逐步操作。

以上硬件安装完成，上电开工以后，工程技术人员方可进行"软件安装、系统数据调测、初验、移交、割接、试运行和终验"等后续步骤。

7.2.2　设备硬件安装

① 准备工作。设备硬件安装前做好硬件安装准备，在工程安装设计资料、安装指导资料和安装环境与工具到位后进行。

② 机柜机箱安装。安装机柜时如有防静电地板，需要先安装机架底座，固定底座水平后，再在底座上安装固定机架，机架底座与地应绝缘；如直接在地板安装则无需底座直接固定机柜；如有多机柜并排安装，需要做好柜间连接；机柜安装完毕，再进行插箱和附件的安装。机房防静电地板必须进行防静电接地，方法是用导电良好的导线通过 1MΩ 限流电阻与接地装置相连，活动地板的高度一般为 300mm 或 330mm；如没有活动地板时可铺设导静电地面，导静电地面需同样进行静电接地。一般地，一排机柜与另一排机柜间距不小于 1.2m；机柜与墙间距不小于 1m；机柜侧面与墙间距不小于 0.8m。机柜安装横平竖直，水平和垂直偏差不应超过 3mm。

③ 电源线和地线安装。在机房机柜、一次电源和机房地线安装到位后，按照技术标准的线径、颜色（蓝-48V、黑-48VGND、黄绿 PE 保护地三色），安装电源线和地线，安装后进行绑扎。机房内交、直流电源地线应严格分开。机房防雷接地系统是由大地、接地电极、接地引入线、地线汇流排、接地配线 5 部分组成的整体，大地具有导电性和无限大的容电量，是良好的公共地参考电位；接地电极是与大地电气接触的金属带等，用于使电流扩散入地；接地引入线是在接地电极与室内地线汇流铜排之间起连接作用的部分；地线汇流排为汇集接地配线所用的母线铜排；接地配线是连接设备到地线汇流排的导线。在机房内防雷接地、设备保护接地和直流工作地共同使用室内接地母排联合接地，机房联合接地电阻小于 1Ω。局内各机柜在接地线较长时需用互连地线连接成为一个等势体。电源线标签粘在离线鼻 2cm 处，标签填写如图 7.1 所示。

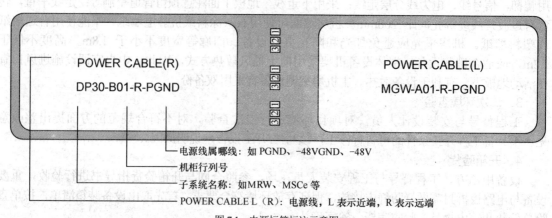

POWER CABLE(R)

DP30-B01-R-PGND

POWER CABLE(L)

MGW-A01-R-PGND

电源线属哪线：如 PGND、-48VGND、-48V

机柜行列号

子系统名称：如 MRW、MSCe 等

POWER CABLE L（R）：电源线，L 表示近端，R 表示远端

图 7.1　电源标签标注示意图

④ 机柜内部缆线安装。机柜内部缆线如时钟基准电缆、时钟分发电缆、控制面互连电缆、媒体面互连电缆、PD485 信号监测电缆、风扇电源线等。一般出厂前大部分已接好，少量需现场连接。两端贴好标签。时钟基准电缆连接业务单板到时钟板；时钟分发电缆为时钟板到各框 UIM 的一分三电缆；控制面互连电缆为控制框的 CHUB 连接到资源框、一级交换框的 UIM 一分八电缆；PD485 信号监测电缆用于连接电源框（PWRD 电路板）RS485 上到 MPB 板 PD485 口的监测信号传输；风扇监控电缆连接风扇机框后部的 RJ45 接口和电源框的 FANBOX 接口。内部线缆布线时，后插板引出的电缆进入该框横向走线架，再到机柜两侧的竖向走线槽，再进入目的插箱横向走线架，电缆根部要留有一定弧度弯曲半径不小于线径 100 倍，且弧度一致，尽量不要交叉，两端明显标志，竖向线槽至少每 80mm 绑扎一次。前走线的光纤同理。内部线缆标签如图 7.2 所示。

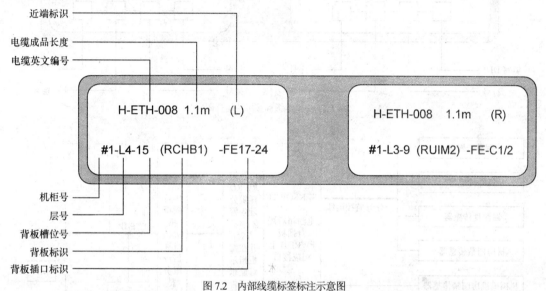

图 7.2　内部线缆标签标注示意图

⑤ 外部接口缆线安装。如传输系统电缆、IP 接入电缆和 OMC 以太网电缆等的安装。两端贴好标签。传输系统中继 2Mbit/s 电缆有 75Ω 和 120Ω 阻抗两种，一般为 1 分 12 的电缆，A 端插头接 RSPB 或 RDTB，B 端接局方配线架。IP 接入电缆为普通直通网线，A 端接 RMNIC 的 FE 接口，B 端对外提供 RJ45 的以太网接头。OMC 以太网电缆 A 端接 RMPB 的 OMC 口，B 端对外提供 RJ45 的以太网接头。布放中继电缆时，横平竖直，转弯处弯曲半径不小于 40mm，放线至 DDF 架时应留有余量，从设备到 DDF 架间电缆应绑扎成束平直整齐无交叉，拐弯两边有扎带，弯径中间不要绑扎。走线高差大于 0.8m 时需使用下线梯（爬梯）。中继电缆设备侧的标注标签上应标明本侧 L（设备侧）和远端侧（DDF 架侧）的实际内容，如图 7.3 所示。

⑥ 监控与告警箱安装。监控和告警系统由机架顶的配电插箱、烟雾告警器、红外告警器、温湿度传感器、门禁传感器和告警箱等组成。告警箱应安装在醒目方便的位置，便于见闻告警，以离地 1.5m 左右为宜，告警箱与服务器或 Hub 之间用直通网线连接。监控系统安装连接如图 7.4 所示。

⑦ 后台系统安装。后台系统是指服务器和客户端机构成。RMPB 单板的 OMC 口通过直连网线与 Hub 或路由器相连；后台 OMC 服务器、后台终端等再与 Hub 连接。网线制作同层设备相连用交叉线，如双机服务器间连接、PC 与 PC 连接、Hub 普通口与 Hub 普通口连接、Hub 级联口与 Hub 级联口连接、Hub 级联口与交换机连接、交换机与交换机连接、路由器与路由器连

接等；不同层设备相连用直连线，如以太网交换机级联、以太网交换机与路由器连接、以太网交换机与服务器连接、PC 与 Hub 连接、Hub 普通口与 Hub 级联口连接等。交叉线是指一端是 568A 标准，另一端是 568B 标准的双绞线；直通线则指两端都是 568A 或都是 568B 标准的双绞线。568A 的排线顺序从左到右依次为：绿白、绿、橙白、蓝、蓝白、橙、棕白、棕；568B 的排线顺序从左到右依次为：橙白、橙、绿白、蓝、蓝白、绿、棕白、棕。网线的具体制作与测试可查阅计算机网络相关资料。

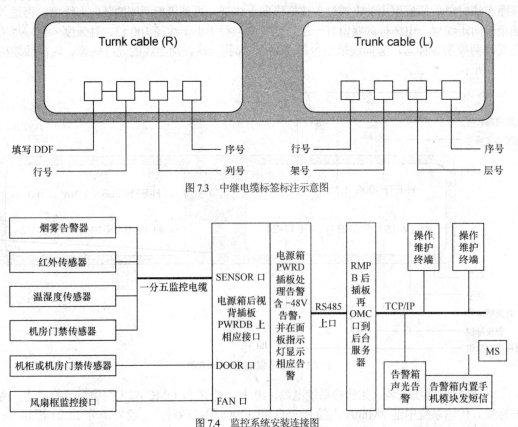

图 7.3　中继电缆标签标注示意图

图 7.4　监控系统安装连接图

⑧ 单板安装。机架、机框安装完毕后安装单板，手拿单板边缘，轻拿轻放，避免接触单板线路与元件等。安装单板注意防静电和插接时对准槽位。插入单板切忌用力过猛，应顺着槽位平行滑入。插入和拔出时均需上下扳手同步配合操作。拔板时先打开扳手 CPU 控制该板退服，ENUM 灯亮可拔板，不亮不能强拔否则会丢失业务；插板时合上扳手，软件启动后，灯灭。

⑨ 硬件安装检查。全部安装完毕，清理现场后进行安装详细检查。主要检查是否插错、缆线连接是否准确。如：电源线是否符合线径，是否接反，是否-48V 用蓝线-48V 地用黑线；加点前电压是否正常；接地是否可靠；正负极无短路；各插箱、机柜接线盒开关处于关闭位置。

⑩ 机柜上下电。业务机柜上电包括初次上电和平时上电。初次上电时：首先打开直流配电柜总开关；再打开配电柜输出-48V 开关；测量输出电压，波动范围应在-40～-57V；打开业务机柜输入的两路-48V 开关；正常无误后关闭电源，插接单板，之后可再打开机柜电源，逐次开启各框电源。上电过程中若发现异常应立即断电检查。平时上电则先开机柜电源再逐次打开各框电源即可。服务器机柜上电参照业务机柜操作。机柜下电则按以上操作逆序进行，先断插框再断机柜。

安装更换风扇、安装清洗更换防尘网等则较为简单，可通过观察后进行拆装。

7.2.3　设备部件更换

① 什么时候需要更换部件？在设备维护、硬件升级、或设备扩容时常常需要拆装或更换部件。在设备维护时，维护人员通过告警或其他信息确定硬件故障的范围，若单板或部件因故障已经退出服务则可直接进行更换操作。当升级扩容时，常常需要拔插单板或更换部件等。

② 部件更换操作流程：一是确认操作更换的可行性，如是否有备板，是否风险可控，确认是否更换等；二是准备好相应的备件和工具；三是尽可能小的影响业务，如先主备板倒换再更换、业务量小时才操作等，MGW、MSCe、HLRe 中单板的备份关系如表 7.1 所示；四是准备好备件包括拨码跳线等设置，执行更换；五是观察验证新部件是否正常开工，包装返修旧板件。

表7.1　　　　　　　　　　　　　　　MGW 单板备份关系表

背板	单板	备份方式	背板	单板	备份方式
BCTC	OMP	1+1 主备	BPSN	PSN	负荷分担
BCTC	SMP	一般为负荷分担，可以 1+1 主备	BPSN	GLI	负荷分担
BCTC	SPB	一般为负荷分担	BCSN	TSNB	1+1 主备
BCTC	UIMC	1+1 主备	BCSN	TFI	1+1 主备
BCTC	CHUB	1+1 主备	BUSN	DTB	无备份
BCTC	CLKG	1+1 主备	BUSN	VTCD	无备份
BCTC	SIPI	1+1 主备或无备份	BUSN	MRB	无备份

③ 部件更换注意事项：新旧板件防静电包装确保安全存放运输；佩戴防静电手腕并可靠接地；避免单板与衣服间接触的静电；使用工具过程中防止工具造成的电源短路；一般不对电源板拔插操作；单板操作注意扳手与 ENUM 指示灯配合；前后台通讯中断需更换 OMP 单板，更换后需对串口进行初始化参数设置；更换单板与原单板型号一致或兼容。

7.3　安装 MGW/MSCe/HLRe 硬件任务的教学实施

情境名称	**MGW/MSCe/HLRe 硬件与线缆安装情境**	
情境准备	一块与机房相同大小的室内场地	
	几个待安装的机架、底座等	
	包装好的设备器材到货箱（预设置清单）	
	室内接地器材与测试仪表	
	拆装机箱的相关工具（如改刀等）	
实施进程	1. 学习任务准备：分组领取任务工单；自学任务引导；教师提问并导读	
	2. 任务方案计划：各小组根据任务描述，制订完成任务的分工和方案计划	
	3. 任务实施进程	
	① 工程场地勘察	
	② 工程场地安装设计画草图	
	③ 根据设计图二次环境查验	
	④ 开箱验货，填写记录表	
	⑤ 机柜安装、电源线、接地系统安装、机柜内外线缆安装、监控与告警箱安装、后台系统安装连接；贴线缆标签	

情境名称	MGW/MSCe/HLRe 硬件与线缆安装情境		
实施进程	⑥ 上电前的检查记录 ⑦ 上电操作 ⑧ 下电操作 4. 任务资料整理与总结：各小组梳理本次任务，总结发言，主要说明勘察设计的注意事项，开箱验货的程序与注意事项，硬件安装程序与注意事项；安装完毕上电前检查事项；上电、下电的操作过程		
任务小结	1. 机房设备从布置规划到上电前的主要过程步骤 2. 开箱验货步骤与注意事项 3. 硬件安装过程步骤与注意事项 4. 机房防雷接地系统 5. 上电前的检查事项 6. 上电下电的操作步骤		
任务考评	任务准备与提问	20%	1. 机房内走线架、接地、机架如何规划布置，考虑哪些事项 2. 硬件开箱验货程序是什么 3. 上电前要检查哪些事宜
	分工与提交的任务方案计划	10%	1. 讨论后提交的完成本次任务详实的方案和可行情况 2. 完成本任务的分工安排和所做的相关准备 3. 对工作中的注意事项是否有详尽的认知和准备
	任务进程中的观察记录情况	30%	1. 机房安装设计图是否规范符合要求 2. 开箱验货是否程序合理，记录签字清楚 3. 机架、电源、接地等关键点是否安装规范 4. 线缆标签是否填写粘贴正确 5. 上电前检查是否到位 6. 操作步骤是否准确 7. 组员是否相互之间有协作
	任务总结发言情况与相互补充	30%	1. 任务总结发言是否条理清楚 2. 各过程操作步骤是否清楚 3. 是否每个同学都能了解并补充操作中的其他方面和注意事项 4. 提交的任务总结文档情况
	练习与巩固	10%	1. 问题思考的回答情况 2. 自动加练补充的情况

掌握 3GCN 物理设备配置的操作方法

8.1 3GCN CS 域物理配置任务工单

任务名称	配置 3GCN 电路域物理设备典型数据
学习目标	1. 专业能力 ① 掌握 CDMA2000 核心网数据配置的一般步骤 ② 了解 CDMA2000 核心网数据的安排与规划准备内容 ③ 学会物理设备硬件的数据配置 ④ 通过配置，学会增加、修改、删除数据的操作技能 ⑤ 学会计算机网络应用、前后台通信联网的技能 2. 方法与社会能力 ① 培养观察记录和独立思考的方法能力 ② 培养机房维护（数据管理）的一般职业工作意识与操守 ③ 培养完成任务的逻辑顺序能力 ④ 培养整体规划的全局协同能力
任务描述	1. 查阅资料收集整理 CDMA2000 核心网 CS 域数据物理配置的一般步骤 2. 设计一个小规模本地网：MSCe（VMSCe/GMSCe）局，MSCe 内置 SGW，带两个 MGW（VMGW/GMGW 合一）局；并安装好机框、单板等实体 3. 完成好前后台之间的通信连接，确保前后台通信正常 4. 完成该网络中 1 框 HLRe、1 框 MSCe 和两个独立 MGW 的物理数据配置
重点难点	重点：物理数据配置步骤和操作方法 难点：模块数据与 IP 离线配置的数据
注意事项	1. 不更改和删除原有备份数据、原有硬件机框等 2. 未经同意，一般不执行配置数据的同步操作
问题思考	1. CDMA2000 核心网 CS 域数据配置的一般步骤 2. 物理配置包括哪些配置项目 3. 3GCN 中指配模块类型遵循什么原则 4. 3GCN 中单板与模块的从属关系配置原则是什么
拓展提高	1. 查询 CDMA2000 核心网 CS 域的正确物理数据配置，思考为什么 2. 思考对于 SGW 内置和不内置，内置于 MSCe 和内置于 MGW，在物理配置中有什么不同
职业规范	1. 设备厂商的物理设备数据配置规范 2. CDMA2000 移动通信核心网工程设计规范 3. 中国电信相关数据规范

8.2 CDMA2000 核心网 CS 域物理数据配置任务引导

8.2.1 数据配置准备与配置步骤

网管系统中的一项功能是配置管理，一般通过图形化的人机界面，实现对系统资源的配置管理。配置管理子系统由 3 部分构成：配置数据库、服务器和客户端。其中数据库是配置管理的对象，数据储存于服务器并下发同步（数据同步是指下发数据到前台设备生效）储存在设备存储器中；服务器负责处理客户端配置数据的请求，并包括数据同步的功能；客户端通过图形化界面供用户进行数据配置和处理。后台采用服务器/客户端结构，可安装多个客户端；后台客户端界面可提供增加、修改、删除等操作；后台还提供数据备份、数据恢复、数据同步等操作；修改后台数据只要不下发是不会影响前台数据或业务的，只有当同步数据到前台设备后才能使修改的数据生效。

对于新开局，在硬件安装完成后，即可进行数据配置；对于原局升级扩容，也需要进行数据配置。数据配置前，要进行相应的数据规划准备，主要包括：确定组网方式（包括时钟组网）、设备物理硬件（机架机框和单板物理情况）、本局信息（本局和邻接局信令点）、与对端局协商的数据和协议规划（E1 时隙及链路编码、No.7/H.248/SIGTRAN 协议配置规划）、信令和路由方式（负荷分担与路由迂回）、IP 地址规划（局间通信所用的 IP 地址 MAC 地址）、各种号码（系统识别码 SID/MDN 个人移动用户号码/移动识别码 MIN/国际移动识别码 IMSI/信令网关 GT 号/MSCe 接入号等）。

具有相应操作权限的用户才可以进行其职责范围内的数据配置和修改。对于新开局数据配置需要按照一定的先后顺序进行配置，部分数据会有交叉反复。数据配置一般步骤如下。

① 物理设备配置：按模块→机架→机框→单板→网元间通信 IP 地址的顺序配置。

② 本局配置：按信令点编码→本局→邻接局顺序配置。

③ 协议（No.7/Sigtran/SIP/H.248）配置：No.7 配置按局向间信令链路-信令连接控制部分 SCCP-编码计划；Sigtran 配置和各局向间的偶连；会话初始协议 SIP 配置；H.248 配置。

④ 拓扑关系配置：配置局与局之间的拓扑关系，包括 MSCe 与 MGW 之间、MGW 之间、MGW 与 RAN 之间的关系。

⑤ 中继管理配置：配置本局到其他局之间的中继链路。

⑥ 各种号码配置：各种移动号码配置-业务数据配置。

⑦ 其他数据配置：如语音资源配置、MSCe 中的计费配置等。

⑧ 数据同步：检查数据确保完全正确后，先进行 R-CONST 表数据同步，再进行同步全部数据表到前台。

⑨ 备份数据制作报表。

每一项配置按顺序操作，而删除操作的顺序则与配置顺序相反。

现在我们以如图 8.1 所示的拓扑节点局设置为例进行配置方法描述。设图中 MSCe 为 VMSCe 和 GMSCe 合一，MGW 为 VMGW 和 GMGW 合一，SGW 内置于 MGW。

其中，SGW 可以外置也可内置于 MGW 或

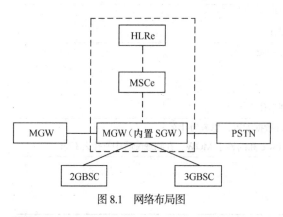

图 8.1 网络布局图

MSCe，如果 SGW 内置于 MGW 时，则需要配置 MGW 到 BSC、到 HLR、到 MSCe、到其他 PSTN 全为直连方式的邻接局；MSCe 要配到 BSC、到 HLR 的准直联方式邻接局，到 MGW 的直连方式的邻接局。如果 SGW 内置于 MSCe 时，则 MGW 只需要配置到 MSCe 直连方式的邻接局，但 MSCe 要配到 BSC、到 HLR、到 MGW 直连方式的邻接局。SGW 是否内置，主要决定于是否配置 SPB，不内置则对应的 MSCe 或 MGW 就不配 SPB。

8.2.2　物理设备硬件数据配置

物理设备硬件配置是整个系统运行的前提基础，必须首先完成。物理配置是在后台建立一个与前台物理结构相对应的环境并对其进行管理，配置正确完成后，后台可见图形界面与前台是完全一致的。新开局进行物理配置时，严格按照以下顺序完成。

① 增加新机架。

② 机架上增加新机框。如 MSCe 必需增加为控制机框等。

③ 为机框的槽位配置单板。

④ 配置 MP 单板的模块属性，即 MP 单板类型（操作维护处理 OMP、业务处理 SMP、呼叫控制处理 CMP、路由处理 RPU 及其组合）。

⑤ 配置 MP 单板以外的其他单板的"模块—单板从属关系"，即其他单板与 MP 模块的从属关系。

⑥ IP 离线配置。即配置 IP 接口地址和静态路由信息，如 MSCe 与其他实体的通讯方式和端口。

1．配置机架

进入配置界面的方法是：打开 OMC 客户端上的网管平台主界面，选择菜单栏中的"视图→配置管理"，进入配置管理界面后可按照左边导航树结构进行相应配置，如图 8.2 所示。选择要配置的物理实体如 MSCe 或 MGW 等，再进入对应物理实体下的"基本配置→物理配置"，用快捷菜单选择"增加机架"，进入增加机架的界面。机架号从配置有 OMP 单板的机框所在架开始由 1 向上编；其他默认。

只有当机架上没有任何机框时，才可完成删除机架的操作。

2．配置机框

新增机架后，左侧导航树中会出现新增的对应机架，点击机架，右边配置窗口中会显示出 4 个空白待配框，从上至下 1～4 编号。右击需要配置的某框，选择"增加机框"进行配置，配接 OMP 的机架号必为 1 机框号必为 2，故一般将含 OMP 板的机框配在第 2 框，机框类型则根据实体选择，如 MSCe 和 HLRe 只能为控制框，而 MGW 则可有控制框、资源框、电路交换框和 IP 交换框选择，其余默认。

图 8.2　物理配置管理导航树示意图

当且仅当机框上没有任何单板时，才可进行删除该机框操作。

3．配置单板

新增机框后，在该机框所属的机架配置窗口中，将显示概况的 1～17 个初始空白的待配槽位。

右击对应槽位，选择"增加单板"进入配置。配置时按以下原则。

① 顺序依次增加：UIM 板、MP 板、IPI 板、其他单板（CIB 单板在 MSCe 才有、CHUB 只

有在多框时才有）。

② 成对配置的单板先配左边奇数槽位（默认主槽位），则配右边槽位只有相同单板可选，不能从编号为偶数的槽位开始配。

③ 单板类型需与槽位对应，MGW 按照表 4.5、MSCe 和 HLRe 按表 5.1 的相关要求对应（如果不对应系统也会提示）。

对单板的其他操作配置也可以在下面的"配置模块类型"完成后进行。主要有以下几点。

一是单板增加完成后，框中对应槽位即显示配置的单板名称，点击单板则可弹出窗口查看该单板的信息，其中单元号是指单板类型的顺序号（MP 单板没有单元号），其他则是单板的类型。

二是对于 UIM 单板，还需要右击单板"配置 T 网属性"：选择组网方式是否有 T 网，单框成局时不需要大容量的 T 网交换，由 UIM 的 16K T 交换即可完成，但多框容量大时则需要配置资源框 UIMT 到电路框 TFI 的连接关系由 TSNB 完成交换；选择组网模式是 UIMU 还是 UIMT 模式（详见任务 4 中对于 UIM 单板的介绍）。如果 UIM 板配置了 T 网组网，则还需要右击选择"配置 TFI 与 UIM 连接"进入配置界面，窗口左上是列出的 TFI 架、框、槽、端口，窗口右上是列出的 UIM 架、框、槽、端口，只需按照实际机架的光口连线，选中窗口左上、右上的记录，点击连接，就可看到窗口下边的连接关系，非常直观，也可对照检查实际连线是否有误。同理，配置 UIMT 到 IP 交换框 GLI 的连接关系。

三是对于 MGW 中的 DTB/SDTB 单板，还需进行单元属性配置，目的是将其上的 2Mbit/s 资源（DTB 有 0～31E1，SDTB 光口上有 63E1）进行逻辑编号，便于引用。配置方法是在配置窗口中左边的配置导航树里点击"单元属性配置"。选 A 律，单元号是 DTB 板的代号查询单板即可得到；选 E1，子单元号就是 DTB 板中的 32 个 E1 时隙编号，根据起始不同就不同如起始 9 结束就是 40；子单元类型是指信令类别，No.7 就选 CCS 公路信令；E1 工作模式选复帧；其余默认。对某单元号的单板，选择快捷键"增加 PCM"按钮，进入该板 PCM 设置即可，如图 8.3 所示。

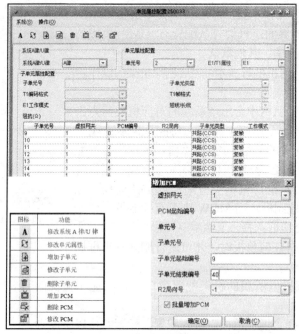

图 8.3　DTB/SDTB 单元的属性即 E1 配置编号图

四是对于"电源板—时钟板—硬盘"的参数配置。配置方法是在配置窗口中左边的配置导航树里点击"电源板—时钟板—硬盘配置功能点"进入设置界面，如图 8.4 所示，其中硬盘参数里的模块号是 CIB 单板的模块号和单元号。

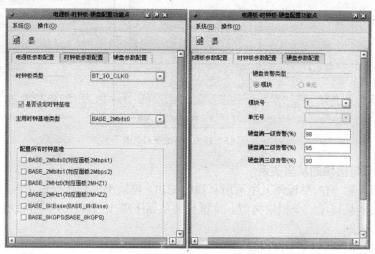

图 8.4　电源—时钟—硬盘的参数设置

4．配置 MP 板模块类型

由于每个 MP 单板上有两个独立 CPU，可独立用于实现一种或几种处理模块的功能，如配置为 OMP（操作维护处理板）、SMP（业务处理板）、CMP（呼叫控制处理板）、RPU（路由处理单元）等，因此需要配置 MP 模块类型。模块配置就是指定 MP 单板中的 CPU 配置为哪种模块（OMP、SMP、CMP、MPU 和 RPU，及其组合）的对应关系，同步到前台后，系统为 CPU 加载模块类型后实现相应的模块功能。在指配模块类型时遵循以下原则。

① OMP 模块在一个局中只有 1 个，凡含 OMP 模块的类型（如 OMP，或 OMP 与 CMP、SMP 合用）只能配置给 1 号机架 2 号机框 11 槽 MP 单板上的 1 号 CPU。

② RPU 模块在一个局中只有 1 个，配置给 1 号机架 2 号机框 11 槽 MP 单板上的 2 号 CPU。

③ 其他 CPU 可以配置为任意的其他模块类型；SMP 在一个局中可以有多个，其模块的编号系统会自动生成。

④ 一个 MGW 局最少必须要有 OMP/CMP/SMP/RPU 各 1 个（可合用）。如系统只有一对 MP 板时，1 号 CPU 必配为 OMP-SMP-CMP 合用，2 号 CPU 配为 RPU。若系统有两对 MP 板时，11 槽的 MP 板 1 号 CPU 配为 OMP，2 号 CPU 配为 RPU；另一对 MP 板的 1、2 号 CPU 均配置为 SMP-CMP。

⑤ 一对 MP 单板只需在配置图中点中"主备备份"，一块配置完成后另一块无需配置系统自动完成完全相同的配置。

配置方法是：右击机框中 MP 单板，选择快捷键"配置模块类型"进入配置，如图 8.5 所示。

如要删除某已配模块类型，只需选中 CPU 记录，右击快捷键选"改为 NULL"即可。

此外，对于 MP 单板右击鼠标后，还有其他相关选择进行相关配置如 MP 模块管辖的容量参数等，一般选择默认，在操作比较熟悉后可以进行试操作更改；对于 MRB 单板右击后还可以进行 DSP 资源修改配置，因为 MRB 板包含 4 个子单元（Tone、会议电话信号 CONF、DTMF、MFC），一般选择默认。在此不再赘述。

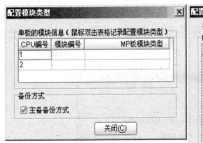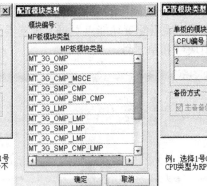

例：右击1架2框11槽MP板，进入配置模块类型，选中1号CPU记录，双击该条记录进入模块类型选择。模块编号不用指定自动生成。

例：选择1号CPU类型为OMP-SMP-CMP合用型；选择2号CPU类型为RPU型。完成后模块编号自动变为1和2。

图 8.5　模块类型配置示意图

5．配置单板与模块的从属关系

为其他单板（除 MP 单板外）配置所从属的 CPU 模块类型，接受该 CPU 模块的监控和管理，每块单板只能从属于一个模块类型。单板具体从属于哪个管理模块，并没有固定限制，但一般按照以下配置原则。

① 所有单板都不从属于 RPU 模块；

② OMP 是所有单板的监控模块，所以一般选择从属于带有 OMP 模块的类型；

③ 一般建议将 DTB、SPB 这两种 TD 单板分配到各个 SMP 上；同样 MRB 板也从属于 SMP 模块，但 MRB 的资源不能跨模块调用，所以配置时需要根据实际情况分配到各个 SMP 上。

④ 成对的单板只需配置 1 块，另一块系统自动完成相同配置。

配置方法有两种。

① 右击需要配置从属关系的单板选择"配置模块/单板从属关系"，进入界面后，可配置的 MP 模块类型位于左半窗口，只需点中选择的模块"增加"到右半窗口即可。

② 右击需要配从属关系的 MP 板（一般是 11 槽的 OMP）选择"配置模块/单板从属关系"，进入界面后，选中上半窗口的 MP 模块，下左半窗口即显示可配的单板，只需点中单板"增加"到下右半窗口即可。

网管系统中看到的单板在没有开工前是红色的；配置开工后是橙色的；配置了从属关系后是蓝色的。双击配置完成的单板可以全面了解单板的各种信息。

若要修改已经配置的从属关系，按相同的方法操作，只是要"先删除后添加"才能完成修改。以上两种配置修改方法如图 8.6 所示。

6．IP 离线配置

为使网元间相互通信，需要配置 IP 地址。配置的方法是右击导航树物理配置选择"IP 离线配置"，在界面中依次选择以下 4 个部分分别进行配置：

① 端口备份组的配置。针对 1 块单板有两个端口的情况，配置 1 个为主端口 1 个为备端口。可默认不配置。

图 8.6　模块/单板从属关系配置的两种方法

② 配置 IP 的 E1 端口。当承载的传输网是 TDM 网时，需要配置本项目，使接口如 A1P\A2P\XX\YY\ZZ 等接口对外出 E1 接口；如传输网是以太网时跳过本项配置。

③ 配置 IP 协议栈的接口。在配置界面表中选中模块记录点击"增加"，进入配置窗口如图 8.7 所示。SMP 板、SIPI 板、IPI 板需配 IP 地址，每块单板对外最多可配 4 个不同 IP；所有的 IP 地址为运营商分配；SMP 和 SIPI 的 IP 地址要在同一网段；IPI 板则要保证与 SIPI 不在同一网段；SMP 的 IP 地址是虚地址子网掩码全 255MAC 地址全为 0；SIPI 的 IP 地址与对端 IP 在同一网段，IPI 的 IP 地址与对端 IP 在同一网段；SIPI 与 IPI 的 MAC 地址前 4 位固定后两位可修改只要不重复即可；其他配置默认。下面给出一个 IP 配置的参考例子，如表 8.1 所示。需要修改或删除接口时，只需在配置界面表中选中模块记录单击"修改"或"删除"。

参数	解释
端口号	系统默认好，无需修改
IP编号	一个端口可配4个IP地址，以IP编号区分同一个端口的不同的IP地址
IP地址	该端口的IP地址，一般将SMP的接口地址配置成虚地址
接口IP掩码	接口IP地址的掩码信息，一般虚地址为4个255
广播地址	默认值，一般无需修改
MAC地址	将IP地址所对应的MAC地址，MAC地址的前四位是固定不能修改，第五位的MAC地址的范围为D0～FF，第六位的MAC地址范围不限。一般虚地址的MAC地址为全0

图 8.7 IP 协议栈接口配置

表 8.1 IP 协议栈规划举例

单板	单板端口号	端口内 IP 编号	IP 地址	接口 IP 掩码	MAC 地址
1 号 SMP 模块	65530	1	192.200.1.1	255.255.255.255	00-00-00-00-00-00
	65530	2	192.200.1.2	255.255.255.255	00-00-00-00-00-00
2 号 SMP 模块	65530	1	192.200.1.3	255.255.255.255	00-00-00-00-00-00
3 号 SMP 模块	65530	1	192.200.1.4	255.255.255.255	00-00-00-00-00-00
4 号 SMP 模块	65530	1	192.200.1.5	255.255.255.255	00-00-00-00-00-00
SIGIPI	1	1	192.200.1.6	255.255.255.0	00-D0-D0-A0-D0-11
IPI	1	1	192.200.2.1	255.255.255.0	00-D0-D0-A0-D0-21
	2	1	192.200.3.1	255.255.255.0	00-D0-D0-A0-D0-31
	3	1	192.200.4.1	255.255.255.0	00-D0-D0-A0-D0-41
	4	1	192.200.5.1	255.255.255.0	00-D0-D0-A0-D0-51

④ 配置 IP 协议栈的静态路由。如果两个局的 IP 地址不在同一网段内，为了实现通信，就需要配置静态路由，但前提是已经配置好 IP 协议栈接口。配置方法同上，进入"配置 IP 协议栈的静态路由"界面后点击"增加"后开始配置。配置界面如图 8.8 所示。

⑤ 配置 IP CRTP 信息。在配置完 IP 的 E1 端口后，仅用于带 RTP 的压缩数据在 E1 上传输才需要配置。

⑥ 配置 BFD 模块认证信息。一般无需配置。

此外，对于 MSCe，还有 CIB 单板与后台服务器间话单数据采集传送的接口 IP 地址。配置方法是右击 CIB 板选择"CIB 单板后台网口地址"，进入配置界面，填写 IP 与 MAC 地址，一般不需要做修改按自动生成即可。右击 CIB 板选择"CIB 与 CMP 对应关系"，所有的 CMP 模块都需要与 CIB 对应，并选中"启动计费数据收集"和"启动计费处理模块"。

图 8.8　配置 IP 静态路由

参数	解释
设备号	标识设备号
路由标识号	根据所添加的路由数目自动依次变动。 如已添加了 2 条静态路由再次添加时该参数会自动变为 3
路由网络前缀	路由地址的网络前缀
路由网络掩码	路由网络前缀的子网掩码
下一跳标志	下一跳 IP 地址的标志，已经默认好
下一跳 IP 地址	需连接的 IP 地址。地址必须在已经配置的 IP 的某个网段中
管理距离	消息与消息之间的距离，默认值为 1
标志值	用于控制路由再分配，默认值为 3

7．其他全局配置

这里的全局配置指的是定时器、时区、丢包门限、CPU 过载门限、网元参数等的配置，一般选择默认，只有网元参数中的有关 IP 地址的信息需要根据设置进行修改，不赘述。

8．系统节点 IP 地址规划

后台网管系统使用的 IP 地址一般规划原则如下。规划举例如表 8.2 所示。IP 地址：10101100.0001XXXX.YYYYYYYY.ZZZZZZZZ，其中 X 的 4bit 代表网元类型，如表 3.26 所示；Y 的 8bit 代表局号，同一运营商内唯一从 1 开始编，如一个 MGW 局编为 1 则该 MGW 内的 OMP、OMC 服务器、OMC 客户端、告警箱等都编为 1；Z 的 8bit 代表主机地址，和节点号对应。子网掩码：255.255.255.0。

表 8.2　　　　　　　　　　　系统节点 IP 地址规划

网元类型	XXXX	IP 地址前两位	IP 地址第 3 位	常用节点号	IP 地址第 4 位
HLRe	0000	172.16	1～255 一个局固定	OMP 为 1， OMCServer 为 129，告警箱为 254，OMCClient 为 170-179，交换机用其他	OMP-1，OMC Server-129，OMC Client-170-179，AlarmBox-254，Switch-110-113
MSCe	0001	172.17	1～255 一个局固定		
MGW	0010	172.18	1～255 一个局固定		
PDSS	0011	172.19	1～255 一个局固定		
PDS of GOTA	0100	172.20	1～255 一个局固定		
BSC	0101	172.21	1～255 一个局固定		
EMS	0110	172.22	1～255 一个局固定		

按照上表的基本规则，以某城市的 MGW 局为例，该局 IP 地址规划为：OMP 是 172.18.1.1；OMC 服务器为 172.18.1.129；OMC 客户端为 172.18.1.170-179；告警箱为 172.18.1.254。安装时，先配 IP 地址后安装网管软件。

8.3　3GCN CS 域物理数据配置任务教学实施

情境名称	3GCN 电路域物理硬件设备情境
情境准备	一个小规模本地网：MSCe（VMSCe/GMSCe）局，MSCe 内置 SGW，带两个 MGW（VMGW/GMGW 合一）局；并安装好 1 框 HLRe，1 框 MSCe 和两个独立 MGW 机框，以及相应的单板；后台网管系统及若干台安装好网管软件的 OMC 客户端；前后台连接并正常通信
实施进程	1．资料准备：预习任务 8，学习工单与任务引导内容；通过设置提问检查预习情况 2．方案讨论：可 1～5 人一组，讨论制订本组小规模本地网组网方案、机框与单板配置计划，写出（画图说明）实施方案

情境名称	3GCN 电路域物理硬件设备情境		
实施进程	3. 实施进程 ① 打开网管，并观察前后台，检查前后台通信 ② 配置机架（通过新增或修改方式完成配置） ③ 配置机框（通过新增或修改方式完成配置） ④ 配置单板（通过新增或修改方式对所有实际存在的单板配置） ⑤ 配置 MP 单板的模块属性 ⑥ 配置 MP 单板以外的其他单板的模块-单板从属关系 ⑦ IP 离线配置 4. 配置完成检查配置数据，并按教师要求完成小组数据备份操作 5. 任务资料整理与总结：各小组梳理本次任务，总结发言，主要说明如何本小组网络情况、配置步骤、配置中遇到的问题与疑惑、硬件配置的注意事项		
任务小结	1. 为什么要数据配置 2. 3GCN 数据配置的一般步骤 3. 简单说明实验室网络的规划与物理实体配置 4. 物理数据配置的一般步骤，并解释每步配置的作用与要点		
任务考评	任务准备与提问	20%	1. 数据配置的作用？数据配置的基本步骤 2. 物理设备硬件配置的基本步骤 3. 小组网络是如何计划的，主要机框与单板如何安排
	分工与提交的任务方案计划	10%	1. 讨论后提交的完成本次任务详实的方案和可行情况 2. 完成本任务的分工安排和所做的相关准备 3. 对工作中的注意事项是否有详尽的认知和准备
	任务进程中的观察记录情况	30%	1. 小组设计的网络方案是否合适，详细程度 2. 小组是否观察和详细记录了机框、单板的位置情况 3. 小组是否记录了前后台的连接情况，并完整检查了前后台通信状况 4. 机架、机框、单板配置是否正确 5. MP 单板模块属性、单板与模块从属关系是否正确配置 6. IP 离线配置否准确 7. 组员是否相互之间有协作
	任务总结发言情况与相互补充	30%	1. 任务总结发言是否条理清楚 2. 各过程操作步骤是否清楚 3. 每个同学都了解操作方法 4. 提交的任务总结文档情况
	练习与巩固	10%	1. 问题思考的回答情况 2. 自动加练补充的情况

掌握本局数据与邻接局关联数据配置的操作方法

9.1 3GCN 本局与邻接局数据配置任务工单

任务名称	配置 3GCN 电路域本局数据和邻接局间的关联数据
学习目标	1. 专业能力 ① 掌握邻接局数据规划中主要字段的含义 ② 学会本局信令和网络数据配置、邻接局网络数据配置 ③ 了解 No.7 的基本知识与分层模型 ④ 学会 No.7、SIGTRAN、SIP、H.248 协议的数据配置 ⑤ 学会拓扑关系、中继管理、切换局的配置 2. 方法与社会能力 ① 培养建立实体间关系的关联思考方法能力 ② 培养机房维护（数据管理）的一般职业工作意识与操守 ③ 培养完成任务的逻辑顺序能力 ④ 培养整体规划的全局协同能力
任务描述	1. 查阅资料收集整理 No.7 的基本知识与分层模型 2. 在上一任务物理配置的基础上规划建立局间关系与协议 3. 检查通信连接，确保前后台通信正常；确保物理设备配置正确 4. 完成该网络本局信令和网络数据配置、邻接局网络数据配置 5. 完成 No.7、SIGTRAN、SIP、H.248 协议的数据配置 6. 完成 MGW 中配置 MGC 网关和语音的配置 7. 完成拓扑关系、中继管理、切换局的配置
重点难点	重点：No.7 配置和中继管理配置 难点：No.7、SIGTRAN、SIP、H.248 协议中各字段的理解
注意事项	1. 不更改和删除原有备份数据、原有硬件机框等 2. 未经同意，一般不执行配置数据的同步操作
问题思考	1. 什么是邻接局？邻接局规划中各主要字段含义是什么 2. 在 3GCN 中，No.7、SIGTRAN、SIP、H.248 协议分别在哪些地方使用 3. 3GCN 中 No.7 要配置哪些主要内容？GT 号码的结构是怎样的 4. 路由链、路由组、路由、中继组、E1 链路、时隙之间是什么关系 5. 中继管理需要配置哪些表

任务名称	配置 3GCN 电路域本局数据和邻接局间的关联数据		
拓展提高	1. 对比查看正确的本局和局间关联数据配置，思考为什么 2. 软交换中的相关配置知识		
职业规范	1. 设备厂商的本局数据和邻接局间的关联数据配置规范 2. No.7 信令网技术规范 3. 中国电信相关数据规范		

9.2　3GCN 本局与邻接局数据配置任务引导

9.2.1　局数据配置

在本局所在的物理数据配置完成后，进行局数据规划和配置，包括：本局信令和网络数据配置、邻接局（包括 BSC）网络数据、SIP 传输协议局向配置等。

1. 邻接局数据规划

局数据规划主要是规划邻接局，邻接局是指和本交换局之间有信令链路连接的交换局。邻接局在 SGW 是否内置，以及内置于 MGW 还是 MSCe 时有较大不同，现在我们以 8.1 图 SGW 内置在 MGW 为例来说明局数据的规划，其中 MGW 的邻接局规划如表 8.2 所示；MSCe 的邻接局则是直连的 MGW 和 HLRe，准直联的 BSC 和 HLR；HLRe 的邻接局则是直连的 MSCe 准直联的 MGW；其他参照表 9.1 设置。

表 9.1　　　　　　　　　　SGW 内置于 MGW 时的 MGW 邻接局规划举例

字段名称	MGW 邻接局 MSCe	MGW 邻接局 HLRe	MGW 邻接局 BSC	备注（字段说明）
邻接局名称	MSCe-333	HLRe-444	BSC-555	自定义，直观易读
邻接局向号	3	4	5	自定义局向标识，本局唯一
子业务字段	国内信令点编码	国内信令点编码	国内信令点编码	一般为国内信令点编码
邻接局网络类别	电信网	电信网	电信网	与对端局一致，如和两个不同局相连则本局需配成两个网络类型两个信令点编码
长途区域编码	28	28	28	当地区号
24 位信令点编码	3.3.3	4.4.4	5.5.5	有直属关系的 MGW 与 MSCe 相同编码。其他则按实际邻接局的编码填写
信令点类型	SP/STP	SP/STP	SP/STP	属于 SP、STP 还是合一
协议类型	中国标准	中国标准	中国标准	
邻接局类别	MSCe/市话局/长话局	HLR/HLRe	BSC/市话局/长话局	根据邻接局实际类型选
连接方式	直连方式	直连方式	直连方式	信令直接相连的选直连方式，通过其他转接选准直连
域类型	IP 域	CN 域	CN 域	与承载传输有关，是 IP 的选 IP 域，是传统电路的选 SCN 域
标志信息	全局编码	全局编码	全局编码	

局数据配置方法是在图 8.2 所示导航树中点局配置，进入图 9.1 所示配置界面。

2．本局信令配置

图 9.1 中，首先选择配置本局信令点信息。信令配置中选择 24 位信令点编码；信令点编码即 No.7 中的点码，由 3 个数构成可在十进制中填也可在二进制中填如宾江局为 253-114-114；用户类型一般选 H.248 用户（当然也可选 SCCP 用户、TUP 用户、TSUP 用户，但选择了多种用户类型就需要点快捷键"+"设置多个信令点编码）；网络外貌和长途区域编码固定，区域编码填长途区号，网络外貌只要固定就可如电信网填 1 移动网填 2 联通网填 3。但注意：MGW 与管理它的 MSCe 信令点编码、网络外貌、区域编码必需相同。

3．本局网络数据配置

图 9.1 中，点本局配置。局向号、局向编码默认，测试码任意设定；基本网络类型据实选择本局为电信网或移动网或联通网；交换局类别据实单选或多选；接口网络类型是指作为接口网络时的类型；信令点类型据实选择；再启动时间当配置为信令转接点时需要配置，一般 100×100ms。但注意：基本网络类型需与相连的网元一致；接口网络类型可多选，如选多个一般需配多个信令点。

4．邻接网络数据配置

邻接局配置用于建立本局与邻接局之间的信令链路关系。在图 9.1 中，点邻接局配置，进入如图 9.2 所示邻接局的相关配置，在图中点快捷菜单"+"即可增加邻接局信息。

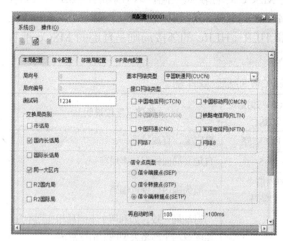

图 9.1　移动局本局数据配置界面

图 9.2　邻接局配置界面

邻接局向号是标识邻接局的编号 1～256，选择邻接局的局向号即可；邻接局名称自定义直观即可，邻接局可以是 MSCe/HLRe/BSC/MGW/PSTN 局；邻接局网络类别指电信网移动网或联通网；其他设置参照表 9.1 说明。

5．SIP 传输协议局向配置

当 3GCN 与邻接局设备之间采用 IP 承载互通时，就需要进行 SIP 局向和协议的配置，以完成在 IP 网中的信令控制和话务疏通，如 MSCe 和 MSCe 之间的 ZZ 接口。这里主要是在图 9.2 中选择 SIP 局向，然后到协议配置和号码分析中进行 SIP 协议的相关配置。

9.2.2　协议配置

协议配置包括 No.7、SIGTRAN、SIP、H.248 协议的数据配置。

3GCN 设备如果要与传统电路域 SCN 的设备互通需要配置 No.7 数据，如 MGW 与 2GBSC

之间的 A2 接口、MSCe 与 2GBSC 之间的 A1 接口、MGW 与 PSTN 之间的 34 接口、MSCe 与 PSTN 之间的 13 接口。配置 SIGTRAN 就是为了各种信令都能在 IP 上传输，3GCN 设备如果要通过 IP 传输 No.7 信令需配置 SIGTRAN 数据，如 MGW（内置 SGW 时）需要将 A1 接口来的 No.7 适配和转换后通过 IP 传送到 MSCe 处理。当 3GCN 与邻接局设备之间采用 IP 承载互通时就需要进行 SIP 配置，完成 IP 网中的信令控制和话务疏通，如 MSCe 和 MSCe 之间的 ZZ 接口。MGW 与 MSCe 之间的 39/XX 接口需配置 H.248 协议数据。

1．No.7 数据配置

对于 MGW，若没有内置 SGW，则不需要配置 SPB，邻接局只需配置 MSCe，No.7 无需配置。如内置 SGW，则要配 SPB，但接入的 No.7 链路有两种方式，一种是通过后插板 RSPB 直接连接 E1，No.7 配置时链路承载类型选 E1 链路（TDM2 型）；另一种是没有后插板，链路承载类型通过 DTEC（或 DTB）接入选 DT 链路（TDM1 型）。链路类型则均据实选择 $n \times 64$kbit/s 或 2Mbit/s。

对于 MSCe，同理配置。但 MSCe 内置 SGW 时，由于 MSCe 只有 BCTC 框，没有 T 网交换来的 DT 链路，只能通过后插板 RSPB 直接连接 E1，配置 No.7 时链路承载类型只有选 E1 链路。

No.7 配置主要包括消息传递部分 MTP、信令连接控制部分 SCCP 和其他相关配置。在 3GCN 中，SPB 板接口完成 No.7 的物理层 MTP1；SPB 板 CPU 完成数据链路层 MTP2 处理；SPB 板处理后传与 SMP 板完成网络层 MTP3、SCCP 和用户部分 TUP/ISUP 处理。

（1）No.7 的 MTP 配置

MTP 是 No.7 的最底层，负责为 UP 用户部分提供信令消息的可靠传递，MTP 配置就是根据邻接局的情况配置本局与邻接局之间的信令链路组、信令链路、信令路由和信令局向。因此配置前需确保已正常完成前面的邻接局向配置。MTP 配置的本质是指定 DTB/SPB 上哪个 E1 哪个时隙传送信令，SPB 上的哪个 CPU 处理信令。

配置方法是在导航树中选择 No.7 配置的 MTP 配置，MTP 配置界面如图 9.3 所示。

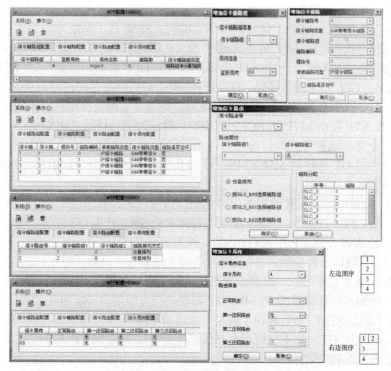

图 9.3　No.7 的 MTP 数据配置

信令链路组是指本局与某邻接局之间的链路的集合，一个邻接局就是一个信令链路组。链路组编号自定义；局向号按本局配置-邻接局中配置的局向号；链路数与类型不需要配置，在配完其他项目后自动生成。

信令链路是承载信令消息的物理通道。信令链路配置是为链路组分配信令链路的条数。链路编号是系统为所有链路统一分配的编号；链路类型可选 64k 或 $n \times 64kbit/s$ 或 2Mbit/s；链路组号自指定；链路编码需与对端局一致范围 0～15；模块号是本条链路所在的模块编号；承载链路类型可选 E1、DT 等，据实选择；链路是否自环用于维护用，需在物理自环后方起作用。对窄带 E1、DT 还有更详细的配置如 SPB 单元号、SPB 上的 CPU 号、中继 E1 号、时隙个数等。

信令路由就是从始点到终点的路径，是预先指定人为设置的，分正常路由和迂回路由。信令路由配置是为邻接局间的路由分配链路组，每个路由可包含 2 个链路组。信令路由号是系统统一分配本局唯一的编号；路由属性选择链路组最多选 2 个，本局到直连局向的邻接局只选链路组 1，但如本局与准直连的邻接局间存在两个 STP 转接就需选两个链路组；排列方式一般选任意排列，反映不同链路间的负荷分担情况。

信令局向配置是为邻接局分配路由，即设置目的局向与路由的对应关系。信令局向号是对接局向编号；正常路由就是首选路由，一般选择到对端局最短的路由编号；迂回路由是首选路由不通时使用的路由。

删除链路组时需链路组中无链路且路由中没有本链路组；信令链路的删除只有在去活后才能进行。

（2）No.7 的 SCCP 配置

No.7 的信令连接控制部分 SCCP 位于 MTP 和移动应用部分 MAP 层之间，MSCe/MGW/HLR 等实体之间的 MAP 消息通过 SCCP 封装寻址功能发给 MTP 层选路，即 SCCP 收到上层发来的 MAP 应用层消息，会根据消息中的路由标签，可通过以下两种方式处理后发送。

"DPC+SSN" 选路方式：DPC 是目的信令点编码，SSN 是子系统号码用来识别同一节点中的不同用户，这种方式在经过 STP 时不再通过 SCCP 处理只经 MTP 层转发，时延短，但 STP 要能识别所有与它有关的 DPC，因此 STP 需要配较多的 DPC 数据。

GT 选路方式：GIT 是全局码译码，GT 是全局码，GT 码在全局范围有意义 DPC 码则仅在定义了它的局部信令网中有意义。运用 GT 寻址时，源信令点根据应用层发来的 GT 号码字冠标签消息发向 STP，STP 要由 MTP 送 SCCP 将 GT 号翻译为下一目的 "DPC+SSN"，再发与 MTP 层传送到目的信令点。这种方式源信令点可以不需要知道 DPC，但每经过一次 STP 就增加一次时延。需要配置的 GT 号包括 MSCe/MSC 号、HLR 号、移动用户号 MDN、IMSI 号等（前几位能识别局向的字冠）。

因此 SCCP 配置中需要配置的相关内容包括：信令点编码前面已配、GT 的相关配置（GT 翻译选择子配置/GT 翻译数据等）、SSN 配置。首先来看 SSCCP 中 GT 配置，方法是在导航树中 No.7 数据配置，点击进入 SCCP 配置 GT 内容。配置界面如图 9.4 所示。

图 9.4 左边 GT 翻译选择子配置：GT 翻译选择子是 GT 号码翻译的入口。GT 翻译选择子编号 1-255 唯一标识不重复即可，一般至少配两个选择子，一个编号计划设置为 ISDN/PSTN 用于电话呼叫，另一个编号计划设置为 PLMN 用于移动，当有短消息寻址时还要增第 3 和第 4 个选择子；GT 类型一般选 GT4；GT 翻译子类型一般选 0 用于短消息选 128；编码计划选电话或移动电话；是否使用默认 GT，如不使用那么在该选择子中找不到 SCCP 的 GT 号就翻译失败；其余各项一般按表 9.2 所示的配置。

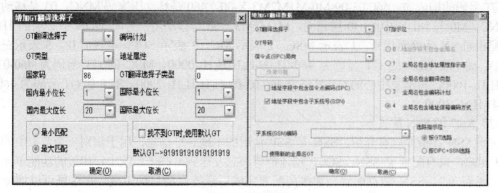

图 9.4 GT 配置图

表 9.2 GT 翻译选择子数据规划举例

GT 翻译选择子编号	GT 类型	GT 翻译子类型	编码计划	地址属性	国际码	是否使用默认 GT	国内最小 GT 位长	国内最大 GT 位长	国际最小 GT 位长	国际最大 GT 位长	匹配方向
1	GT4	0	电话编号	国际号码	86	不使用	6	14	5	10	最大匹配
2	GT4	0	移动编号	国际号码	460	不使用	6	14	5	10	最大匹配
3	GT4	128	移动编号	国内号码	86	不使用	6	14	5	10	最大匹配
4	GT4	128	移动编号	国内号码	460	不使用	6	14	5	10	最大匹配

图 9.4 右边为 GT 翻译数据配置：配置翻译数据的目的就是寻址。GT 翻译选择子为上面所配编号；GT 号码是选择子内所能识别不同局向的最小 GT 字冠；如点中配置"主叫 GT 号码"则不仅能根据被叫 GT 寻找路由，而且能根据"主叫 GT+被叫 GT"组合翻译寻路，也可不选仅按被叫 GT 寻址；信令点局向就是信令发送的局向，其 DPC 可以是 STP 的也可以是最终目的信令点的；选路指示位前面已介绍其区别，可选 GT 选路也可是"DPC+SSN"，当然这里在配就选 GT 选路；GT 指示位一般选第 4 项；SSN 编码见表 9.3 编号。

表 9.3 SSN 编码和不同局需要具有的 SSN

SSN 编码	子系统名称	BSC	MSCe	HLRe	MGW	SGW
0	不含子系统	√	√	√	√	√
1	SCCP 管理	√	√	√	√	√
4	操作维护管理部分					√
6	归属位置寄存器			√		
7	拜访位置寄存器					
239	移动智能 SSP/SCP					√
253	基站分系统操作维护部分	√				
254	基站分系统应用部分	√				

GT 号码的构成如：460-03-09-M0-M1M2M3-X-00。460 是移动国家码 MNC；03 是移动网络号 MNC；M0 与 MDN 中的 H0 层相同，M1M2M3 一般与移动用户号码 MDN 中 2 层的 1H2H3 的分配相同；X 为网元代号，1 表示 MSC，2 表示 MC，3 表示 SCP，4 表示 IP，5 表示充值中心 VC。如一般 HLR 的 GT 号码为 460-03-09-$H_0H_1H_2H_3$-0000，MSC 的 GT 号码为 460-03-09-$H_0H_1H_2H_3$-1000，短消息中心的 GT 号码为 460-03-09-$H_0H_1H_2H_3$-2000，SCP 的 GT 号码为 460-03-09-$H_0H_1H_2H_3$-3000。

（3）No.7 的 SSN 配置

关于 SSN 在前面已有介绍，SSN 是 SSP 使用的本地寻址信息，用于识别一个节点中的各个 SCCP 用户，只有配置了 SSN，SCCP 层才能将消息发送到这些子系统中，相关的功能单元才能工作，见表 9.2，SSN 数据配置在邻接局配置完成后系统已经自动生成，在这里可以增加修改和删除，其方法是在导航树中点击 No.7 数据配置，点击 SSN 配置进入界面。但一般以自动生成为准。

2. SIGTRAN 数据配置

SIGTRAN 用来实现在 IP 网络上传送 No.7 信令。SIGTRAN 协议由 3 部分构成：信令适配层、信令传输层、IP 传输协议，适配层提供传统电路域 SCN 信令的原语接口，传输层提供 SCN 信令要求的实时性和可靠性要求，底层则是标准的 IP 协议层。如 SCN 的 2GBSC 送到 MGW（内置 SGW）的 No.7 信令，在 MGW 中经过接口适配转换和传输层处理后交由 IP 协议层处理，通过 IP 口送 MSCe。SIGTRAN 的配置包括以下步骤。配置方法是导航树中点击 SIGTRAN 进入界面后分别配置。

（1）SCTP 基本连接配置

对于 MGW 和 MSCe，如 SGW 内置于 MGW，则 MGW 和 MSCe 都需要至少配置两条 SCTP 偶连，一条给 H.248 协议用，另一条给信令网关转发信令用；若 SGW 内置于 MSCe 则只需配一条做 H.248 的承载即可。其中 SCTP 偶连标识从 1 开始编只要不重复即可；模块号是该条 SCTP 归属的 SMP 号；SCTP 协议类型指 SCTP 上层协议可选，一般选 M3UA；对端局向号指偶连的局向号；本端/对端端口号据实填写端口号；本端/对端 IP 地址是指 MP 的虚 IP；其余默认即可。

（2）ASP 配置

ASP 指应用服务器进程。ASP 的配置项与 SCTP 一一对应，ASP 序号与 SCTP 偶联标识对应；SCTP 偶联标识与 SCTP 相同；自环和闭锁只在维护时用。

（3）AS 配置

AS 指应用服务器，对应于一组选路关键字的逻辑实体，包含一个或几个激活状态的 ASP 进程业务。SGW 内置于 MGW 需创建两个 AS。AS 编号本局唯一从 1 开始编，如 1 用于信令网关转发信令、2 用于 H.248；选路上下文标识为标识 AS 的字段，本局唯一但需与对端局协商配一致如 100、200；适配层协议一般 M3UA；使用标识符，如果用于信令网关转发信令则在 MGW 侧配为 SGP 在 MSCe 侧配为 ASP，如果用于 H.248 则在 MGW 侧和 MSCe 侧均配为 IPSP（详细的解释可查阅相关资料）；业务模式选负荷分担；负荷分担模式 N 值、K 值两项，分担系数为"N+K"，其中 N 表示 AS 中最少需要 N 个 ASP 少于 N 个 AS 不能工作；应用服务器支持的用户类型，当适配层协议填后自动生成，如 AS1 号为 TUP/ISUP/SCCP，AS2 号为 H.248；ASP 序号按 ASP 配置中的序号选择，如 AS1 号选 1、AS2 号选 2。

（4）配置 SSN 定位 AS

只有在 SCTP 协议类型为 SUA 时才配此项，因此到 3GBSC 的局向以及 SSN 号才需要配置此项目，为 3GBSC 的局向以及 SSN 选择 AS。

（5）其他配置

其他配置在熟悉后可进行相关试操作。

3. SIP 数据配置

当 3GCN 与邻接局设备之间采用 IP 承载互通时就需要进行 SIP 配置，如 MSCe 和 MSCe 之间的 ZZ 接口。配置方法是在 MSCe 配置中，首先进行 SIP 邻接局向配置，这一步已经在本局配置中的邻接局配置和 SIP 局向配置中完成；其次拓扑关系配置：节点设备配置和节点到 MGW 的对应关系配置两项中，增加邻接局 SIP 节点和 SIP 节点到 MGW 的拓扑关系（后面再讲）；第三是在号码分析配置中，对 SIP 出局的号码需要在该号段分析中选择 SIP 出局呼叫选择；第四是导航树中的 MSCe 配置中选择 SIP 配置，其中的各项可修改，但一般均用默认，只有节点号一项按拓扑关系中的配置进行选择。总之，在导航树中凡是涉及 SIP 的各项都打开进行配置和确认。

4. H.248 数据配置

MGW 通过 H248 协议向 MSCe 注册，接受 MSCe 的命令对 MGW 上的资源进行监视和控制，同时将 MGW 上资源的状态和事件报告 MSCe。配置方法是导航树中点击进入。分别有 MSCe 静态 H.248 配置、MGW 静态 H.248 配置、MGW 网管属性配置等项目，大都默认即可。

9.2.3　MGW 中的特有配置

1. MGC 网关配置

MGC 网关配置的目的是保证 MGW 向 MSCe 注册。配置方法是导航树中点击进入。配置项目如表 9.4 所示，其他项目一般默认即可。

表 9.4　　　　　　　　　　　　　　MGC 网关配置中各项目含义

项　　目	含　　义	实　　例
逻辑 MGC 编号	系统生成不必修改	1
实际 MGC 编号	MGC 全局编号，范围 0~5	0
底层协议类型	包含 SCTP、MTP3/M3UA 两种可选	MTP3/M3UA
局向号	所要连接局的局向号	5（MSCe）
优先级	0~3，0 最高	0
逻辑 MG 编号	网关逻辑编号	0
底层传输类型	一般到 MSCe 为 IP 传输	IP 传输

2. MGW 语音配置

语音数据只有 MGW 上才需要配，目的是实现正常放音，并进行语音管理和装载。方法如下。

① 添加 MRP 单板后并右击单板进行 DSP 配置（已在前面叙述）。

② 恢复语音库：主要是指刚开局时需要加载语音库，方法是在语音配置中点音资源配置，如未加载会提示进入子单元录制中，进行恢复语音库操作，把备份的语音库文件加入即可。

③ 配置业务音：在语音配置中点音资源配置界面，点业务音。默认即可，当然也可增加。

④ 配置协议业务音编码：默认。

⑤ 设置语言编码：要与 MSCe 一致，可选几种语言。

⑥ 语音管理：方法是在语音配置中点语音管理。可以进行录制、编辑等操作。

9.2.4 局间中继管理配置

1. 拓扑关系配置

对局间拓扑关系、局间 SIP 相关数据和编解码相关数据进行配置。配置方法是在 MSCe 导航树中点击拓扑关系配置，进入界面如图 9.5 所示（而 MGW 拓扑关系在中继管理中配置）。

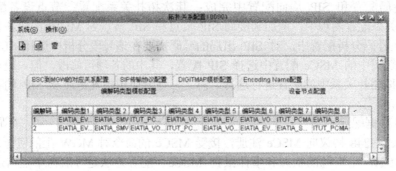

图 9.5　拓扑关系配置项目

编解码类型模板用于选择编解码板的类型，点击 "+" 后选择板类型。

设备节点配置用于配置与本 MSCe 有互连关系的 MGW、BSC 和 MSCe 的参数，如图 9.6 所示，设备节点号系统自动从 1 开始编不需修改；设备类别据实选如 MGW、BSC 或 MSCe；协议类型指局间所用的协议类型，如 MGW 和 MSCe 间的 H.248，MSCe 和 MSCe 间的 SIP 等；标志 1 一般选 URI 采用号码 IP 方式；设备对应局向号即邻接局向号；标志 2 由设备类别决定是否支持 TFO、智能放音、编解码协商等；承载属性选择是否支持 RTP 和 TDM，一般两个都选，只有本项配置了才能在中继配置中选择网关。

BSC 到 MGW 的对应关系配置，BSC 节点号是在上一步设备节点配种增加的节点号；MGW 节点号同样是在上一步设备节点配种增加的节点号。在这里是建立两者之间的连接关系。

SIP 传输协议配置属于 SIP 数据配置中的一步（见前面 SIP 数据配置），配置界面如图 9.7 所示。IP 链路号是唯一标识 TCP/IP 链路的编号；对端局向号是本局建立 TCP 连接的对端的局向号；本端对端 IP 为两端连接的 SIPI 单板 IP 地址；端口号如果选择了本端发起 TCP 连接那么对端端口号设为 5060，如果选择了对端发起 TCP 连接那么本端端口号设为 5060；其他可默认。

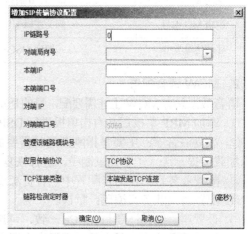

图 9.6　增加设备节点配置　　　　图 9.7　增加 SIP 传输协议配置

只有使用随路信令才需配置 DIGITMAP 模板设置。

2．中继管理配置

中继管理包括中继组、PCM 系统、出局路由、出局路由组和出局路由链。号码分析的结果是选择出局路由链，然后根据路由链的路由状态选择中继电路。它们的关系是：路由链包括若干路由组（直达和迂回）；路由组里包括若干条路由号；一条路由号由若干中继组构成；一个中继组包括若干 PCM 链路（如 E1）；一个 PCM 链路由若干时隙构成（如 32）。

配置方法是导航树中选择中继配置，配置界面如图 9.8 所示。

（1）中继组配置

中继组即中继电路组，是一个交换模块和邻接交换局之间电路属性相同的电路集合。一个中继组不能跨交换模块，中继组内电路只能在同一个模块内；不同模块的中继组独立编号；同一模块下的中继组顺序编号。在基本属性配置中，中继组类别分为出局、入局和双向 3 种，一般选双向；中继类别分数字、模拟等，一般选 DT；局间线路信令标志分共路、随路等多种，一般 BSC 选择 BSC 地面电路 CCS7-SCCP，其他选 CCS7-TUP/ISUP；邻接交换局局向选邻接局向号；网关节点号选拓扑关系中配置的设备节点号；号码选择子在后面号码分析配置后可选择；记发器信号标志在随路信令中一般选多频互控 MFC；中继组名称自行命名；电路标识据实选择中继电路、A 口电路或切换电路；中继选路类型任选一般选循环选择。在指示器配置中，有 63 种中继组指示器可据实选择。在中继电路标识选切换电路后，需配置中继群属性，根据对端局具体情况进行选配。

（2）PCM 系统配置

中继组配置完成后，即配置 PCM 系统，如图 9.9 所示。

图 9.8　中继管理配置图

图 9.9　增加 PCM 系统配置图

中继组在上面配置中继组号后选择，选择后局向号和网关节点号自动默认；PCM 号是本中继组内的逻辑顺序编号，一般从 0 开始，但该号要与对端局 PCM 编号一致，对于 MSCe 而言，由于中继组在 MGW 侧，故实际要对应到 MGW 中的实际 PCM 号；网关 PCM 是 MGW 上对应的 E1 号，由于 MGW 中添加了 DTB/DTEC 板后自动添加 PCM 并编号，故此处所填只需到 MGW 后台数据表中查询后即可得；也可进行批增，只要填起止编号，选中缺省分配 CIC 则自动全部 CIC，然后再个别删除 CIC 如 16 时隙。

（3）出局路由配置

出局路由配置就是指定出局的路由号和中继组。路由号自编；中继组就是分配到该路由号下的中继组号；加发区域编码是指是否给主叫号码加上长途区号；号码发送方式一般选逐段转发方式，随路信令中使用；其他默认。

（4）出局路由组配置

一个出局路由组是一组（1～12 个路由）同级路由的组合。路由组号是出局路由组自编号；1～12 条出局路由中，选择上面配置了的路由号即可。

（5）出局路由链配置

一个出局路由链由 1～12 个出局路由组构成。路由链号唯一标识出局路由的编号；正常情况下使用直达路由组，否则顺序选择第 1、第 2 等迂回路由组；在路由组中选择前面配置的路由组编号；电路标识必需与中继组中配置的一致（选择中继电路、A 口电路或切换电路）。动态路由链年表配置的是以时间段来选择不同路由。

（6）局内 MGW 拓扑关系配置

点局内 MGW 拓扑关系配置。节点 1 与节点 2 是指前面配的设备节点号；承载类型在 TDM 和 IP 中选；其他自动生成。

（7）虚拟 CIC 配置

虚拟 CIC 用于 3G 的 MSCe 和 MSCe 之间基于 IP 承载的切换。中继组号选择电路标识为切换局的中继组号；局向号为切换局号。

3．切换局配置

切换局配置是为了建立邻接交换局与本局之间的中继组对应关系，使手机能在本局与邻接局间切换。导航树中点击切换局配置，如图 9.10 所示。切换局编码是切换局的局向号；切换电路路由链在出局路由链中已经配置，这里只需对应选择路由链编号；系统识别码是指切换对端局的识别码；交换机号码指切换对端局的交换机编号；MSC 接入号码指切换对端局的 MSC IN 号，用于 GT 方式寻址使用；连接方式据实选择虚连或直连；寻址方式据实选择 SPC 寻址或 GT 寻址。

4．BSC 配置

本配置是为了建立 MSCe 或 MGW 到 BSC 间的路由链对应关系。配置方法是导航树中点击 BSC 配置后点击"+"。配置界面如图 9.11 所示。BSC 编码是本局到 BSC 的邻接局局向号；配置路由链在出局路由链配置中的电路标识配为 A 口电路后，这里即可选中；BSC 的属性是 BSC 支持的电路管理业务，全选；其他据实选择。

图 9.10　切换局配置

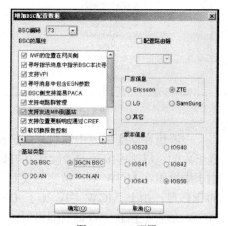

图 9.11　BSC 配置

9.3　3GCN 本局与邻接局数据配置任务教学实施

情境名称	3GCN 电路域本局数据和邻接局间关联数据的配置情境	
情境准备	一个小规模本地网：MSCe（VMSCe/GMSCe）局，MSCe 内置 SGW，带两个 MGW（VMGW/GMGW 合一）局；安装好 1 框 HLRe，1 框 MSCe 和两个独立 MGW 机框，以及相应的单板；后台网管系统及若干台安装好网管软件的 OMC 客户端；前后台连接并正常通信；物理设备硬件类配置已经正确完成	
实施进程	1. 资料准备：预习任务 9，学习工单与任务引导内容；整理 No.7 分层模型与相关知识；通过设置提问检查预习情况 2. 方案讨论：可 1～5 人一组，在任务 5 的基础上，讨论制订本组的本局数据及其关联数据计划，画图标注局间关联协议和中继的情况 3. 实施进程 ① 打开网管，并观察前后台，检查前后台通信 ② 在机架上观察和在网管上分别查看，检查物理设备配置开工 ③ 配置本局信令和网络数据 ④ 配置邻接局网络数据 ⑤ 配置 No.7 协议 ⑥ 配置 SIGTRAN 协议 ⑦ 配置 SIP 协议 ⑧ 配置 H.248 协议 ⑨ 配置拓扑关系 ⑩ 配置中继管理 ⑪ 配置切换局和 BSC 4. 配置完成检查配置数据，并按教师要求完成小组数据备份操作 5. 任务资料整理与总结：各小组梳理本次任务，总结发言，主要说明本小组的本局数据、邻接局数据及其中继管理的设置情况，配置中遇到的问题与疑惑，配置的注意事项	
任务小结	1. 邻接局定义，邻接局配置中主要字段的解释 2. 本局信令和网络数据配置、邻接局网络数据配置的主要内容 3. No.7、SIGTRAN、SIP、H.248 协议的数据配置的主要内容 4. MGW 中配置 MGC 网关和语音的配置目的 5. 路由链、路由组、路由、中继组、E1 链路、时隙之间的关系 6. 完成拓扑关系、中继管理、切换局的配置	
任务考评	任务准备与提问　20%	1. 为什么要进行本局和邻接局关联数据配置 2. 邻接局和邻接局配置各主要字段含义是什么 3. 本组配置关联数据是如何计划和安排的
	分工与提交的任务方案计划　10%	1. 讨论后提交的完成本次任务详实的方案和可行情况 2. 完成本任务的分工安排和所做的相关准备 3. 对工作中的注意事项是否有详尽的认知和准备
	任务进程中的观察记录情况　30%	1. 小组在配置前是否检查过前后台通信、是否检查物理配置、是否记录过局间的物理连接情况 2. 小组对本局、邻接局的协议、中继等规划情况

情境名称			3GCN 电路域本局数据和邻接局间关联数据的配置情境
任务考评	任务进程中的观察记录情况	30%	3. 本局信令和网络数据配置、邻接局网络数据配置情况 4. No.7、SIGTRAN、SIP、H.248 协议的数据配置情况 5. 拓扑关系、中级管理配置情况 6. 组员是否相互之间有协作
	任务总结发言情况与相互补充	30%	1. 任务总结发言是否条理清楚 2. 各过程操作步骤是否清楚 3. 每个同学都了解操作方法 4. 提交的任务总结文档情况
	练习与巩固	10%	1. 问题思考的回答情况 2. 自动加练补充的情况

掌握 3GCN 中号码类配置的操作方法

10.1　3GCN CS 域号码类配置任务工单

任务名称	配置 3GCN 电路域号码与号码分析数据
学习目标	1.　专业能力 ① 学会 CDMA2000 核心网 CS 移动数据配置技能 ② 学会移动区编码数据配置技能 ③ 了解号码分析的作用和原理；学会号码分析数据配置技能 ④ 学会移动号码及其分析配置的技能 ⑤ 学会 HLRe 和 VLR 相关数据配置的技能 ⑥ 学会脉冲计费的相关数据配置 2.　方法与社会能力 ① 通过各种号码关联配置，培养独立分析思考的方法能力 ② 培养机房维护（数据管理）的一般职业工作意识与操守 ③ 培养完成任务的逻辑顺序能力 ④ 培养整体规划的全局协同能力
任务描述	1.　查阅资料收集整理 CDMA2000 网各种号码的结构及编号原则 2.　设计本网中的相关号码计划 3.　检查前后台通信正常；检查物理数据、局和局间关联数据配置正确 4.　完成移动区编码数据配置 5.　完成号码分析和移动号码分析的数据配置 6.　完成 HLRe 和 VLR 相关数据配置 7.　完成脉冲计费的相关数据配置
重点难点	重点：移动号码分析配置 难点：号码分析选择子和号码分析器的内容
注意事项	1.　不更改和删除原有备份数据、原有硬件机框等 2.　未经同意，一般不执行配置数据的同步操作
问题思考	1.　移动局配置的作用是什么？与前面的本局数据有什么不同 2.　GT、NID、SID、IMSI、LAI、GCI、TLDN 等号码结构及其如何编号 3.　HLR 和 MSC/VLR 的 GT 编号是怎样的 4.　为什么要有 TLDN 号

续表

任务名称	配置 3GCN 电路域号码与号码分析数据
问题思考	5. HLRe 中为什么要配置号码转换 6. 根据脉冲计费配置步骤，说明对一次移动呼叫如何计费的
拓展提高	1. 查询 CDMA2000 核心网 CS 域的正确号码类数据配置，思考为什么 2. 比较思考 GSM 中的号码及编码规则与 CDMA 网中的异同
职业规范	1. 设备厂商的号码数据配置规范 2. 中国电信号码配置相关数据规范

10.2 CDMA2000核心网编号与号码分析配置任务引导

10.2.1 移动编号配置

1. 移动局配置

移动用户在整个网中漫游，本 MSCe 需与其他局联网配合方可实现漫游功能。配置方法是在导航树中点击移动局配置，界面如图10.1 所示。

（1）移动局容量规划

在新开交换局以前，一般需对本项进行配置，主要是定义本局中的各种容量配置。开局后一般不做修改或删除操作。

（2）移动国家码配置

用于将 460 和 86 对应起来。单击图 10.1 中的电话按钮后输入国家名中国、国家码 86 和移动国家码 460。

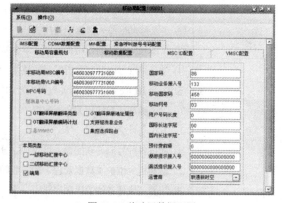

图 10.1　移动局数据配置

（3）移动号码字冠配置

用于添加移动号码字冠。单击图 10.1 中的星星按钮后点增加就可增加多个，如 13、15、18、8613、8615、8618 等。

（4）短消息号码配置

单击图 10.1 中的星星圆点按钮后点增加就可增加短消息号码、SGSN 号码、VLR 号码等。

（5）MSC ID 配置

点击增加 MSC ID 后配置。ID 为自动生成不可更改；SID 是 15 位系统识别码，在移动网中唯一识别一个移动业务本地网的号码由电信集团公司统一分配系统识别码，如成都 13898 宜宾 13918 等；临时本地用户号码是指打局间电话时给用户分配的临时用户号码的前 10 位号码（后面还有 3 位从 000～999 可随机获取）。

（6）移动数据配置

配置本交换局的基本数据，以区分网络中的其他交换局。本移动局 MSC/VLR 编号两者一般相同，是本局的 GT 号码，如 460030977731000；移动定位中心 MPC 号码，是 MPC 的 GT 号码，如果有 MPC 则输入；短消息中心号码，用于支持短消息业务，配置短消息中心的号码；一般要选择支持短消息业务；本局类型据实选择 TMSC1、TMSC2 或端局；国家码 86、移动业务接入号如 189、移动国家码 460、移动网络号如移动 G 网 00 电信 C 网 03、用户号码长度/国际国内长途字冠/预付费前缀等按实际输入。

（7）虚拟 VMSC 配置

一个物理 MSC 可以按一定的需要划分为多个虚拟 VMSC，每个 VMSC 把某个地理区域内的属性（长途区号、长途区标识）集合起来管理，在这个区域的用户看来，好像有一个真实的 MSC 在为其服务。VMSC 标识在 1～16 内自动指定；MSCID 就是前面已配的物理 MSC 的 ID 号；长途区域编码是 VMSC 区域的长途区号，长途区域标识是自定义的该 VMSC 区域标识（最大长度 6 位）；漫游提示语自编；VMSC 必指定号码分析选择子，号码分析选择子限定了交换机在收到用户或其他交换机的呼叫号码时如何处理，分为起呼号码选择子、漫游号码选择子、特号选择子、IP 分析选择子等，因此本项需在号码分析配置后再逐一选择对应于适合该区域 VMSC 的选择子编号。

（8）配置 CDMA 数据

CDMA 数据配置的目的是确定本局最大切换节点数和深度、最大消息重发次数，以及对 GPS 时钟提取的设置。配置界面如图 10.2 所示。网络识别码 NID，NID 的分配由各本地网管理分配，其中 0 和 65535 特定保留一般不用；本局最大切换节点数用来限制本局手机可发生切换的节点数，而最大切换深度用来限制手机一次可切换的节点数，切换消息重发次数相应指切换消息的最大重发次数；GPS 时钟提取设置表示需要到哪个 BSC 局提取时钟等。

关于 NID 和 SID 号码：SID 是 15 位系统识别码，在移动动网中唯一识别一个移动业务本地网的号码由集团公司统一分配；NID 是 SID 的一个子集表示构成同一网络的一组基站，由地级公司分配。在 C 网中移动台根据 SID/NID 判决是否发生了漫游，如手机从系统参数消息中收到的 SID/NID 与 UIM 卡中存储的不匹配，则手机处于漫游状态。

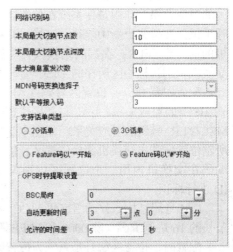

图 10.2　配置 CDMA 数据

（9）配置 IMSI

需要填写有 IMSI 号码，所属的 VMSC 标识、长途区域编码和长途区域标识。可增加多个 IMSI 号码。IMSI 共有 15 位，其结构为"MCC+MNC+MSIN"，（MNC+MSIN=NMSI），如 IMSI 号码为 460-03-09-1212-1001；MCC：移动国家码，MCC 由 ITU 统一分配和管理，唯一识别移动用户所属的国家共 3 位，中国为 460；MNC 移动网络码，共 2 位，中国移动 GSM 使用 00，中国联通 GSM 使用 01，中国移动 TD 使用 02 和 07，中国电信 CDMA 系统使用 03 等；MSIN：移动用户识别号共 10 位，其结构为"09+M0M1M2M3+ABCD"，其中 M0M1M2M3 和 MDN 号码中的 H0H1H2H3 可存在对应关系，ABCD 四位为自由分配。

（10）配置 MIN

MIN 是移动用户识别号 MSIN 简称，是 IMSI 的后 10 位。移动国家码输入 460，移动网号输入 03 等。

（11）配置紧急呼叫拨号号码

输入紧急呼叫拨号号码即可。

2．编码计划

编码计划描述不同移动号码类型的编号计划，在系统安装时一般默认配置，不需修改。可以增加各种号码类型的编码计划。号码类型包括：移动用户 MDN 号码、SGSN 号码、基站识别号码、全球小区识别号码、临时移动用户识别号码、移动用户漫游号码、切换号码、移动用户 ISDN 号码、特殊号码等。选中一个号码类型后，指定其编号方式和地址类型，编号方式包括 ISDN/电话编号计划、陆地移动编号计划、数据编号计划等，地址类型包括国际号码和国内号码两种可选。

3．移动区编码配置

导航树点击移动区编码配置，界面如图 10.3 所示。

（1）位置区

位置区编码配置是为了确定号码与位置区的对应关系，作用是使系统在位置区内寻呼手机；在位置更新中能帮助交换机查找手机的前一个 VLR；在局间切换操作中帮助交换机识别目标小区所在的 MSC 号码。因此，配置时需建立：位置区号码 LAI 与所辖 BSC 的对应关系，LAI 与邻接位置区的 MSC/VLR 号码的对应关系，即配本交换机所辖位置区和本交换机邻接位置区。位置区编码在交换机内用一个位置区识别码 LAI ID 进行标识。

图 10.3 移动区编码与增加位置区配置

LAI 号码结构：移动国家码 MCC 460+移动网络码 MNC 03+位置区编码 LAC。LAC 为 2 字节长的 16 进制编码（除 0000 和 FFFE 不用外）可统一按序分配。

配置时，位置区编号是系统为位置区自动分配的顺序编号；MCC 为 460，MNC 在 C 网为 03；MSC/VLR 号码是本位置区所处的 MSC/VLR 的 GT 编号（见前面 GT 编号内容），二者一般相同；位置区识别码就是位置区的编号，一般统一分配；相连 BSC 是指属于本 MSC 下本位置区内的 BSC 的编号，选中后填写相应的局向号、MCC、MNC 和 LAC 等，最多可包括 8 个 BSC。

（2）全球小区数据

小区配置是为了建立小区与 BSC 的对应关系，全球小区识别码 GCI 用于识别小区，是小区在 CDMA PLMN 中的唯一标识，GCI 是在 LAI 的基础上，加上小区识别 CI 构成的。

GCI 结构：LAI=LAI+CI=MCC+MNC+LAC+CI，CI 为 2 字节长的 16 进制编码，可由运营部门自定。

配置界面如图 10.4 所示。MCC 为 460；MNC 为 03；LAC 为小区所在的位置区识别码，前面已配置；相连 BSC/MSC 局向号，如果是本交换机所辖的小区则输入 BSC 编号，如果是邻接局管辖的小区则输入邻接局的编号。小区编号需和基站一致，批量增加小区则填好起始号和结束号。以 16 进制显示就选中 16 进制，以 10 进制显示则不选。

（3）区域编码

区域编码是在本 MSC\VLR 提供了区域签约限制业务时使用的，是一种限制手机使用的业务。如果在 HLRe 中设定了该用户的位置限制信息（填写限制的区域码），则当该用户漫游到限制区域所在的 MSC\VLR 时，VLR 根据其限制区域码的信息不允许该手机登记。如果 HLRe 不提供这种业务，则可以不配本项目。配置时，填写 MCC460、MNC03、本位置区的识别码，区域编码可以自编，一般直接与本位置区的识别码相同。

（4）特服群模板

一个特服群可以配置多个特服号码。配置界面如图 10.5 所示。特服群模板号系统自动按序编号不能改；描述可自行任意描述；话务台号码是该特服群指定的话务台固定电话号码；特服号码如 119、120 等。

图 10.4 GCI 配置界面

图 10.5 特服群模板配置

（5）特服群

特服群的配置是将特定位置区内手机的特服业务接续到话务台或某个固定电话，即所有在定义的位置区内的用户只要拨打特服群内的号码如 119、120，都会根据前面配置的特服群模板中的接入号接入，如接入到 025119 上。因此本项配置就是定义某个特服群模板号与位置区的对应关系。

（6）VMSC 位置管理

在前面已经配置了虚拟 MSC。VMSC 位置管理是配置 VMSC 所管辖的小区。因此本项配置中需填写位置区标识、小区识别码等，并对应到 VMSC 标识号中。

（7）BTS 配置

设置 BTS 的小区识别码和 BTS ID 号。

10.2.2 移动号码分析配置

1. 号码分析配置

号码分析配置的作用是确定各种号码对应的网络寻址和业务处理方式，使交换机能正确完成信令交互和话路接续。号码有两类：用户号码和网络号码。号码经过选择子规定的各种分析器按顺序进行号码分析后选路寻址。号码分析包括三重结构：号码选择子、号码分析器和被分析号码。每个号码分析从选择子开始，每个选择子包括最多 99 个号码分析器入口；每个号码分析器入口包括若干个被分析号码。号码分析器的分析顺序如图 10.6 所示。

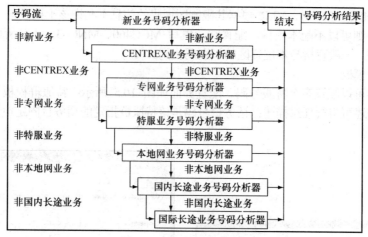

图 10.6　号码分析器分析顺序

（1）配置号码分析选择子

导航树中点击移动号码分析，如图 10.7 所示。号码分析选择子编号，输入该选择子的自定义描述说明；输入该选择子下的各分析器入口号（若不选为 0 表示该分析器没有配置号码流不进行该类分析），分析器入口取值一般按：新业务号码分析器填 1、特服业务号码分析器填 2、国内长途号码分析器填 3、国际长途号码分析器填 4、本地号码分析器填 5（做本地起呼分析器）、本地号码分析器填 6（做本地终呼分析器）、本地号码分析器填 7（做本地漫游号码分析器）、其他（专网号码分析器/CENTREX 分析器）在 5-8192 中选。增加多个号码选择子后可见到图中的列表，点中一个选择子则可看到其下的各分析器入口值。

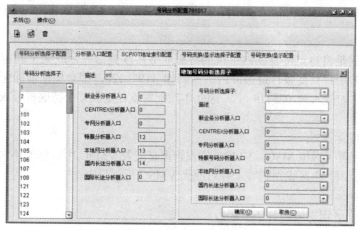

图 10.7　号码分析配置与增加号码分析选择子界面

（2）配置号码分析器入口

分析器入口配置中点"+"，增加分析器入口配置，在分析器中定义类型和入口值。可重复点"+"增加多个分析器及入口。

增加分析器及入口后，在分析器入口配置界面中可见"分析器入口、分析器类型"列表。选中某个分析器记录，再点击上面的快捷键符号，出现该分析器下的被分析号码属性管理界面，如图 10.8 所示。

被分析号码包括移动用户号码、临时本地用户号码 TLDN、本地固定用户号码、长途固定用

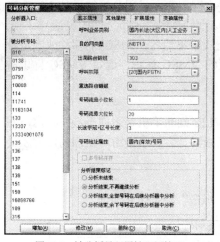

图 10.8　被分析号码属性配置管理

户号码、特服号码等，可以增加若干。对某个（类）号码，呼叫业务类型据实选择，如：选 MSC 普通呼叫，适合于被叫号码是本局移动用户拨打本地移动用户；选本地网出局/市话业务，适合被叫号码是属于固话或移动出局的业务；选国内长途自动业务，适合被叫号码是属于固话或移动直接出本地网的业务；选本局或出局特服收费业务，适合于 114 类型；选本局或出局特服免费业务，适合于 110 等类型；选择被叫付费呼叫业务，则适合于被叫号码如 800 等智能网业务；还有很多不再赘述，需要时查询资料可得。分析结束标记有 4 种类型，常用后 3 种之一。出局路由链组指拨打该被叫号码时使用的出局路由链编号，前面中继管理中已配这里选择即可。其他可据实选择。

（3）SCP/GT 地址索引

本项配置用于智能网用户寻址 SCP。索引序号从 1 开始编；SCP 地址填写 SCP 的 GT 地址号，用于本局内属于该 SCP 管理的智能网用户寻址；业务键是在"业务键转换配置"中定义好的号码，如 800 业务和 PPC 充值等智能业务，主叫拨号后根据号码分析器中的呼叫业务类型，选择 SCP/GT 地址索引表，建立 MSC 与 SCP 的交互，由 SCP 来控制呼叫的接续。

（4）号码变换/显示选择子

可进行两种方式的号码变换：通用变换在号码前加前缀；灵活变换根据后台配置完成更强大的变换。选择某个选择子；选择号码变换方式，如增加、修改、替换号码等；号码流变换起始位置表示从号码的第几位开始进行增加或删除等变换，如从第 1 位增加；增加/修改的号码，如从第 1 位增加增加 0086。

号码变换/显示配置，是对上面配置的属性进一步的配置。

2. 移动号码分析

配置方法是在导航树中点击移动号码分析，如图 10.9 所示。

（1）增加移动号码分析

移动号码分析主要用来设置 No.7 信令中 SCCP 路由选项的号码，被分析的移动号码经过特定的号码流转换（含增加、删除或替换），将 MIN 格式变换为 IMSI 格式，用来寻找 HLR。一般是在被分析移动号码前增加"MCC+MNC"即 460-03。如被分析移动号码为 $189H_0H_1H_2H_3ABCD$，其 MIN 为 $09+M_0M_1M_2M_3ABCD$，其 IMSI 为 $460+03+09M_0M_1M_2M_3ABCD$。

在图 10.9 中，填写被分析移动号码；对移动号码进行变换的方式，包括增加、删除和替换；变换起始位置是指号码流变换从第几位开始；位长是指删除或修改的号码位数；增加/修改的号码是指从起始位开始增加/修改的号码；GT 类型选 GT4；编号计划一般选陆地编号计划 6；地址性质一般选国际号码 4。

（2）增加本长途区号码分析

用于主叫用户的权限分析使用，判断一个

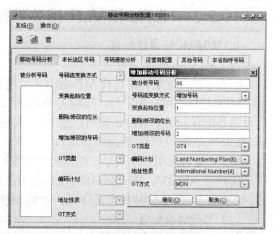

图 10.9　移动号码分析配置

呼叫是否属于长途，首先可从号码分析结果判断，但如果是本网用户，号码分析结果是 MSC 普通业务，那就无法判断是市话还是长途（如一个 MSC 下的不同 VMSC 地市之间的电话）。确定一个移动或者固定号码是否属于各虚拟 MSC 局，需要配置属于本地各 VMSC 的移动或固定号码字冠。如图 10.10 所示，填入被分析移动号码字冠、对应的 VMSC 标识，选定 VMSC 标识后前面已经配置的 VMSC 长途区号和区域编码自然确定。

（3）增加号码漫游分析

对所有号码分析以判断是否属于漫游，分析结果帮助 VLR 判断手机是否属于漫游状态，并决定是否允许接入。配置中，只需填写被分析号码字冠，选择其是否属于漫游，是国内漫游还是国际漫游。

（4）运营商配置

如图 10.11 所示，运营商网络类型如果是本网运营商，则还需选择 SCP 地址。

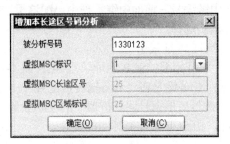

图 10.10　增加长途区号码分析

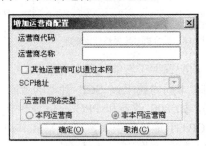

图 10.11　运营商配置

（5）增加其他号码

主要是对其他特别号码进行分析结果设置。如被分析移动号码 112 等特别号码；分析结果有多种可选：声讯台、人工秘书台、主叫付费号码、本省用户、移动公话、脉冲计费用户、反极性计费用户等。

（6）本省始呼号码

对本省始呼号码进行分析结果设置。输入需进行本省始呼的被分析号码，选择省内始呼。

（7）配置 OTA 号码

OTA 配置可实现空中放号功能。输入 OTA 被分析号码，即用户拨打该号接入到客户服务中心；客户服务中心的电话号码，即客户服务中心的实际电话号码。

10.2.3　HLRe 和 VLR 相关数据配置

1. MIN/MDN 号段配置

（1）MIN/MDN 号段配置

配置方法是导航树中选择 MIN/MDN 号段配置。配置界面如图 10.12 所示。

MIN 是移动用户识别号，结构为 IMSI 的后 10 位"09+ $M_0M_1M_2M_3ABCD$"，MIN 号段配置的目的是配置归属于 HLRe 的用户的 MIN 号段。MIN 标志为序号；起始 MIN/结束 MIN 是指当前 HLRe 包含的用户号段。

MDN 是移动用户个人号，结构为"国家码 CC+移动接入码 MAC+HLR 识别码 $H_0H_1H_2H_3$+移动用户号 ABCD"，即"86+189+$H_0H_1H_2H_3$+ABCD"。MDN 号段配置是配置归属于 HLRe 的用户的 MDN 号段。MDN 标志是序号；起始 MDN/结束 MDN 是指当前 HLRe 包含的用户号段。

（2）号码转换配置

HLRe 在处理信令的过程中，会收到大量各种号码，而这些号码格式是不一致的，HLRe 为了统一处理，会转换为内部格式。当 HLRe 向外界传送信令时，又需根据不同情况，将内部格式转换成符合传输的信令格式。

在导航树业务数据配置中选择号码转换配置。如图 10.13 所示。分析选择子类型包括内部模式和命令模式，每个模式又分主叫、被叫、前转和缺省，一般选择缺省；被分析号码是需要转换的号码字冠如 189；转换方法有全部转换（查询库中匹配记录进行匹配加前缀组成新号码）、插入区号、插入国家码和区号、删除被转换号码等；号码类型是指被转换号码的类型，有主叫、被叫、前转和缺省，一般选择缺省。其他在前面都已介绍。

图 10.12　MIN/MDN 号段配置

图 10.13　号码变换配置

2．VLR 相关数据配置

配置方法是导航树中选择 VLR 配置。

（1）VLR 系统参数配置

主要配置 VLR 系统的基本参数，一般在开局时配置且可用缺省数据不用修改。配置界面如图 10.14 所示。当用户在"BSC 周期性位置更新时间+VLR 位置更新保护时间"内，没有收到手机的位置更新消息时，把手机状态去活，VLR 将视该用户为不可及（不在本 VLR 服务区内），此处设置的 BSC 周期性位置更新时间要与在 BSC 中设置的相同。不活动用户删除时限是指用户如果在这个时间范围内仍然没有向 VLR 位置登记或更新，即一直是去活状态，则 VLR 中将该用户记录删除。

漫游用户删除时限是指 TLDN 号码分配后，如果超过这个时限号码还没有被释放，则强制释放该号码；其中 TLDN 称为临时本地用户号码，相当于 GSM 中的 MSRN 即移动漫游号，是 MSC 临时分配给漫游来的用户的一个临时号码，以方便网络选择路由，这和 GSM 中的漫游号选路方式是一致的，号码结构与当前 HLR 中 MDN 号码

图 10.14　VLR 配置界面

相同，都是"86+189+$H_0H_1H_2H_3$+ABCD"，一般是用 MAC 号 189 后面第 1 位是 5 的号码来做 TLDN 号，当然也可在当地 HLR 的 MDN 号中任意留一部分号码作为 TLDN 号。

TRN 字冠是用于 OTA 空中放号业务的号码字冠。系统接入时要求鉴权全参数一般必选，是指用户登记时需向 HLR 请求鉴权参数以备鉴权使用。信令加密/语音加密一般不选，其他要选。否定周期类型是指用户在 VLR 登记后，在经过了这个否定周期的时间以后，用户需要再次重新

经 VLR 向 HLR 请求登记信息登记后才能呼叫。

（2）IMSI 分段表/TLDN 分段表/TRN 分段表配置

IMSI 的配置在"移动局配置"项目中已经配置，这里给 IMSI 分段是决定用户登记在哪个 VLR 中，一般采用缺省值即可，无需分配。TLDN 分段表/TRN 分段表一般也选择缺省分配。

（3）VLR 自身地址配置

在导航树选择漫游数据配置，进入 VLR 地址配置。配置参数：VLR MarkID 是 VLR 所在本地网的系统识别码 SID（每个移动本地网都分配有一个 15bit 的识别码）；VLR SwitchNum 是本地网内交换机的编号；VLR IN 是本 HLR 局内的 VLR 寻址的 GT 编号，如 460030977731000。

（4）地区及号段关系配置

在导航树选择漫游数据配置，进入地区及号段关系配置。如图 10.15 所示。在地区 MIN 中，地区名是该地区名称；区号是该地区长途区号；信箱号是该地区语音信箱号码；属性据实选本地 HLR 或非本地 HLR；选择可以添加的 MIN 号段。其他类似。

图 10.15　地区及号段关系配置

10.2.4　脉冲计费典型配置

我国移动的计费系统结构如图 10.16 所示。其中的本地话单系统就是 MSCe 话单传送系统，负责原始话单的产生、收集、整理、存放与传送，实质就是向计费中心报告通话记录，但本身并不生成实际的用户计费账单。省计费中心进行话单分拣，对本地非漫游话单进行计费处理，对漫游话单上传国家计费中心。本地收费中心向上级计费中心查询计费结果，向移动用户收费。

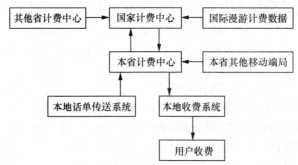

图 10.16　移动计费系统结构

MSCe 主要产生语音通话话单；移动数据业务则在 PS 域的计费网关 CG 中收集话单。在 MSCe 系统中，SMP 产生原始话单；CIB 单板处理 SMP 的计费数据并发送给后台计费服务器；后台计费服务器完成计费数据的采集、整理、传送和存储；计费客户端可提供对话单的查询、拷贝和脱机管理（存储到光盘或磁带人工送计费中心）等。

脉冲计费配置是对 MSCe 系统里 SMP 上的原始话单的费率（非实际费用）设置。脉冲计费是通过跳脉冲次数（计次）来确定用户费用的方式，累加每次呼叫的跳次数，在话单接收模块累加用户各类呼叫的跳次数确定使用费用。配置的目的就是对跳次、折价等进行配置。配置方法是在导航树中选择脉冲计费配置，如图 10.17 所示。

1. 用户分组配置

（1）用户分组配置：分组的目的是对用户分类，以便后面对实现对不同呼叫类别进行计费。用户分组 ID 号是对用户分组的编号，如 133 分为 1 组、189 分为 2 组、免费 119 分为 3 组等；分组类型包括本局用户、出局用户和特殊用户；用户分组名自定义的名字。

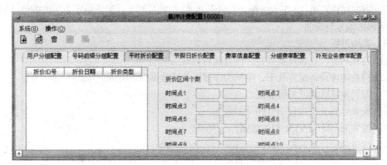

图 10.17 脉冲计费配置

（2）号码前缀分组配置：根据用户号码前缀查询用户所处分组，从而知道属于哪种类型。号码的前缀据实填，如 11、189、133 等；号码类型同上分为本局用户、出局用户和特殊用户；用户分组名同上是自定义的分组名字，但一定是上面有的用户分组名中选。

2. 折价配置

（1）平时折价配置：主要是对平时折价的时间点、折价率等参数进行设置，如图 10.17 所示。折价 ID 号是折价类别编号从 1～255 按序编；折价日期可在星期一到星期日、每天中选取；折价类型可在"按百分比折价"或"按周期折价"中选取；折价区间个数最低 1 最高 16 个；时间点一对分别为起始，如时间点 1 的时间～时间点 2 的时间；折价率如果是按百分比折价其单位是%，如果按周期折价单位是 10ms；区间 1～区间 16，填每个区间的折价率。如折价 ID1，折价日期选每天，折价类型选按百分比折价，折价区间 1 个，时间点 1 填 0.00，时间点 2 填 6.00，折价率填百分比，区间 1 填 10，那么含义就是"每天的早晨 0 点到 6 点期间折价 10%"。

（2）节假日折价配置：与平时折价配置相似，主要是对节假日折价的时间点、折价率等参数进行设置。不同点是折价日期具体要填某月某日。

3. 费率信息配置

（1）费率信息配置：在费率信息配置中要配置以下相关参数。费率 ID 号是对费率的编号；选择启用脉冲层，对应就有脉冲层的属性配置：免费时段时长、最低消费时段时长、最低消费时段发送脉冲个数、周期性发送脉冲时长（指正常消费时段周期性发送脉冲的时长，实际定义了多少时间跳一次）、折价方式（不打折、平时打折、节假日打折、两种打折都是）、折价号（根据折价方式选择前面已配的折价编号）。

（2）分组费率配置：根据用户分组不同，配置用户费率 ID，即不同分组不同费率的配置。需配主叫用户的分组名、被叫用户的分组名、费率 ID 编号。

（3）补充业务费率配置：用于根据补充业务配置用户费率。配置参数：输入补充业务码；补充业务要发送的脉冲跳次数。实际就是补充业务收多少个跳次（费）。

10.3 CDMA2000 电路域号码配置任务教学实施

情境名称	**3GCN 电路域号码、号码分析和脉冲计费数据的配置情境**	
情境准备	一个小规模本地网：安装好 1 框 HLRe，1 框 MSCe 和两个独立 MGW 机框，以及相应的单板；后台网管系统及若干台安装好网管软件的 OMC 客户端；前后台连接并正常通信；物理设备硬件配置完成；本局及邻接局关联数据配置完成	
实施进程	1. 资料准备：预习任务 10 的工单与任务引导内容；整理 CDMA2000 中各种编号的相关知识；通过设置提问检查预习情况 2. 方案讨论：可 1～5 人一组，在任务 5 和 6 的基础上，讨论制定本组的编号计划，列表完成各种号码的编号与说明 3. 实施进程 ① 打开网管，并观察前后台，检查前后台通信 ② 检查物理设备配置开工，本局和邻接局关联数据配置完成 ③ 配置本局移动区编码数据 ④ 配置号码分析和移动号码分析数据 ⑤ 配置 HLRe 和 VLR 相关数据 ⑥ 配置脉冲计费的相关数据 4. 配置完成后检查配置数据，并按教师要求完成小组数据备份操作 5. 任务资料整理与总结：各小组梳理本次任务，总结发言，主要说明本小组的编号计划、号码分析配置了哪些需分析的字冠、计费的计划安排，配置中遇到的问题与疑惑，配置的注意事项	
任务小结	1. CDMA2000 网中各种号码的结构解释 2. 移动编号配置的主要内容 3. 号码分析与移动号码分析数据配置的主要内容 4. HLRe 和 VLR 配置的主要内容，特别解释 TLDN 的作用 5. 脉冲计费配置的主要内容和作用	
任务考评	任务准备与提问	20%	1. 移动局配置的作用是什么？与前面的本局数据区分 2. 为什么要进行号码和号码分析配置 3. 本组编号和计费是如何计划和安排的 4. 对几个典型号码的作用和结构组成设置提问
	分工与提交的任务方案计划	10%	1. 讨论后提交的完成本次任务详实的方案和可行情况 2. 完成本任务的分工安排和所做的相关准备 3. 对工作中的注意事项是否有详尽的认知和准备
	任务进程中的观察记录情况	30%	1. 小组在配置前是否检查过前后台通信、物理配置、记录局间的物理连接、检查过关联数据情况 2. 小组对编号、分析哪些典型号码、计费等的规划情况 3. 移动编号配置的配置情况 4. 号码分析和移动号码分析的数据配置情况 5. HLRe 和 VLR 相关数据配置情况 6. 脉冲计费的相关数据配置情况 7. 组员是否相互之间有协作
	任务总结发言情况与相互补充	30%	1. 任务总结发言是否条理清楚 2. 各过程操作步骤是否清楚 3. 每个同学都了解操作方法 4. 提交的任务总结文档情况
	练习与巩固	10%	1. 问题思考的回答情况 2. 自动加练补充的情况

任务 11

掌握 3GCN 数据维护工具的操作方法

11.1 3GCN CS 域数据配置维护操作任务工单

任务名称	学会 3GCN 电路域数据配置维护工具的操作
学习目标	1. 专业能力 ① 学会备份配置数据的操作方法 ② 学会恢复配置数据的操作方法 ③ 学会完成数据同步的操作方法 ④ 了解机房数据管理的一般能力 ⑤ 学会升级扩容或割接时的修改、同步数据等技能 2. 方法与社会能力 ① 培养观察记录和独立思考的方法能力 ② 培养机房维护（数据管理）的一般职业工作意识与操守 ③ 培养规范意识和安全保密素质 ④ 培养全局协同沟通能力
任务描述	1. 查阅资料收集整理 3GCN 电路域数据配置维护工具操作的一般步骤 2. 检查前后台之间的通信连接，确保前后台通信正常 3. 检查物理数据、局和局间关联数据、检查编号与号码分析数据配置正确 4. 完成数据备份操作 5. 完成数据恢复操作 6. 完成数据同步操作
重点难点	重点：数据同步的步骤和操作方法 难点：数据同步时的模式和参数设置
注意事项	1. 不更改和删除原有备份数据 2. 未经同意，一般不执行配置数据的整表同步操作
问题思考	1. 在什么情况下需要备份、恢复和同步数据 2. 数据同步模式有哪几种？分别在什么情况下选用 3. 简要回答备份、恢复和同步数据的操作步骤
拓展提高	1. 自学了解 SQL 数据库的操作维护方法 2. 自学了解服务器/客户机网络管理的操作维护
职业规范	1. 设备厂商的数据配置规范 2. CDMA2000 移动通信核心网工程设计规范 3. 中国电信相关数据规范

11.2 数据配置维护工具操作的任务引导

OMC 系统提供了数据维护操作的辅助工具，包括备份、恢复、数据同步。

备份数据就是将配置好的数据备份出来，以文件的形式保存。

恢复数据就是将原来备份的数据恢复到 OMC 系统中，恢复数据会覆盖当前系统中的现存数据。

数据同步功能：后台 OMC 子系统所进行的数据修改或配置，都保存在数据库内，只有将其传送到前台子系统（设备），配置或修改的数据才能生效，同步就是完成这个操作。

1. 备份配置数据

将系统中的配置数据备份到本地硬盘的某个文件夹，然后拷贝到离线的移动存储介质上，确保系统出现异常情况时可以及时恢复数据，保障系统运行。

导航树中配置工具里点"备份恢复"，如图 11.1 所示。选择"生成备份数据库的 SQL 文件"或点菜单栏选择。备份完成后会提示备份文件的保存位置和备份成功的操作提示。备份文件一般默认保存在 C:\Backup\MSCe 或 C:\Backup\MGW 中。备份后的文件不能使用文本编辑器打开以免损坏。正常操作虽对业务没有影响但仍建议在非话务高峰时备份。

2. 恢复存储数据

当系统出现运行异常，或修改数据配置后发现存在问题时，可进行数据恢复操作，恢复为日期最近的正确数据。在图 11.1 中，若是在客户端操作，点击从 SQL 文件中恢复备份数据库；若是在服务器上操作，可选从 SQL 文件中恢复备份数据库，也可选从自动备份文件中恢复备份数据库。在文件列表信息中选中需要恢复的文件进行恢复。

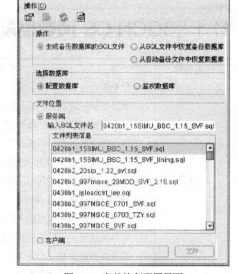

图 11.1 备份恢复配置界面

3. 数据同步操作

数据同步是把在 OMC 服务器中存储的配置数据发送到前台网元设备，使配置数据生效。不一定要全部数据同步，配置完部分数据也进行同步，以检验该部分数据的正确性。数据同步模式分为 3 种：

传送全部表：表多速度慢，一般只在开局使用，作为学习练习也可选。

传送 R-CONST 表：只将容量表传送到前台。开局第 1 次传送数据时，必须先同步 R-CONST 表再同步全部表。

传送变化表：仅将变化的数据表传送到前台，用于单独传送某些修改的表，以减少前后台数据传送对系统负荷的影响。

数据同步操作是在导航树中配置工具里点数据同

图 11.2 数据同步操作

步，如图 11.2 所示。图中快捷工具第 3 个为数据同步按钮，第 4 个为同步通知按钮（当配置数据发生改变可用该按钮通知其他功能模块）。定时器是指同步时间大于该值时同步即失败。

　　此外，还可以在配置工具中对安全变量进行设置，主要是前台网元中的一些全局变量，一般不更改，可以点击安全变量了解其可修改的项目。

11.3　数据配置维护工具操作任务的教学实施

情境名称	具备一套 3GCN 配置数据和前后台正常通信的网管操作情境		
实施进程	1. 资料准备：预习任务 11 的工单与任务引导内容；整理备份、恢复和数据同步的操作步骤；通过设置提问检查预习情况 2. 方案讨论：可 1～5 人一组，在任务 8、9、10 的基础上，讨论制定本组的操作顺序 3. 实施进程 ① 打开网管，并观察前后台，检查前后台通信 ② 检查物理数据、本局和邻接局关联数据、编码与号码分析数据配置完成 ③ 进行数据备份操作 ④ 进行数据恢复操作 ⑤ 进行数据同步操作 4. 任务资料整理与总结：各小组梳理本次任务，总结发言，主要说明本小组操作步骤顺序、操作中遇到的问题与疑惑、操作的注意事项		
任务小结	1. 解释什么情况下需要备份、恢复和同步数据 2. 数据备份操作的步骤 3. 数据恢复操作的步骤 4. 数据同步操作的步骤，解释数据同步操作中的模式选择		
任务考评	任务准备与提问	20%	1. 在什么情况下需要备份、恢复和同步数据 2. 本组备份、恢复和同步数据的操作步骤
	分工与提交的任务方案计划	10%	1. 讨论后提交的完成本次任务方案的步骤是否可行 2. 完成本任务的分工安排和所做的相关准备 3. 对工作中的注意事项是否有详尽的认知和准备
	任务进程中的观察记录情况	30%	1. 小组在配置前是否检查过前后台物理连接和通信，检查相关数据的情况 2. 小组对备份、恢复和同步数据的操作步骤准备情况 3. 组员是否相互之间有分工协作
	任务总结发言情况与相互补充	30%	1. 任务总结发言是否条理清楚 2. 各过程操作步骤是否清楚 3. 每个同学都了解操作方法 4. 提交的任务总结文档情况
	练习与巩固	10%	1. 问题思考的回答情况 2. 自动加练补充的情况

掌握 3GCN 系统管理的常见操作

12.1 3GCN 系统管理操作任务工单

任务名称	掌握 3GCN 系统管理的常见操作
学习目标	1. 专业能力 ① 学会 CDMA2000 核心网系统安全管理的常见操作 ② 学会 CDMA2000 核心网系统策略管理操作 ③ 学会 CDMA2000 核心网系统日志管理操作 ④ 学会 CDMA2000 核心网系统管理的常见操作 2. 方法与社会能力 ① 培养学会一般网管系统操作的基本方法能力 ② 培养机房维护的一般职业工作意识与操守 ③ 培养机房维护小组的协同工作和相处能力 ④ 培养系统数据管理中的安全和组织纪律性
任务描述	1. 查阅资料收集整理 CDMA2000 核心网系统管理工作的一般步骤 2. 完成好前后台之间的通信连接，确保前后台通信正常 3. 超级用户权限登录 OMC 系统网管平台 4. 完成系统安全管理、策略管理、日志管理和系统管理中的各项操作
重点难点	重点：安全管理和日志管理操作 难点：系统管理的数据库服务器维护
注意事项	1. 不更改和删除原有备份数据 2. 不执行日志数据的全删除，为其他人或下次操作留做准备
问题思考	1. 系统安全管理的角色、角色集、用户和部门之间是什么关系 2. 系统策略管理的作用是什么 3. 查看日志有什么作用 4. 系统管理提供对哪些部分的监控和维护操作
拓展提高	服务器和数据库（服务器）管理相关知识
职业规范	1. 设备厂商的系统管理操作规范 2. 中国电信 OMC 系统管理的相关规范

12.2 CDMA2000 核心网系统管理操作任务引导

12.2.1 CDMA2000 核心网系统安全管理

网管系统安全管理主要是为不同级别的管理用户，设置不同的管理操作权限，确保维护管理过程中的数据安全。在网管界面中，通过菜单项进入安全管理，有 4 种管理：安全策略管理、角色管理、角色集管理、用户管理和部门管理。这和任何其他的管理软件相似。

安全策略管理主要是对安全的总体情况进行定义描述或查询安全日志记录等。如定制用户的密码长度限制、密码规则、密码期限，设置安全事件的产生规则，查询操作日志、安全日志等。

角色就是对登录的用户定义不同的类别，不同类（或级别）的用户称为不同角色，一个角色可包括多个网管用户。不同角色在这里定义出操作权限和资源权限（如某个网元能操作某个网元不允许操作），以及定义该角色允许使用的 IP 地址范围（起始 IP 地址），还可以临时锁定某个用户让其在锁定期间能登录网管但不能再操作等。角色自定义如系统操作员、系统监控员、系统维护员、系统高级管理员、系统超级管理员等。

角色集是角色的集合，每个角色集包含多个角色。如果将角色赋予其中的某个用户，该用户只有这个角色的权限；如果将角色集赋予某个用户，该用户将拥有这个角色集中全部角色的权限。

用户是登录网管系统的操作员的账号密码，一个登录账号就是一个用户。

部门是为方便对用户的组织和管理，并与真实的行政部门联系起来，将新建用户归到某个部门中，一个用户只能属于一个部门。部门只为使用户直观的归并到行政框架中，并不影响其操作权限和资源权限，只有用户归属的角色和角色集才能限制或分配其操作权限与资源权限。

因此，新建一个用户在行政规划上必须隶属于某个部门；在职责权限上必须隶属于某个角色或角色集。新建一个角色就需要分配操作权限和资源权限。新建一个角色集就需要分配指定包含哪些角色。

删除某个角色或角色集时，如果角里面还包含有用户，将无法删除也不能被删除。

以上所有操作，只需在网管界面进行试操作便可很好掌握。

12.2.2 CDMA2000 核心网系统策略管理

网管系统的策略管理是预先定义的某个规程，这个规程在满足规程中指定的条件时，网管会自动启动执行该规程定义的任务，例如自动备份等周期或定时执行的任务，就可以用策略管理方式来进行。创建一个策略就是制定选择该策略的启动条件和执行动作。

通过菜单"视图"进入"策略管理"，创建一个新策略如图 12.1 所示，自定义一个策略名称，选择状态、启动条件和执行动作，然后进入下一步进行相应的周期时间、启动时间和动作具体设置。

除创建策略外，也可修改已有的策略、查看策略、删除策略或立即执行某个策略的操作。

图 12.1 创建策略

12.2.3 CDMA2000 核心网日志管理

在日志管理中，维护人员可以查看数据库中的命令日志、安全日志、事件上报日志和系统日志；可以设置过滤条件选择日志；也可按条件排序日志；以及打印导出日志等。

通过菜单"视图"进入"日志管理"，如图 12.2 所示。通过快捷键或菜单进行各种操作。

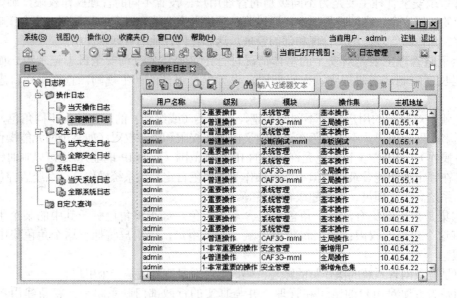

图 12.2　日志管理

12.2.4 CDMA2000 核心网系统管理

网管系统的系统管理，提供对系统中的 IP 设备、应用服务器、数据库服务器等组成部分进行监控和维护操作，具备监控 IP 地址范围、查询服务其性能、数据库备份、还原表操作、查看数据库使用状况、查看服务器运行进程及清空日志等功能。

通过菜单"视图"进入"系统管理"，如图 12.3 所示。

1．网管应用服务器维护操作

应用服务器即 OMC 服务器。在图 12.3 左边导航树的服务器中点中，或直接在窗口里点中服务器图标，右击鼠标或在菜单"操作"中选取需要进行的维护操作。

主要操作有：查询网管系统版本，可查看版本信息和历史升级信息；查询服务器性能，可了解 CPU 使用率、内存占用率、硬盘占用信息等；目录监控配置，对应用服务器上的目录容量进行监控，可以增加设置新的监控任务，也可设置定时清理部分动态生成的文件，确保服务器硬盘空间使用正常；配置性能监控参数，主要是对 CPU 使用率、内存占用率、硬盘占用率、日志空间大小等项目的阈值参数进行设置。

2．数据库服务器维护操作

点中数据库服务器后，进入数据库服务器维护的方法同 OMC 服务器。相关的操作如下。

登录数据库。在数据库登录界面中输入具有相应操作权限的用户名、密码，登录成功后，界面上的数据库图标会显示出变化表明登录完成。

注销登录的数据库。操作方法是在图 12.3 左边导航树的服务器中点中，或直接在窗口里点中服务器图标，右击鼠标或在菜单"操作"中选取"注销数据库"。

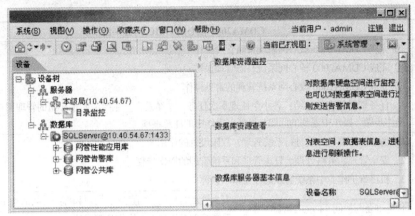

图 12.3   系统管理

数据库表集（多个表）操作。当需要对一些表进行某项共同操作时，可以把这些表定义到一个表集中，如用来记录各种日志的表就可以定义为一个表集，然后对表集统一定义任务进行操作。在数据库服务器窗口左边导航树中有定义好的各种表集，选中一个表集右击鼠标可以进行查看表集、创建表集、修改表集、导出表集等多项操作。

配置数据库监控操作。网管系统运行时，数据库管理员要定期对数据库的硬盘空间使用率和使用大小等进行实时监控，当超出设定阈值时，网管系统会产生告警信息，管理员就需要对数据库空间进行清理。配置数据库监控操作，就是设置监控的对象和相关阈值。进入本项操作的方法同上，进入后进行相关的设置即可。

查看数据库资源的操作。可以查看 3 部分的资源信息：数据库信息、数据表信息和进程信息。数据库信息显示数据库名称、大小、已使用和剩余容量等；数据表信息显示数据库中所有表的表名、表中现有记录数等；进程信息显示进程名、进程状态、登录时间等。

3. 设备维护操作

在进行系统设备的维护管理前，系统管理员要将待管理设备添加到系统管理设备列表中，可管理设备除网元设备，也包括添加上面已经在使用的 IP 设备如 OMC 服务器和数据库服务器等。

添加 IP 设备。在系统管理界面中，选择菜单项"操作—增加 IP 设备"，输入设备名、设备类型和主机 IP 地址即可完成，添加后视图中就可看到该设备图标。

显示设备信息。点中图标，在操作菜单中选显示设备信息，或右击鼠标选择显示设备信息，可以查看设备的各种详细信息。

12.3   CDMA2000 核心网系统管理任务教学实施

情境名称	CDMA2000 核心网 OMC 网管平台情境
情境准备	一个配置好的小规模本地局；后台网管系统及若干台安装好网管软件的 OMC 客户端；前后台连接并正常通信
实施进程	1. 资料准备：预习任务 12，学习工单与任务引导内容；通过设置提问检查预习情况 2. 方案讨论：可 1～5 人一组，讨论制定本组用户、角色、部门等安排计划，列出权限和操作练习的列表 3. 实施进程 ① 打开网管，并观察前后台，检查前后台通信 ② 完成 CDMA2000 核心网系统安全管理的常见操作

续表

情境名称	CDMA2000 核心网 OMC 网管平台情境		
实施进程	③ 完成 CDMA2000 核心网系统策略管理操作 ④ 完成 CDMA2000 核心网系统日志管理操作 ⑤ 完成 CDMA2000 核心网系统管理的常见操作 4. 任务资料整理与总结：各小组梳理本次任务，总结发言，主要说明本小组的管理用户设置情况、操作步骤、操作中遇到的问题与疑惑、操作中的注意事项		
任务小结	1. 哪些部门哪些人员进行系统管理？权限设置的作用 2. 安全管理、策略管理、日志管理和系统管理的操作步骤 3. 机房维护作业中系统管理的注意事项点评		
任务考评	任务准备与提问	20%	1. 安全管理的角色、角色集、用户和部门之间的关系 2. 系统管理操作基本的操作步骤描述
	分工与提交的任务方案计划	10%	1. 讨论后提交的完成本次任务详实的方案和可行情况 2. 完成本任务的分工安排和所做的相关准备 3. 对工作中的注意事项是否有详尽的认识和准备
	任务进程中的观察记录情况	30%	1. 小组的网管用户、角色设计方案是否合适，详细程度 2. 小组操作练习的步骤详细情况 3. 实际操作中各项步骤是否准确 4. 组员是否相互之间有协作
	任务总结发言情况与相互补充	30%	1. 任务总结发言是否条理清楚 2. 各过程操作步骤是否清楚 3. 每个同学都了解操作方法 4. 提交的任务总结文档情况
	练习与巩固	10%	1. 问题思考的回答情况 2. 自动加练补充的情况

掌握 3GCN 告警管理的常见操作

13.1 3GCN 告警管理操作任务工单

任务名称	掌握 3GCN 告警管理的常见操作	
学习目标	1. 专业能力	
	① 掌握 CDMA2000 核心网告警管理系统的组成结构	
	② 了解 CDMA2000 核心网告警分类	
	③ 学会 CDMA2000 核心网告警设置的操作：设置告警规则、设置告警级别、设置告警箱、设置监控窗口显示内容	
	④ 学会对 CDMA2000 核心网告警的常见操作：告警信息操作、告警查询操作、对告警记录的操作、查看告警详细与处理建议、修改处理建议操作、查看告警箱的操作	
	⑤ 学会故障告警处理的一般排除方法	
	2. 方法与社会能力	
	① 培养学会一般网管系统操作的基本方法能力	
	② 培养机房维护的一般职业工作意识与操守	
	③ 培养机房维护小组的协同工作和相处能力	
	④ 培养分析问题与解决实际问题的能力	
	⑤ 培养系统数据管理中的安全和组织纪律性	
任务描述	1. 查阅资料收集整理 CDMA2000 核心网系统告警管理中的各项操作方法	
	2. 完成好前后台之间的通信连接，确保前后台通信正常	
	3. 超级用户权限登录 OMC 系统网管平台	
	4. 完成告警管理中的设置、告警管理中的各种查询等操作	
重点难点	重点：告警查询的各项操作	
	难点：添加或修改处理建议	
注意事项	不删除原有默认的各项规则和建议	
问题思考	1. 3GCN 告警管理系统的组成结构如何	
	2. 告警是如何进行分类的	
	3. 告警设置的作用是什么？有哪些告警设置	
	4. 如何查询告警详细信息和处理建议	
	5. 自定义查询如何操作	
拓展提高	服务器和数据库（服务器）管理相关知识	
职业规范	1. 设备厂商的系统管理操作规范	
	2. 中国电信 OMC 系统管理的相关规范	

13.2 CDMA2000 核心网告警管理操作任务引导

13.2.1 CDMA2000 核心网告警管理系统

告警是系统运行中的故障或提示信息，即系统出现故障或某项指标超出预先设置的阈值门限时产生的告警信息。操作维护人员可根据告警信息进行相应的维护管理操作，借助告警信息定位排除故障，消除告警。

告警管理系统（告警台）是 OMC 网管软件中的一个对告警进行查询、管理的维护工具，实现对系统运行状态的集中监控，实时采集系统中各个部分的运行异常信息。告警管理系统的组成如图 13.1 所示，MGW 或 MSCe 前台设备和环境监控设备，负责采集前台设备及环境异常信息，完成后台人机命令的执行和结果返回；OMC 服务器负责告警信息的处理、存储转发、控制告警箱告警；OMC 客户端完成告警信息的显示、查询和打印，执行人机命令，显示前台；告警箱通过以太网口接收 OMC 服务器传来的告警信息，以声、光、显示、短消息提示或文件传输等形式，提示（告警）当前系统的故障。

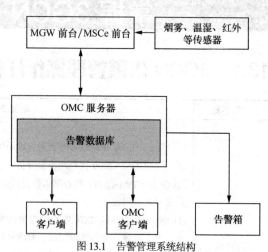

图 13.1 告警管理系统结构

告警台中显示的告警分为当前告警和历史告警，当前告警是当前仍然处于故障状态的告警，一般显示为红色状态；历史告警是系统曾经产生但现在故障已经解除的告警，一般显示为灰色状态；当前告警在问题或故障排除后才会转为历史告警。告警按告警的严重性级别可分为严重告警（1 级）、重要告警（2 级）、普通告警（3 级）和轻微告警（4 级）；对于严重或重要告警一般要立即通知相应人员采取处理措施；对于 3、4 级告警现场值班维护人员可记录问题或故障现象进行处理，无法处理通知相关人员处理。告警也可按故障类型分为：设备告警、环境告警、通信类告警、网管系统告警、处理类告警、服务质量告警。按发生告警的系统分为：前台网元设备告警、前后台通信链路告警、OMC 与告警箱通信链路告警、应用服务器告警、计费服务器告警等。

告警监测有 4 种方式：OMC 后台告警台监测、告警箱监测、短信提示监测、邮件提醒监测。后 3 种方式仅得到告警信息；第 1 种除查看到告警信息外，还能查询和定位告，警辅助排除故障，查询告警的方法是在告警台导航树中选择查询告警，双击某条告警信息后可定位故障来源和引发告警的可能原因。

13.2.2 CDMA2000 核心网告警设置操作

1. 设置告警规则

告警台（网管）可对告警的相关规则进行设置，如告警确认、清除、过滤、前转、延迟、计数、计时、归并、抑制等规则，使系统产生的告警按照制定的规则上报或处理。在 OMC 上进入网管系统，选择"视图—告警管理"菜单，在告警管理界面左边导航树的规则设置中选择"告警规则设置"，点新建规则按钮进行相应的规则设置，如图 13.2 所示。

图 13.2　告警管理及新建告警规则界面

（1）配置告警确认规则

告警确认规则设置是指通过设置，选择对某告警在告警上报或告警恢复时，对满足某种设置条件的告警自动确认，以免去维护人员不论大小每条告警都需人工查看确认，耗费较大工作量，从而不能更好地关注关键的重要告警。设置该项操作时，需定义规则名称；选择激活状态该规则有效，暂停状态则该规则暂停失效；是上报时即自动确认，还是恢复时自动确认；打钩选择告警类型和告警编码号等选项。

（2）配置告警清除规则

通过该条规则的设定，使满足一定条件的告警自动清除，即使上报的告警在满足本条规则条件后自动转入历史告警记录中，以便减少当前告警数量，使维护人员更加专注关键告警。配置方法与上一条规则基本相似。

（3）配置告警前转规则

是指符合条件的告警上报时，同时自动通过邮件或短信方式发到指定地址与手机上。配制方法同上，不同的是动作设置中需要输入邮件地址或电话号码。

（4）配置告警过滤规则

过滤规则是指将符合条件的告警过滤掉不上报，不显示到 OMC 当前告警实时监控窗口，也不存入数据库服务器中。配置方法同上。

其他规则配置方法同上，可试操作，在此不赘述。

2．定义告警级别

每条告警根据重要程度分级，告警分为 4 个级别：严重告警（1 级）、重要告警（2 级）、普通告警（3 级）和轻微告警（4 级）。系统初始化时自动为每种告警设定了默认级别，一般不必修改。但也可在系统运行维护过程中，根据实际需要重订某条或某类告警的级别。修改的方法是：在 13.2 图中，点击左边导航树中的"级别重定义设置"，在窗口中选择告警系统类型如"网管系统类告警"，会列出该类型下的所有告警及其级别表，在表中的修改状态单元格中点击修改。

3．设置告警箱

在 OMC 上设置告警箱的目的是使告警正确传到告警箱中并进行相应的声光告警。方法是：

在图 13.2 中，点击左边导航树中的"告警箱设置"，点新建按钮"+"进入告警箱的详细设置，如图 13.3 所示。自定义输入告警箱名称和描述；设置为激活状态时开始工作；输入告警箱 IP（与 OMC 服务器同一网段）；选择声光显示的告警级别和需要送到告警箱的告警级别。点击"高级"还可进一步设置具体哪种类型告警、哪种告警及其告警码需要送到告警箱。

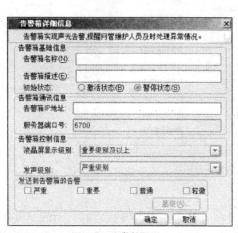

图 13.3　告警箱设置

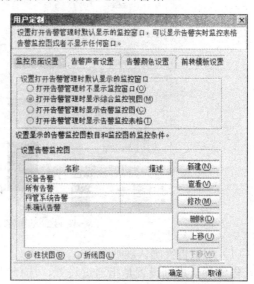

图 13.4　告警管理监控窗口定制

4．用户定制监控窗口

设置 OMC 告警管理窗口显示的内容。设置方法是：在图 13.2 所示的界面中，选择菜单"操作—用户定制"，在用户定制界面中可进行监控页面、告警级别声音、告警级别颜色和前转（邮件或短信）模板设置。打开界面后只需相应选项进行设置，如图 13.4 所示。

13.2.3　CDMA2000 核心网告警操作

1．告警信息操作

（1）查看告警监控

系统的告警信息在告警综合监控界面上以图形和消息的形式显示。操作方法是：登录 OMC 服务器，通过菜单"视图—告警管理"，左边导航树中点"告警综合监控"，如图 13.2 中的主界面，上面是分类型的告警柱状图或折线图，可查看所有告警或设备告警或网管告警等；下边是告警窗口，可查看当前实时告警监控、历史告警实时监控、通知实时监控。

如希望只显示告警图或只显示某种监控，只需在导航树中点击选择即可。在当前实时告警监控信息中，显示的是设备及网络实时告警信息；在历史告警实时监控信息中，显示的是系统中得到处理和恢复的告警状况；在通知实时监控中，显示的是设备及网络的通知消息，如什么时间哪个局第几架第几框某槽位更换了单板等。

（2）同步告警信息

当维护员发现前台设备和后台网管之间的告警数据可能不一致时，可以手动操作将前台设备的告警数据同步到后台网管服务器中。方法是：在告警管理界面中，通过菜单"操作—告警同步"进行操作。

2．告警查询操作

在图 13.2 左边导航树中，点告警查询，可以分别完成当前告警、历史告警、通知或自定义查询的操作。

查询当前告警：右击导航树"当前告警查询"可以查询当前所有告警，也可根据需要设置查询条件进行查询。

查询历史告警：在导航树"历史告警查询"中，与上面当前告警查询同理进行操作。

查询通知：在导航树"通知查询"中，与上面当前告警查询同理进行操作。

自定义查询：支持用户新建查询，自定义查询条件，查询当前告警、历史告警或通知。方法是点击导航树"自定义查询"，在弹出对话框中新建一个查询。

3．对告警记录的操作

（1）右击告警记录操作

在告警实时监控界面里，对某条告警记录，右击鼠标即有确认（对已确认消息才有反确认）、清除、前转、定位到机架图等操作。

确认是指维护人员已经知道该条告警了，在着手进行处理。如果后面还继续又上报该告警，则表明未能处理好；如不再继续上报该告警，则表明已正确完成处理。

清除告警是指将该条告警从实时监控数据记录中清除。被清除的告警会转到历史告警栏内显示，可在历史告警查询中查询到。

前转告警是指将该条告警以邮件或短信的方式转给设定的管理人员。点击前转后，会弹出前转信息设置的界面，设置地址或号码等。

定位到机架图可以将选定的告警定位到发生告警的单板。

（2）双击告警记录操作

在告警记录列表中，双击某条告警记录，即可弹出该条告警的详细信息、可能原因和处理建议等，维护人员可以通过详细信息和处理建议，对故障进行分析定位和排除处理。

4．对告警处理建议的操作

维护人员长期维护某套设备，针对设备的常见或易发故障，会积累一定的心得经验。这些经验可以增加为某条故障告警的处理建议，也可修改其处理建议，或者原来的建议基本没用也可删除操作。一般以增加、修改为主，对删除操作则需慎重。

方法是在图 13.2 左边导航树中点"处理建议设置"，然后进行相应操作即可。

5．告警箱操作

在告警箱上检查告警的方法是：首先在告警箱上查看是否有声光告警；其次在告警箱上进行简单的按键操作，查询某条告警。一般告警箱有告警后，OMC 网管平台上也会有告警，可以进行详细查询。

13.3　CDMA2000 核心网告警管理操作任务教学实施

情境名称	**CDMA2000 核心网 OMC 网管平台（告警管理）情境**
情境准备	一个配置好的小规模本地局；后台网管系统及若干台安装好网管软件的 OMC 客户端；前后台连接并正常通信。打开告警管理
实施进程	1．资料准备：预习任务 13，学习工单与任务引导内容；通过设置提问检查预习情况 2．方案讨论：可 1～5 人一组，讨论制定本组操作顺序与操作步骤 3．实施进程 ① 打开网管，并观察前后台，检查前后台通信 ② 完成 CDMA2000 核心网告警设置的操作：设置告警规则、设置告警级别、设置告警箱、设置监控窗口显示内容

续表

情境名称	CDMA2000 核心网 OMC 网管平台（告警管理）情境			
实施进程	③ 完成 CDMA2000 核心网告警的常见操作：告警信息操作、告警查询操作、对告警记录的操作、查看告警详细与处理建议、修改处理建议操作、查看告警箱的操作 4. 任务资料整理与总结：各小组梳理本次任务，总结发言，主要说明本小组的告警管理设置情况、告警查询操作步骤、操作中遇到的问题与疑惑、操作中的注意事项			
任务小结	1. 3GCN 告警管理系统的组成部分和组成结构 2. 告警管理的分类情况 3. 告警设置的操作步骤 4. 告警查询的操作步骤			
任务考评	任务准备与提问	20%	1. 告警管理系统组成结构 2. 告警级别的分类 3. 告警设置操作步骤 4. 告警查询操作步骤	
任务考评	分工与提交的任务方案计划	10%	1. 讨论后提交的完成本次任务详实的方案和可行情况 2. 完成本任务的分工安排和所做的相关准备 3. 对工作中的注意事项是否有详尽的认知和准备	
	任务进程中的观察记录情况	30%	1. 小组的操作顺序和步骤安排是否合适，详细程度 2. 小组操作练习的步骤详细情况 3. 实际操作中各项步骤是否准确 4. 组员是否相互之间有协作	
	任务总结发言情况与相互补充	30%	1. 任务总结发言是否条理清楚 2. 各过程操作步骤是否清楚 3. 每个同学都了解操作方法 4. 提交的任务总结文档情况	
	练习与巩固	10%	1. 问题思考的回答情况 2. 自动加练补充的情况	

任务 14

掌握 3GCN 性能管理的常见操作

14.1 3GCN 性能管理操作任务工单

任务名称	掌握 3GCN 性能管理的常见操作
学习目标	1. 专业能力 ① 了解核心网性能管理的基本概念 ② 学会新建 CDMA2000 核心网性能管理测量任务；以及修改、挂起、激活或删除任务的操作 ③ 学会按任务或按条件查询性能管理数据 ④ 学会性能管理数据报表模板设置、建立报表任务和报表文件管理操作 ⑤ 学会新建性能统计优化任务；以及修改、挂起、激活、删除某项性能优化任务的操作 2. 方法与社会能力 ① 培养学会心网络性能管理操作的基本方法能力 ② 培养机房维护的一般职业工作意识与操守 ③ 培养机房维护小组的协同工作和相处能力 ④ 培养分析问题与解决实际问题的能力 ⑤ 培养系统数据管理中的安全和组织纪律性
任务描述	1. 查阅资料收集整理 CDMA2000 核心网性能管理中的各项操作方法 2. 完成好前后台之间的通信连接，确保前后台通信正常 3. 超级用户权限登录 OMC 系统网管平台 4. 完成对性能管理任务的基本操作；查询性能管理数据操作；性能数据报表管理操作；性能统计优化任务的操作
重点难点	重点：建立性能管理任务的操作和查询性能管理数据 难点：性能管理数据的理解
注意事项	不删除原有默认的各项规则和建议
问题思考	1. 什么是性能管理 2. 如何新建性能管理任务 3. 如何按条件查询性能管理数据 4. 报表管理的主要操作有哪些 5. 如何新建性能管理优化任务
拓展提高	1. 服务器和数据库（服务器）管理相关知识 2. 性能数据参数统计项指标理解
职业规范	1. 设备厂商的系统性能管理操作规范 2. 中国电信 OMC 系统管理的相关规范

14.2　CDMA2000 核心网性能管理操作任务引导

性能管理是对网络运行状况的监测，并通过对网络设备运行数据的测试采集、统计分析，呈现给网管人员一些性能指标数据，从而反映系统运行状况。性能管理完成的功能包括：测量任务管理、性能门限管理、计算指标管理、性能数据查询、报表管理和性能统计优化等。

1. 测量任务管理

建立测量任务就是定义一个数据收集项目。新建一个任务，就是规定什么时间或时间段，对哪个对象，进行性能数据采集分析。性能管理中的测量任务功能包括：创建任务、修改任务、删除任务、任务激活、任务挂起、任务查询、任务数据导出等。

（1）创建测量任务

在系统配置完成正常运行的情况下，SQL 数据库和 OMC 服务器工作正常，前后台通信连接正常。在 OMC 服务器进入网管系统，点击"视图"菜单，进入性能管理界面，如图 14.1 所示。点击性能管理后点新建测量任务，或在左边导航树中右击对象选择新建测量任务。

在新建任务界面的基本信息界面中，输入新建任务自定义的名称；选择任务执行的起止时间（年月日时）；选择任务运行周期如每天、每周星期几或每月的几号；选择采集时间段即任务运行的时段，如 0:00～24:00 或某个时段。点击下一步，进入位置信息界面中，选择待测量的某个网元。点击下一步，进入测量类型信息界面

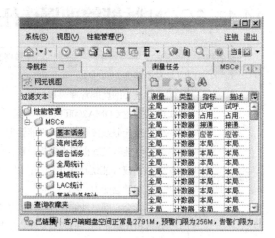

图 14.1　性能管理界面

中，展开左侧导航中的具体测量类型，右侧列表中可选择测量类型对应的采集对象。点击确定，即创建完毕了一个性能测量任务。

（2）修改/删除测量任务

修改是对已经创建的任务信息进行变更设置。操作方法是进入图 14.1 所示的性能管理界面，选择菜单"性能管理"，点击"测量任务"，显示出已经创建的所有测量任务。双击拟修改的某个测量任务，弹出和新建任务相似的信息对话框，即可逐项修改原来的任务设置。

删除是对已经创建的任务（包括信息）一并删除。删除操作只能对已经挂起的任务执行，如果任务处于激活状态，则必须先挂起该任务。操作方法是进入图 14.1 所示的性能管理界面，选择菜单"性能管理"，点击"测量任务"，显示出已经创建的所有测量任务。右击拟删除任务选择"删除测量任务"，确认并删除。

（3）激活/挂起测量任务

任务挂起是指前台网元不再进行该任务的信能数据采集，但该任务的所有信息在本地数据库依然存在。在需要重启该任务时只需进行激活操作。因此，激活操作是针对于挂起的测量任务操作，重启前台网元采集性能数据。

挂起的操作方法是进入图 14.1 所示的性能管理界面，选择菜单"性能管理"，点击"测量任务"，显示出已经创建的所有测量任务。选中某任务右击鼠标，选择"挂起"快捷操作，也可选中任务点击挂起的快捷键。

同理，激活的操作方法是进入图 14.1 所示的性能管理界面，选择菜单"性能管理"，点击

"测量任务"，显示出已经创建的所有测量任务。选中某已经挂起的测量任务右击鼠标，选择"激活"快捷操作，也可选中任务点击激活的快捷键。

同上操作，也可选择某任务右击鼠标选择"导出"某任务结果。

2．性能数据查询

数据查询提供按指定条件对测量任务采集回来的性能数据进行查询。操作方法：进入图 14.1 所示的性能管理界面，选择菜单"查询—查询"，进入查询界面，如图 14.2 所示。设置查询网元位置信息（可选 1 个也可是多个网元）、测量类型信息（选择多个网元就是多网元的交集信息）、查询信息的时间。

也可按任务条件查询数据，即选中一个任务，按照该任务本身的信息数据进行查询，方法是进入图 14.1 所示的性能管理界面，选择菜单"性能管理"，点击"测量任务"，显示出已经创建的所有测量任务，选择某任务右击鼠标选择"按任务条件查询数据"，弹出对话框，选择设置查询条件，查询符合某条件的该任务性能测量结果。

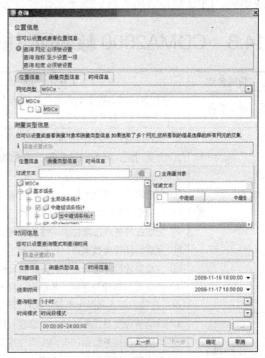

图 14.2　性能数据查询

3．报表管理

（1）管理报表模板

在网管界面中，选择"收藏夹—报表管理—模板管理"，进入模板列表界面。类似于前面的任务列表，主窗口中有多种报表模板，如"按告警类型统计告警频次"、"按告警时间统计平均时间"等模板。选中某模板，即可进行相应的菜单操作，如查看、修改、定制、预览报表格式等，当点击预览报表格式的按钮，就可以获取报表格式的界面。

（2）管理报表任务

根据用户设定的任务规则和报表模板，自动执行报表模板的数据填充功能，生成报表文件。报表任务管理就是定制任务报表规则，如小时报表、周报表、日报表、月报表等。操作方法是：在网管界面中，选择"收藏夹—报表管理—任务管理"，在报表任务管理界面中，会有已设定的报表任务显示，也可点击快捷键按钮创建新的报表任务，或者修改、删除任务等。当点击"+"创建新的报表任务时，弹出对话框，可设置报表任务的基本信息、任务模板、高级信息等，逐项设置，即生成新的报表任务。

（3）管理报表文件

在网管界面中，选择"收藏夹—报表管理—文件管理"，进入文件列表的界面，可看到已经生成的多个报表文件。操作快捷键按钮，可查看某文件，或者删除、导出、保存等操作。

4．性能统计优化

在系统配置完成正常运行的情况下，SQL 数据库和 OMC 服务器工作正常，前后台通信连接正常。在 OMC 服务器进入网管系统，选择"视图—性能管理"进入性能管理界面，如图 14.1 所示。在左边导航树窗口中选择某项性能统计，右击鼠标选择"性能统计优化"操作，即进入性能统计优化对话框，操作快捷键按钮"+"，可新建性能统计优化任务；选中某项优化任务，右击可选择修改、挂起、激活、删除某项性能优化任务。

总之，在日常交换侧维护工作中，性能数据统计是现场定位问题的重要手段，通过对性能统计指标的分析，可以判定当前系统运行状态是否正常，并根据分析结果对系统进行相应调整，达到优化的目的。交换维护人员应当在日常维护中将每天的重要性能数据，如系统接通率、寻呼成功率、CPU 负荷等用表格记录下来，进行数据对比，检查是否异常。

14.3 CDMA2000 核心网性能管理操作任务教学实施

情境名称	CDMA2000 核心网 OMC 网管平台（性能管理）情境		
情境准备	一个配置好的小规模本地局；后台网管系统及若干台安装好网管软件的 OMC 客户端；前后台连接并正常通信。打开性能管理		
实施进程	1. 资料准备：预习任务 14，学习工单与任务引导内容；通过设置提问检查预习情况 2. 方案讨论：可 1～5 人一组，讨论制定本组操作顺序与操作步骤 3. 实施进程 ① 打开网管，并观察前后台，检查前后台通信 ② 完成新建 CDMA2000 核心网性能管理测量任务；以及修改、挂起、激活或删除任务的操作 ③ 完成按任务或按条件查询性能管理数据的操作 ④ 完成性能管理数据报表模板设置、建立报表任务和报表文件管理操作 ⑤ 完成新建性能统计优化任务；以及修改、挂起、激活、删除某项性能优化任务的操作 4. 任务资料整理与总结：各小组梳理本次任务，总结发言，主要说明本小组的性能管理任务设置情况、性能数据查询操作步骤、报表管理操作步骤、操作中遇到的问题与疑惑、操作中的注意事项		
任务小结	1. 性能管理测量任务的建立、修改、挂起、激活删除等操作方法 2. 性能管理任务数据的查询步骤和按条件查询的操作 3. 报表管理的设置和操作步骤 4. 性能统计优化任务的操作步骤		
任务考评	任务准备与提问	20%	1. 性能管理的理解 2. 性能管理任务的设置操作步骤 3. 性能数据查询操作步骤 4. 性能管理数据报表的操作步骤
	分工与提交的任务方案计划	10%	1. 讨论后提交的完成本次任务详实的方案和可行情况 2. 完成本任务的分工安排和所做的相关准备 3. 对工作中的注意事项是否有详尽的认知和准备
	任务进程中的观察记录情况	30%	1. 小组的操作顺序和步骤安排是否合适，详细程度 2. 小组操作练习的步骤详细情况 3. 实际操作中各项步骤是否准确 4. 组员是否相互之间有协作
	任务总结发言情况与相互补充	30%	1. 任务总结发言是否条理清楚 2. 各过程操作步骤是否清楚 3. 每个同学都了解操作方法 4. 提交的任务总结文档情况
	练习与巩固	10%	1. 问题思考的回答情况 2. 自动加练补充的情况

学会 3GCN 例行维护技能

15.1 3GCN 例行维护操作任务工单

任务名称	掌握 3GCN 例行维护的常见操作
学习目标	1. 专业能力 ① 了解例行维护和维护中采用的常用工具、仪表、软件等 ② 学会一般工具、软件的使用方法；学会日常维护的基本操作方法 ③ 熟悉机房工作制度和交接班制度 ④ 熟悉日常维护项目，学会日常维护项目操作方法和维护记录的填写 ⑤ 熟悉周维护项目，学会周维护项目操作方法和维护记录的填写 ⑥ 熟悉月维护项目，学会月维护项目操作方法和维护记录的填写 ⑦ 熟悉季度维护项目，学会季度维护项目操作方法和维护记录的填写 2. 方法与社会能力 ① 培养学会网络维护管理操作的基本方法能力 ② 培养机房维护的一般职业工作意识与操守 ③ 培养机房维护小组的协同工作和相处能力 ④ 培养分析问题与解决实际问题的能力 ⑤ 培养机房值守中的安全组织纪律性，遵章守纪
任务描述	1. 查阅资料收集整理 CDMA2000 核心网日常维护中的各项操作方法 2. 检查整理机房工具仪表仪器软件，分类记录 3. 整理查阅记录机房工作制度，交接班制度 4. 完成好前后台之间的通信连接，确保前后台通信正常 5. 超级用户权限登录 OMC 系统网管平台 6. 逐项进行日常维护项目的操作，并填写记录表 7. 逐项进行周维护项目的操作，并填写记录表 8. 逐项进行月维护项目的操作，并填写记录表 9. 逐项进行季度维护项目的操作，并填写记录表
重点难点	重点：日常维护、周维护、月维护、季度的各项操作和记录 难点：信令跟踪分析
注意事项	1. 注意在网运行实际维护时，倒换、更换等操作慎重 2. 电源测试，单板更换注意人身和设备的安全

任务名称	掌握 3GCN 例行维护的常见操作
问题思考	1. 什么是例行维护 2. 例行维护中常用的仪器仪表有哪些 3. 日常维护有哪些基本方法 4. 为什么要制定机房工作制度和交接班制度 5. 日常维护有哪些基本项目，如何检查 6. 周维护有哪些基本项目，如何检查 7. 月维护有哪些基本项目，如何检查 8. 季度维护有哪些基本项目，如何检查
拓展提高	熟悉业务的信令流程相关知识，对比信令跟踪进行理解
职业规范	1. 设备厂商的系统维护管理操作规范 2. 中国电信维护管理的相关操作规范

15.2 CDMA2000 核心网例行维护操作任务引导

15.2.1 例行维护概述

核心网设备的例行维护是指日常的周期性维护，是对设备运行情况的周期性检查，对检查中发现的隐患、故障及时处理。例行维护分 4 类：日、周、月和季度例行维护；也可归纳为日维护和周期性维护（周、月和季度）两种。日维护是指每天进行的常规维护，如机房环境检查、供电系统检查、维护终端检查、告警系统检查、设备运行状况检查等，过程相对简单；周期维护是按一定周期进行，如定期检查线缆系统、定期测量接地电阻、定期进行设备除尘等操作，过程相对复杂和专业。

维护过程中常用工具有：网线、防静电腕带、绝缘胶带、帮扎带、无水酒精、各种螺丝刀、电烙铁、剥线钳、压线钳、电话线等。维护过程中常用软件有：Windows 操作系统安装软件、SQL server 安装软件、防病毒软件、与设备版本相应的网管软件等。维护过程中常用仪器仪表有：环境监测类仪表如温度计、湿度计等；维护类仪器仪表如数字万用表、地阻仪、信令仪、便携式计算机等。

日常维护有一些常用的基本方法，合理采用可以较好地定位或解决故障。列举如下。

① 单板指示灯运行状态分析：前台网元的单板一般都有运行状态指示灯，有的单板还有故障指示灯和电源状态指示灯，通过观察单板指示灯的状态，可判断单板硬件是否正常开工或故障。同理，后台网管服务器一般也有电源指示灯和故障指示灯，通过观察可以发现服务器的运行是否正常。

② 日志查看和数据分析：通过故障告警管理可以查询当前发生的故障和历史告警，并简单判断故障发生原因；同时，查询系统维护台操作日志，可以查看在故障发生时有哪些操作，进而判断故障是否与这些操作有关。通过系统性能统计或性能统计的数据进行分析，观察特定数据出现的时间、频次和模块等，可进一步诊断故障范围或原因。

③ 信令跟踪分析和业务观察：MSCe 或 MGW 网管提供的操作维护系统中包含有信令跟踪和业务观察工具。从信令跟踪中可以知道信令流程是否正确，信令消息与参数是否正确，从而可以分析发生故障的可能原因。

④ 仪器仪表测试和分析：仪器仪表测试是一种常见的查找和分析故障的方法，通过测试与正常值比较，分析产生的原因后进行排除。如误码仪测误码、地阻仪测接地电阻、信令仪跟踪信令、线路通断测试仪测网线好坏等。

⑤ 对比替代法：对比是将故障单板与正常运行单板状态比较，指示灯、跳线、连接线等都可比较，从而判断问题。替换可以是不同位置的相同单板的交叉换，也可以用新单板替换可能故障的单板，如果更换后问题得到解决，即定位了故障。更换单板会影响业务，注意操作时段一般在凌晨业务最少时进行。

为满足机房运行环境和设备正常运行要求，更好地完成设备维护工作，机房一般都需要建立基本的机房工作制度和交接班制度。

机房工作制度主要包括：

① 保持机房整洁清洁有序。地面清洁，设备无尘，维护终端排列整齐，工具整齐到位，资料整齐齐备；

② 机房内不得游戏、上网，不准吸烟，不得喧哗；

③ 不得将维护终端挪作他用，不得运行安装无关的其他软件；

④ 网管口令按级（角色）设置，定期更改，不得对任何非维护人员开放；

⑤ 不要盲目对设备复位、加载或改动数据，尤其不能随意改动网管数据库数据。在准备充分确认无误并征得主管人员同意的情况下，做好原有数据备份，才可进行改动，改动数据需做好改动记录。在改动运行一周左右，确认运行完全正常，才能删除备份数据；

⑥ 定期检查备品备件的完好，对备件和更换下来的坏品，要做好标记区别；

⑦ 维护过程中常用的软件、资料，在指定位置就近存放，方便使用；

⑧ 机房内不存放与维护无关的个人物品，不做与工作无关的事情，无关人员未经允许不得进入机房；

⑨ 机房内不得存放易燃易爆物品；

⑩ 对设备的操作带防静电腕带；

⑪ 做好保密工作，不得泄密；

⑫ 做好原始记录的登记、统计，保证技术资料和记录完整；

⑬ 维护人员机房值守，需严守岗位，发现问题及时处理，重大问题及时上报；

⑭ 机房负责人要定期检查督查，不断改进；

⑮ 爱护机房公共财物；

⑯ 张贴常用技术支撑电话和联系方式。

交接班制度主要包括：

① 每个维护工作人员需严格遵守上下班的交接制度，确保工作正常；

② 上下班交接时，要手续清楚、衔接到位、责任明确；

③ 交班人员做好值班工作记录，介绍清楚值班时的情况；接班人员要认真核对检查；

④ 交接班要做到设备运行状况、工具仪器仪表情况明确、图纸资料和值班记录完备；

⑤ 接班人员未到时，交班人员需坚守岗位，直到到来完成交接班为止；

⑥ 交接班需签字书面记录，表示已经正常交接班；

⑦ 交班时出现设备故障，应共同承担维护义务，不得相互推诿。

15.2.2　日例行维护

日常例行维护主要包括机房环境的维护检查、主设备及接口运行状态的维护检查、配套辅助设备设施的运行检查等，如表 15.1 所示。

表 15.1　　　　　　　　　　　　　每日例行维护项目与操作方法

类别	检查项目	检查方法
环境监控维护检查	机房温度	室内正常情况 15～30℃；每天直接从室内温度计读取或从后台界面读取温度（菜单选维护管理-诊断测试-电源板测试）；温度计应在地板以上 2m 和设备前方 0.4m 以外处；温度异常应检查空调与通风；温度过高过低都会危及电子设备、电源插头插座开关和塑料使用寿命
	机房湿度	室内正常相对湿度 30%～70%之间；每天直接从室内湿度计读取或从后台界面读取湿度（菜单选"维护管理—诊断测试—电源板测试"）；湿度计应在地板以上 2m 和设备前方 0.4m 以外处；湿度异常应检查空调与通风、除湿或加湿设备；湿度过高会引起氧化锈蚀，湿度过低易产生静电
	空调状态	空调用于通风和控制温湿度，空调异常常表现在室内温湿度异常；每天检查空调运行和参数设置是否正常；发现异常立即联系修复，长期不能满足应考虑增加空调数量或功率
	门禁、烟雾、温湿度告警	在告警管理台查询当前告警，选择系统类型为前后台网元设备告警，告警码选择红外、烟雾、温湿度告警码，确定后查看有无红外、烟雾和温湿度告警；正常情况应无告警。当出现红外告警，应确认是否有非法进入，排除告警来源；当出现烟雾告警，应检查机房环境，确认来源并排除；当出现温湿度告警，检查当前温湿度状况并排除，如正常仍告警则可能是温湿度参数范围设定需更改
主设备运行状态维护检查	前后台连接	前后台通讯中断，则后台无法实施维护管理，前台不能上报告警信息。检查方法是在 OMC "视图—路由管理"界面查看 OMP 节点路由管理，链路状态有 3 种：链路通、链路断和正在建链。如异常，首先检查 OMC 维护台和 OMC 服务器，特别是网卡设置和服务器硬件设备；其次从服务器 Ping 前台 OMP 单板的 IP 地址，不通则检查前后台连接的物理链路，如网线、网卡、交换机等
	单板状态	检查各单板指示灯（RUN、ALM、ACT、ENUM 含义参见硬件单板部分）是否正常，ALM 灯亮有告警，ENUM 黄灯亮表示该板离线；或网管上打开日常维护的机架图，查看单板正常为绿色，如异常可右击查看告警及原因进行处理。处理时可进行替换确认
	当前告警	观察告警箱有无声光告警或显示，或在网管上进入告警管理界面监控综合实时告警；如有告警按告警信息提示进行排除，复杂的还需辅以信令跟踪、日志管理等结合判断才能处理
	当前日志	查看操作日志可以检查未经授权的或非法的操作；方法是"视图—日志管理"，查看操作日志、安全日志或系统日志等
	性能统计指标	检查各项性能统计数据报表，各项性能指标值应在指标范围内；如某天某项指标突然异常变化，需根据当天发生的具体情况确定异常原因
主设备运行状态维护检查	CPU 占用率和内存占用率	检查 CPU 和 MEM 占用率，目的是了解系统负荷是否正常；方法是进入网管的性能管理界面，选中导航树中的 CPU/MEM 性能统计，进行查询，可看到设备中各个 CPU/MEM 的占用率；正常情况，CPU 忙时可达 30%非忙时 5%，MEM 忙时可达 10%非忙时 1%；如长期处在高位表明负荷重需要扩容，如小容量高负荷，需找出问题原因
	备份话单	对 MSCe 局，需及时把计费服务器上已经关闭的话单文件备份，以防磁盘空间不足并便于脱机状态浏览检查话单文件。方法是：在计费软件客户端上，进入计费话单客户端界面，选择"话单管理—话单备份"，选择备份条件（如时间段）进行备份。计费服务器上的话单目录文件，若已进行过备份，则前缀从 UN 变为 PB
配套设备检查	服务器硬件	打开服务器机柜门，查看各服务器和磁盘阵列电源灯和告警灯，正常情况 Power 和 System 灯亮，闪烁为异常（根据具体服务器说明判定）；也可通过服务器属性打开设备管理器，查看服务器设备列表，如某项显示黄色为不正常；如果发现服务器机柜中所有服务器和磁盘阵列都有一路电源告警，则可能是接入机柜的该路电源问题
	病毒监控	在 OMC 客户端检查防病毒软件的实时监控系统，发现病毒药及时查杀。并注意升级更新杀毒软件的防病毒库

类别	检查项目	检查方法
配套设备检查	局域网检查	前后台通过 LAN 通信，检查网络设备（Hub、路由器、服务器等）电源指示灯是否正常；检查服务器连接的对应网口指示灯是否正常（有数据传输时工作灯会快闪），还可用 ping 命令测试；检查配置是否正确；多 Hub 级联要不出现环路情况。如遇异常，首先查看 LAN 各设备工作 Power 指示灯确认是否掉电；其次查看连接的端口指示灯，灯灭则说明连线或端口故障可换端口检查，灯特别快闪则说明流量太大。一般都是双 LAN 结构运行，一个网故障并不影响，但需及时排除

针对以上每日例行维护项目，可设计基本的每日例行维护记录表（供参考），如表 15.2 所示。

表 15.2　　　　　　　　　　　　系统日维护记录表

局名（或机房号）：		日期：　　　年　　月　　日	
值班时间：　　时至　　时		值班人：	接班人：
基本检查项目	1. 检查机房环境	① 温度（正常 15℃～30℃）	□正常 □不正常　异常现象记录：
		② 湿度（正常 30%～70%）	□正常 □不正常　异常现象记录：
		③ 空调	□正常 □不正常　异常现象记录：
		④ 环境卫生、防尘	□正常 □不正常　异常现象记录：
	2. 检查门禁、烟雾、温湿度告警	告警台查看红外、烟雾、温湿度告警	□正常 □不正常　异常现象记录：
	3. 检查单板状态	检查设备机架物理单板指示灯；机架图查询单板	□正常 □不正常　异常现象记录：
	4. 检查服务器状态与 LAN 检查	检查服务器机架硬件指示灯；切换服务器检查有无程序运行异常告警	□正常 □不正常　异常现象记录：
	5. 检查前后台连接	OMC "视图—路由管理" 界面查看 OMP 节点路由管理链路状态	□正常 □不正常　异常现象记录：
	6. 检查告警信息	维护台告警管理查看有无当前告警	□正常 □不正常　异常现象记录：
	7. 检查操作日志	"视图—日志管理"，查看操作日志、安全日志或系统日志	□正常 □不正常　异常现象记录：
	8. 性能统计	统计部分指标；CPU 忙时可 30%非忙时 5%，MEM 忙时可 10%非忙时 1%	□正常 □不正常　异常现象记录：
	9. 检查数据配置、话单备份	在计费话单客户端选择话单管理—话单备份；修改数据前后备份	□正常 □不正常　异常现象记录：
	10. 检查病毒实时监控	OMC 客户端检查防病毒软件的实时监控系统	□正常 □不正常　异常现象记录：
	11. 其他		
值班备忘	1. 主要故障及处理情况记录		
	2. 其他备忘事宜记录		

续表

遗留问题	
班长核查	

15.2.3　周例行维护

周维护是维护人员每周需要例行检查 1 次的维护任务，主要项目如表 15.3 所示。

表 15.3　　　　　　　　　　　　周维护项目与操作方法

类别	检查项目	检查方法
环境监控维护检查	机房灰尘	灰尘易引发单板短路。带上防静电腕带，触摸服务器或机柜表面，查看单板缝隙等，应基本无灰尘。对机柜、服务器及周围清洁；也可用吸尘器、软毛刷清除灰尘。对灰尘较多的单板，需准备备板替换运行正常或业务小的时段，吸尘器、软毛刷并用除尘；也可使用无水无腐蚀绝缘高挥发性的电路板清洗剂除尘
	机柜电压	设备机柜（直流）和服务器机柜（交流）需每周检查输入输出电压范围，直流在-57～40V之间，交流在 218～242V 之间。检查方法：打开机柜后门，用万用表检查，直流需测-48V与-48VGND、PE 地之间电压，交流需测相线与零线、地线之间的电压。双路供电需两路都测。如有问题检查机柜前的交流、直流供电系统
主设备运行状态维护检查	历史告警	进入网管的告警管理界面，在告警综合监控中查看历史告警实时监控，正常情况应所有告警均得到处理了。如有遗漏，查看当前是否仍有告警；统计一周告警信息，分析原因，排除可能的隐患
	话单连续性	对 MSCe 局，打开服务器磁盘阵列上的\ZXGBIL 和\FTAM 目录，查看话单文件的序号有无重复和跳跃；ZXGBIL 下的文件是按"前缀+年月日时分+序号+后缀 GCDR"，前缀 S 表示正打开并存放数据的文件，UN 表示已关闭并存放有数据的文件，PB 表示已进行过脱机的文件；FTAM 目录下的文件是按"前缀 UN+序号同 ZXGBIL 文件+后缀 GCDR"，FTAM 下的文件序号从 0000 最大 9999，超过 9999 将被后来话单覆盖，但 ZXGBIL 文件则不会；正常情况下 FTAM 下的话单每隔 15 分被计费中心采走，同时删除 FTAM 下的文件。如 FTAM下未被采集或长时未采集，应重新开始采集，并与\ZXGBIL 下文件比对是否遗漏；如序号不连续，只有双机倒换会出现，否则就可能会遗漏要查清楚
	数据配置检查	正常情况数据按规范配置好的数据拨打测试正常。如遇异常，可检查操作日志确认是否进行过数据操作，然后在网管"视图—配置管理"界面中可检查各项配置数据，并纠正错误或补充遗漏数据，进行拨打测试
	系统数据备份	每周 1 次和修改数据前、后都要及时备份数据，除保存在维护台，还需另外异地备份储存，备份文件名尽量按默认包含详细时间名。方法是：配置管理界面导航树中配置工具下的备份恢复进行备份会恢复，备份文件自动保存在 C:\backup 下的 MSCe 或 MGW 中。如遇异常，可及时恢复最近备份的数据文件
配套检查	服务器日志	Windows 系统"开始—程序—管理工具—事件查看器"在事件查看器界面可分别打开系统日志、安全日志和应用程序日志，正常应没有错误信息，如发现有错误信息，可双击日志记录查看后进行相应处理，特别是如发现记录有意外关机，要查清是人为关机还是自动关机，如自动关机需修复服务器或操作系统
	服务器硬盘空间	正常情况服务器 C 盘空间要剩余 1G 以上；其余数据盘也要留有足够容量，以便于储存数据或日志记录；话单磁盘阵列更应留有足够空间。检查方法：右击盘符点属性，查看各硬盘空间容量。如硬盘空间不足，可能是感染病毒要及时杀毒甚至重装系统；也可能是文件量太大，可以备份出来日志、告警、性能统计文件，然后删除部分时间较久的文件以释放部分空间；仍然不足考虑扩容更新大容量硬盘

续表

类别	检查项目	检查方法
配套检查	计费服务器双机状态	对 MSCe 的计费服务器，一般是双机互连备份。检查包括：网卡是否正常、交叉网线是否正常，各种资源是否正常。如遇问题，网线可更换，更换仍有问题则检查服务器网卡；如集群中显示一台服务器脱机，可能是服务器或群集服务没有启动，需启动服务器，或启动群集服务。如资源异常会伴随告警信息出现
	病毒库更新	一般防病毒软件公司会每隔 3 天左右升级 1 次病毒库。在网管客户端维护台，一般至少每周升级一次防病毒软件更新病毒库
	非法访问	检查服务器上是否有非法访问的方法是：在服务器"任务管理器"中，查看是否有非法进程

针对以上每周例行维护项目，可设计基本的周维护记录表（供参考），如表 15.4 所示。

表 15.4 系统周维护记录表

局名（或机房号）：			周次：第_____周	
检查项目		检查情况、维护处理过程记录	维护人	维护时间
1. 机房灰尘				
2. 机柜输入电压				
3. 查询告警和保存告警记录				
4. 话单连续性检查和备份话单				
5. 检查配置数据和备份系统数据				
6. 检查服务器日志和是否有非法访问				
7. 检查服务器空间和计费服务器双机状态				
8. 查杀毒并升级防病毒软件				
维护备忘记录	1. 主要故障及处理情况记录			
	2. 其他备忘事宜记录			
遗留问题记录				
管理人审核				

15.2.4 月例行维护

月维护是维护人员每个月需例行执行的维护任务，包括终端系统、系统设备、机柜设备和备品备件的维护检查。主要项目见表 15.5。

表 15.5 月维护项目与操作方法

类别	检查项目	检查方法
主设备运行状态维护检查	检查版本	通过网管的版本管理菜单查看前台所有单板的版本；在网管上通过 SQLplus 以 OMC 用户连接到网管数据库执行 "SQL>select*from R_DBVER 得到网管版本。比对厂家技术手册，保证前台版本与网管版本兼容
	单板主备倒换	一般针对主备的 MP 板。经批准后在业务量小的午夜，在维护台"维护管理—人机命令—正常复位"，复位某备板；备板启动 5 分钟正常后，选择"维护管理—人机命令—正常倒换"，输入要倒换单板的架、框、槽、板号，使备板成为了新的主用板，倒换后拨打测试并观察。半小时无异常后，对原主用板重新执行复位、倒换操作，回到原来的主备用状态。如倒换后部分异常，可对前台进行整表同步操作。另一个方法是：在机架图中，直接右击备板选择"人机命令—正常复位"，后对主板右击选择"人机命令—正常倒换"，同上操作
	系统性能分析	每月 1 次性能指标统计分析比对，各基本指标应在正常范围内，或与前几月同一时间段的统计结果相差在 5%以内波动。方法是：进入性能统计界面，统计各项重要运行指标进行分析。如有异常，要找出异常原因，如是否网络结构变化，是否网络故障过

类别	检查项目	检查方法
主设备运行状态维护检查	备份操作维护日志	日志数据库达到系统设置的清除时间（如 3 个月），会自动清除超期的日志文件。因此可每月 1 次对日志文件进行导出按日期备份方便查询，也可对很久的备份文件执行删除
配套检查	倒换双机	在安全时间操作。在双机服务器中的任一台打开群集管理，在资源组上右击选择倒换，成功后应业务正常。如倒换不成功，可能是备用服务器的群集服务没有启动，需启动群集服务。如倒换成功但业务部正常，则可能是服务器应用程序问题，需检查应用程序文件，或检查服务器配置文件是否有误，可与另一台比对检查
	人工扫描病毒	人工扫描病毒宜在业务量小的时候进行。每台服务器和维护台都要进行扫描，扫描发现的感染文件先修复，不行再隔离，再不行才删除，删除的被感染应用文件后需拷贝相同文件在同一位置以修复
	检查防火墙设置	检查防火墙设置正确与否，除必须开放的端口外，其他端口都应被禁止，以确保网络安全

针对以上每月例行维护项目，可设计基本的月维护记录表（供参考），见表 15.6。

表 15.6　　　　　　　　　　　　　系统月维护记录表

局名（或机房号）：			年月：　　年　　月	
检查项目		检查情况、维护处理过程记录	维护人	维护时间
1. 前后台版本检查				
2. MP 单板主备倒换测试				
3. 系统性能指标统计分析生存月统计报表				
4. 备份性能数据库和操作维护日志				
5. 服务器双机倒换检查				
6. 人工扫描病毒				
7. 其他检查				
维护备忘记录	1. 主要故障及处理情况记录			
	2. 其他备忘事宜记录			
遗留问题记录				
管理人审核				

15.2.5　季度例行维护

季度例行维护主要包括：清理各类数据库、测试各项基本功能、测试电源和接地电阻等维护操作，主要项目见表 15.7。

表 15.7　　　　　　　　　　　　季度维护项目与操作方法

检查项目	检查方法
清理各类数据库	随着时间推移，特别是 MSCe 系统，SQL 数据库文件越来越多，需定期清理日志文件和垃圾文件，防止数据库运行变慢。正常情况，备份数据库文件，清理一段时间以前的文件，具体是在维护台，确认维护日志已备份到硬盘或其他介质后，删除 SQL 数据库中的日志（如一个月以前的）；同样对告警数据库、性能统计数据库文件进行删除操作

续表

检查项目	检查方法
各项基本功能测试	定期进行以下基本的业务功能测试：①本局手机互拨打测试，并查看主被叫话单；②与本网内异地手机互拨打测试，并查看主被叫话单；③和本局不同局向的其他网络互拨打测试，并检查话单；④和异地不同局向的其他网络互拨打测试，并检查话单；⑤有条件可测试本局来的漫游手机与本地异地网络的互拨打，并检查话单；⑥检查本地和漫游来的手机的开关机登记情况；⑦各种补充业务的登记、应用测试；⑧无线智能网应用的各种测试。测试过程中可同时在网管中进行信令跟踪分析，不成功的测试要及时找出问题原因
测试电源和接地电阻	检查直流在-57~40V 之间，交流在 218~242V 之间；检查电源线连接的安全可靠；检查接地电阻小于 1 欧

针对以上每季度例行维护项目，可设计基本的季度维护记录表（供参考），见表 15.8。

表 15.8　　　　　　　　　　　　系统季度维护记录表

局名（或机房号）：			季度：　年　季度	
检查项目	检查情况、维护处理过程记录		维护人	维护时间
1. 历史告警库备份与清理				
2. 操作维护日志备份与清理				
3. 性能统计库备份与清理				
4. 系统各项基本功能业务测试				
5. 交流电源测试				
6. 直流电源测试				
7. 接地电阻测试				
维护备忘记录	1. 主要故障及处理情况记录			
	2. 其他备忘事宜记录			
遗留问题记录				
管理人审核				

15.3　CDMA2000 核心网例行维护操作任务教学实施

情境名称	CDMA2000 核心网机房情境
情境准备	一个配置好的小规模本地局用机房
实施进程	1. 资料准备：预习任务 15，学习工单与任务引导内容；通过设置提问检查预习情况 2. 方案讨论：可 1~5 人一组，讨论制定本组操作顺序与操作步骤 3. 实施进程 ① 检查整理机房工具仪表仪器软件，分类记录 ② 整理查阅记录机房工作制度，交接班制度 ③ 完成好前后台之间的通信连接，确保前后台通信正常 ④ 超级用户权限登录 OMC 系统网管平台 ⑤ 逐项进行日常维护项目的操作，并填写记录表 ⑥ 逐项进行周维护项目的操作，并填写记录表 ⑦ 逐项进行月维护项目的操作，并填写记录表 ⑧ 逐项进行季度维护项目的操作，并填写记录表 4. 任务资料整理与总结：各小组梳理本次任务，总结发言，主要说明本小组各项测试检查的操作步骤、操作中遇到的问题与疑惑、操作中的注意事项

情境名称			CDMA2000 核心网机房情境
任务小结			1. 例行维护及其分类 2. 例行维护常用工具、仪器仪表、软件介绍 3. 机房工作制度和交接班制度解析 4. 日常维护、周维护、月维护、季度维护的项目与操作方法 5. 总结基本的维护方法
任务考评	任务准备与提问	20%	1. 例行维护及其分类 2. 维护常用仪器仪表及软件准备有哪些 3. 机房工作制度和交接班制度主要注意事项 4. 日常维护、周维护、月维护、季度维护项目与操作方法
	分工与提交的任务方案计划	10%	1. 讨论后提交的完成本次任务详实的方案和可行情况 2. 完成本任务的分工安排和所做的相关准备 3. 对工作中的注意事项是否有详尽的认知和准备
	任务进程中的观察记录情况	30%	1. 小组的操作顺序和步骤安排是否合适，详细程度 2. 小组操作练习的步骤详细情况 3. 实际操作中各项步骤是否准确 4. 组员是否相互之间有协作
	任务总结发言情况与相互补充	30%	1. 任务总结发言是否条理清楚 2. 各过程操作步骤是否清楚 3. 每个同学都了解操作方法 4. 提交的任务总结文档情况
	练习与巩固	10%	1. 问题思考的回答情况 2. 自动加练补充的情况

第三篇

CDMA2000 1X/EV-DO 无线网

任务 16

认识并安装 BSC 硬件

16.1 认识并安装 BSC 硬件任务工单

任务名称	认识并安装 BSC 硬件
学习目标	1. 专业能力 ① 掌握 BSC 硬件设备组成结构 ② 掌握 BSC 主要单板的功能 ③ 学会通过单板指示灯识别是否开工与故障识别的技能 ④ 学会 BSC 机箱单板的安装、更换 ⑤ 学会 BSC 设备的上电、下电操作 2. 方法与社会能力 ① 培养观察记录机房、机架与单板的方法能力 ② 培养机房安装操作的一般职业工作意识与操守 ③ 培养完成任务的一般顺序与逻辑组合能力
任务描述	1. 记录 BSC 组成架构与关系 2. 画出各设备机架的机框、槽位与单板对应位置 3. 观察并记录单板指示灯的含义，识别是否有故障 4. 完成一个机箱的拆装操作 5. 完成几块主要单板的更换操作 6. 完成机架、单板等物理设备的上电、下电操作
重点难点	重点：BSC 设备典型单板的识记、安装，指示灯含义 难点：BSC 的信号流程
注意事项	1. 拆装机箱断电操作，防止机箱滑落造成人身伤害与设备损坏 2. 更换单板防静电，防止槽位与单板未对准的物理损坏 3. 不允许带电插拔电源分配板单板 PWRD，以避免造成损坏 4. 注意保持机架的通风散热，不能因为风扇噪声而关闭机架上的风扇
问题思考	1. BSC 有几个业务插框，它们分别有什么功能 2. BSC 时钟信号流程 3. BSC 语音业务信号流程
拓展提高	交换框有那些单板，各自完成什么功能
职业规范	中国电信 BSC 设备技术规范 CDMA2000 数字蜂窝移动通信网工程设计暂行规定 YD5110-2009

16.2 认识并安装 BSC 硬件任务引导

16.2.1 BSC 位置与架构

1. BSC 在系统中的位置及功能

BSC 是 RAN 的控制部分，主要负责无线网络管理、无线资源管理、RAN 的维护管理、呼叫处理，控制完成移动台的切换，完成语音编码及支持 1X 分组数据业务和 1XEV-DO 分组数据业务。BSC 通过 Abis 接口与 BTS 相连，通过 A 接口与 MSC、PDSN 相连。

2. 硬件结构

图 16.1 是 Z 公司基于全 IP 技术的新一代基站控制器 BSC 机柜的示意图。从上到下主要由电源分配插箱、风扇插箱、业务插箱、GPS（全球定位系统）插箱组成。业务插箱将各种功能单板组合起来构成一个独立的单元。业务插箱内配置的单板不同，所实现的业务也不同。

业务插箱按照功能可以划分为：一级交换插箱（BPSN）、控制插箱（BCTC）、资源插箱（BUSN）。一个 BSC 机架包括 4 个框，一个框有 17 块前面板和背板。

一级交换插箱作为 BSC 的核心交换系统，为系统内部各个功能实体之间以及系统外部各个功能实体之间提供必要的数据传递通道。一级交换插箱完成包括语音业务、数据业务在内的媒体流数据交互，并且可以根据业务的要求为不同的用户提供相应的 QoS（服务质量）功能。在容量较小的配置局中可以不需要配置一级交换插箱。

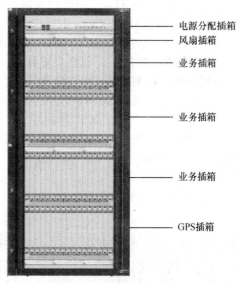

图 16.1 BSC 机柜示意图

电源分配插箱
风扇插箱
业务插箱
业务插箱
业务插箱
GPS插箱

控制插箱是 BSC 的控制核心，完成对整个系统的管理和控制。控制插箱完成包括信令、协议控制消息等控制流数据交互，并产生各种时钟信号。在容量较小的局中可以不需要配置控制插箱。

资源插箱提供 BSC 的对外接口，完成各种方式的接入处理以及底层协议的处理。

GPS 插箱完成接收、分发 GPS 卫星系统的信号的功能。为了满足市场的需求，还支持 GLONSS 卫星系统的信号提取，同时在最大限度内支持中国的北斗卫星定位系统。

电源分配插箱完成防雷、电源滤波分配、动力和机房环境监控、散热功能。

3. 网络架构

BSC 的网络架构分为两级：一级交换和二级交换。两者的关系是一级交换可以挂多个二级交换，一级交换与各机框提供的二级交换之间通过传递处理机框间的消息和数据报文，完成用户面的通信。

一级交换：它是整个系统的分组数据交换中枢，交换中心在一级交换框的 PSN 单板。一级交换的主要功能是为通过 GLIQV 单板接入其他二级交换资源框的媒体流到 PSN 单板进行数据交换服务。为实现多个资源框之间单板的通信，只要单板具有相应的 IP 地址、UDP（用户数据报协议）端口号等，通过本框的 UIM 挂接在一级交换的任一个端口上，一级交换可以动态或者静态地配置，就可实现相互通信和交换数据的目的。

二级交换：它是在各资源框和控制框中以 UIM 单元为交换中心形成的 100M 的交换式以太网。框内所有单板的 IP 地址都在同一个 IP 子网内，二级交换能为框中各单板提供分组域以太网和电路域时隙交换服务。

16.2.2　BSC 单板配置原则

1. 前面板

各业务插框常用单板配置如图 16.2 所示。交换插箱（BPSN）：由 GLIQV（Vitesse 4×GE 线接口）、UIMC（BCTC 控制中心背板插箱通用接口单元）、PSN（分组交换网板）实现。

控制插箱（BCTC）：由各种实现呼叫控制/信令处理的 MP 组成，包括 1xCMP/APCMP/DOCMP/DSMP/RMP/SPCF，由 MP（主处理器单元）板加载相关的软件来实现的。还包括 CLKG（时钟产生板）、UIMC 以及 CHUB（控制流集线器）。

资源插箱（BUSN）：包括负责 IP 接入的 DTB（数字中继板）、ABPM（Abis 处理单元）；负责框内交换的 UIMU（BUSN 通用接口单元）；负责无线协议处理的 SDU（选择器和分配器单元）；完成 1x Release A、1xEV-DO 定义的数据业务和广播业务的 UPCF（分组控制功能用户面处理单元）、IPCF（PCF 接口单元）、SPCF（分组控制功能信令面处理模块）、DOCMP（DO 业务呼叫处理模块）；负责语音编码的 VTCD（基于 DSP 阵列的声码器处理单元）以及完成窄带信令处理的 SPB（信令处理板）。

2. 后背板

对应的后插板配置如图 16.3 所示。

Primary Switching shelf(BPSN)

1	2	3	4	5	6	7	8	9	10	11	12	13	14	15	16	17
GLIQV	GLIQV	GLIQV	GLIQV	GLIQV	GLIQV	PSN4V	PSN4V	GLIQV	GLIQV	GLIQV	GLIQV	GLIQV	GLIQV	UIMC	UIMC	

Control shelf(BCTC)

1	2	3	4	5	6	7	8	9	10	11	12	13	14	15	16	17
MP	MP	MP	MP	MP	MP	MP	MP	UIMC	UIMC	OMP	OMP	CLKG	CLKG	CHUB	CHUB	

Resoutce shelf(BUSN)

1	2	3	4	5	6	7	8	9	10	11	12	13	14	15	16	17
DTB	DTB	DTB	SDU	IPCF	IPCF	IPCF	ABPM	ABPM	UIMU	UIMU	UPCF	SPB	SDU	SDU	VTC	VTC

图 16.2　BSC 硬件构架——前面板

Primary Switching shelf(BPSN)

1	2	3	4	5	6	7	8	9	10	11	12	13	14	15	16	17
														RUIM	RUIM	

Control shelf(BCTC)

1	2	3	4	5	6	7	8	9	10	11	12	13	14	15	16	17
								RUIM	RUIM	RMPB	RMPB	RCKG	RCKG	RCHB	RCHB	

Resource shelf(BUSN)

1	2	3	4	5	6	7	8	9	10	11	12	13	14	15	16	17
RDTB	RDTB	RDTB		RMNI	RMNI		RUIM	RUIM								

图 16.3　BSC 硬件构架——后插板

16.2.3　BSC 机框与单板

1. 控制框

控制子系统是 BSC 的控制中心，负责整个系统的信令处理以及时钟信号的产生。前面板包括 MP、UIM、CHUB、CLKG/CLKD；后插板包括 RMPB、RUIM2/RUIM3、RCHB1/RCHB2 和 RCKG1/RCKG2，如图 16.4 所示。

（1）MP 模块

控制框进行呼叫控制和信令处理的单板由各种 MP 组成，一块 MP 单板上设计有两套 CPU 处理器，称为 CPU 子卡。两套 CPU 子卡的软件层面相互独立。当单板需要拔出时，由硬件信号通知两套 CPU 子卡分别倒换成备用。各 MP 单板进行 1+1 备份时，不能采用一块单板上的两套 CPU 来构成，而必须使用两块单板上对应位置的两套 CPU 子卡来构成主备。通过在 MP/MP2 的 CPU 子卡上加载不同的功能软件，可构成多种不同的功能模块。包括 1xCMP/APCMP/DOCMP/DSMP/RMP/SPCF，由 MP（主处理器单元）板加载相关软件来实现的。

控制框（BCTC）：前面板																
1	2	3	4	5	6	7	8	9	10	11	12	13	14	15	16	17
MP	MP	MP	MP	MP	MP	MP	MP	UIMC	UIMC	OMP	OMP	CLKG	CLKG	CHUB	CHUB	

控制框（BCTC）：后插板																
1	2	3	4	5	6	7	8	9	10	11	12	13	14	15	16	17
								RUIM2	RUIM3	RMPB	RMPB	RCKG1	RCKG2	RCHB	RCHB	

图 16.4 控制框面板

OMP——Operation & Maintenance MP，系统控制管理模块，负责整个系统中单板的前台通信控制与后台的操作维护接口处理、GPS 模块的收发控制、环境监控模块的通信控制。OMP 单板各接口通过后插板 RMPB 提供，如图 16.5 所示。

CMP_1X——Calling main processor for 1X service，处理信令的 MTP3 以及其上应用，处理 1x Release A 业务的呼叫。

CMP_AP——Calling main processor for AP service，处理信令的 SUA 以及其上应用，处理 1x Release A 业务的呼叫。

CMP_DO——Calling main processor for DO service，处理 1xEV-DO 呼叫。

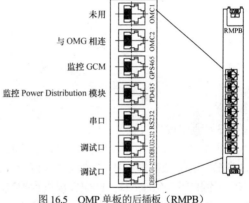

图 16.5 OMP 单板的后插板（RMPB）

RMP——Resource management，负责 1x 呼叫的资源分配。

DSMP——Dedicated signaling processing，负责 1x 呼叫的层三信令处理。

SPCF——Signaling module of PCF，负责分组业务 A9/A11 信令处理。

（2）CLKG 单板/CLKD 单板

CLKG 板为 BSC 系统的时钟发生板，采用热主备设计，主备 CLKG 锁定于同一基准，以实现平滑倒换。CLKG 单板将来自 DTB（数字中继板）或 SDTB（光数字中继板）的时钟基准 8kHz 帧同步信号、来自 BITS（大楼综合定时源）系统的 2MHz/2Mbit/s 信号或来自 GCM 板的 8kHz 时钟（PP2S、16CHIP）信号作为本地的时钟基准参考，保持与上级局的时钟同步。CLKG 板既可以提供基准丢失的告警信号，也可对基准信号进行降质判别。手动选择基准顺序为：2Mbps1→2Mbps2→2MHz1→2MHz2→8K1→8K2→8K3→NULL。

CLKG 板输出 15 路 16.384MHz、8kHz、PP2S 时钟信号给 UIM（通用接口模块），因此，当

BSC 网元子系统数目超过此限后，需配置时钟分发单板 CLKD。CLKD 单板接收一路 CLKG 分发的系统时钟，最终驱动分发多路给系统内部其他子系统使用。

CLKG 单板对应的后插板为 RCKG1（CLKG 后插板 1）和 RCKG2（CLKG 后插板 2），联合提供 CLKG 的对外接口。RCKG1 配置在控制插箱的槽位 13，RCKG2 配置在控制插箱的槽位 14。每个 CLKOUT 接口支持 3 个插箱，共 5 个 CLKOUT 可以支持 15 个插箱，如图 16.6 所示。

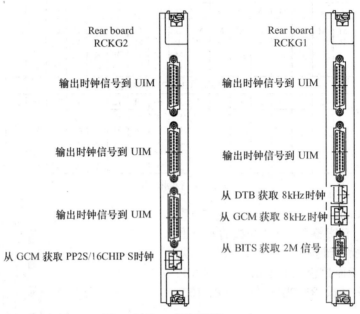

图 16.6　CLKG 单板后插板 RCKG

（3）通用接口模块 UIMC

UIM 主要提供子系统内部各业务单板之间的控制面以太网交换功能；与控制面汇聚中心（CHUB）的汇接功能；提供系统时钟接口；UIM 单板包括 UIMU 和 UIMC 两种类型。UIMU 实现媒体流和控制流的交互；UIMC 仅进行控制流交互；对于 BCTC、BPSN 框而言，需要使用 UIMC 单板；对于 BUSN 而言，需要使用 UIMU 单板。对于 BCTC，UIMC 单板插 9、10 号插槽，对应的后插板是 RUIM2 和 RUIM3，后插板接口如图 16.7 所示。

（4）CHUB 单板

在 BSC 中，CHUB（控制流集线器）单板用于分布式处理平台的扩展，可以通过一对或多对 CHUB 单板实现各业务插箱之间的控制面通信交互功能。当系统配置大于"2×BUSN+1×BCTC"的容量后，需要配置 CHUB 单板。该单板提供整个 BSC 系统的控制面汇接功能。

CHUB 模块对内提供 1000Mbit/s 控制面以太网接口通过背板与 UIMC 单板互连；对外提供 46 个 100Mbit/s 以太网接口，每对 CHUB 单板可以提供 21 个 BUSN 或 BPSN 子系统的控制面接入能力。

CHUB 单板对应的后插板为 RCHB1（CHUB 后插板 1）和 RCHB2（CHUB 后插板 2）。RCHB1 和 RCHB2 联合提供 CHUB 单板的对外接口。RCHB1 配置在控制插箱的 15 号槽位，RCHB2 配置在控制插箱的 16 号槽位。15 槽位的后插板 RCHB1 的 FE1～24，提供 12 对端口；16 槽位的后插板 RCHB2 的 FE25～42，提供 9 对端口，即共 21 个 BUSN 或 BPSN 子系统的控制面以太网接口，如图 16.8 所示。

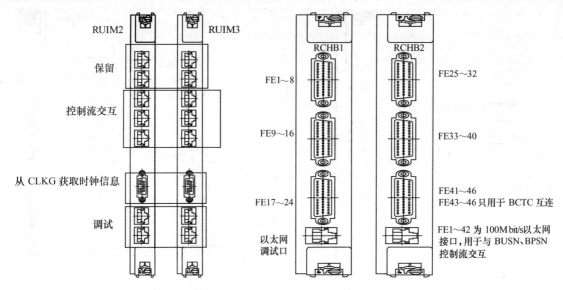

图 16.7　UIMC 后插板 RUIM　　　　　　　图 16.8　RCHB 单板接口

2．资源框

资源子系统用来处理相关的底层协议，提供不同接入接口以及资源的处理。前面板包括 UIMU、DTB/DTEC/SDTB、ABPM、SDU、VTC、IWFB、HGM、IPCF、UPCF、IPI 和 SIPI（SIG-IPI）；后插板包括 RDTB、RGIM1、RMNIC 和 RUIM1，如图 16.9 所示。

资源框（BUSN）前面板																
1	2	3	4	5	6	7	8	9	10	11	12	13	14	15	16	17
D T B	D T B	D T B	S P B	I P C F	I P C F	A B P M	A B P M	U I M U	U I M U	U P C F	U P C F	S D U	S D U	V T C	V T C	V T C

资源框（BUSN）后插板																
1	2	3	4	5	6	7	8	9	10	11	12	13	14	15	16	17
R D T B	R D T B	R D T B		R M N I C	R M N I C			R U I M 1	R U I M 1							

图 16.9　资源框插板

（1）通用接口模块（UIMU）

通用接口模块 UIMU 是 BUSN 的交换中心，实现媒体流和控制流的交互；从 CLKG 获取时钟并分布到框中的其他的单板。前插板 2 个 GE 端口用于媒体流交互，如图 16.10 所示；后插板 RUIM1 提供 2 个 FE 端口用于控制流交互，如图 16.11 所示。

（2）数字中继板（DTB/DTEC/SDTB）

一个 DTB 单板可以提供 32 条 E1，DTB 和 DTEC 的区别是 DTEC 增加了 E/C（回声抑制）功能。为 CLKG 单板提供 8kHz 时钟参考。SDTB（SONET DTB）提供一个 STM-1 口。DTB/DTEC 单板对应的后插板为 RDTB，如图 16.12 所示。

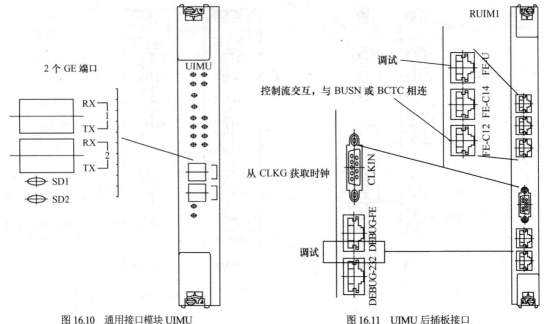

图 16.10 通用接口模块 UIMU

图 16.11 UIMU 后插板接口

（3）Abis 处理模块（ABPM）

ABPM 模块用于 Abis 接口的协议处理，提供低速链路完成 IP 业务承载的相关 IP 压缩协议处理。

（4）选择器数字单元（SDU）

SDU 用来处理无线语音和数字协议信号，选择和分离语音和数字业务，提供 480 路选择器单元（SE）。

（5）语音码型变换卡（VTC）

VTC 实现语音编解码功能。VTC 模块包括两种类型 VTCD 和 VTCA。VTCD 是基于 DSP 的码型变换板；VTCA 是基于 ASIC 的码型变换板。VTC 提供 480 路编解码单元，支持高通码本激励线性预测编码（QualComm Code Excited Liner Predictive Coding，QCELP）8kb/s，QCELP 13kb/s 和增强型可变速率编码（Enhanced variable Rate Coding，EVRC）的功能。

（6）PCF 用户处理板（UPCF）

UPCF 模块提供 PCF 用户协议处理、PCF 的数据缓存、排序以及一些特殊协议处理的支持。

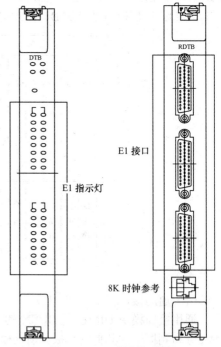

图 16.12 DTB 板及其后插板

（7）PCF 接口板（IPCF）

IPCF 模块实现 PCF 对外部分组网络的接口，接收外部网络来的 IP 数据，进行数据的区分，分发到内部对应的功能模块上。IPCF 可以为 PCF 对外提供 4 个 FE 端口，用来连接 PDSN 和 AN AAA。

（8）窄带信令处理板（SPB）

SPB 主要完成窄带信令处理，可处理多路 SS7 的 MTP-2（消息传递部分级别 2）以下层协议处理。

（9）承载接入板（IPI）

承载接入板（IP Bearer Interface，IPI）实现 BSC 与 MGW（媒体网关）的 A2p 接口功能。后插板为 RMNIC。

（10）Sigtran IP 承载接入板（SIPI）

SIPI（Sigtran IP Bearer Interface）实现 BSC 与 MSCe（移动交换中心仿真）的 A1p 接口功能。

3．一级交换框

一级交换子系统作为 BSC 媒体流的处理中心，当系统容量较小时（没有超过 2×BUSN 的配置），则无需配置一级分组交换子系统。前面板包括：PSN、GLIQV 和 UIMC；后插板包括：RUIM2、RUIM3，如图 16.13 所示。

资源框（BUSN）前面板																
1	2	3	4	5	6	7	8	9	10	11	12	13	14	15	16	17
D T B	D T B	D T B	S P B	I P C F	I P C F	A B P M	A B P M	U I M U	U I M U	U P C F	U P C F	S D U	S D U	V T C	V T C	V T C

资源框（BUSN）后背板																
1	2	3	4	5	6	7	8	9	10	11	12	13	14	15	16	17
R D T B	R D T B	R D T B		R M N I C	R M N I C			R U I M .1	R U I M 1							

图 16.13　交换框面板

（1）分组交换网板（PSN）

PSN：Packet Switch Network。IP 分组交换板 PSN 完成各线卡间的分组数据交换。根据不同的交换容量分为 PSN1V、PSN4V、PSN8V。它是一个自路由的 Crossbar 交换系统，与线接口板上的队列引擎一起配合完成交换功能。PSN4V 具有双向各 40Gbps 用户数据交换能力；1+1 负荷分担，可以人工倒换和软件倒换；可以平滑升级到 PSN8V，实现最大 80G 交换容量。

（2）GE 接口板（GLIQV）

对外提供 8 个（4 对）GE 端口，相邻 GLIQV 的 GE 口之间提供 GE 光口 1+1 备份，作为以太网媒体流接口；对内提供 1×100M 以太网作为主备通信通道；提供 1×100M 以太网作为控制流通道。

4．GPS 插箱

GCM 插箱中安装两块 GCM 单板，互为备份，用于处理接收到的卫星信号，为 BSC 系统提供全局时钟信号。GCM 是产生同步定时基准信号和频率基准信号的模块。GCM 的基本功能是接收 GPS 卫星系统的信号，提取并产生 1PPS 信号和相应的导航电文，并以该 1PPS 信号为基准锁相产生系统所需的 PP2S、19.6608MHz、30MHz 信号和相应的 TOD 消息。

16.2.4　BSC 中信号流程

1. 系统信号

在通信系统中一般可将系统信号分为业务数据信号、控制信号和时钟信号 3 种。

业务数据信号也称媒体流，指用户需要交流的数据，一般有语音、图像、数据等形式。控制信号也称控制流，指为业务数据交换提供控制机制而产生的信号，一般有信令、控制协议消息等形式。时钟信号是维持一个系统正常工作的时间或频率信号。

BSC 系统采用控制流和媒体流分离设计，可以避免因任一信号流过载导致系统总线拥塞从而提高系统容量。

（1）媒体流

资源框各单板的媒体流先到本框接口板 UIMU，在本框能完成交换的媒体流在 UIMU 上完成，需要和其他资源框交换的通过外部光纤连接到一级交换框的 GLIQV，在一级交换框 PSN 单板实现媒体流的交换。如图 16.14 所示，其中实线表示资源框和一级交换框互连的光纤，用来承载媒体流，虚线表示每个机柜的电源监控线缆。

（2）控制流

资源框各单板的控制流先到本框接口板 UIMU，在本框能完成交换的控制流就在 UIMU 上完成，需要和其他资源框、控制框交换的通过外部线缆连接到控制框的 CHUB；控制框内各 MP 板的控制流先到本框的 UIMC，UIMC 通过内部千兆口和 CHUB 互连。控制流交换在 UIMC 和 CHUB 实现。如图 16.15 所示，其中实线表示资源框和控制框互连的线缆，承载控制流，虚线表示控制框 UIMC 和 CHUB 直连的内部千兆通道。

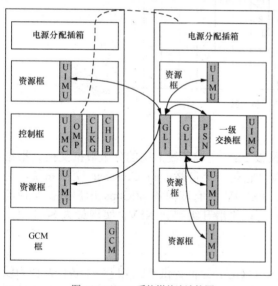

图 16.14　BSC 系统媒体流连接图

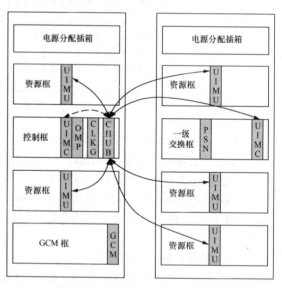

图 16.15　BSC 系统控制流连接图

（3）时钟信号

BSC 各资源框和交换框需要系统时钟，系统的信号时钟分发通过 CLKG 的后插板连接线缆至各资源框的 UIMU 板以及交换框的 UIMC 板，进而通过 UIMU 或 UIMC 分发至本框的各单板。如图 16.16 所示，实线表示承载时钟信号的线缆。注意：如果机框 BUSN、BCTC、BPSN 总数超过 15 个，则除了 CLKG 单板外，还需要配置 CLKD 板进行时钟扩展，提供给其他机架的单板系统时钟。CLKG 提供时钟信号的流向如图 16.16 所示。

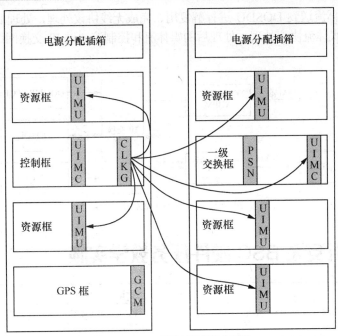

图 16.16 BSC 系统时钟信号分发图

2. 业务信号

（1）语音业务

如图 16.17 所示，首先，DTB 将 Abis 口消息在 UIMU 通过 HW 交换到 ABPM/HGM，由 ABPM/HGM 完成 Abis 协议处理。Abis 协议处理完成后通过交换网络将控制流送到 1XCMP 处理。用户数据帧到 1XSDU 板进行解复用及无线协议处理。如果是话音数据（A2 接口），则将数据送到声码器板 VTCD 处理相关 A2 接口用户面协议；如果是传真数据（A5），则送到 IWFB 板进行处理；SPB 处理信令 MTP-2 消息。处理后的媒体流、控制流通过 DTB 送出。

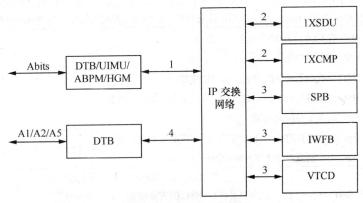

图 16.17 电路业务处理流程

（2）1XEV-DO 业务

如图 16.18 所示，DTB 将 Abis 口消息在 UIMU 通过 HW 交换到 ABPM，由 ABPM/HGM 完成 Abis 协议处理。Abis 协议处理完成后通过 IP 交换网络将控制流送到 DOCMP/SPCF 进行控制流协议处理；将媒体流送到 DOSDU 进行解复用、完成无线协议处理，处理后的消息送到 UPCF 处理。UPCF 完成媒体流协议处理。处理后的媒体流和控制流通过 IP 交换网络送到 IPCF 进行封装打包送到 PDSN。

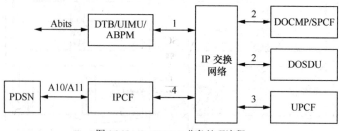

图 16.18　1x EV-DO 业务处理流程

16.3　认识并安装 BSC 硬件任务教学实施

情境名称	BSC 开工运行的工作环境		
情境准备	未插单板的待装 BSC 机框；BSC 机框单板和线缆；防静电腕带与包装袋；拆装机箱的相关工具（如改刀等）		
实施进程	1. 学习任务准备：分组领取任务工单；自学任务引导；教师提问并导读 2. 任务方案计划：各小组根据任务描述，制订完成任务的分工和方案计划 3. 任务实施进程 ① 简要画出 BSC 系统组成，并说明主要接口类型 ② 组内对机箱结构、槽位、接口进行相互描述；进行拔插单板操作 ③ 详细观察 BSC 机架的机框、槽位与单板对应位置，填写记录表 ④ 观察并记录电源框指示灯的状态与含义 ⑤ 观察并记录单板指示灯的含义，识别是否开工及故障 ⑥ 完成 BSC 中电源、媒体流、控制流和时钟信号经过的单板线缆描述 4. 任务资料整理与总结：各小组梳理本次任务，总结发言，主要说明 BSC 的作用、机框类型、机框主要单板功能、指示灯概括、拔插注意事项、媒体流与控制流信号流程经过的单板等		
任务小结	1. BSC 在 CDMA2000 系统中的位置 2. BSC 的主要功能 3. BSC 系统的逻辑功能组成，包括的主要机框 4. BSC 插箱各单板的指示灯含义，电源插箱的接口与连接 5. BSC 的主要单板及功能 6. BSC 主要单板的指示灯如何识读，单板的主要接口连接 7. BSC 中控制流、媒体流和时钟流经过的单板		
任务考评	任务准备与提问	20%	1. BSC 在 CDMA2000 系统中的位置 2. BSC 的主要功能 3. BSC 各机框有主要哪些单板
	分工与提交的任务方案计划	10%	1. 讨论后提交的完成本次任务详实的方案和可行情况 2. 完成本任务的分工安排和所做的相关准备 3. 对工作中的注意事项是否有详尽的认知和准备

续表

情境名称			**BSC 开工运行的工作环境**
任务考评	任务进程中的观察记录情况	30%	1. BSC 机架的机框、槽位与单板对应位置是否清晰准确 2. BSC 单板指示灯的含义记录能否识别开工与故障 3. 对主要单板的更换操作是否正确 4. BSC 中电源、媒体流、控制流和时钟信号经过的单板线缆流程是否清晰 5. 是否相互之间有协作
	任务总结发言情况与相互补充	30%	1. 任务总结发言是否条理清楚 2. BSC 的掌握是否清楚 3. 是否每个同学都能了解并补充 BSC 中的其他方面 4. 任务总结文档情况
	练习与巩固	10%	1. 问题思考的回答情况 2. 自动加练补充的情况

认识 BSC 接口并完成线缆连接

17.1 认识 BSC 接口并完成线缆连接任务工单

任务名称	认识 BSC 接口并完成线缆连接
学习目标	1. 专业能力 ① 掌握 BSC 各接口功能 ② 学会各接口的线缆连接 2. 方法与社会能力 ① 培养观察记录机房各部件线缆连接的方法能力 ② 培养机房安装操作的一般职业工作意识与操守 ③ 培养完成任务的一般顺序与逻辑组合能力
任务描述	1. 记录 BSC 各部分组成架构与关系 2. 画出 BSC 各接口连接关系 3. 完成各接口线缆的更换操作
重点难点	重点：BSC 各接口功能 难点：BSC 各接口线缆连接
注意事项	1. 拆装线缆断电操作，防止造成人身伤害与设备损坏 2. 注意保护标签，不要损坏 3. 插拔线缆注意保护接头，严格按操作规程进行 4. 不允许用力拉扯、按压、踩踏线缆
问题思考	1. BSC 在 CDMA2000 系统中的位置 2. BSC 有哪些外部接口？各接口如何与其他部件连接
拓展提高	资源框与交换框互联接口与线缆连接
职业规范	1. 中国电信 BSC 设备技术规范 2. CDMA2000 数字蜂窝移动通信网工程设计暂行规定 YD5110-2009

17.2 认识 BSC 接口并完成线缆连接任务引导

1. 系统时钟接口

（1）接口功能

系统时钟接口提供 CLKG 到 UIM 的时钟信号（8K、16M 和 PP2S）的分发。每根系统时钟电缆实现对 3 个资源框、6 块 UIM 单板的时钟分发。

（2）系统时钟线缆

H-CLK-003 电缆采用 6 根 8 芯单股圆线，电缆 A 端为 DB44（针）插头，B 端为 DB9（针）插头，电缆需成对使用，如图 17.1 所示。

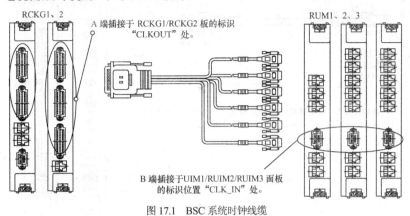

图 17.1　BSC 系统时钟线缆

（3）线路时钟电缆

为了实现 BSC 与上级网元的电路域同步，需要从 A 接口线路提取上级网元的时钟。用于提取时钟的电缆型号为 H-CLK-004。线路 8kHz 时钟电缆实现接口板到系统时钟产生板的连接，将线路上的 8kHz 基准时钟信号送到系统时钟板进行锁相，产生系统同步时钟。电缆采用 4 芯单股圆线，电缆两端接头均为 RJ45 接头，如图 17.2 所示。

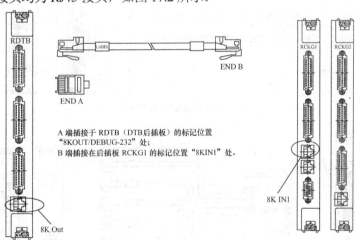

图 17.2　BSC 线路时钟电缆

（4）GPS 时钟接口线缆

GPS8K 时钟接口将 GCM 的 8kHz 基准时钟送给 CLKG 时钟板锁相处理，实现系统时钟同步。线缆名称为 H-CLK-004 电缆，4 芯单股圆线，两端接头均为 RJ45 接头。如图 17.3 所示。

（5）GPS PP2S&16CHIP 时钟线缆

GPS PP2S&16CHIP 时钟接口提供 GCM 到 CLKG 的 PP2S&16CHIP 时钟信号输出。线缆名称为 H-CLK-004 电缆采用 4 芯单股圆线，电缆两端接头均为 RJ45 接头。如图 17.4 所示。

2. 以太网汇接接口

（1）控制面以太网汇接电缆

控制面以太网汇接接口实现 BSC 系统内部资源框、一级交换框的控制面以太网到控制框

CHUB 的汇接。电缆名称：H-ETH-008，电缆采用 8 根 FTP 超五类屏蔽数据线。电缆 A 端为 DB44 针插头，B 端均为 RJ45 接头，如图 17.5 所示。

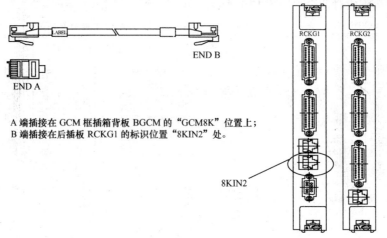

A 端插接在 GCM 框插箱背板 BGCM 的 "GCM8K" 位置上；
B 端插接在后插板 RCKG1 的标识位置 "8KIN2" 处。

图 17.3　BSC 的 GPS 时钟电缆结构

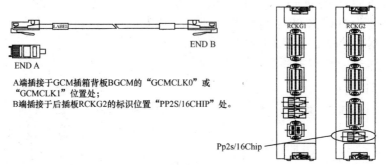

A 端插接于 GCM 插箱背板 BGCM 的 "GCMCLK0" 或
"GCMCLK1" 位置处；
B 端插接于后插板 RCKG2 的标识位置 "PP2S/16CHIP" 处。

图 17.4　GPS PP2S&16CHIP 时钟电缆

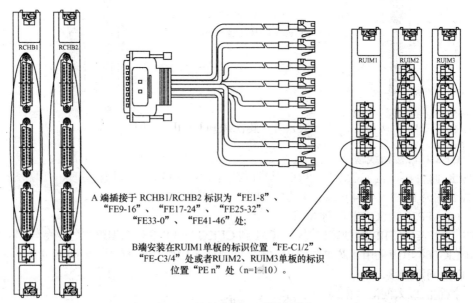

A 端插接于 RCHB1/RCHB2 标识为 "FE1-8"、
"FE9-16"、"FE17-24"、"FE25-32"、
"FE33-0"、"FE41-46" 处；

B 端安装在 RUIM1 单板的标识位置 "FE-C1/2"、
"FE-C3/4" 处或者 RUIM2、RUIM3 单板的标识
位置 "PE n" 处（n=1~10）。

图 17.5　控制面以太网汇接电缆结构

（2）控制面互连接口线缆

双框成局或者没有 CHUB 单板的 3 框成局时，采用双框控制面以太网互连接口连接实现不同机框 UIM 控制面之间的互连。电缆名称：H-ETH-004，为标准交叉网线，电缆采用 FTP 超五类屏蔽数据线，如图 17.6 所示。

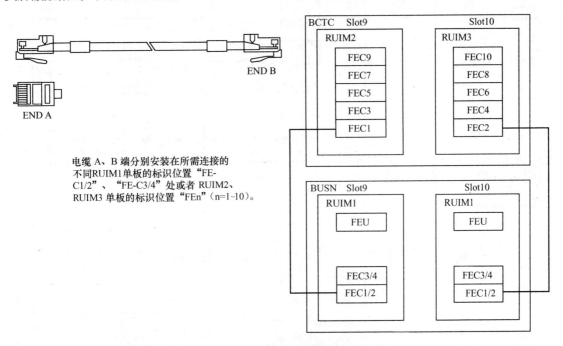

图 17.6　控制面互连线缆

（3）OMC 对外以太网电缆

OMC 对外以太网电缆实现 OMP/OMP2 单板到 OMC 网管系统的连接。电缆采用 FTP 超五类屏蔽数据线。

3．媒体面光纤互联接口

媒体面互连光纤接口实现系统资源框之间或与一级交换框（或资源框）的连接。互联光纤为多模光纤，没有方向性，光纤需成对使用。

（1）两个资源框互联

一对光纤中的一根光纤一端连接到 UIMU 面板的"TX"接口处，另一端连接到另一框 UIMU 面板的"RX"接口处；另一根光纤一端连接到 UIMU 面板的"RX"接口处，另一端连接到另一框 UIMU 面板的"TX"接口处，如图 17.7 所示。

（2）资源框和交换框互联

一对光纤中的一根光纤一端连接到 UIMU 面板的"TX"接口处，另一端连接到 GLIQV 面板的"RX"接口处；另一根光纤一端连接到 UIMU 面板的"RX"接口处，另一端连接到 GLIQV 面板的"TX"接口处，如图 17.8 所示。

4．串口电缆

（1）PWRD485 接口

提供 OMP 单板到 PWRD 的 485 连接，实现对机柜环境的状态监控。电缆名称：H-ETH-009，为标准的直连网线，电缆采用 FTP 超五类屏蔽数据线，如图 17.9 所示。

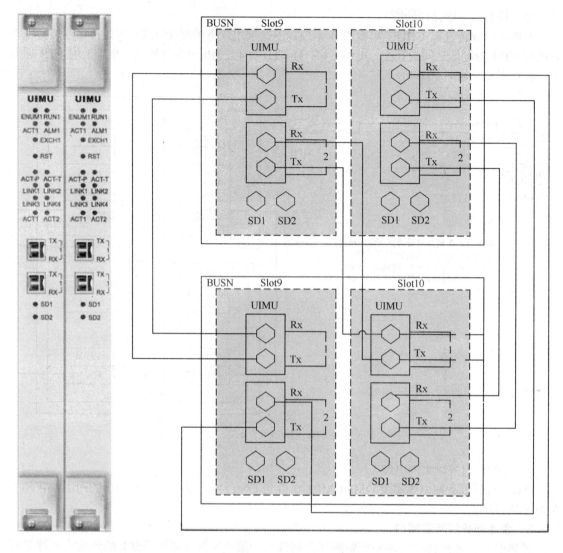

图 17.7　两个资源框媒体面互联结构图

（2）GPS485 接口

提供 OMP 到 GCM 框的连接，用于版本下载、监控、TOD 消息上报。电缆名称：H-ETH-009，为标准的直连网线，电缆采用 FTP 超五类屏蔽数据线，如图 17.9 所示。A 端插接于后插板 RMPB 标识位置"GPS 485"处；B 端插接于 GCM 框背板的标识位置"RS485"处。

5．E1/T1 电缆

为 A 口、V5 口和 Abis 口提供 E1/T1 中继线缆接入功能。当使用 E1/T1 接入时，使用的中继线缆可以分为 75ΩE1、120ΩE1 和 100Ω T13 种类型的中继电缆。

（1）75ΩE1 中继电缆（H-E1-002）

每根电缆提供 11 对 E1 线。如图 17.10 所示，B1 端内芯编号为 1～10 和 B2 端内芯编号为 1～12，其中奇数号电缆（1、3、5、7、9、11 号）在 BSC 侧连 2M 口的发送，偶数号电缆（2、4、6、8、10、12 号）在 BSC 侧连 2M 口的接收。

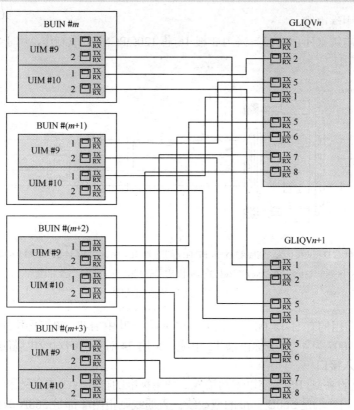

图 17.8 资源框与交换框媒体面互联结构图

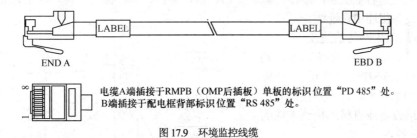

电缆A端插接于RMPB（OMP后插板）单板的标识位置"PD 485"处。
B端插接于配电框背部标识位置"RS 485"处。

图 17.9 环境监控线缆

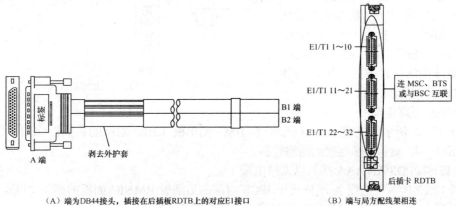

（A）端为DB44接头，插接在后插板RDTB上的对应E1接口   （B）端与局方配线架相连

图 17.10 E1 中继电缆

（2）120ΩE1 中继电缆

120ΩE1 中继电缆（H-E1-012）采用 3 根 16 芯 120ΩPCM 电缆制作，用于将 E1 信号连接到 RDTB 板，如图 17.11 所示。

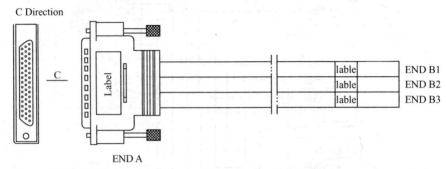

A 端为 44 芯 D 型电缆接头，插接在后插板 RDTB 标识位置 "E1 1-10"、"E1 11-21"、"E1 22-32" 处；

B 端为 3*16 芯电缆接头，根据局方配线架的实际情况现场制作，并与局方配线架相连

图 17.11　120 欧 E1 中继线缆

T1 电缆目前常用的有 H-T1-001 和 H-T1-007 两种，其中 H-T1-001 采用 50 芯五类网线 UTP CAT5 制作；H-T1-007 为 44 芯美标色谱 T1 电缆，采用 24 对全色谱对绞电缆制作。

6．以太网接入接口

提供其他网元设备到 BSC 的以太网接入。使用标准的直连网线或交叉网线。交叉线是指一端是 568A 标准，另一端是 568B 标准的双绞线；直通线则指两端都是 568A 或都是 568B 标准的双绞线。568A 的排线顺序从左到右依次为：绿白、绿、橙白、蓝、蓝白、橙、棕白、棕；568B 的排线顺序从左到右依次为：橙白、橙、绿白、蓝、蓝白、绿、棕白、棕。同层设备相连用交叉线，不同层设备相连用直连线。

（1）Ap 口以太网传输线缆

如图 17.12 所示，电缆 A 端连接到 BSC 侧单板 IPI/SIPI 对应的后插板 RMNIC 的 "FEn"（n=1～4）接口处；B 端连接网络设备或直接连接到本地的 MGW/MSCe 设备上。

（2）Abis 口以太网传输线缆

如图 17.12 所示，电缆 A 端连接到 BSC 侧 ABES 单板对应的后插板 RMNIC 的 "FEn"（n=1，2，4）接口处；B 端连接网络设备或直接连接到 BTS 的 DSM 单板上。

图 17.12　以太网接入接口

（3）BSC 互联电缆

如图 17.12 所示，电缆 A 端插接于本 BSC 侧单板 IBBE 对应的后插板 RMNIC 的标识 "FEn"（n=1～4）处；B 端连接到网络设备。

（4）PDSN/PDS/AN AAA 接入以太网电缆

如图 17.12 所示，电缆 A 端插接于 IPCF 对应的后插板 RMNIC 面板的标识 "FEn"（n=1～4）处；B 端与 PDSN/PDS/AN AAA 接在同一个以太网交换机上。

（5）BSC 前后台通讯以太网线缆

如图 17.13 所示，电缆采用标准直连网线：A 端插接于 OMP 后插卡 RMPB 面板标识为 OMC2 处；B 端连接到交换机的网络接口处。

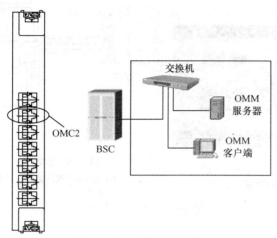

图 17.13　BSC 操作维护线缆

7. 光纤接入接口

BSC 侧 SDTB 和 ESDT 单板对外提供 155Mbit/s 光接口，做 A 接口和 Abis 接口的光纤接入。如图 17.14 所示，单模光纤：光纤的 A 端连接到 SDTB/EDTB 的前面板光接口处；B 端连接到 ODF 相应位置。

8. 电源接口及保护地接口

如图 17.15 所示，电源接口为 BSC 机柜提供外部-48V 电源接入功能。-48V 直流电源电缆通常使用 25mm^2 的电缆；电源电缆外观分蓝黑两种颜色，一般蓝色接-48V 直流，黑色接-48V GND。保护地接口提供 BSC 机柜的接地保护功能。保护接地电缆应采用线径为 35mm^2 黄绿双色塑料绝缘铜芯导线。

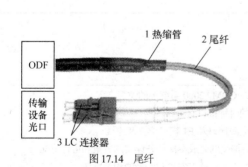

图 17.14　尾纤

图 17.15　电源及保护地接口

9. GPS 天馈系统接口

提供 GPS 天线接收卫星信号接入。GPS 馈线长度小于 100m 时，采用 1/4 射频同轴电缆。A 端插接于机顶标识为 ANT1 和 ANT2 处的 1/2 N-F 型接口；B 端插接 GPS 天线的 N 型接口。

10. 环境检测监控接口

如图 17.16 所示，提供外部各种环境监控传感器的接入。电缆名称：H-MON-009，A 端接头为 DB25，B 端为 5 个 DB9 接头。BSC 通过位于配电框后部的 PWRDB 板，实现系统监控信号的接入。

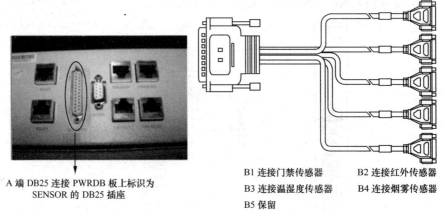

A 端 DB25 连接 PWRDB 板上标识为
SENSOR 的 DB25 插座

B1 连接门禁传感器   B2 连接红外传感器
B3 连接温湿度传感器   B4 连接烟雾传感器
B5 保留

图 17.16　环境检测监控接口

17.3　认识 BSC 接口并完成线缆连接任务教学实施

情境名称	BSC 接口与线缆连接		
情境准备	未连接线缆的 BSC 机框；BSC 机框单板和线缆；防静电腕带与包装袋；拆装机箱的相关工具（如改刀等）；制作线缆接头的相关工具		
实施进程	1. 学习任务准备：分组领取任务工单；自学任务引导；教师提问并导读 2. 任务方案计划：各小组根据任务描述，制订完成任务的分工和方案计划 3. 任务实施进程 ① 简要画出 BSC 系统内部、外部连接图 ② 组内对机箱结构、槽位、接口进行相互描述；进行线缆拔插操作 ③ 观察 BSC 内外部线缆的对应位置，填写记录表 4. 任务资料整理与总结：各小组梳理本次任务，总结发言，主要说明 BSC 的作用、机框类型、线缆连接、拔插注意事项等		
任务小结	1. BSC 在 CDMA2000 系统中的位置 2. BSC 的主要功能 3. BSC 系统的外部接口与连线 4. BSC 的内部各框间接口与连线		
任务考评	任务准备与提问	20%	1. BSC 在 CDMA2000 系统中的位置 2. BSC 的时钟接口有哪些 3. BSC 电源接口及 E1 接口位置及连线
	分工与提交的任务方案计划	10%	1. 讨论后提交的完成本次任务详实的方案和可行情况 2. 完成本任务的分工安排和所做的相关准备 3. 对工作中的注意事项是否有详尽的认知和准备
	任务进程中的观察记录情况	30%	1. BSC 时钟接口连线对应位置是否清晰准确 2. BSC 控制面互联接口连线对应位置是否清晰准确 3. BSC 媒体面光纤互连接口连线对应位置是否清晰准确 4. E1 接口连线对应位置是否清晰准确

情境名称			BSC 接口与线缆连接
任务考评	任务进程中的观察记录情况	30%	5. 电源及保护地接口连线对应位置是否清晰准确 6. OMC 以太网电缆连线对应位置是否清晰准确 7. 是否相互之间有协作
	任务总结发言情况与相互补充	30%	1. 任务总结发言是否条理清楚 2. BSC 的掌握是否清楚 3. 是否每个同学都能了解并补充 BSC 中的其他方面 4. 任务总结文档情况
	练习与巩固	10%	1. 问题思考的回答情况 2. 自动加练补充的情况

认识并安装 BTS 硬件

18.1　认识并安装 BTS 硬件任务工单

任务名称	认识并安装 BTS 硬件		
学习目标	1.　专业能力 ①　掌握 BTS 硬件设备组成结构 ②　掌握 BTS 主要单板的功能 ③　学会通过单板指示灯识别是否开工与故障识别的技能 ④　学会安装 BTS 各接口电缆 ⑤　学会 BTS 机箱单板的安装、更换 ⑥　学会 BTS 设备的上电、下电操作 2.　方法与社会能力 ①　培养观察记录机房、机架与单板的方法能力 ②　培养机房安装操作的一般职业工作意识与操守 ③　培养完成任务的一般顺序与逻辑组合能力		
任务描述	1.　记录 BTS 组成架构与关系 2.　画出机架的机框、槽位与单板对应位置 3.　观察并记录单板指示灯的含义，识别是否开工及故障 4.　完成一个机箱的拆装操作 5.　完成几块主要单板的更换操作 6.　完成机架、单板等物理设备的上电、下电操作		
重点难点	重点：BTS 设备典型单板的识记、安装，指示灯含义 难点：BTS 的信号流程		
注意事项	1.　拆装机箱需断电，防止机箱滑落造成人身伤害与设备损坏 2.　更换单板防静电，防槽位与单板未对准引起接口损坏 3.　不允许带电插拔电源分配板模块，以避免造成损坏 4.　注意保持机架的通风散热，不能因为风扇噪声而关闭机架风扇		
问题思考	1.　BTS 包括哪些单板，这些单板的主要功能 2.　各单板指示灯的含义		
拓展提高	1.　观察机架是如何接地的，画出机房接地情况图 2.　观察记录机架电源供给与分配		
职业规范	1.　中国电信 BTS 设备技术规范 2.　CDMA2000 数字蜂窝移动通信网工程设计暂行规定 YD5110-2009		

18.2　认识并安装 BTS 硬件任务引导

18.2.1　BTS 位置及功能

BTS 位于移动台 MS 与 CDMA 基站控制器 BSC 之间，相当于移动台和 BSC 之间的一个桥梁，完成 Um 接口和 Abis 接口功能。

在对 MS 侧，根据不同的终端（1X、EV-DO），完成不同 Um 接口的物理层协议，即完成无线信号的收发、调制解调，无线信道的编码、扩频、解扩频，以及开环、闭环功率控制。并对无线资源进行管理。

在对 BSC 侧，完成 Abis 接口协议处理。在前向，基站通过 Abis 接口接收来自基站控制器 BSC 的数据，对数据进行编码和调制，再把基带信号变为射频信号，经过功率放大器，射频前端和天线发射。在反向，基站通过天馈和射频前端接收来自移动台的无线信号，经过低噪声放大和下变频处理，再对信号进行解码和解调，通过 Abis 接口发送到 BSC。

18.2.2　BTS 硬件结构

图 18.1 为 Z 公司基于全 IP 技术的新一代基站 CBTS I2 机柜的示意图。CBTS I2 能实现 CDMA2000 1x、CDMA2000 1x EV-DO、PTT 业务功能。机柜的组成包括机柜体、前门、后门、插箱、底座等。

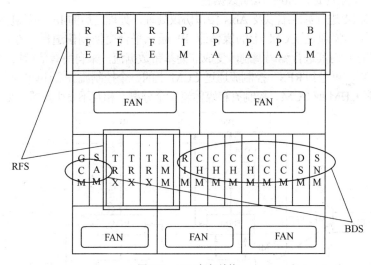

图 18.1　BTS 机架结构

CBTS I2 由主机柜和电源柜组成，主机柜内可装配 2 个功能机框（由 BDS，RFS 组成）、2 个风扇插箱。电源柜由 PWS 组成，其中电源柜为可选配置。RFS 和 BDS 共用一块背板，各部件之间的信号连接均通过背板完成。

18.2.3　BTS 的子系统

射频子系统（Radio Frequency Subsystem，RFS）。由 TRX、DPA 和 RFE 3 部分组成。TRX 在前向链路上与 BDS 和 PA 连接，完成基带信号到射频信号的调制；TRX 在反向链路上与 RFE 和 BDS 连接，完成射频信号到基带信号的解调。DPA 分别与 TRX 和 RFE 连接，完成前向射频信号的功率放大。RFE 前向接收 DPA 发送来的高功率射频信号，通过双工器传送到天馈系统；反向通过滤波器接收天馈系统的移动台信号，经过低噪声放大后送给 TRX 进行解调处理。

电源子系统（Power Subsystem，PWS）在电源柜完成将 220V AC 转-48V DC 的功能，在局方不提供-48V DC 时使用。

基带数字子系统（Baseband Digital Subsystem，BDS）。为基站提供通信控制、CDMA 物理信道处理、时钟分发处理、Abis 接口处理以及与射频系统的接口处理等功能。BDS 可通过光纤接入多个 RFS，实现射频拉远覆盖。

1. BDS 基带数字子系统

BDS 有两种配置，都采用相同的机框。

一种方式是采用 CBM 板的配置，如图 18.2 所示，这种方式只有 CBM 一种单板，但支持的容量较小，最大可以支持 9 载扇（3 载 3 扇）业务，实现 3 载 3 扇 1X 配置，或 2 载 3 扇 1X+1 载 3 扇 DO 配置，或 1 载 3 扇 1X+2 载 3 扇 DO 配置，并且不支持并柜。

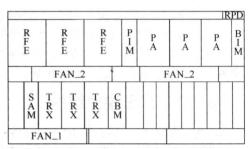

图 18.2　配置 CBM 的 BTS 结构

另一种方式是不采用 CBM 板的配置，BDS 包括的单板为：DSM、SNM、CCM、CHM、RIM、SAM、GCM、BIM。不采用 CBM 板的配置时，BDS 的工作原理是：Abis 压缩数据包经 E1/T1 线缆送到 DSM 进行解压缩以及 Abis 接口协议处理，处理之后的 IP 数据包被分为媒体流和控制流两类，其中媒体流通过 CCM 上的媒体流 IP 通讯平台交换到信道板，在信道板 CHM，由 CDMA 调制解调芯片对其进行编码调制，变成前向基带数据流，来自所有信道板的前向基带数据流由 RIM 汇集求和后，再送到 RFS；控制流通过 CCM 上的一个控制流 IP 通讯平台进行交换。控制流的目的地址可以是 CHM 或 CCM。控制流和媒体流完全分离，相互不发生影响。如图 18.3 所示。

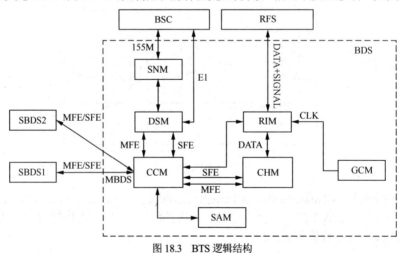

图 18.3　BTS 逻辑结构

数据服务模块（Data Service Module，DSM）：实现 Abis 接口的中继功能、Abis 接口数据传递和信令处理功能。DSM 单板根据需要对外可提供 4 条、8 条、12 条、16 条 E1/T1。DSM 可灵活配置用来与上游 BSC 连接以及与下游 BTS 连接 E1/T1。DSM 单板目前有 DSMA、DSMB 和 DSMC 3 种，DSMA 不支持主备功能，DSMB 支持支持主备功能，这两种都支持 E1/T1 接口，

DSMC 支持以太网接口。

通信控制模块（Communication Control Module，CCM）：主要提供构建 BTS 通信平台和集中 BTS 所有控制两大功能。CCM 是整个 BTS 的信令处理、资源管理以及操作维护的核心，负责 BTS 内数据、信令的路由，也是信令传送证实的集中点。BTS 内各单板之间与 BTS 与 BSC 单板之间的信令传送都由 CCM 转发。CCM 有 2 种型号：CCM_6、CCM_0。CCM_6：支持 12 载扇 DO 业务以及 24 载扇的 1X 业务；CCM_0：扩展机柜配置时主机柜配置 CCM_0，扩展机柜内配置 CCM_6。CCM_6 和 CCM_0 面板相同。

SDH 接口模块（SDH Network Module，SNM）：主要完成将 Abis 口的低速链路承载在 STM-1 上，从而实现 Abis 数据远距离传输的功能。SNM 单板对外提供一对光纤接口，该光纤接口可以用于与 BSC 接口或与其他 BTS 连接。通过 HW 接口和 DSM 进行通讯，实现数据的传递。

信道处理板（Channel Processing Module，CHM）：是系统的业务处理板，位于 BDS 和 TRX 插箱，单机柜满配置是 4 块 CHM 板，主要完成基带的前向调制与反向解调，实现 CDMA 的多项关键技术，如分集技术、RAKE 接收、更软切换和功率控制等。目前 BDS 子系统中的 CHM 包括：CHM0、CHM1、CHM2、CHM3。 CHM0、CHM3 单板支持 CDMA2000-1X 的业务，CHM0 核心处理芯片是 CSM5000，CHM3 核心处理芯片是 CSM6700，后者具有更大的处理能力；CHM1 单板支持 CDMA2000-1X EV-DO Release 0 业务，核心处理芯片是 CSM5500，前向数据业务速率最大支持 2.4576 Mbit/s，反向数据业务速率最大支持 153.6 Kbit/s；CHM2 单板支持 CDMA2000 1X EV-DO Release 0 & REV.A 业务，核心处理芯片是 CSM6800，前向数据业务速率最大支持 3.1Mbit/s，反向数据业务速率最大支持 1.8 Mbit/s。

射频接口模块（RF Interface Module，RIM）：基带系统与射频系统的接口。前向链路上 RIM 将 CHM 送来的前向基带数据分扇区求和，将求和数据、HDLC 信令、GCM 送来的 PP2S 信号复用后送给 RMM；反向链路上 RIM 通过接收 RMM 送来的反向基带数据和 HDLC 信令，根据 CCM 送来的信令进行选择，并将选择后的基带数据和 RAB 数据广播送给 CHM 板处理，HDLC 数据送给 CCM 板处理；RIM 接收 GCM 时钟，并将其分发给信道板、CCM 和本地/远端射频模块。RIM 有 3 种型号：RIM1、RIM3、RIM5。各型号 RIM 应用如表 18.1 所示。

表 18.1 射频接口模块功能

型号	应用范围
RIM1	提供 12 载扇射频信号处理能力，一般用于单机柜配置或需要扩展 BDS 双机柜配置时主/扩展机柜配置，与 RMM7 成对配置
RIM3	提供 24 载扇射频信号处理能力，需要扩展 RFS 多机柜或射频拉远配置时主机柜配置，基本配置的 RIM3 可连接一个远端 RFS，通过扩展 OIB 子卡最多可接入 6 个远端 RFS
RIM5	提供 24 载扇射频信号处理能力，需要扩展 RFS 多机柜或射频拉远配置时主机柜配置，基本配置的 RIM5 可连接 1 个本地 RFS 和 6 个远端 RFS，并且可配置为支持 CPRI 光接口

BDS 接口模块（BDS Interface Module，BIM）：为可拔插的无源单板，完成系统各接口的保护功能及接入转换，提供 BDS 级联接口、测试接口、勤务电话接口、与 BSC 连接的 E1/T1/FE 接口以及模式设置等功能。BIM 有 3 种型号单板：BIM7_C、BIM7_D 和 BIM-E。BIM7_C、BIM7_D 用于不采用 CBM 的配置模式，BIM7_D 提供的接口比 BIM7_C 多；BIM7_E 用于采用 CBM 的配置模式。

现场告警板（Site Alarm Module，SAM）：位于 BDS 插箱中，主要功能是完成 SAM 机柜内的环境监控，以及机房的环境监控。SAM 有 3 种型号：SAM3、SAM4、SAM5 。SAM3：用子单机柜配置（不包括机柜外监控和扩展监控接入）；SAM4：扩展机柜配置时主机柜使用；SAM5：扩展机柜配置时从机柜使用。

GPS 接收控制模块（GPS Control Module，GCM）：是 CDMA 系统中产生同步定时基准信号和频率基准信号的单板。GCM 接收 GPS 卫星系统的信号，提取并产生 1PPS 信号，并以该 1PPS 信号为基准锁相产生 CDMA 系统所需要的 PP2S、16CHIP、30MHz 信号和相应的 TOD 消息。GCM 具有与 GPS/GLONASS 双星接收单板的接口功能。

2. RFS 射频子系统

RFS 完成 CDMA 信号的载波调制发射和解调接收，并实现各种相关的检测、监测、配置和控制功能。包括如下单板：RMM、TRX、DPA、RFE、PIM。RFS 由机柜部分和机柜外的天馈线部分组成。天馈线部分包括天线、馈线及相应的结构安装件。典型的天馈线部分由天线、天线跳线、主馈线、避雷器、机顶跳线、接地部件等组成。

RFS 的工作原理：如图 18.4 所示，来自 BDS 的前向数据流，在 RMM 上汇集并分发到 TRX，TRX 首先对信号进行中频变频，生成的中频信号再被上变频，变成射频信号，通过 DPA 放大功率，再通过 DUP 和天馈系统发射出去。在反向，从天线接收到的无线信号通过 DUP 和 DIV 的滤波，送到 LAB（含主分集 LNA）对信号进行低噪声放大，放大后的信号送到 TRX 进行下变频，再进行数字中频处理，将射频信号变为基带信号送到 RMM。RMM 将来自 TRX 的数据打包成一定格式，通过基带射频接口送往 BDS。

射频管理模块（RF Management Module，RMM）：RMM 有 3 种型号：RMM5、RMM6、RMM7。各型号应用如表 18.2 所示。RMM 作为射频系统的主控板，主要完成 3 大功能：对 RFS 的集中控制，包括 RFS 的所有单元模块，如 TRX、PA、PIM；完成"基带—射频接口"的前反向链路处理；系统时钟、射频基准时钟的处理与分发。

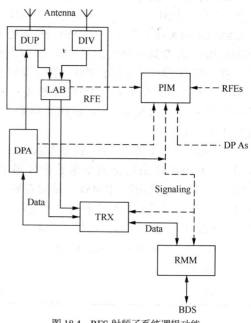

图 18.4 RFS 射频子系统逻辑功能

表 18.2　　　　　　　　　　　　射频管理模块功能

型号	应用范围
RMM5	用于近端射频子系统，支持 24 载扇的基带数据的前反向处理，与 RIM3 成对配置
RMM6	用于拉远射频子系统或扩展机柜射频子系统，支持 24 载扇的基带数据的前反向处理，与 RIM3 成对配置
RMM7	用于近端射频子系统，支持 12 载扇的基带数据的前反向处理，与 RIM1 成对配置

收发信机模块（RF Transceiver，TRX）：位于 BTS 的射频子系统中，是射频子系统的核心单板，也是关系基站无线性能的关键单板。1 块 TRX 可以支持 4 载扇的配置。TRX 有两种类型：

TRXB 和 TRXC。

数字功放（Digital Power Amplifier，DPA）：将来自 TRX 的前向发射信号进行功率放大，使信号以合适的功率经射频前端滤波处理后，由天线向小区内辐射。DPA 支持 800MHz、1900MHz、450MHz 三个频段，有 30W、40W、60W、80W 等类型。

射频前端（Radio Frequency End，RFE）：RFE 主要实现射频前端功能及反向主分集的低噪声放大功能。RFE 有两种类型：RFEC 和 RFED，应用如表 18.3 所示。RFEC 由 DUP（双工器）、DIV（分集接收滤波器）、LAB（低噪声放大器板）组成。RFED 由 DUP（双工器）、LAB（低噪声放大器板）组成。

表 18.3　　　　　　　　　　射频前端的型号及应用

型号	应用范围	型号	应用范围
RFEC	4 载波及其以下应用	RFED	4 载波以上应用

功放接口模块（PA Interface Module，PIM）：位于 PA/RFE 框，主要实现对 DPA 与 RFE 进行监控，并将相关信息上报到 RMM，如图 18.5 所示。

3. PWS 子系统

PWS 电源分配模块（Power Cabinet Power Distribator，PPD）主要为 PWS 提供配电功能，由交流配电部分和直流配电部分构成，如图 18.6 所示。交流配电完成从交流输入端到整流器输入端的处理，包括开关、防雷和电流滤波。直流配电完成从整流器输出到直流负载处理端的处理，包括电流取样、断路器、负载输出、蓄电池输出。

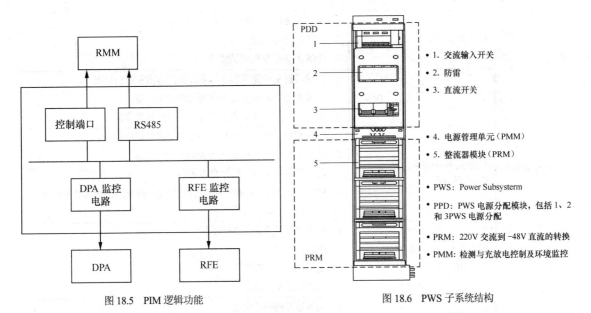

图 18.5　PIM 逻辑功能　　　　　　　　　图 18.6　PWS 子系统结构

电源整流器模块（Power Rectifier Module，PRM）完成 220V 交流到-48V 直流的转换，由两级电路组成：前级 PFC 功率因数校正，后级 DC-DC 功率变换。

电源管理模块（Power Mangement Module，PMM）完成 PWS 的监控，包括输入输出电压、输出电流、开关量采集（如防雷器）、蓄电池的检测与充放电控制和 PWS 机柜内的环境监控。

18.3 认识并安装 BTS 硬件任务教学实施

情境名称	BTS 运行工作环境		
情境准备	未插单板的待装 BTS 机框；BTS 机框单板和线缆；防静电腕带与包装袋；拆装机箱的相关工具		
实施进程	1. 学习任务准备：分组领取任务工单；自学任务引导；教师提问并导读 2. 任务方案计划：各小组根据任务描述，制订完成任务的分工和方案计划 3. 任务实施进程 ① 简要画出 BTS 系统组成，并说明主要接口类型 ② 组内对机箱结构、槽位、接口进行相互描述；进行拔插单板操作 ③ 详细观察 BTS 机架的机框、槽位与单板对应位置，填写记录表 ④ 观察并记录电源框指示灯的状态与含义 ⑤ 观察并记录单板指示灯的含义，识别是否开工及故障 ⑥ 完成 BTS 中电源、媒体流、控制流和时钟信号经过的单板线缆描述 4. 任务资料整理与总结：各小组梳理本次任务，总结发言，主要说明 BTS 的作用、机框类型、机框主要单板功能、指示灯概括、拔插注意事项等		
任务小结	1. BTS 系统的逻辑功能组成，包括的主要机框 2. 电源柜的接口与连接 3. BTS 主要单板的指示灯如何识读，单板的主要接口连接 4. BTS 中控制流、媒体流和时钟流经过的单板		
任务考评	任务准备与提问	20%	1. BTS 在 CDMA2000 系统中的位置 2. BTS 的主要功能 3. BTS 的主要单板包括哪些
	分工与提交的任务方案计划	10%	1. 讨论后提交的完成本次任务详实的方案和可行情况 2. 完成本任务的分工安排和所做的相关准备 3. 对工作中的注意事项是否有详尽的认知和准备
	任务进程中的观察记录情况	30%	1. BTS 机框、槽位与单板对应位置是否清晰准确 2. BTS 示灯的含义记录能否识别开工与故障 3. 对主要单板的更换操作是否正确 4. BTS 的媒体流、控制流和时钟信号经过的单板线缆流程是否清晰 5. 是否相互之间有协作
	任务总结发言情况与相互补充	30%	1. 任务总结发言是否条理清楚 2. BTS 是否清楚 3. 是否每个同学都能了解并补充 BTS 其他方面 4. 任务总结文档情况
	练习与巩固	10%	1. 问题思考的回答情况 2. 自动加练补充的情况

认识 BTS 接口并连接线缆

19.1 认识 BTS 接口并连接线缆任务工单

任务名称	认识 BTS 接口并连接线缆
学习目标	1. 专业能力 ① 掌握 BTS 系统组成结构 ② 掌握 BTS 各接口功能 ③ 学会各接口的线缆连接 ④ 了解 CBTS I2 组网方式 2. 方法与社会能力 ① 培养观察记录机房、机架与单板的方法能力 ② 培养机房安装操作的一般职业工作意识与操守 ③ 培养完成任务的一般顺序与逻辑组合能力
任务描述	1. 记录 BTS 各部分组成架构与关系 2. 画出 BTS 各接口连接关系 3. 完成各接口线缆的更换操作
重点难点	重点：BTS 各接口功能 难点：BTS 各接口线缆连接
注意事项	1. 拆装线缆断电操作，防止造成人身伤害与设备损坏 2. 注意保护标签，不要损坏 3. 插拔线缆注意保护接头，严格按操作规程进行 4. 不允许用力拉扯、按压、踩踏线缆
问题思考	1. BTS 在 CDMA2000 系统中的位置 2. BTS 有哪些外部接口？各接口如何与其他部件连接
拓展提高	CBTS I2 在 LEA 模式时主机柜与并机柜的线缆连接
职业规范	1. 中国电信 BTS 设备技术规范 2. CDMA2000 数字蜂窝移动通信网工程设计暂行规定 YD5110-2009

19.2 认识 BTS 接口并连接线缆任务引导

19.2.1 BTS 外部接口

BTS 的外部接口都集中于机柜的顶部，如图 19.1 所示。

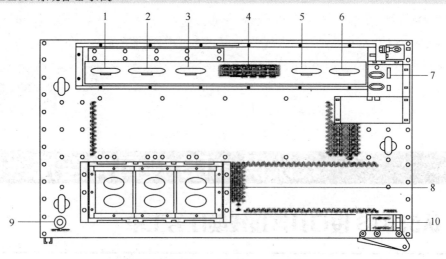

1—EXT-MON 扩展监控接口   2—EXT-BOS 扩展 BDS 接口

3—ROOM-MON 室内环境监控接口   4—以太网 FE 口

5—E1/T1 接口组 0   6—E1/T1 接口组 1

7—电源接口   8—主馈线接口

9—GPS 天馈接口   10—光纤通道

图 19.1　BTS 外部机顶接口

1. 电源接口

电源接口位于机柜顶部视图右上角，是图 19.1 中第 7 部分，由上到下 3 个接口分别为保护地（PGND）、工作地（-48V GND）、-48V 电源，如图 19.2 所示。保护地线为黄绿色，工作地线为黑色，-48V 电源线为蓝色。

2. E1/T1 接口

机柜顶部上端有一排接口，E1 接口是位于最右端的两个 DB44 接口，是图 19.1 的 5、6 部分，分别标识为 BSC_E1_G0、BSC_E1_G1，每个接口支持 8 个 E1。BSC_E1_G0 一般用来接 BSC；BSC_E1_G1 一般用来接下级 BTS。

3. 以太网接口

以太网口位于 E1 口左侧，共有 12 个均为 FE 口，是图 19.1 的 4 部分，如图 19.3 所示，分别承担不同的功能。

媒体流测试接口、信令流测试接口、RMM 板测试接口用于查看底层消息，在现场维护时，维护人员可通过 RMM 板测试口上载软件到 RMM 单板，可通过信令流测试口上载软件到 CCM 单板。在 BSC 与 CBTS 以

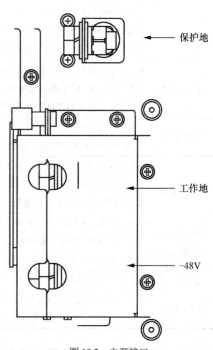

保护地

工作地

-48V

图 19.2　电源接口

IP 链路连接的时候，使用 BSC 级连接口连接 BSC。PWSB 接口用直通网线连接 PWSB I2 上的对应网口（告警），而第三方电源设备的告警线要接到 EXT_COM 接口。O_PH 接口用于连接勤务电话，此接口目前暂没使用。

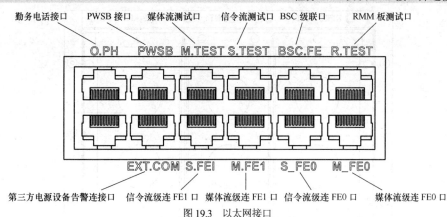

图 19.3 以太网接口

EXT_COM 接口用于连接第三方电源设备的告警线。其他 4 个接口主要用于 CBTS 的基带扩展。在 CBTS 进行并柜以扩展基带资源时，主机柜的 S_FE1、M_FE1、S_FE0、M_FE0 接口分别连接从机柜的相应接口，构成两组媒体流和信令流连接（主用和备份），实现基带扩展。

4．室内环境监控接口

室内环境监控接口 ROOM-MON 位于以太网口左侧，为 DB44 接口，是图 19.1 的 3 部分，用于连接外部监控电缆。

5．扩展 BDS 接口

扩展 BDS 接口 EXT-BDS 位于电源监控接口左侧，是一个 DB78 接口，是图 19.1 的 2 部分，在 CBTS 扩展基带并柜时使用，用于传递基带信息。并柜时，需连接主机柜的 EXT-BDS 接口和从机柜的 EXT-BDS 接口。

6．扩展监控接口

扩展监控接口 EXT-MON 位于扩展 BDS 接口左侧，是一个 DB44 接口，是图 19.1 的 1 部分，在 CBTS 并柜时使用，用于向主机柜传递从机柜的环境监控信息。并柜时，只需连接主机柜和从机柜的扩展监控接口即可。

7．GPS 天线接口

GPS 天线接口 GPS-ANT 位于机柜顶部视图左下方，是图 19.1 的 9 部分，套有红色塑胶套，用于连接 GPS 天线。

8．天馈接口

天馈接口位于机柜顶部视图左下角，是图 19.1 的 8 部分，如图 19.4 所示。

19.2.2 BTS 内部线缆

1．GPS 电缆

GPS 电缆：把 GPS 时钟接到 GCM 板。

2．DPA 到 RFE 射频电缆

前向发射链路，由 DPA 输出的前向射频信号，通过射频电缆接到相应的 RFE 的输入端。

19.2.3 组网和配置

1．CBTS I2（CBM）组网

CBTS I2（CBM）的典型配置模式如表 19.1 所示。目前 CBM 配置只支持 800M 的 LS 模式。

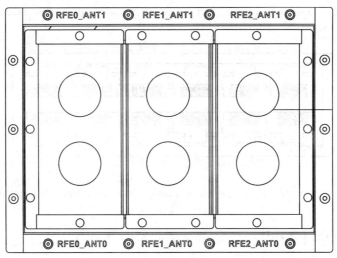

图 19.4　天馈接口

表 19.1　　　　　　　　　　　　　　　　　　CBM 典型配置模式

模式	英文全称	中文全称	系统特点
LS	Local Single Mode	本地单站模式	CBTS（CBM）单机柜配置，不支持拉远
RE	Remote Extend Mode	远端扩展模式	通过光纤拉远方式，实现远端扩展，远端可为 CBTS、RFSB O1 等

2．CBTS I2 组网

Abis 接口组网时，CBTS I2 和 BSC 之间通过 Abis 接口相连，连接方式可为星形和链形。各种连接方式均有各自的优点和应用。

星状（Abis Star）：每个 BTS 点对点直接连接到 BSC。这种方式简单可靠，一个站点出现传输故障不会影响到其他站点。但这种连接方式会占用较多的传输资源。这种组网方式适用于话务量大，传输资源集中的地区，如城市。

链状（Abis Chain）：多个 BTS 连成一条链，通过第一级 BTS 接入 BSC。链形组网适用于呈带状分布的地区，如公路、铁路两旁。

实际的组网方式可以是上述两种网络拓扑的任意组合，如图 19.5 所示。

CBTS I2 射频组网时，CBTS I2 所覆盖的小区可为全向结构，也可为扇区结构。CBTS I2 除了本身自带的 RFS 外，还可以和其他具有标准的"基带—射频"接口的 RFS 连接，连接方式可以是星形连接和链形连接的任意组合，如图 19.6 所示。单机柜 CBTS I2 的 RIM 板最多提供 6 对光纤接入远端射频系统，每对光纤可传输 24 载扇的数据。

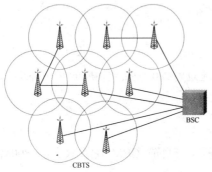

图 19.5　基站与 BSC 的混合组网

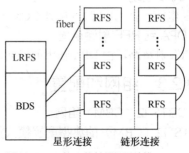

图 19.6　CBTS I2 的射频组网结构

CBTS I2 有 6 种射频组网方式，如表 19.2 所示。

表 19.2 CBTS I2 组网方式

模式	英文全称	中文全称	系 统 特 点
LS	Local Single Mode	本地单站模式	CBTS 单机柜配置，射频系统最多支持 4 载 3 扇，RMM 和 RIM 分别采用 RMM 单板族中的 RMM7 和 RIM 单板族中的 RIM1 配对使用；当只有纯 CDMA2000 1X 业务时，配 CHM0 或 CHM3 单板；纯 1x EV-DO 业务时，配 CHM1 或 CHM2 单板
RE	Remote Extend Mode	远端扩展模式	在 CBTS I2 基带资源有剩余的情况下，通过光纤拉远的方式，与远端 RFS 共享基带资源的应用模式。远端可为 CBTS、RFSB O1 等 RE 模式下的 RIM 单板需要配置为具有"基带—射频"光纤接口的 RIM3 单板
RS	Remote Single Mode	远端单站模式	CBTS I2 系统应用中作为独立射频远端的一种应用方式，支持 4 载频 3 扇区配置，此时基带资源集中在近端，可以是超级 BTS、单站宏基站 BTSB、也可能是 CBTS I2，而远端的 CBTS I2 应用仅有射频资源，因此对 DO 与 1X 应用均可支持 12 载频扇区
LEA	Local Extend Mode A	本地扩展模式 A	当 CBTS I2 的 1X 纯语音业务、或 1X 与 EV-DO 混合业务超过 4 载 3 扇时，如果基带资源（4 个 CHM 槽位）仍然可以满足业务需求，可将 CBTS I2 配置为 LEA 模式，即将 2 个 CBTS I2 机柜并柜使用。 主机柜的 SAM 单板配置 SAM 单板族的 SAM4，扩展机柜配置 SAM5。SAM5 是无源单板，仅完成监控信号的转接功能。配置 SAM5 后还需配置并柜用的监控电缆，以便由 SAM4 来负责主机柜和扩展机柜的环境监控。主机柜的 RIM 需要配置带有光纤接口的 RIM3，扩展机柜的 RMM 配置为带光纤接口的 RMM6。扩展机柜与主机柜的 BDS 之间的并柜电缆为"基带—射频"光纤
LEB	Local Extend Mode B	本地扩展模式 B	LEB 模式与 LEA 模式类似，不同之处在于 LEA 的基带资源足够，不需要配置扩展机柜的基带资源。LEB 因为主机柜基带资源不够，需配置扩展机柜的基带资源，因扩展机柜配置了基带资源，扩展机柜的 RFS 通过背板与扩展 BDS 连接，不配置扩展 RFS 到主机柜 BDS 之间的"基带—射频光纤"。主机柜和扩展机柜的 RMM 和 RIM 均配对配置 RMM7 和 RIM1。主机柜和扩展机柜的 CCM 单板分别配置为 CCM0 和 CCM1。通过并柜扩展基带、射频，支持完全 24 载频扇区（1X/EV-DO），可以为 8 载 3 扇、4 载 6 扇配置
ME	MIX Extend Mode	混合扩展模式	ME 模式是 LEB 模式和 RE 模式的结合，既扩展本地的基带和射频，又通过光纤的方式扩展远端射频。通过近端并柜扩展基带/射频，并光纤拉远方式实现远端扩展，远端可为 CBTS I2、RFSB 等，（本地+远端）总容量为 24 载扇（EV-DO）或近 48 载扇（1X）

19.3 认识 BTS 接口并连接线缆任务教学实施

情境名称	BTS 接口与线缆连接
情境准备	未连接线缆的 BTS 机框；BTS 机框单板和线缆；防静电腕带与包装袋；拆装机箱的相关工具（如改刀等）；制作线缆接头的相关工具
实施进程	1. 学习任务准备：分组领取任务工单；自学任务引导；教师提问并导读 2. 任务方案计划：各小组根据任务描述，制订完成任务的分工和方案计划 3. 任务实施进程 ① 简要画出 BTS 系统内部、外部连接图

续表

情境名称	BTS 接口与线缆连接		
实施进程	② 组内对机箱结构、槽位、接口进行相互描述，进行线缆拔插操作 ③ 观察 BTS 内外部线缆的对应位置，填写记录表 4. 任务资料整理与总结：各小组梳理本次任务，总结发言，主要说明 BTS 的作用、机框类型、线缆连接、拔插注意事项、媒体流与控制流信号流程经过的单板等		
任务小结	1. BTS 在 CDMA2000 系统中的位置 2. BTS 的主要功能 3. BTS 系统的外部接口与连线 4. CBTS I2 的各种组网方式		
任务考评	任务准备与提问	20%	1. BTS 在 CDMA2000 系统中的位置 2. BTS 的射频组网方式有哪些 3. BTS 电源接口及 E1 接口位置及连线
	分工与提交的任务方案计划	10%	1. 讨论后提交的完成本次任务详实的方案和可行情况 2. 完成本任务的分工安排和所做的相关准备 3. 对工作中的注意事项是否有详尽的认知和准备
	任务进程中的观察记录情况	30%	1. BTS 射频接口连线对应位置是否清晰准确 2. E1 接口连线对应位置是否清晰准确 3. 电源及保护地接口连线对应位置是否清晰准确 4. OMC 以太网电缆连线对应位置是否清晰准确 5. 是否相互之间有协作
	任务总结发言情况与相互补充	30%	1. 任务总结发言是否条理清楚 2. BTS 的线缆连接掌握是否清楚 3. 是否每个同学都能了解并补充 BTS 中的其他方面 4. 任务总结文档情况
	练习与巩固	10%	1. 问题思考的回答情况 2. 自动加练补充的情况

安装无线网管并熟悉网管操作环境

20.1　安装无线子系统网管并熟悉操作环境任务工单

任务名称	安装无线网管并熟悉网管操作环境
学习目标	1. 专业能力 ① 掌握 CDMA2000 无线子系统网管系统组成结构 ② 掌握 CDMA2000 无线子系统网管软件的功能 ③ 学会网管系统与 BSS 网元的连接的技能 ④ 学会数据配置前的准备 2. 方法与社会能力 ① 培养观察记录机房、机架与单板的方法能力 ② 培养机房安装操作的一般职业工作意识与操守 ③ 培养完成任务的一般顺序与逻辑组合能力
任务描述	1. 记录各设备机架的机框、槽位与单板对应位置 2. 完成 BSC 与 OMC 之间的连接 3. 检查并记录 BSC 与 BTS、CN 的连接 4. 完成 IP 地址的规划 5. 完成无线子系统网管系统操作环境认识 6. 完成在网管系统上增加网元的操作
重点难点	重点：网管系统操作环境 难点：规划地址
注意事项	1. 连线时注意操作方式不要损坏接头 2. 不允许用力拉扯、踩踏、扭曲线缆 3. 注意客户端操作规范
问题思考	1. BSS 数据配置前应做哪些工作 2. BSC 与 OMC 之间如何连接
拓展提高	NetNumen™ M31（ZXC10 BSSB）软件安装过程
职业规范	1. 《NetNumen™ M3（ZXC10 BSSB）（V 3.08.19.02）硬件安装手册》 2. 《NetNumen™ M3（ZXC10 BSSB）（V 3.08.19.02）软件安装手册（Windows）》

20.2　安装无线子系统网管并熟悉操作环境任务引导

20.2.1　CDMA2000 无线侧网管与功能

以 Z 公司的 CDMA2000 的 BSS 系统网管系统为例，在网络中的位置如图 20.1 所示。

该网管包含两个部分：网元操作维护模块（Operation Maintenance Module，OMM）和集中网管中心（Network Manage Center，NMC），如果存在多级 NMC，则称下级 NMC 为本地集中网管中心（Local Network Manage Center，LNMC）。OMM 面向用服人员、网规人员、运营商现场维护人员，实现网元管理层功能，负责对 BSS 基站子系统设备的本地操作维护。NMC/LNMC 面向用服人员、网规人员、运营商集中维护人员和高层运营管理人员，实现网元管理层和部分网络管理层功能，负责对某一区域内或全网所有网元设备的集中管理和监控。

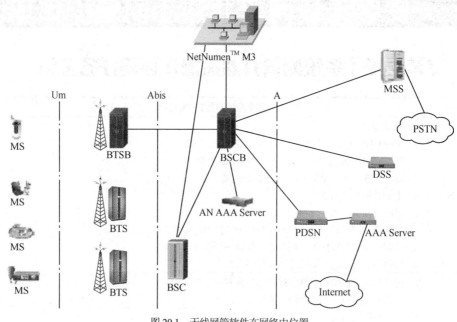

图 20.1　无线网管软件在网络中位置

OMM 功能如表 20.1 所示。

表 20.1　　　　　　　　　　　　　　　　OMM 功能

功　能	功　能　描　述
故障管理	包括无线侧网元的告警管理功能及故障诊断功能
性能管理	包括对无线侧网元进行性能数据的采集、统计等功能
配置管理	包括了无线侧物理配置，无线配置，七号信令，数据同步以及数据存盘的功能
安全管理	预防和阻止非授权用户非法访问或破坏网管及网元系统，预防和阻止合法用户越权操作，记录安全操作信息以备审查，确保用户对系统合法使用
拓扑管理	显示系统拓扑图组成，单击拓扑图图标进行设备节点维护管理，如查看节点告警及指标值等
日志管理	对网管的各类日志进行统一管理
系统管理	可以指定监控应用服务器、数据库服务器的性能情况，并提供数据库管理的常用功能
策略管理	可提供用户进行定时任务的维护和执行
报表管理	可定义和输出各类报表
路由管理	提供实时观察后台 OMM 服务器与 OMP 之间链路状况的功能
系统工具	版本管理、业务观察、信令跟踪、网络性能测试、动态管理、探针、系统信息观察、基站数据观察、呼叫详细跟踪等操作工具

20.2.2　OMM 硬件配置

OMM 采用 C/S 模式，客户端可以本地放置，也可以通过 E1/X.25/DDN/普通拨号等方式拉远，从而实现远端操作维护终端的功能。OMM 的硬件配置如图 20.2 所示。每个 OMM 管理 1 个网元（如 BSS），由 1 台 OMM 服务器、1 个维护台、1 个告警箱和通讯设备（如 HUB 或路由器）等组成。

配置 1x Release A 业务、1x EV-DO 业务之前，须保证前后台的连接关系正确；规划基站系统（Base Station Subsystem，BSS）的物理地址和逻辑地址；规划 BSS 的外部 IP 地址；保证前台拨码开关和跳线设置正确；安装后台软件。

外部连接包括网线连接、E1/STM 传输线连接、GPS 跳线连接，这些连接需在工程现场，根据实际情况完成。在进行后

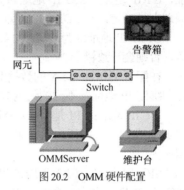

图 20.2　OMM 硬件配置

台数据配置之前，应检查与后台相关的外部连接（网线连接、E1/STM 传输线连接）是否正确，并记录连接关系。

1．外部线缆连接

BSC 与 OMC 之间的连接：BSC 上的主备操作维护处理器（Operation Maintenance Processor，OMP）单板与通讯设备（如 HUB 或路由器），通讯设备与 OMC 之间各有一条网线，用于后台和前台的通讯。线缆采用标准直联网线。线缆 A 端物理位置位于 OMP 单板相应后插板 RMPB（主处理后插板）的标识"OMC2"处。线缆 B 端对外提供以太网 RJ45 阳头接口，直接连到外部交换机或 HUB 上。

BSC 与分组数据服务节点（Packet Data Serving Node，PDSN）、认证、授权、记账服务器（Authentication，Authorization，Accounting Server，AAA Server）之间的连接：BSC 的 IPCF（分组控制功能接口板）单板的后插板 RMNIC（多功能接口后插卡）上有 4 个 FE 网口 FE1、FE2、FE3、FE4，从这些网口可以引出网线连接到 HUB，再通过 HUB 连接到 PDSN、AAA Server 等设备。线缆 A 端物理位置位于 IPCF 单板相应后插板 RMNIC 的"FEn"（n=1…4）处；线缆 B 端对外提供以太网 RJ45 阳头接口，直接连到外部交换机或 HUB。

BSC 与基站收发信机（Base Transceiver Station，BTS）之间、BSC 与移动交换中心（Mobile Switching Center，MSC）之间的连接都是通过中继线 E1/T1 或光纤来完成。

BSC 与 BTS 之间的中继线：从 BTS 的数据服务模块（Data Service Module，DSM）的后插板 BIM0 连接到 BSC 的数字中继板（Digital Trunk Board，DTB）后插板 RDTB。每个 DTB 支持 32 路 E1。

BSC 与 MSC 之间的连接：当 MSC 为 2G CN 网元时，BSC 和 MSC 之间的中继线从 BSC 的 DTB 后插板 RDTB 连接到 MSC 的数字中继接口单元（Digital Trunk Interface element，DTI）；当 MSC 演化为媒体网关 MGW 和移动交换中心仿真 MSCe 时，BSC 的 IP 承载接入板（IP Bearer Interface，IPI）、SIG（Sigtran IP 承载接入板）通过网线与之相连，其中 IPI 通过后插板 RMNIC 与 MGW 相连，SIG 通过后插板 RMNIC 与 MSCe 相连。

在进行数据配置之前，检查这些连线，并记下各网口的分配情况。后台数据配置应与前台的连接情况一致。

2．规划网络地址

规划网络地址包括物理地址和逻辑地址。物理地址包括 BSS 序号、系统号、机架号、机框号、槽位号。逻辑地址包括 BSS 序号、系统号、子系统号、模块号、单元号。

3. 规划外部 IP 地址

配置准备阶段需要规划的 BSS 外部 IP 地址包括：OMC IP 地址、PDSN IP 地址、PDS IP 地址、IPI IP 地址、SIG IP 地址和 AAA 服务器的 IP 地址。其中 AAA 服务器的 IP 地址地址由网络规划人员确定，与 PDSN IP 地址不在同一子网。

OMC IP 地址即为 OMP 的对外 IP 地址，目前固定设置为 129.0.31.0 或者 129.0.31.1，不可修改，否则会导致错误。

在配置 1x Release A 的数据业务和 1x EV-DO 的数据业务时，需要在后台配置 PDSN 的 IP 地址和绑定 IP 地址，不同的组网方式配置不同的 IP 地址。

IPI IP 地址：IPI 是用来和 MGW 连接的，如果是直连网络，IP 地址需要与对端 MSC IPI 的 IP 地址在同一个网段内；如果是通过路由器配置，则要求和路由器的直连端口的 IP 地址在一个网段内。

SIG IP 地址：SIG 是用来和 MSCe 连接的，如果是直连网络，IP 地址需要与对端 MSC 的 SIG 的 IP 地址在同一个网段内；如果是通过路由器配置，则要求和路由器的直连端口的 IP 地址在一个网段内。

4. 检查拨码开关和跳线器

在进行后台数据配置之前根据现场安装情况检查 BSC 和 BTS 的拨码开关和跳线器的设置是否正确。

5. 安装后台软件

驻留在前台单板上的 OMC 软件在设备出厂前已安装并调试完毕，在现场我们只需安装 OMC 的后台软件。

20.2.3 操作环境认识

1. 数据配置内容

ZXC10 BSSB 系统支持 1x Release A 业务、1x EV-DO 业务和 PTT 业务。1x Release A 业务包括语音业务和数据业务，前向数据业务速率最高达到 307.2kbit/s，反向最高可达 307.2kbit/s。1x EV-DO 业务指高速分组数据业务，前向业务速率最高可达 3.1Mbit/s，反向最高可达 1.8Mbit/s。

数据配置前应根据实际情况、技术描述、工程勘察报告、网络规划情况，制定 BSS 系统运行配置数据；并将小区、位置区识别码、七号信令链路、中继电路、信令点等相关数据通知 MSC 侧配置相关数据；根据设备单板配置、支持业务和系统容量情况进行相应配置。

2. 操作环境认识

后台数据的配置可以在 OMM 的网管系统软件 ZXC OMC 的配置管理视图中完成，配置管理视图左侧是配置管理树，给出了基站系统的配置状况。在 ZXC OMC 主控窗口中单击视图，弹出下拉菜单。如图 20.3 所示，选择配置管理菜单进入配置管理视图。

配置管理视图左侧是配置管理树，给出了基站系统的配置状况，它按照网管中心节点、局节点、BSS、BSC/BTS、BSC/BTS 机架的层次结构来组织。每个 BSC 的配置都包括物理配置、无线参数配置和信令配置；每个 BTS 的配置都包括物理配置和无线参数配置。

图 20.3　选择配置管理菜单

（1）主菜单

配置管理视图的主菜单按不同功能划分为：系统、视图、配置功能、窗口和帮助。各主菜单包含若干菜单项，如图 20.4 所示。

图 20.4　配置管理视图菜单

（2）互斥权限管理

互斥权限指的是在一段时间内拥有对这个网元的操作权限，在这期间其他用户无法对该网元进行增加、修改和删除的操作。要在网管对某个网元的数据进行增加、修改和删除，就必须先申请到对这个网元操作的互斥权限。

在网管界面上，选择视图→配置管理，打开配置管理视图。在网管界面上，选择配置功能→互斥权限管理，弹出互斥权限管理对话框，如图 20.5 所示。

图 20.5　互斥权限管理

（3）增加网元

BSS 的网管数据配置基于网元，在进行配置之前，必须按照实际的组网结构为系统增加网元。增加网元的顺序为 BSS→BSC→BTS。

首先增加 BSS，在一个 NetNumen 服务器上，能且只能增加一个 BSS。在网管界面上，选择视图→配置管理，打开配置管理视图。展开配置管理视图左侧的配置管理树上 NetNument→ZXC10 BSSB 节点，右击该节点，选择增加 BSS 快捷菜单，弹出增加 BSS 对话框，如图 20.6 所示。在增加 BSS 对话框上，输入 BSS 别名，单击确定按钮，完成增加 BSS 的操作。

接着，增加 BSC。选择视图左侧配置管理树上的 ZXC10 BSSB 树节点，然后右击，弹出快捷菜单，在弹出的快捷菜单中选择增加 BSC 系统。

最后，增加 BTS。选择视图左侧配置管理树上的 ZXC10 BSSB 树节点，然后右击，弹出快捷菜单，在弹出的快捷菜单中选择增加 BTS→增加 CBTS I2，如图 20.7 所示。

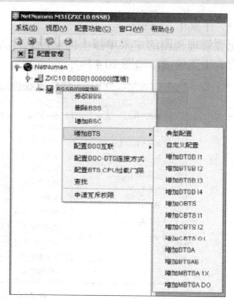

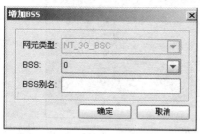

图 20.6　增加 BSS

图 20.7　增加 BTS

3．数据配置后续操作

（1）配置数据完整性检查

BSC 和 BTS 的物理、无线和信令参数都配置完毕后，需要进行数据完整性检查，检查配置树的完整性及各节点数据配置的完整性。操作步骤如下：在配置管理视图中，右键单击配置树上节点 Net Numen→Zxc10 BSSB，选择数据完整性检查菜单，系统即进行数据完整性检查，并输出检查报告，报告中显示当前物理配置、无线参数配置和信令配置的数据完整性信息。

（2）后台数据同步

以上的数据配置，暂时还只是保存在后台数据库子系统中，要使设备按所配置的数据运行，还需将后台数据库子系统装载到前台数据库子系统。操作步骤是在配置管理视图中，右键单击配置管理树节点 Net Numen→Zxc10 BSSB，选择数据同步，弹出前后台数据同步对话框，如图 20.8 所示。选中左侧树型列表中的所有目标，在传输类型中选择整表传输，其他选项采用默认设置。单击工具栏同步发送按钮，在弹出的确认对话框中单击确定按钮完成操作。

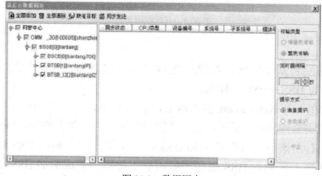

图 20.8　数据同步

观察状态显示区和详细信息显示区，确定同步是否成功。如不成功，则根据信息提示，查找并分析、排除问题，之后重新对失败目标进行同步。前后台配置数据同步成功后，通过 BSC 后台的告警、诊断测试、动态数据管理等工具来观察系统是否运行正常。

（3）存盘控制

这里存盘的概念是前台存盘，指前台单板将内存中的数据写到 Flash 中，其目的是使下次前台数据库复位后，重新加载 Flash 中的数据。前台单板包括 BSC 侧的各种 MP 单板和 BTS 侧的 CCM 单板。

在配置管理视图中，右键单击配置管理树节点 Net Numen→Zxc10 BSSB，选择启动存盘控制，弹出前台数据库启动存盘控制对话框，如图 20.9 所示。单击工具栏按钮，则选中左侧树型列表中的所有目标，在窗口右侧的存盘控制命令栏选择相关控制命令，如：主机立即存盘。单击工具栏上的存盘控制发送按钮，单击确定按钮，完成本次操作。

执行存盘控制操作的过程将显示在窗口的下部，当执行完毕时会提示执行的最终结果。必须等到上一次控制命令操作的所有结果都返回（包括超时）以后，才能进行下一次操作。

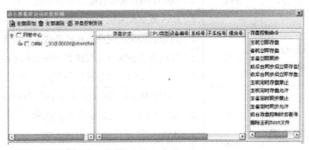

图 20.9　网元数据库启动存盘控制

（4）数据备份

确认数据配置成功后，需将后台数据库中已有数据进行备份，生成相应的.SQL 文件。

操作步骤如下：在配置管理视图中，右键单击配置管理树节点 Net Numen→Zxc10 BSSB，选择数据备份与恢复，弹出配置数据备份与恢复对话框单击数据备份按钮，在弹出的备份配置数据对话框中根据实际情况修改文件名，并选择客户端上保存配置文件的目录后，单击确定按钮。

20.3　安装无线子系统网管并熟悉操作环境任务教学实施

情境名称	OMC-R 系统安装环境
情境准备	已安装完毕的 BSC/BTS；网元设备开工；网管服务器/客户端软件；HUB 或路由器；网线；防静电腕带与包装袋；拆装机箱的相关工具（如改刀等）
实施进程	1. 学习任务准备：分组领取任务工单；自学任务引导；教师提问并导读 2. 任务方案计划：各小组根据任务描述，制订完成任务的分工和方案计划 3. 任务实施进程 ① 简要画出实验室 OMM 硬件配置结构图，并说明主要接口类型 ② 完成 BSC 与 OMC 的连接 ③ 详细检查 BSC 与 BTS、MSC 及 PDSN 的连接情况 ④ 规划及了解外部 IP 地址 ⑤ 检查 BSC、BTS 的拨码开关和跳线器是否在正确位置 ⑥ 登录 OMM 客户端 ⑦ 熟悉 OMM 网管系统软件菜单及界面 ⑧ 熟悉 OMM 网管系统软件的配置管理视图 ⑨ 在网管软件上完成 BSS、BSC、BTS 的增加

情境名称			OMC-R 系统安装环境
实施进程			⑩ 在网管软件上了解数据同步、存盘和数据备份 4. 任务资料整理与总结：各小组梳理本次任务总结发言，主要说明 OMM 硬件配置结构、IP 地址、外部连线情况、OMM 登录、OMM 功能、增加网元
任务小结			1. 掌握 OMM 网管系统硬件配置 2. 了解 OMM 网管系统管理功能 3. 完成 BSS 数据配置准备工作 4. 完成 BSS 数据配置操作环境认识
任务考评	任务准备与提问	20%	1. OMM 网管系统硬件配置如何 2. OMM 网管系统有哪些管理功能 3. BSS 数据配置前有哪些准备工作
	分工与提交的任务方案计划	10%	1. 讨论后提交的完成本次任务详实的方案和可行情况 2. 完成本任务的分工安排和所做的相关准备 3. 对工作中的注意事项是否有详尽的认知和准备
	任务进程中的观察记录情况	30%	1. OMM 网管系统硬件配置结构是否清晰准确 2. 前后台的各种连接关系是否正确 3. BSS 的外部 IP 地址是否正确 4. 是否能登录 OMC 客户端 5. 是否能正确增加网元 6. 是否相互之间有协作
	任务总结发言情况与相互补充	30%	1. 任务总结发言是否条理清楚 2. OMM 的掌握是否清楚 3. 是否每个同学都能了解并补充 OMM 中的其他方面 4. 任务总结文档情况
	练习与巩固	10%	1. 问题思考的回答情况 2. 自动加练补充的情况

任务 21

配置 BSC 物理数据

21.1 配置 BSC 物理数据任务工单

任务名称	配置 BSC 物理数据
学习目标	1. 专业能力 ① 掌握 BSC 数据配置流程 ② 掌握 BSC 物理配置过程中主要参数的选择 ③ 学会 BSC 数据配置的技能 ④ 通过配置，学会增加、修改、删除数据的操作技能 2. 方法与社会能力 ① 培养观察记录机房、机架与单板的方法能力 ② 培养维护操作的一般职业工作意识与操守 ③ 培养完成任务的一般顺序与逻辑组合能力
任务描述	1. 学习了解 BSC 物理数据配置的一般步骤 2. 画出 BSC 各机框、槽位与单板对应位置 3. 完成好前后台之间的通信连接，确保前后台通信正常 4. 按步骤完成语音业务的 BSC 物理配置
重点难点	重点：BSC 数据配置流程和操作方法 难点：配置 MP 模块类型
注意事项	1. 物理配置必须与实际设备对应 2. 不更改和删除原有备份数据、原有硬件机框等 3. 未经同意，一般不执行配置数据的同步操作
问题思考	1. BSC 数据配置的一般步骤 2. 物理配置包括哪些配置项目 3. 配置 MP 模块类型应遵循哪些原则
拓展提高	查询实验系统 BSC 的实际物理配置，思考配置方法与原则
职业规范	1. 设备厂商的物理设备数据配置规范 2. 中国电信相关数据规范

21.2 配置 BSC 物理数据任务引导

21.2.1 BSC 配置概述

BSS 系统数据配置流程的基本操作流程如图 21.1 所示。

BSC 侧的物理配置，以"BUSN+BCTC+BUSN+GCM"成局为例进行描述（根据 BSC 与 MSC 之间的接口不同配置略有所不同）。BSC 侧物理配置步骤如表 21.1 所示。

表 21.1   BSC 侧物理配置步骤

| 1x Release A | | | | | | 1X EV-DO |
| A 接口 | | | Ap 接口 | | | |
完成任务	语音业务	数据业务	完成任务	语音业务	数据业务	完成任务
增加机架、机框、单板	必配	必配	增加机架、机框、单板	必配	必配	增加机架、机框、单板
配置 MP 单板模块类型	必配	必配	配置 MP 单板模块类型	必配	必配	配置 MP 单板模块类型
配置模块单板从属关系	必配	必配	配置模块单板从属关系	必配	必配	配置模块单板从属关系
配置 BSC 的 HDLC	必配	必配	配置 BSC 的 HDLC	必配	必配	配置 BSC 的 HDLC
配置 BSC 的 UID	必配	必配	配置 BSC 的 UID	必配	必配	配置 BSC 的 UID
PCF 配置 · 配置 PCF 方式	不配	必配	配置 PCF 方式	不配	必配	配置 PCF 方式
配置 PCF 防火墙和 A10 参数	不配	必配	配置 PCF 防火墙和 A10 参数	不配	必配	配置 PCF 防火墙和 A10 参数
配置 PDSN	不配	必配	配置 PDSN	不配	必配	配置 PDSN
配置 IP 协议栈接口	不配	必配	配置 IPI 单板 IP 地址	必配	不配	配置 IP 协议栈接口
配置 IP 协议栈静态路由	不配	必配	配置 IP 协议栈的接口	必配	必配	配置 IP 协议栈静态路由
配置 PCF 与 PDSN 连接关系	不配	必配	配置 IP 协议栈静态路由	必配	必配	配置 PCF 与 PDSN 的连接关系
配置 DSMP 与 RMP 连接关系	必配	必配	配置 PCF 与 PDSN 连接关系	不配	必配	配置 UIM 单板的 MDM 服务类型
配置 PCM	必配	不配	配置 DSMP 与 RMP 连接关系	必配	必配	配置 DOCMP
配置 CMP	必配	必配	配置 CMP	必配	必配	配置 FE 端口数
统一 VTC 工作模式	必配	不配	统一 VTC 工作模式	不配	不配	配置 AAA 接口参数
配置 UIM 的 MDM 服务类型	必配	必配	配置 UIM 的 MDM 服务类型	必配	必配	
配置 SPB 窄带信令链路二	必配	必配				

以 BSC 三框成局为例说明，三框由两个 BUSN 框和一个 BCTC 框组成。支持 1X Release A 业务+1XEV-DO 业务和 A 接口，单板配置如图 21.2 所示。

21.2.2 BSC 物理配置

1. 增加 BSC 机架

选择视图左侧配置管理树上的 ZXC10 BSSB 节点，展开 BSCB 树节点，然后右击物理配置，弹出快捷菜单，在弹出的快捷菜单中选择增加机架，从弹出的界面机架类型下拉列表框中选择 IP 机架，其他参数采用默认设置。

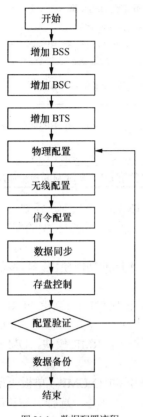

图 21.1 数据配置流程

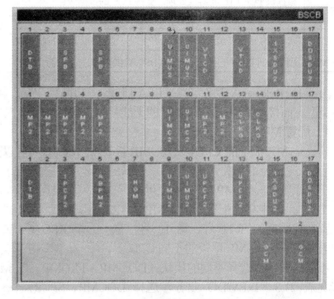

图 21.2 BSC 单板配置示意图

2. 增加 BSC 机框

鼠标右键单击视图机架图中某一层空机框位置，在弹出的快捷菜单选择增加机框，选择要增加的机框类型：资源框、控制框、一级 IP 交换框、GCM 框。本例中 1、3 号机框资源框，2 号机框控制框，4 号机框 GCM 机框。

3. 增加 BSC 单板

增加单板时，单板的类型必须与插装在槽位上的物理单板完全一致。在 BSC 机架图上，右击要增加单板的位置，选择增加单板快捷菜单。在弹出快捷菜单中选择增加单板增加详细单板。单板功能及槽位如表 21.2 所示。

表 21.2　　　　　　　　　　　　　单板功能及槽位

单板名	特　点	槽　位
MP	两套 CPU 处理器称为 CPU 子卡。通过在 MP/MP2 的 CPU 子卡加载不同功能软件，可构成多种不同功能模块。包括 1xCMP/APCMP/DOCMP/DSMP/RMP/SPCF	OMP 固定在 BCTC 的 11-12 号槽位
UIMU	实现媒体流和控制流的交互	UIMU 固定在 BPSN 框 9-10 号槽主备
UIMC	仅进行控制流交互	UIMC 固定在 BCTC 框 9-10 号槽主备
DTB	一个 DTB 单板可以提供 32 条 E1	DTB 固定在 BPSN 框
ABPM	用于 Abis 接口的协议处理，提供低速链路完成 IP 压缩协议的处理	ABPM 固定在 BPSN 框，常插 5、8 槽

195

续表

单板名	特　点	槽　位
1XSDU DOSDU	处理无线话音和数据协议，完成数据的选择、复用、解复用的处理	SDU 固定在 BPSN 框
SPB	完成窄带信令，可处理多路 SS7 的 HDLC 及 MTP-2 以下层协议	可放在完成语音业务的 BPSN
IPCF	实现 PCF 与 PDSN、AAA Server 连接，接收外部网络 IP 数据，进行数据区分发到内部 UPCF、SPCF 功能单板和模块	可放在完成分组业务的 BPSN
UPCF	板提供 PCF 用户面协议处理，支持 PCF 的数据缓存、排序以及一些特殊协议的处理	可放在完成分组业务的 BPSN
VTCD	实现 CS 域语音编解码支持 VoIP、速率适配和回声抑制功能	可放在完成语音业务的 BPSN
GCM	用于处理接收的卫星信号，为 BSC 提供全局时钟信号	GCM 插箱安装 2 块 GCM 单板互为备份

由于 1X Release A 业务可以采用 A 口或 Ap 口两种配置，在增加 1XSDU 单板前，需要设置好接口类型，而接口类型配置在 BSC 的无线参数上进行，因此操作上要提前进行接口类型的配置。

4. 配置 MP 单板模块类型

模块是 MP 板上的 CPU，一块 MP 板有 2 个 CPU，可以配置为不同的功能模块，与备份槽位对应的 CPU 为主备关系。

配置原则：一块 MP/MP2 板上可配置 2 个模块类型。必须配置的模块包括：OMP 和 RPU。一个 BSC 系统中只能配置一对 OMP/OMP2 类型单板（主备配置），OMP 在控制框存在的情况下配置在控制框的第 11 号、第 12 号槽位；一个 BSC 系统中只配置一个 RMP 模块，OMP 与 RPU 配置在同一块 MP 单板的不同 CPU 上。

不同的业务，选择不同的模块：DOCMP、1XCMP、DSMP、RMP 和 1XUMP，单板类型及功能见表 21.3。1xEV-DO 业务，选择 DOCMP、SPCF；1x Release A 业务，选择 1XCMP、DSMP、RMP 和 SPCF，或 1XUMP 和 SPCF；1xEV-DO 和 1x Release A 的混合业务，选择 DOCMP、1XCMP、DSMP、RMP 和 SPCF。其中，1XCMP、RMP、DSMP 可用集成功能的 1XUMP 代替。DOCMP、1XCMP、DSMP、RMP、SPCF 如何搭配构成一个 MP 单板，主要取决于项目的具体情况（如业务种类、模块的个数、MP 母板的个数等）。DOCMP、1XCMP、DSMP、RMP 可以任意搭配，共用一个 MP 母板。

表 21.3　　　　　　　　　　MP 单板模块类型

模块类型	说　明
MT_3G_OMP 简称 OMP	系统控制管理模块。负责整个系统管理、GPS 模块收发控制、环境监控模块通信控制
MT_3G_RUP 简称 RPU	负责整个系统的路由协议处理
MT_3G_DOMP_HDMP 简称 DOCMP	负责 DO 数据业务的呼叫及处理
MT_3G_CMP_HDMP 简称 1XCMP	负责 1X 业务的处理和切换处理
MT_3G_DSMP_HDMP 简称 DSMP	负责 1X 业务的专用信令处理和切换处理
MT_3G_RMP_HDMP 简称 RMP	负责声码器、选择器管理
MT_3G_SPCF_MP 简称 SPCFMP	PCF 信令处理模块，是一种特殊的 MP 单板。

配置步骤：右键单击机架图中 MP 单板，在弹出的菜单中选择配置模块类型，弹出如图 21.3 所示对话框。双击要配置的 CPU 编号，在弹出的对话框中选择 MP 板的模块类型。单击确定按

钮，完成本模块配置。继续完成其他 MP 板的模块配置。配置好 MP 单板的模块类型以后，机架图上的 MP 单板的颜色变成绿色。

5. 配置模块/单元从属关系

任何一个单板都必须从属于一个模块，上电时单板从所属的模块处获取配置信息。注意：UPCF 单板的从属关系必须在配置 PCF 的模块属性后才能进行。

配置步骤：在 BSC 的机架图中，右键单击要配置的单板，在弹出的右键菜单中，选择配置模块单板从属关系，弹出对话框如图 21.4 所示。在可配置模块从属关系的 MODULE 列表中选取一条记录，单击增加按钮，完成配置。继续完成其他单板的配置。配置好单板的模块/单元从属关系以后，机架图上所有单板的颜色变成绿色。UPCF 单板的从属关系必须在配置 PCF 支持方式后才能进行。

图 21.3 配置模块类型

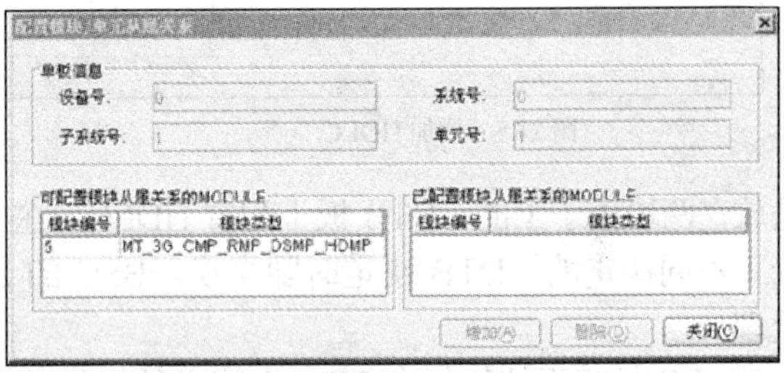

图 21.4 配置模块/单元从属关系

6. 配置 BSC 侧的 HDLC

所谓 HDLC 即标准链路层协议（Hight Level Data Link Control）。HDLC 的配置是为了 BSC 和 IP BTS 连接而产生的，是配置 Abis 接口的 L2 层。1 个 HDLC 可由 1 条 E1/T1 的一个或多个时隙绑定而成。多条 E1 链路时，1 条 E1 的 1 号时隙绑定成一个 HDLC，其余时隙绑定成一个 HDLC，其余的 E1 每条全部时隙绑定成一个 HDLC。

配置步骤：右击 DTB 单板，选择配置 HDLC，在弹出的对话框中单击增加按钮，弹出增加 HDLC 对话框，如图 21.5 所示，选择 HDLC、DT E1/T1 和 ABPM E1/T1 号，单击确定按钮增加一条 HDLC 链路。继续增加其他的 HDLC 链路。完成后返回配置 HDLC 对话框。

BSC 与其下挂的每个 BTS 之间必须提供 1 条只有 1 个时隙的 HDLC，此时隙一般是 HDLC 的第一条时隙。

在配置 HDLC 对话框中选择一条已配的 HDLC，点击右键，在弹出的菜单中选择配置 HDLC 的时隙，弹出配置 HDLC 的时隙对话框，如图 21.6 所示。从可配的 DT 时隙中选择 1 条或多条可配的 DT 时隙，在可配的 ABPM 时隙中选择同样数量的可配 ABPM 时隙。单击增加按钮，完成 1 条 HDLC 的时隙绑定。继续完成其他的 HDLC 的时隙绑定。

7. 配置 BSC 侧的和 UID

UID 为 IP BTS 的 ID 号，用于 IP BTS 和 BSC 的连接。每个 IP BTS 具有 1 个上电 UID，1 个业务 UID。上电 UID 占用 1 个时隙，业务 UID 可占用多个时隙。UID 的时隙是通过其关联的 HDLC 上 E1 时隙实现的，上电 UID 只能配置只有 1 个时隙的 HDLC，业务 UID 可以配置 1 个或多个 HDLC。BSC 侧 UID 的编号方法是 0～41 号用于业务 UID，64～127 号用于上电 UID。

HDLC 是底层通道，UID 是建立在它的基础上的一个应用通道，可以理解为 UID 是一个大通道，HDLC 是大通道中的几个细管道。一个 UID 需要配置多少条 HDLC 链路是由业务带宽需求确定的，在目前的系统中，一般一个 UID 最多配置 8 个 HDLC。在 BSC 侧，HDLC 和 UID 的配置

图 21.5　增加 HDLC

图 21.6　配置 HDLC 的时隙

是放在两块板子上的，DTB 板上配置 HDLC，在 ABPM 上配置 UID。这是由于 ABPM 和 DTB 的分工不同决定的，DTB 决定时隙交换，BSC 的 E1 中继统一由 DTB 提供；ABPM 单板负责 MP 处理。

BSC 与其下挂的每个 BTS 之间必须提供 1 条只有 1 个时隙的 HDLC 给上电 UID 使用，此时隙一般是 HDLC 的第一条时隙。

配置步骤：分为增加 UID 和配置 UID 两步。

增加 UID：右键单击 ABPM 单板，在弹出的快捷菜单中，选择配置 UID，弹出对话框如图 21.7 所示。单击增加按钮，弹出增加 UID 对话框，如图 21.8 所示。在弹出的增加 UID 对话框中选择 UID 编号，并选择用于连接的 HDLC 编号，单击确定按钮。继续完成其他的 UID 的添加。

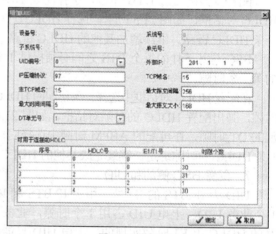

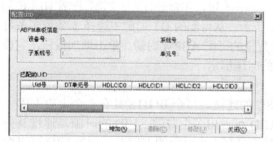

图 21.7　配置 UID

图 21.8　增加 UID

配置 UID：在配置 UID 对话框中选择一条已配的 UID 记录，单击右键，在弹出的菜单中选择配置 UID，弹出对话框如图 21.9 所示。从可用 HDLC 列表中选择一条 1 个时隙的 HDLC 记录，单击增加按钮，完成上电 UID 与 HDLC 的时隙绑定操作。同样继续完成其余上电 UID 和业务 UID 的配置。

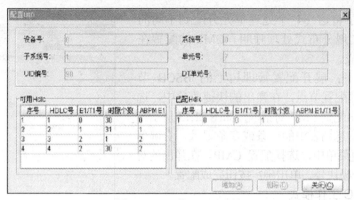

图 21.9 UID 的 HDLC 绑定

8. PCF 配置

实现数据业务时，则需配置 PCF。

9. 配置 PCM

1XEV-DO 业务无需配置本步。PCM 在 DTB 单板上配置。1 个 PCM 对应物理配置中的 1 条 E1，用来连接 BSC 和 MSC。BSC 侧所配置的 PCM 号与交换机侧的 PCM 编号必须一致。

操作步骤如下：在 BSC IP 机架图中，右键单击 DTB 单板，在弹出的快捷菜中，选择配置 PCM，在随后弹出的对话框中单击增加按钮，弹出增加 PCM 对话框，如图 21.10 所示。选择 PCM 号和 E1/T1 号，增加 PCM 链路。可增加多条 PCM 链路，增加完成后，返回配置 PCM 对话框。如图 21.11 所示，在配置 PCM 对话框中选中一条已配的 PCM 链路，右键单击，在弹出的快捷菜单中，选择配置中继，弹出配置中继对话框。如图 21.12 所示，在可用时隙列表中选择除 16 号以外合适的时隙，单击增加按钮完成一条中继配置。

图 21.10 增加 PCM 对话框

图 21.11 配置 PCM

图 21.12 配置中继

10. 配置 CMP

CMP 的配置是语音业务的负荷分担配置。BSC 上可配置的 1X 业务处理单元 64 个，该任务的配置是为了将这 64 个处理单元分配到不同的 MP 上处理，以实现分布式处理呼叫。CMP 的配置在配置树节点上完成。

操作步骤如下：展开配置管理树上的 BSCB 节点，右键单击物理配置节点，在弹出的快捷菜单中，选择配置 CMP，弹出配置 CMP 对话框，如图 21.13 所示。选中 CMP 模块信息列表中的一条或多条记录，右键单击，在弹出的快捷菜单中，选择配置 CMP。在弹出的对话框中，选择一个模块号。单击确定按钮完成配置。

图 21.13　配置 CMP

11．统一 VTC 工作模式

本步骤只有在系统支持 A 接口，配置 VTC 板之后才需配置。

VTC（语音码型变换板）支持多种配置，统一 VTC 工作模式将一个 BSC 下所有 VTC 的工作模式都统一到一种工作模式上。

操作步骤如下：展开配置管理树上的 BSCB 节点，右键单击物理配置，在弹出的快捷菜单中，选择统一 VTC 工作模式，弹出更改 VTC 工作模式对话框，根据系统要求选择编码方式，建议选择"8K+EVRC"。单击确定按钮，完成配置。

12．配置 UIM 单板的 MDM 服务类型

UIM 单板可配置的 MDM（消息分发模块）服务类型包括起呼、寻呼响应、切换、登记和 HRPD 转发进程。根据开通的业务种类不同，选择的服务类型也不同：开通 1x EV-DO 系统的业务，必须且只能配置一对 UIM 为 MDM，配置 MDM 服务类型为：HRPD 转发进程；开通 1x Release A 系统的业务，必须配置 MDM 服务类型为：起呼、寻呼、切换、登记。这 4 种服务类型可以配置在 UIM 的同一个 MDM 上，也可以任意组合。但是，任意一种服务类型不能在不同的 MDM 上重复配置；开通 1x Release A 系统的业务和 1x EV-DO 系统的业务，5 种服务类型都

需要配置。这 5 种服务类型可以配置在同一个 MDM 上，也可以任意组合。但是，任意一种服务类型不能在不同的 MDM 上重复配置。

操作步骤如下：在 BSC IP 机架图中，右击第二层控制框的 UIM 单板，选择配置 MDM 服务类型菜单，弹出配置 MDM 的服务类型对话框。选择服务类型为"起呼+寻呼响应+切换+登记"，单击确定。如图 21.14 所示。

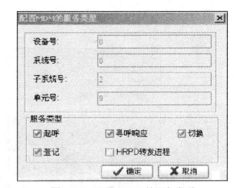

图 21.14　配置 MDM 的服务类型

13．配置 SPB 单板的窄带信令链路二

窄带信令链路二用来描述 DTB→UIM→SPB 之间的信令链路配置情况，如图 21.15 所示。

当指定 E1 时隙后，则图 21.15 中 E1 和 HW1 之间的时隙交换关系、HW1 和 HW2 之间的时隙交换关系、HW2 和 SPB 内部的时隙交换关系也已经确定。

操作步骤如下：在 BSC 机架图中右击 SPB 板，选择配置窄带信令链路二，在弹出的对话框中单击增

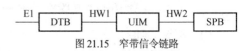

图 21.15　窄带信令链路

加按钮，弹出增加窄带信令链路二对话框，如图 21.16 所示。修改 CPU 号、DT 单元号、DT 单元 E1 号、时隙起始号和时隙个数，单击确定钮完成配置。

　　CPU 号对应 SPB 上的不同子卡；HW 号和 HW 起始时隙号由系统自动给出；DT 单元号对应 DTB 单板槽位号；DT 单元 E1 号对应该 DTB 单板上 E1 链路序号；时隙起始号和个数对应配置给信令链路的时隙号和个数，BSC 与 MSC 侧相同。

图 21.16　增加窄带信令链路二对话框

21.3　配置 BSC 物理数据任务教学实施

情境名称	BSC 物理配置情境
情境准备	MSCe 局；BSC 机架包含两个资源框一个控制框，配置相应单板；BTS I2 包括机架主设备、电源、传输设备及天馈系统；MSC、BSC、BTS 间连接线缆已接好；后台网管及若干 OMC 客户端；前后台连接并正常通信
实施进程	1. 资料准备：预习任务 2，学习工单与任务引导内容；整理 BSC 物理配置相关知识；通过设置提问检查预习情况 2. 方案讨论：可 1～5 人一组，在任务 1 的基础上，讨论制订本组的 BSC 数据及其关联数据计划，画图标注 BSC 与 MSC 间关联协议和中继的情况 3. 实施进程 ① 打开网管，并观察前后台，检查前后台通信 ② 在机架上观察和在网管上分别查看，检查物理设备配置开工 ③ 在网管软件中增加 BSC 机架 ④ 在网管软件中增加 BSC 机框 ⑤ 在网管软件中增加 BSC 各单板 ⑥ 在网管软件中配置 MP 单板模块类型、配置模块/单元从属关系 ⑦ 在网管软件中配置 BSC 侧的 HDLC 和 UID ⑧ 在网管软件中配置 BSC 相关模块（PCM 配置、配置 1XCMP 选择表、统一 VTCD 工作模式、UIM 单板 MDM 服务类型、SPB 单板的窄带信令链路二） 4. 配置完成检查配置数据，并按教师要求完成小组数据备份操作 5. 任务资料整理与总结：各小组梳理本次任务，总结发言，主要说明本小组 BSC 物理配置数据设置情况、配置中遇到的问题与疑惑、配置注意事项

情境名称	BSC 物理配置情境		
任务小结	1. 物理配置的主要步骤 2. MP 单板模块类型的配置 3. 配置 HDLC 的原因和配置原则 4. 配置 UID 的原因和配置原则 5. 配置 1XCMP 的目的		
任务考评	任务准备与提问	20%	1. BSC 物理配置有哪些步骤 2. 物理配置各步骤的含义是什么 3. 本组配置 PCM 号是多少
	分工与提交的任务方案计划	10%	1. 讨论后提交的完成本次任务详实的方案和可行情况 2. 完成本任务的分工安排和所做的相关准备 3. 对工作中的注意事项是否有详尽的认知和准备
	任务进程中的观察记录情况	30%	1. 小组在配置前是否检查过前后台通信、是否检查物理配置、是否记录过局间的物理连接情况 2. 本局数据配置情况 3. 组员是否相互之间有协作
	任务总结发言情况与相互补充	30%	1. 任务总结发言是否条理清楚 2. 各过程操作步骤是否清楚 3. 每个同学都了解操作方法 4. 提交的任务总结文档情况
	练习与巩固	10%	1. 问题思考的回答情况 2. 自动加练补充的情况

任务 22

配置 PCF 物理数据

22.1 配置 PCF 物理数据任务工单

任务名称	配置 PCF 物理数据
学习目标	1. 专业能力 ① 掌握配置数据业务的一般步骤 ② 了解数据业务组网方式与 IP 地址规划 ③ 学会 PCF 各接口的数据配置 ④ 通过配置，学会增加、修改、删除数据的操作技能 ⑤ 学会计算机网络应用、前后台通信联网的技能 2. 方法与社会能力 ① 培养观察记录和独立思考的方法能力 ② 培养机房维护（数据管理）的一般职业工作意识与操守 ③ 培养完成任务的逻辑顺序能力 ④ 培养整体规划的全局协同能力
任务描述	1. 查阅资料收集整理数据业务物理配置的一般步骤 2. 画出本实验系统 PCF 与 PDSN 组网方式图，并规划 IP 地址 3. 完成好前后台之间的通信连接，确保前后台通信正常 4. 完成本实验系统 PCF 相关的物理配置
重点难点	重点：PCF 物理配置步骤和操作方法 难点：IP 地址规划
注意事项	1. 不更改和删除原有备份数据、原有硬件机框等 2. 未经同意，一般不执行配置数据的同步操作
问题思考	1. PCF 相关的物理配置包括哪些步骤 2. 当 PCF 与 PDSN 采用不同组网方式时，各配置步骤中 IP 地址该如何确定
拓展提高	1. 如何配置 IPI 单板的 IP 地址 2. Ap 接口的以太网到 E1 的转换如何实现
职业规范	1. 设备厂商的物理设备数据配置规范 2. 中国电信相关数据规范

22.2 配置 PCF 物理数据任务引导

22.2.1 PCF 接口

1. CDMA20001X 网络

CDMA20001X ReleaseA 语音业务和数据业务在 BSC 侧配置步骤不同，要完成数据业务配置，除完成 BSC 物理配置，还要增加相应接口配置。

CDMA20001X 网络主要有 BTS、BSC 和 PCF、PDSN 等节点组成。基于 ANSI-41 核心网的系统结构如图 22.1 所示。BTS 在小区建立无线覆盖区，用于与移动台通信；BSC 可对多个 BTS 进行控制；Abis 接口用于 BTS 和 BSC 之间连接；A1 接口用于传输 MSC 与 BSC 之间的信令信息；A2 接口用于传输 MSB 与 BSC 之间的话音信息；A3 接口用于传输 BSC 与 SDU 之间的用户话务（包括语音和数据）和信令；A7 接口用于传输 BSC 之间的信令，支持 BSC 之间的软切换。

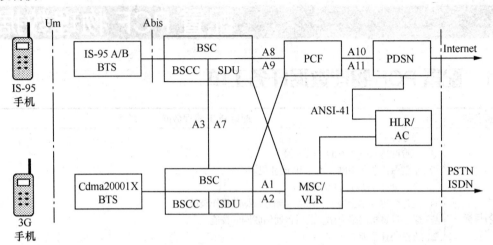

图 22.1　CDMA20001X 系统结构

CDMA20001X 新增接口为：A8 接口，传输 BS 和 PCF 之间的用户业务；A9 接口，传输 BS 和 PCF 之间的信令信息；A10 接口，传输 PCF 和 PDSN 之间的用户业务；A11 接口，传输 PCF 和 PDSN 之间的信令信息。A10/A11 接口是无线接入网和分组核心网之间的开放接口。如表 22.1 所示。

表 22.1　　　　　　　　　　CDMA20001X 核心网 PS 域的接口

接口名	连接实体	信令与协议	承　载
A8	BSC-PCF	传送数据	ATM
A9	BSC-PCF	传送信令	ATM
A10	PCF-PDSN	R-P	GRE 隧道
A11	PCF-PDSN	R-P	UDP

从表 22.1 可以看出，CDMA20001X 核心网 PS 域分为用户平面和控制平面两个层面，其中信令采用 UDP 协议包传送，用户数据则采用 GRE 隧道方式。

2. 1X EV-DO 网络

1XEV-DO 网络参考模型如图 22.2 所示，它由分组核心网（Packet Core Network，PCN）、无线接入网（Rati Access Network，RAN）和接入终端（Access Term inal，AT）3 部分组成。RAN 主要包括接入网（Access Network，AN）、分组控制功能（Packet Control Function，PCF）和接入网鉴权/授权/计费（AN-Authentication，Authorization and Accounting，AN-AAA）等功能实体。

RAN 的接口也称为 A 接口，包括 A8/A9、A10/A11、A12 和 A13。其中，A8/A9 和 A10/A11

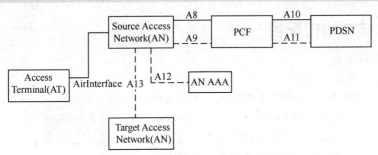

AT—接入终端；AN—接入网；PCF—分组控制功能；

PDSN—分组数据业务网；AN—AAA：接入网鉴权/授权/计费

图 22.2 EV-DO 网络结构

接口的定义与 CDMA2000 1X 相同，并有所扩展；A10/A11 接口在 PCN 的附着点是（Packet Data Service Node，PDSN）；A12 和 A13 接口是 1X EV-DO 新增接口。AN-AAA 是接入网执行接入鉴权和对用户进行授权的逻辑实体。它通过 A12 接口与 AN 交换接入鉴权的参数及结果。AN-AAA 可以与分组核心网的 AAA 合设，此时需要在 AN 与 AAA 之间增设 A12 接口。接入鉴权功能是可选的，可以选择不实现 AN-AAA。A13 是不同 AN 之间的信令接口，用基于 UDP/IP 的协议栈结构。

22.2.2 IPCF 与 PDSN 之间组网方式

R-P（无线侧-PDSN）传送网络指的是 IPCF 单板到 PDSN 的路由和传输。在配置 1X Release A 数据业务和 1X EV-DO 数据业务时，需要在后台配置 PDSN 的 IP 地址和绑定 IP 地址，不同的组网方式配置不同的 IP 地址。PDSN 的 IP 地址指的是 PDSN 物理设备的地址，绑定 IP 地址指 PDSN 逻辑地址。

如图 22.3 中方式 1，IPCF、R-P 传送、PDSN 处在同一网络内，PDSN 的"IP 地址"=PDSN 的"绑定 IP 地址"。

如图 22.3 中方式 2，IPCF、R-P 传送处在同一网络，PDSN 处在另一网络，假设 PDSN 的 IP 地址为 IPpdsn，PDSN 在防火墙上的绑定地址为 IPfw，则在配置 PDSN 时：PDSN 的"IP 地址"=IPfw，PDSN 的"绑定 IP 地址"=IPpdsn。

如图 22.3 中方式 3，IPCF 处在一个网络，PDSN、R-P 传送处在同一网络，PDSN 的"IP 地址"=PDSN 的"绑定 IP 地址"。

如图 22.3 中方式 4，IPCF、R-P 传送、PDSN 处在三个不同网络，PDSN 的"IP 地址"=IPfw，PDSN 的"绑定 IP 地址"=IPpdsn。

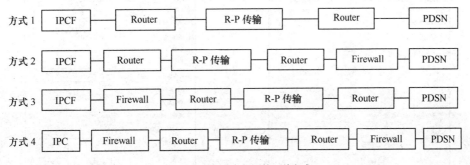

图 22.3 数据业务组网的 4 种方式

22.2.3　接口物理配置

1．A 接口物理配置

（1）配置 PCF 方式

在一个 SPCF 的 CPU 上可有 3 种模式：单独运行 PCF、单独运行 PTT、PCF 与 PTT 同时运行。一个 BSC 只能有一个运行在 PCF 或 PTT 模式下的 CPU。操作步骤：右键单击 SPCFMP 单板，如图 22.4 所示，选择配置 SPCF CPU1→配置 PCF 方式，弹出配置 PCF 方式对话框，选择 PCF，单击确定按钮。

对于多个 SPCF 模块时，对 UPCF 单板归属关系配置时应尽量平均分配到不同的 SPCF 上。只有 1 个 MP 板配置了 SPCF 模块，则分配到 2 个 UPCF 单板。

（2）PCF 防火墙和 A10 接口配置

PCF 防火墙和 A10 参数在 SPCFMP 单板上配置。此步骤的目的是在 PCF 子系统上配置防火墙和 A10 接口的一些信息。

图 22.4　配置 PCF 方式

操作步骤如下：右键单击 SPCF MP 单板，选择配置 SPCF CPU1→配置 PCF 防火墙和 A10 参数，弹出配置 PCF 防火墙和 A10 参数（一）对话框，单击增加按钮，弹出配置 PCF 防火墙和 A10 参数（二）对话框，如图 22.5 所示。输入 PCF_A10 参数取值（是 PCF_A10 接口的 IP 地址）和 SPCF 防火墙 IP（如果有防火墙，则在此处填写防火墙与 PDSN 相连的网口地址；如果没有防火墙，此处填写的地址与 PCF_A10 参数取值一致），其他参数采用默认设置，单击确定按钮完成参数配置。

（3）配置 PDSN

PDSN 的配置在配置管理视图左侧配置管理树的 BSC 节点上完成。此步骤的目的是告诉 PCF 关于 PDSN 的一些信息，应与在 PDSN 上配置的信息一致。

操作步骤如下：展开配置管理树上 BSC 节点，右击物理配置，弹出快捷菜单选择配置 PDSN，弹出配置 PDSN 对话框，单击增加按钮，弹出对话框如图 22.6 所示，在弹出的对话框中填写 PDSN 的 IP 地址（指的是 PDSN 物理设备的地址）、绑定 IP 地址（指 PDSN 逻辑地址）、PDSN 名称和位置信息，选择 A11 的 UDP 端口号（A11 使用的 UDP 用户数据报协议端口号 434），其他参数采用默认设置。单击确定按钮完成配置。

图 22.5　配置 PCF 防火墙和 A10 参数

图 22.6　增加 PDSN

（4）配置 IP 协议的接口

IP 协议栈接口配置在配置管理视图左侧配置管理树 BSC 节点上完成。此步目的是为配置 IPCF 各端口的 IP 地址，包括 A8 接口 IP 地址和 A10 接口 IP 地址。

操作步骤如下：展开配置管理树 BSC 节点，右击物理配置在弹出快捷菜单中，选择配置 IP 协议栈接口菜单，弹出配置 IP 协议栈的接口对话框，如图 22.7 所示。

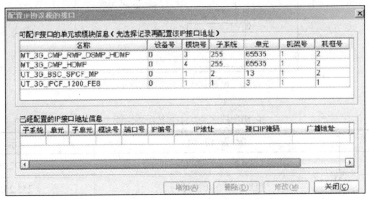

图 22.7 配置 IP 协议栈的接口

增加 A8 接口地址：从可配置 IP 接口的单元或模块信息列表中选择 IPCF 单板，单击增加按钮。输入 IP 编号、IP 地址、接口 IP 掩码和 MAC 地址，其余使用系统默认配置。单击确定按钮，完成 A8 接口地址的配置，如图 22.8 所示。可以填写与 A10 IP 在统一网段内的任意 IP 地址。

增加 A10 接口地址：在图 22.8 所示的对话框中，从可配置 IP 接口的单元或模块信息列表中选择 SPCF 单板，同 A8 接口地址过程完成 A10 接口地址的配置。

（5）配置 IP 协议栈的静态路由

当 IPCF 通过路由器与 PDSN 连接时，需配置 IP 协议栈静态路由，如果 IPCF 是与 PDSN 直接连接则不需配置此项。可配置多条路由到达同一个 PDSN。

操作步骤：展开配置管理树 BSC 节点，右击物理配置。选择配置 IP 协议栈的静态路由，弹出对话框，单击增加按钮，如图 22.9 所示。输入路由网络前缀、路由网络掩码和下一跳 IP 地址，其他缺省。单击确定。

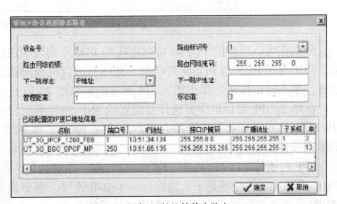

图 22.8 增加 A8 协议接口　　　　　　图 22.9 添加 IP 协议栈静态路由

以图 22.10 所给数据为例，各参数配置说明如表 22.2 所示。

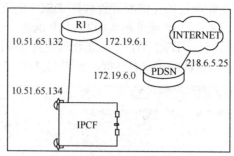

图 22.10　IP 协议栈静态路由配置示意图

表 22.2　　　　　　　　　　　IP 协议栈静态路由参数配置说明

参数名称	配置说明	示　例
路由网络前缀	PDSN 所在子网的前缀	172.19.6.0
路由网络掩码	PDSN 所在子网掩码	255.255.255.0
下一跳 IP 地址	和 IPCF 单板相连的路由器网口的 IP 地址	10.51.65.132

（6）配置 PCF 与 PDSN 的连接关系

PCF 与 PDSN 的连接在 SPCFMP 板上配置。当配置多个 A10 IP 地址后，可以连接的 PCF 有多个。

操作步骤如下：右击 SPCFMP 单板，选择配置 SPCF CPU1→配置 SPCF 与 PDSN 的连接关系，弹出如图 22.11 所示对话框。

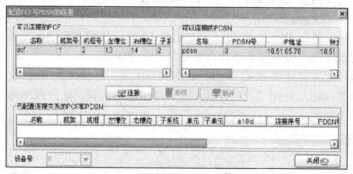

图 22.11　配置 PCF 与 PDSN 的连接

分别在可以连接的 PCF 与可以连接的 PDSN 列表中选择需要连接的 PCF 和 PDSN，单击连接，弹出连接 PCF 与 PDSN 对话框，选择与前台机架配置情况一致的 PCF 放置模式，其他参数缺省。单击确定按钮，弹出增加 SPI 对话框，如图 22.12 所示。

在增加 SPI 对话框中，选择要配置的 R-P 连接所对应的连接序号和 SPI 序号，输入 SPI 值（PCF 与 PDSN 连接的安全联合参数，建议 100）、编码鉴权（字符）和解码鉴权（字符）。单击确定按钮。

SPI 的值与 PDSN 上配置的值一致。需要注意的是，在 PDSN 上 SPI 的配置是十进制，在 OMC 后台 SPI 的配置是十六进制；一个 R-P 连接，需要设置至少一个 SPI。如果更改了 IPCF 和 PDSN 之间的连接关系，需重新配置 SPI。

（7）配置 DSMP 和 RMP 连接关系

DSMP（专用信令主处理模块）和 RMP（路由协议处理模块）之间的关系为：多个 DSMP 划归到 1 个 RMP 管理时，每个 DSMP 的所有进程都划归到这个 RMP 处理；DSMP 上的资源划归到多个 RMP 管理时，DSMP 上的进程号分段，对应不同的 RMP，同一个 DSMP 的 2 个进程分段不能划归到同一个 RMP 处理。只能是有 DSMP 功能的模块，比如 CRDDMP、CDDMP、DDMP、DMP 才需进行这项配置。

图 22.12　增加 SPI

操作步骤如下：展开配置管理树 BSCB 节点，右击物理配置，在弹出的快捷菜单中，选择配置 DSMP 和 RMP 的连接关系（一），若在前面配置 MP 单板的模块类型步骤中，分别在 2 机框 5、6 号槽位的 MP/2 单板和 13、14 号槽位的 SPCFMP 单板分别配置了 MT_3G_DSMP_HDMP 和 MT_3G_CMP_RMP_DSMP_HDMP 模块是有 DSMP 功能的模块，则如图 22.13 所示，出现两个 DSMP 模块。单击需要配置的模块编号，弹出如图 22.14 所示配置 DSMP 与 RMP 的连接关系（二）对话框。选择可用的 DSMP 和可用的 RMP 记录，单击连接按钮，弹出配置 DSMP 与 RMP 的连接关系（三）对话框。输入（实例数一般设置为 700），单击确定按钮，建立 DSMP 与 RMP 之间的连接。

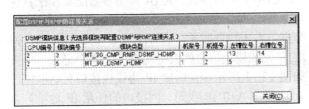

图 22.13　配置 DSMP 与 RMP 的连接关系（一）

图 22.14　配置 DSMP 与 RMP 的连接关系（二）

2．Ap 接口物理配置

这里主要叙述与 A 接口物理配置的不同之处。

（1）配置 IPI 单板的 IP 地址

操作步骤如下：右击 IPI 板，快捷菜单中选择配置 IP 地址，如图 22.15 所示。在图 22.15 中，选择 IP 地址信息中的记录右击后选择配置 IPI 单板的 IP 地址，弹出对话框，输入正确的 IP 地址，单击确定按钮。IPI 单板的 IP 地址必须与协议栈中 IPI 的 IP 地址保持一致，否则会链路不通。

（2）配置 IP 协议栈的接口

具体的操作过程请参见 A 接口物理配置，各参数配置说明如表 22.3 所示。

3．配置 EV-DO 业务增加的接口配置

（1）配置 DOCMP

DOCMP 配置是语音业务的负荷分担配置，实现分布式呼叫处理。"配置步骤"任务 21 中的 CMP 配置过程。

图 22.15　配置 IPI 单板的 IP 地址

表22.3 Ap 接口 IP 协议栈的接口配置说明表

参数名称	单元或模块	配 置 说 明
IP 地址	IPCF	是一个内部 IP 地址,可填写与 A10 IP 地址在同一网段内的任意 IP 地址
	RPU	是一个内部 IP 地址
	SPCF	对应"配置 PCF 防火墙和 A10 参数"中的 PCF_A10 的 IP 地址
	APCMP	需要与 SCTP 基本连接配置中的本端 IP 地址
	IPI	需要与配置 IPI 单板的 IP 地址中的本端 IP 地址一样
	SIPI	SIPI 接口地址

（2）配置 FE 端口数

FE 端口数是一个槽位提供的媒体流 FE 数目,即百兆端口的数目。某类机框的某个槽位所能够提供的 FE 端口的数目是一定的,某类单板可能使用的最大 FE 端口的数目也是一定的。因此,在一块单板上配置的 FE 数值的上限应为槽位所能提供的 FE 端口数目和单板所能使用的最大 FE 端口数目中的最小者。FE 端口数在 IPCF 单板上配置。

FE 端口数的配置步骤如下:在 IPCF 单板上右击,在弹出的快捷菜单中,选择配置 FE 端口数,弹出配置 FE 端口数（一）对话框,如图 22.16 所示。选择 FE 端口信息列表中的一条记录,右键单击,在弹出的快捷菜单中,选择配置 FE 端口数,弹出配置 FE 端口数（二）对话框,选择 FE 端口数,单击确定按钮完成设置。

（3）配置 AAA 接口参数

如系统中安装了 AAA 服务器,就需配置与 AAA 的接口参数。AAA 接口参数配置在配置管理树上的 BSC 节点上完成。

操作步骤如下:在左侧配置管理树 BSC 节点,右击物理配置,选择配置 IP 协议栈接口,弹出配置 IP 协议栈接口对话框,在可配 IP 接口的单元或模块信息列表中选择"IPCF"记录,单击增加按钮,弹出增加 IP 协议栈接口对话框,如图 22.17 所示。在增加 IP 协议栈接口对话框中,输入端口号、IP 地址（是一个内部 IP 地址,可填写与 A10 IP 在同一网段内的任意 IP 地址）、子网掩码和 MAC 地址,其余使用系统默认配置,单击确定按钮,完成 A12 接口地址的配置后返回如图 22.18 所示对话框。

图 22.16　配置 FE 端口数

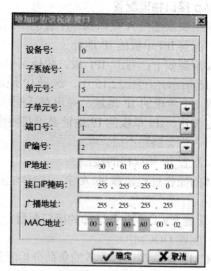

图 22.17　增加 IP 协议栈接口

图 22.18　增加 A12 接口

22.3　配置 PCF 物理数据任务教学实施

情境名称			PCF 的数据配置情景
情境准备			含 PDSN 的核心网，与 BSS 通过路由器相连；BSC 机架含两个资源框一个控制框，配置相应单板；BTS I2 机架主设备；电源、传输及天馈系统；PDSN、BSC、BTS 间连接线缆；后台网管及若干 OMC 客户端；前后台连接并正常通信
实施进程			1. 资料准备：预习任务学习工单与任务引导内容；整理 IP 地址及掩码相关知识；通过设置提问检查预习情况 2. 方案讨论：在任务 21 基础上，讨论制定本组的数据，画图标注 PCF 与 PDSN 的连接情况 3. 实施进程 ① 打开网管，并观察前后台，检查前后台通信 ② 在机架上观察和在网管上分别查看，检查物理设备配置开工 ③ 配置 PCF 方式 ④ 配置 PCF 防火墙和 A10 参数 ⑤ 配置 PDSN ⑥ 配置 IP 协议栈接口 ⑦ 配置 IP 协议栈的静态路由 ⑧ 配置 PCF 与 PDSN 的连接 ⑨ 配置 DSMP 和 RMP 的连接关系 4. 配置完成检查配置数据，并按教师要求完成小组数据备份操作 5. 任务资料整理与总结：各小组梳理本次任务，总结发言，主要说明本小组的数据的设置情况、配置中遇到的问题与疑惑、配置的注意事项
任务小结			1. 数据业务时，物理配置的主要步骤 2. PCF 相关数据配置的主要内容 3. PCF 与 PDSN 的组网方式 4. PCF 相关配置中各参数的含义和选择
任务考评	任务准备与提问	20%	1. 为什么要进行 PCF 的数据配置 2. IP 地址配置中各参数含义是什么 3. 本组配置 IP 地址是如何规划和安排的

续表

情境名称			PCF 的数据配置情景
任务考评	分工与提交的任务方案计划	10%	1. 讨论后提交的完成本次任务详实的方案和可行情况 2. 完成本任务的分工安排和所做的相关准备 3. 对工作中的注意事项是否有详尽的认知和准备
	任务进程中的观察记录情况	30%	1. 小组在配置前是否检查过前后台通信、是否检查物理配置、是否记录过局间的物理连接情况 2. 小组 IP 地址等规划情况 3. 小组数据配置情况 4. 组员是否相互之间有协作
	任务总结发言情况与相互补充	30%	1. 任务总结发言是否条理清楚 2. 各过程操作步骤是否清楚 3. 每个同学都了解操作方法 4. 提交的任务总结文档情况
	练习与巩固	10%	1. 问题思考的回答情况 2. 自动加练补充的情况

任务 23

配置 BSC 无线参数与信令参数

23.1 配置 BSC 无线参数与信令参数任务工单

任务名称	配置 BSC 无线参数与信令参数
学习目标	1. 专业能力 ① 掌握 BSC 无线参数与信令配置的一般步骤 ② 了解 CDMA2000 无线接入网频率配置的安排与规划 ③ 了解邻区配置原则 ④ 了解 SIGTRAN 协议簇 ⑤ 通过配置，学会增加、修改、删除数据的操作技能 ⑥ 学会计算机网络应用、前后台通信联网的技能 2. 方法与社会能力 ① 培养观察记录和独立思考的方法能力 ② 培养机房维护（数据管理）的一般职业工作意识与操守 ③ 培养完成任务的逻辑顺序能力 ④ 培养整体规划的全局协同能力
任务描述	1. 查阅资料收集整理 BSC 无线参数和信令配置的一般步骤 2. 设计一个小规模本地网：MSCe、BSC、BTS，并安装好机框、单板等实体 3. 完成好前后台之间的通信连接，确保前后台通信正常 4. 完成该网络 BSC 的无线参数和信令的数据配置
重点难点	重点：无线参数和信令配置步骤和操作方法 难点：SIGTRAN 信令配置
注意事项	1. 不更改和删除原有备份数据、原有硬件机框等 2. 未经同意，一般不执行配置数据的同步操作
问题思考	1. BSC 无线参数配置包括哪些步骤 2. 支持 A 接口 BSC 信令配置包括哪些步骤 3. SIGTRAN 协议配置过程
拓展提高	如何配置候选频率对应的邻区
职业规范	1. 设备厂商的物理设备数据配置规范 2. 中国电信相关数据规范

23.2 配置 BSC 无线参数与信令参数任务引导

23.2.1 BSC 无线参数与信令参数概述

1. CDMA 频率分配

我国为中国电信 CDMA2000 分配的频率是 1920~1935MHz（上行）/2110~2125MHz（下行），共 15MHz×2。但现在中国电信仍使用 IS-95 标准引入中国并由中国联通运营时，国家给 CDMA 划分的 10MHz 的频段：上行 825~835MHz，下行 870~880MHz。CDMA 的 800MHz 频段各频点频率值如表 23.1 所示。表中基站收/发频点的计算公式：基站收频点（MHz）=825+0.03N；基站发频点（MHz）=870+0.03N。

表 23.1 800MHz 频率载波频点

序号	N	基站收频点（MHz）	基站发频点（MHz）
1	37	826.11	871.11
2	78	827.34	872.34
3	119	828.57	873.57
4	160	829.8	874.8
5	201	831.03	876.03
6	242	832.26	877.26
7	283	833.49	878.49

2. CDMA 1X 前向功控技术

CDMA2000 1X 前向采用快速功率控制技术。方法是移动台测量收到业务信道的 Eb/Nt，并与门限值比较，根据比较结果，向基站发出调整基站发射功率的指令，功率控制速率可以达到 800bit/s。由于使用快速功率控制，可以达到减少基站发射功率、减少总干扰电平，从而降低移动台信噪比要求，最终可以增大系统容量。

23.2.2 BSC 无线参数配置

1. 1x Release A 业务无线参数配置

CDMA2000 1X ReleaseA BSC 侧无线参数配置基本步骤为：配置频率、配置 1X 系统参数、配置功率控制参数、配置增益参数、配置 RLP 参数、配置 BSS 邻接小区、配置 BSS 对接参数。

展开配置管理视图左侧的配置管理树，点击 BSCB→无线参数，就可以对 1X Rlease A 业务的无线参数进行配置。

（1）配置频率

单击配置管理视图左侧配置管理树 BSCB→无线参数，弹出配置频率参数界面，输入载频频率指配值和载频的频带值，如图 23.1 所示。载频的频带和指配的频点数量根据实际情况选择，频点之间的差值必须大于 41。

（2）配置 1X 系统参数

在 BSC 的 1X 参数配置界面中，选择 1X 系统参数页面，如图 23.2 所示。单击缺省参数按钮将参数设置为缺省值，根据实际开局情况修订部分参数，单击确认按钮保存配置。

图 23.1 配置频率参数

参数说明：MarkerID 是 MSC ID 的高 8 位，须与 MSC 侧所配置的值一样；交换机序号是 MSC ID 的低 8 位，必须与 MSC 侧所配置的值一样；移动台国家码 MCC 我国为 460；不同运营商的移动网络码不同，根据实际情况填写。

（3）配置功率控制参数

功率控制参数包括：前向功控参数、1X 前向功控参数和反向功控参数，都采用缺省配置。现以配置前向功控参数为例说明。

图 23.2　配置 1X 系统参数

配置步骤如下：在 BSC 的无线参数配置界面中，选择前向功控参数页面，单击工具栏缺省参数后确认。

（4）配置增益参数

在 BSC 的无线参数配置界面中，选择增益参数页面。单击工具栏中的缺省参数按钮，完成增益参数的配置后确认按钮保存配置。

（5）配置 RLP 参数

在 BSC 的无线参数配置界面中，选择 RLP 参数。单击工具栏中缺省参数按钮，完成 RLP 参数的配置。

（6）配置 BSS 邻接小区

BSS 邻接小区是那些与本 BSS 小区有邻接关系的非本 BSS 小区。本 BSS 小区可以从 BSS 邻接小区中选择一个或多个非本 BSS 小区作为它的邻接小区。配置邻接小区的目的是为了使移动台能够完成在小区间的切换（包括硬切换、软切换、更软切换）。

（7）配置 BSC 对接参数

采用缺省配置。

2．1X EV-DO 业务无线参数配置

开通 1X EV-DO 业务时进行的 BSC 侧无线参数配置的简要步骤如表 23.2 所示。

表 23.2　　　　　　　　　　　1X EV-DO 业务无线配置步骤

配置非 QOS 参数	配置频率参数	
	系统参数	配置总体参数
		配置协商参数
		配置接入认证参数
		配置外环功率控制
		配置 A12 接口参数
		配置子网参数
	无线协议	
配置 QOS 参数	配置用户等级	

（1）配置频率参数

与 1X Release A 业务的配置步骤相同。

（2）配置系统参数

在配置视图的左侧树型视图中，选择 BBSB—BSCB—无线参数—DO 参数—非 QOS 参数—系统参数节点，进入非 QoS 参数配置界面，如图 23.3 所示。

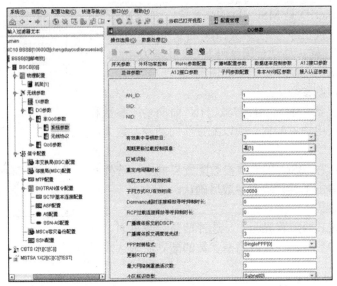

图 23.3　非 QoS 参数配置界面

选择总体参数页签，输入系统识别码和网络识别码（AN-ID、SID、NID）。选择协商参数页签，单击工具栏缺省参数按钮，完成参数配置。选择接入认证参数页面，单击工具栏缺省参数按钮，完成参数配置。选择外环功率控制页面，单击工具栏缺省参数按钮，完成参数配置。选择 A12 接口参数页面，输入 AN 的 IP 地址和 AAA 服务器的 IP 地址，完成 A12 接口参数的配置，A12 接口参数说明如表 23.3 所示。选择子网参数配置页签，单击增加按钮，弹出增加子网参数配置对话框，输入颜色码，单击缺省参数按钮，完成参数配置。

表 23.3　　　　　　　　　　　　　　　A12 接口参数说明

参数名称	配置说明
AN 的 IP 地址	与 IPCF 第 2 个网口的地址相同；与 AAA 服务器的 IP 地址在同一个子网内，即子网掩码相同
AAA 服务器的 IP 地址	根据组网规划填写
接入鉴权服务器端口	根据组网规划填写
共享密码（ASCII 码）	与 AAA 服务器中密钥字符及个数（必须是 16 个）相同

（3）配置无线协议

在配置界面左侧树型图中，选择 BBSB-BSCB-无线参数-DO 参数-非 QoS 参数-无线协议节点，进入无线协议配置界面，如图 23.4 所示。在无线接入网切换允许参数中选择发送或不发送，如果该参数设为不发送，则 AT 在跨系统切换时不会主动发送 LocationNo-tification 消息，AN 也不支持跨系统切换的同时保持在 PPP 链路层支持的协议层状态；参数设置为发送则反之。

（4）配置 QoS 参数

在配置视图左侧树型视图中，选择 BBSB-BSCB-无线参数-DO 参数-QoS 参数节点，进入 QoS 参数配置界面，选择用户等级参数页签，单击工具栏增加按钮，弹出增加用户等级对话框，如图 23.5 所示。单击缺省，选择用户等级号和 QoS 组号再确定，完成第一个用户等级的配置。重复以上步骤，把所有的 QoS Class 参数配置完毕。

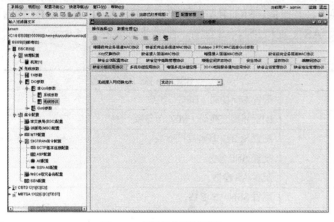

图 23.4 无线协议配置界面

图 23.5 增加用户等级

23.2.3 BSC 信令参数配置

1．信令概念

信令网在逻辑上是独立于通信网的一个支撑网，它是专门用于传输信令消息的专用数据网络，在物理上它通常是和通信网融为一体的。信令网由信令点（SP）、信令转接点（STP）和信令链路（SL）组成。根据七号信令协议，信令点在国内网中信令点编码为 24bit。

消息传递部分（MTP）基于传统的 TDM 传输系统，其主要功能是在 No.7 信令网中提供可靠的信令消息传递，并在系统和信令网故障情况下，为保证可靠的信息传递，采取措施避免或减少消息丢失、重复及失序。它由信令数据链路（MTP1）、信令链路功能（MTP2）和信令网功能（MTP3）3 个功能级组成。BSCB 将 MTP1、MTP2 放在 SPB 单板上进行处理，而将 MTP3 层及其以上的部分放在 CMP 单板上进行处理。

信令传输协议（Sig-naling Tran-sport，SIGT-RAN）协议簇是 IETF 的 SIGTRAN 工作组制定的七号信令与 IP 互通规范。SIGTRAN 协议簇从功能上可分为两大类：第一类是通用信令传输协议实现七号信令在 IP 网上高效、可靠的传输，目前采用 IETF 制定的流控制传输协议（Stream C-ontrol Tran-Smission P-rotocol，SCTP）。在 SIGTRAN 协议的应用中，SCTP 上层用户是电路交换网（Svoitch Cir-Cuit Network，SCN）信令的适配模块（如 M2UA、M3UA），下层是 IP 网。第二类是七号信令适配协议。该类协议主要是针对 SCN 中现有的各种信令协议制定的信令适配协议，包含了 M2UA（No.7 MTP2-User Adaptation Layer）、M3UA（No.7 MTP3-User Adaptation Layer）、IUA（ISDN Q.921-User Adaptation Layer）和 V5UA（V5.2-User Adaptation Layer）。

子系统号（SubSystem Number，SSN），是 SCCP 使用的本地寻址信息，用于识别一个网络节点中的多个 SCCP 用户。如果网络节点不仅仅作为信令转接点（STP），那么对每个 SCCP 子系统（SCCP 用户）必须指定一个子系统号。在整个网络中，每个子系统号都是唯一的，在信令网内部，子系统号作为子系统的地址使用。

2．A 接口信令配置

信令配置主要涉及 BSC、MSC 以及 PSTN 网元之间的信令链路数据。通过已经建立的信令链路，各网元通过信令交互完成各种具体的控制和管理。

BSC A 接口信令配置包括：本交换局、邻接局、MTP 和 SSN 的配置。MTP 配置内容包括：信令链路组、信令链路、信令路由和信令局向的配置。

BSC Ap 接口信令配置包括：本交换局、邻接局、SIGTRAN 和 SSN 的配置。SIGTRAN 配置内容包括：SCTP 基本连接配置、ASP 配置、AS 配置和 SSN-AS 配置。配置步骤如表 23.4 所示。

表 23.4　　　　　　　　　　　　　BSC 信令配置步骤

BSC A 接口信令配置	BSC Ap 接口信令配置
配置本交换局（BSC）参数	配置本交换局（BSC）参数
配置邻接交换局（MSC）参数	配置邻接交换局（MSC）参数
配置信令链路组参数	配置 SCTP 基本连接参数
配置信令链路参数	配置 ASP 参数
配置信令路由参数	配置 AS 参数
配置信令局向参数	配置 SSN-AS 参数
配置 SSN 参数	

信令配置在 BSC 配置树的信令配置节点上完成。在配置 BSC 的 BSS 无线参数时，如果 BSS 系统参数的接口类型选择了 A 接口或 V5 和 A 接口，则信令配置节点下面就能看到 A 接口相关的信令参数配置节点，否则能看到的是 Ap 接口相关的信令参数配置，如图 23.6 所示。

（1）配置本交换局（BSC）参数

BSC 是基站控制器，同时又是一个信令点，在信令配置系统中，称它为本交换局，它通过 E1 线与 MSC 相连，进行信令的传输，因此，称 MSC 为邻接交换局。

配置步骤如下：单击图 23.6 中本交换局（BSC）配置节点，配置管理视图右侧显示本交换局（BSC）配置界面，如图 23.7 所示。单击工具栏缺省参数按钮，根据实际情况修改以下参数：信令点类型、网络类型、信令点编码（参数值来自网络规划，必须与 MSC 端一致），单击确认按钮。

图 23.6　Ap 接口信令配置节点树

图 23.7　配置本交换局（BSC）参数

（2）配置邻接交换局（MSC）参数

一个 MSC 下可以通过 E1/T1 线连接多个 BSC，在信令网上，它是 BSC 的邻接交换局，在 BSS 系统中，不仅需要配置本交换局（BSC）的属性，还需要配置邻接交换局（MSC）的属性。

配置步骤如下：单击图 23.6 中的邻接局（MSC）配置节点，配置管理视图右侧显示邻接局

（MSC）配置界面，如图 23.8 所示。单击工具栏中的缺省参数按钮，根据实际情况修改以下参数：网络类型、信令点类型、信令点编码，单击确认按钮。信令点编码一般由局方或交换侧提供，不允许将 MSC 的信令点编码配置为与 BSC 一致。

（3）配置信令链路组参数

信令链路组是指所有连接两个信令点的信令链路的集合。本交换局与某个邻接局之间的几个信令链路构成一个信令链路组。

配置步骤如下：在信令配置树上选择 MTP 配置→信令链路组节点，配置管理视图右侧显示信令链路组配置界面，如图 23.9 所示。单击工具栏按钮，弹出增加信令链路组对话框，单击缺省按钮，再单击确定按钮，增加一个信令链路组。

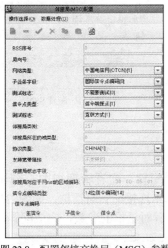

图 23.8　配置邻接交换局（MSC）参数

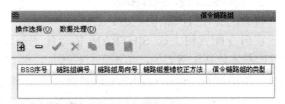

图 23.9　配置信令链路组

必须在物理配置中对 SPB 单板进行了窄带信令的配置，并且已经配置好 SMP，才能够配置信令链路；必须先配置信令链路组，才能对信令链路进行增加操作；一个 BSS 下最多能配置 16 条信令链路。

（4）配置信令链路参数

信令链路是传输信令的一条通路，每条信令链路都占用 E1 线一个时隙。

配置步骤如下：在信令配置树上选择 MTP 配置→信令链路节点，配置管理视图右侧显示信令链路配置界面，如图 23.10 所示。单击工具栏加号按钮，弹出增加信令链路对话框，单击缺省按钮，再单击确定按钮，增加一个信令链路。

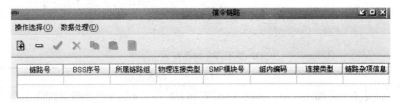

图 23.10　配置信令链路

（5）配置信令路由参数

一个路由最多由两个信令链路组的链路构成，配置信令路由就是配置信令路由和组成信令路由的信令链路之间的关系。

配置步骤如下：在信令配置树上选择 MTP 配置→信令路由节点，配置管理视图右侧显示信

219

令路由配置界面。单击工具栏按钮，弹出增加信令路由对话框，单击缺省按钮，再单击确定按钮，在信令路由中增加一条信令路由信息。

（6）配置信令局向参数

一个信令局向可以由多个信令路由组成，配置信令局向就是对路由的选择。

配置步骤如下：在信令配置树上选择 MTP 配置→信令局向节点，配置管理视图右侧显示信令局向配置界面。单击工具栏按钮，弹出增加局向对话框，单击确定按钮完成一个信令局向的配置。

当 BSC 与 MSC 之间是直达路由时，BSC 与 MSC 间消息发送不需要其他局转发的路由，因此 3 个转发路由选项设置为无。目前系统最多只能配置一个局向。

（7）配置 SSN 参数

SSN 即子系统号码。子系统完成信令的用户部分（UP）的功能。配置 SSN 参数就是在各个局向上对子系统进行增加和删除工作。

配置步骤如下：在信令配置树上选择 MTP 配置→SSN 配置，视图右侧显示 SSN 配置界面，如图 23.11 所示。单击工具栏按钮，弹出增加子系统对话框，单击确定。每个局向号下可以增加 5 个子系统。

图 23.11　配置 SSN

3．Ap 接口配置 SIGTRAN

（1）配置 SCTP 基本连接参数

在信令配置树上选 SIGTRAN 信令配置→SCTP 基本连接配置，配置管理视图右侧显示 SCTP 基本连接配置界面，单击工具栏增加，弹出增加 SCTP 基本连接配置对话框，如图 23.12 所示。单击缺省，根据表 23.5 中说明填写增加 SCTP 基本连接配置对话框的参数，完成配置。

图 23.12　增加 SCTP 基本连接配置

表 23.5　　　　　　　　　　　　SCTP 基本连接参数配置说明表

参数名称	配置说明
本地端口号	在交换侧的 server 上体现为"对端端口号"，二者需要配为相同的数值
对端端口号	在交换侧的 server 上体现为"本地端口号"，二者需要配为相同的数值
本端 IP 地址 1～4	在交换侧 server 上体现为"对端 IP 地址 1～4"，二者需配为相同 IP 地址；且本端 IP 地址须和 BSC 物理配置中"配置 IP 协议栈的接口"这个步骤中的 IP 地址一致
对端 IP 地址 1～4	在交换侧 server 上体现为"本端 IP 地址 1～4"，二者需要配为相同的 IP 地址

（2）ASP 配置

ASP 指的是应用服务器进程。在信令配置树上选择 SIGTRAN 信令配置→ASP 配置，视图右侧显示应用服务器进程（ASP）配置界面，如图 23.13 所示。单击工具栏加号按钮，弹出增加应用服务器进程（ASP）配置对话框。保持默认参数，单击确定完成配置。

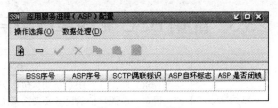

图 23.13　ASP 配置

（3）AS 配置

AS 指的是应用服务器。它与 ASP 的关系可以这样通俗的理解：把 1 个或者多个 ASP 划分为一类（组），这个类就是 AS；多个相同的 ASP 可以属于多个不同的组（AS），也就是说 AS 不同的时候，对应的 ASP 可以相同。

在信令配置树上选择 SIGTRAN 信令配置→AS 配置节点，视图右侧显示应用服务（AS）配置界面，单击工具栏加号按钮，弹出增加应用服务（AS）配置对话框，如图 23.14 所示。单击缺省按钮，根据表 23.6 中说明填写增加应用服务（AS）配置对话框的参数单击确定完成配置。

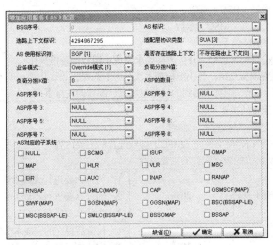

图 23.14　增加 AS 配置

表 23.6　　　　　　　　　　　　应用服务器（AS）参数配置说明表

参数名称	配置说明
适配层协议类型	BSC 侧固定为 "SUA[3]"
是否存在路选上下文	当多个相同 ASP 归属为不同的 AS 的时候，"是否存在路选上下文"必须选择为"存在路由上下文"、且必须配置"选路上下文标识"，这 2 个参数的配置必须和交换侧 server 的配置保持一致；一般情况下我们可以选择"不存在路由上下文"
ASP 序号 1 – 8	选择已经配置了的 ASP 序号
AS 对应的子系统	对于 BSC 侧而言，必须选中：NULL、SCMG、OMAP、BSSOMAP、BSSAP

（4）SSN-AS 配置

在信令配置树上选择 SIGTRAN 信令配置→SSN-AS 配置节点，视图右侧显示 SSN 配置界面，单击工具栏加号按钮，弹出增加 SSN 配置对话框，保持默认参数，单击确定。用同样方法增加多条记录。在配置 SSN-AS 的时候会自动配置 SSN，也就是说通常可以不需要配置 SSN。正常情况下 SSN 配置需要 10 条记录，如果界面上数据不足 10 条，需要手工增加 SSN。

23.3 配置 BSC 无线参数与信令参数任务教学实施

情境名称	BSC 无线参数与信令配置情境		
情境准备	一个 MSCe 局；一个 BSC 机架，包含两个资源框一个控制框，配置相应单板；一个 BTS I2，包括机架主设备、电源、传输设备及天馈系统；MSC、BSC、BTS 间线缆已接好；后台网管系统及若干 OMC 客户端；前后台正常通信		
实施进程	1. 资料准备：预习任务工单与任务引导内容；整理 BSC 物理配置相关知识；通过设置提问检查预习情况 2. 方案讨论：分组在完成 BTS 物理配置的的基础上，讨论制订本组 BSC 数据及其关联数据计划，画图标注 BSC 与 MSC 间关联协议和中继情况 3. 实施进程 ① 打开网管，并观察前后台，检查前后台通信 ② 在机架上观察和在网管上分别查看，检查物理设备配置开工 ③ 配置 1X 小区无线参数 ④ 配置 DO 小区无线参数 ⑤ 配置本交换局（BSC）参数 ⑥ 配置邻接交换局（MSC）参数 ⑦ 配置 SIGTRAN 信令 4. 配置完成检查配置数据，并按教师要求完成小组数据备份操作 5. 任务资料整理与总结：各小组梳理本次任务，总结发言，主要说明本小组的 BSC 无线参数及信令数据的设置情况、配置中遇到的问题与疑惑、配置的注意事项		
任务小结	1. 无线参数配置的主要步骤 2. 无线参数配置中主要字段的解释 3. 本 BSC 参数和邻接交换局（MSC）参数配置的主要内容 4. SIGTRAN 协议的数据配置的主要内容		
任务考评	任务准备与提问	20%	1. 为什么要进行无线参数配置 2. 为什么要进行本局和邻接局关联数据配置 3. 为什么要进行 SIGTRAN 信令配置？配置步骤如何
	分工与提交的任务方案计划	10%	1. 讨论后提交的完成本次任务详实的方案和可行情况 2. 完成本任务的分工安排和所做的相关准备 3. 对工作中的注意事项是否有详尽的认知和准备
	任务进程中的观察记录情况	30%	1. 小组在配置前是否检查过前后台通信、是否检查物理配置、是否记录过局间的物理连接情况 2. 小组对本局、邻接局的协议、中继等规划情况 3. 本局 1X、DO 无线参数配置情况 4. 本局（BSC）参数和邻接交换局（MSC）参数配置情况 5. SIGTRAN 协议的数据配置情况 6. 组员是否相互之间有协作
	任务总结发言情况与相互补充	30%	1. 任务总结发言是否条理清楚 2. 各过程操作步骤是否清楚 3. 每个同学都了解操作方法 4. 提交的任务总结文档情况
	练习与巩固	10%	1. 问题思考的回答情况 2. 自动加练补充的情况

24.1 配置 BTS 数据任务工单

任务名称	配置 BTS 数据
学习目标	1. 专业能力 ① 掌握 BTS 数据配置的一般步骤 ② 学会 BTS 数据配置过程 ③ 通过配置，学会增加、修改、删除数据的操作技能 ④ 学会计算机网络应用、前后台通信联网的技能 2. 方法与社会能力 ① 培养观察记录和独立思考的方法能力 ② 培养机房维护（数据管理）的一般职业工作意识与操守 ③ 培养完成任务的逻辑顺序能力 ④ 培养整体规划的全局协同能力
任务描述	1. 查阅资料收集整理 BTS 配置的一般步骤 2. 设计一个无线接入网：BSC 局，CBTS I2；并安装机框、单板等实体 3. 完成好前后台之间的通信连接，确保前后台通信正常 4. 完成该网络中 BTS 数据配置
重点难点	重点：BTS 数据配置步骤和操作方法 难点：1X 小区参数配置
注意事项	1. 不更改和删除原有备份数据、原有硬件机框等 2. 未经同意，一般不执行配置数据的同步操作
问题思考	1. BTS 数据配置的一般步骤 2. EV-DO 小区参数配置包括哪些配置项目 3. BTS 与 BSC 连接有哪些方式 4. 1X 小区参数含义
拓展提高	Abis 接口以太网传输方式时如何配置
职业规范	1. 设备厂商的物理设备数据配置规范 2. 中国电信相关数据规范

24.2 配置 BTS 数据任务引导

24.2.1 BTS 位置与频段

1. BTS 在网络中的位置

BTS 位于移动台 MS 与基站控制器 BSC 之间，相当于移动台和 BSC 之间的一个桥梁，完成 Um 接口和 Abis 接口功能，位置如图 24.1 所示。本任务以某公司紧凑型基站 CBTS I2 为例说明。

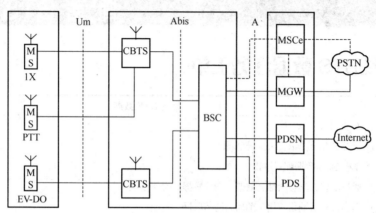

图 24.1 CBTS I2 在网络中位置

2. BTS 支持的频段

BTS 可支持 450MHz、800MHz、850MHz 和 1900MHz 等多个频段，如表 24.1 所示。

表 24.1　　　　　　　　　　　　　　　　　BTS 支持的频段

序号	频段	上行频率（MHz）	下行频率（MHz）
1	Band Class0（800MHz）	824～849	869～894
2	Band Class1（1900MHz）	1850～1910	1930～1990
3	Band Class5（450MHz）	450～460	460～470
4	Band Class10（850MHz）	806～821	851～866

24.2.2 BTS 单板类型

BTS 的单板有以下几种，如表 24.2 所示。

表 24.2　　　　　　　　　　　　　　　　　BTS 的单板

单板		配置说明
视图上名称	添加单板名称	
RFEC	RFEC	RFEC 用于小于等于 4 载频时配置
	RFED	RFED 用于大于 4 载频时配置
PIMB		功放接口模块
SAM3	SAM3	用在单机柜配置，只支持机柜内环境监控（不包括机柜外监控和扩展监控接入）
	SAM4	支持机柜内、机房环境监控和扩展监控接入

单板		配置说明
视图上名称	添加单板名称	
TRXC	TRXC	TRXC 具备削峰和预失真功能，最大支持4载波应用，推荐用于超过2载波配置
	TRXB	具备削峰功能，最大支持4载波应用，推荐用于1-2载波配置
RMM5		与 RIM3 成对使用
GCMB		GPS 时钟模块，GPS 模块宽度由 10HP 减到 5HP
DPAB	DPA_30	支持 30 瓦
	DPA_40	支持 40 瓦
	DPA_60	支持 60 瓦
	DPA_80	支持 80 瓦
CHM0	CHM0	支持 CDMA2000-1X 业务
	CHM1	支持 CDMA2000-1X EV-DO Release 0 业务
	CHM2	支持 CDMA2000 1X EV-DO REV A 业务
	CHM31	支持 CDMA2000-1X 业务
RIM	RIM1	提供 24 载扇射频信号处理能力，一般用于单机柜配置或需要扩展 BDS 双机柜配置时主/扩展机柜配置，与 RMM5 成对配置
	RIM3	提供 24 载扇射频信号处理能力，需要扩展 RFS 多机柜或射频拉远配置时主/扩展机柜配置，基本配置的 RIM3 可固定连接一个近端 RFS，可以通过扩展最多 6 个 OIB 子卡接入远端 RFS
CCM		主备配置
DSMA	DSMA	不支持主备，最多支持 8 条 E1
	DSMB	支持主备，最多支持 16 条 E1
	DSMC	支持以太网连接
SNM		SDH 网络模块，预留

24.2.3 BTS 配置流程

BTS 配置的基本步骤包括以下 6 步，如表 24.3 所示。

表 24.3   BTS 配置步骤

步骤		完成任务
1	配置 CBTS I2	增加 CBTS I2
		配置帧序号校验
		配置 Abis 传输方式
		配置 E1/T1 带宽分配方式
2	配置 CBTS I2 机架和单板	增加机架和单板
		配置 GCM 接收模式
		配置 CCB 子卡工作模式
		配置 BDS 和 RFS 之间连接
3	配置 CBTS I2 无线参数	配置无线参数
		配置 1X 小区参数
		配置邻接小区
		配置 1X 载频参数
4	配置 1X 载频信道参数	配置导频、同步、寻呼、接入、快速寻呼信道

步骤		完成任务
5	配置 EV-DO 小区参数	增加 DO 小区
		配置 A13 接口参数
		配置 EV-DO 载频参数
		配置控制、接入、前向业务信道参数
6	Abis 接口配置	配置 BTS 与 BSC 连接

1. 配置 CBTS I2

增加 CBTS I2：在网管上申请了互斥权限管理，并且增加了 BSS 网元的前提下，在网管主控界面，选择视图→配置管理菜单，打开配置管理视图，展开物理配置节点。选择视图左侧配置管理树上 ZXC10 BSS 节点，右击弹出快捷菜单，选择增加 BTS→增加 CBTS I2，如图 24.2 所示。在增加 CBTS I2 对话框上输入系统别名、序列，单击确定完成增加 CBTS I2 操作。增加 CBTS I2 操作后，在配置管理视图的配置管理树 BSS 下，可看到增加了一个 CBTS I2 节点。

配置帧序号校验：在网管主控界面，选择视图→配置管理菜单，打开配置管理视图。选择配置管理树上的 CBTS I2 节点展开，单击物理配置。在帧序号校验的下拉菜单中选择需要/不需要，如图 24.3 所示。

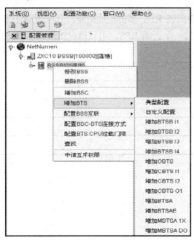

图 24.2　增加 CBTS I2

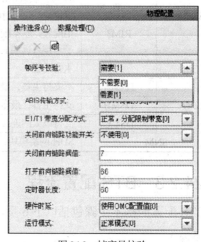

图 24.3　帧序号校验

配置 Abis 传输方式：在网管主控界面，选择视图→配置管理菜单，打开配置管理视图。选择并单击视图左侧配置管理树上的 CBTS I2 树节点展开，然后用左键单击物理配置，同图 24.3，在 Abis 传输方式下拉菜单中选择传输方式，有 E1 传输方式、光纤传输方式、卫星传输方式、以太网传输方式可选，根据实际进行选择。

配置 E1 带宽分配方式：在网管界面上，选择视图→配置管理，打开配置管理视图。展开配置管理视图左侧的配置管理树上节点 CBTS I2→物理配置，同图 24.3 在物理配置界面上选择 E1/T1 带宽分配方式下拉菜单，有限制带宽和不限制带宽等方式可选择，单击窗体工具栏上的 √ 按钮，保存配置。

2. 配置机架和单板

在 BTS 物理配置中，REF、TRX 和 DPA 的配置与扇区数有关，例如：BTS 支持 3 个扇区，需配置 3 个 REF、3 个 TRX 和 3 个 DPA。CHM 单板的配置与支持和服务的载扇数量有关。支持 1X 语音业务 1 载频 3 扇区基站典型单板配置，如图 24.4 所示。

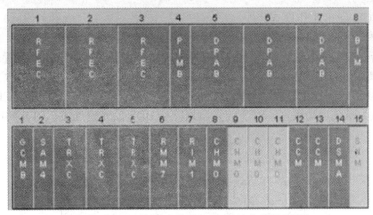

图 24.4　1X 语音业务 1 载频 3 扇区基站典型单板配置

增加机架：在网管主控界面，选择视图→配置管理菜单。展开 BTS I2 节点，选择物理配置后右击弹出快捷菜单，单击增加 BSC I2 机架，点增加 BSC I2 机架，如图 24.5 所示，以增加不支持 CBM 的 CBTS I2 机架为例，弹出如图 24.6 所示的机架框和未配置的暗灰色单板。

右击要增加单板的位置，选择增加单板快捷菜单，增加详细单板，如图 24.6 所示。

图 24.5　增加 CBTS I2 机架

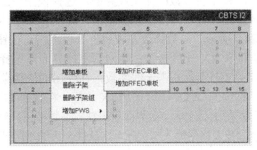

图 24.6　增加单板

配置 GCM 接收模式：在网管主控界面，选择视图→配置管理。选择配置管理树 CBTS I2 节点，左键单击物理配置→机架组，打开 CBTS I2 机架视图。右击 GCM 单板弹出快捷菜单，选择配置其他参数，打开配置其他参数界面，如图 24.7 所示。在 GCM 的接收模式下拉菜单选择 GCM 接收模式。

配置 CCB 子卡工作模式：当 BTS I2 配置了 SNM 单板时，CCB 子卡工作模式可以设置 SDH 或 E1，否则只能设置 E1 模式，如图 24.7 所示。在网管主控界面，选择视图→配置管理，视图配置管理树上 CBTS I2 展开，左键单击物理配置→机架组，打开 CBTS I2 机架，右击 GCM 单板弹出快捷菜单选择配置其他参数。在 CCB 子卡工作模式下

图 24.7　配置 GCM 接收模式和 CCB 子卡模式

227

拉菜单中选择 CCB 子卡工作模式。

配置 BDS 和 RFS 之间关系：在网管主控界面，选择视图→配置管理菜单，打开配置管理视图。选择并单击视图左侧配置管理树上的 CBTS I2 树节点展开，单击物理配置→机架组，打开 CBTS I2 机架视图。右击 RIM3 单板，在弹出快捷菜单中选择配置 BDS 和 RFS 之间连接，打开配置 BDS 和 RFS 之间连接界面，如图 24.8 所示，单击连接按钮建立连接。CBTS I2 BDS 和 RFS 之间的连接为系统自动设置。RFS 的光口只能与 BDS 的光口连接，RFS 的电口只能与 BDS 的电口连接。

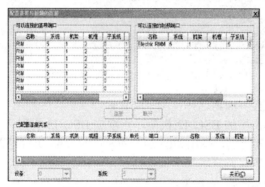

图 24.8　配置基带与射频的连接

3. 配置 CBTS I2 参数

配置无线参数：在主界面，选择视图→配置管理，展开视图配置管理树 CBTS I2 节点，选择基站参数，弹出消息提示框，提示基站总体参数尚未配置，单击确定按钮打开基站参数，如图 24.9 所示。参数修改完成后工具栏点击 √ 按钮，保存修改。

配置 1X 小区参数：在网管主控界面，选择视图→配置管理菜单，展开视图左侧配置管理树 CBTS I2 节点，右击无线参数，在弹出的快捷菜单中选择增加小区，弹出选择待增加小区类型的对话框中选择 1X 小区增加 1X 小区，在主视图右侧会出现 1X 小区参数视图，如图 24.10 所示。可以首先在 1X 小区参数界面点击缺省参数按钮；然后根据实际网络情况修改参数；在小区实体参数和系统参数表格中输入与实际网络条件一致的小区基本参数值。小区参数含义如表 24.4 所示。

图 24.9　基站参数

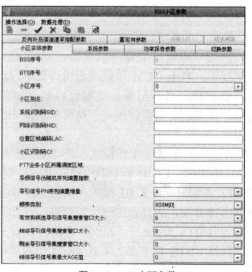

图 24.10　1X 小区参数

表 24.4　　　　　　　　　　　　　　　　1X 小区参数描述

参数	参数说明
SID	系统识别码，和 NID 一起用来识别某一移动本地网。根据实际规划设置
NTD	网络识别码，和 SID 一起用来识别某一移动本地网。根据实际规划设置
LAC	位置区域编码，用来识别不同的位置区域。根据实际情况填写
CI	小区识别码识别不同小区。每个小区值不同，须与基站识别码保持一致
PTT 业务小区所属调度区域	PTT 业务特有的调度区号码，这个值必须与 PDS 上配置的 DAS 的值保持一致，如果没有用到 PTT 调度区测试，这个值可以随便填写
Pilot—PN	导频信号伪随机序列偏置指数，相邻或相近的基站使用不同偏置指数，用来区分不同基站的信号。每个小区值不同，根据网络规划实际确定
Pilot—PN 增量	导频信号 PN 序列偏置增量，根据网络规划实际情况确定，一般增量为 4
频带类别	工作载频频段 800MHz
基站识别码	必须与 CI 一致
时差	根据实际时区设置

配置邻接小区：在网管主控界面，选择视图→配置管理菜单，打开配置管理视图。展开视图左侧配置管理树 CBTS I2 树节点，在配置管理树上选择 1X 小区，打开 1X 小区参数视图，在 1X 小区参数视图中单击邻接小区页签，打开邻接小区表，如图 24.11 所示。

图 24.11　邻接小区表

鼠标右键单击邻接小区表中的记录，在弹出的快捷菜单中选择增加邻接小区，打开增加邻接小区视图。增加本 BSS 小区作为邻接小区选择本 BSS 小区页签，增加其他 BSS 小区作为邻接小区选择非本 BSS 小区页签。选择小区为当前小区的邻接小区时在配置邻区时启动邻区互配反向功能上打勾。单击确定按钮完成邻区增加，新增的邻区会出现在邻接小区列表中。

配置 1X 载频参数：在网管主控界面，选择视图→配置管理菜单。展开视图左侧配置管理树 CBTS I2 树节点，右击 1X 小区，在弹出的快捷菜单中单击增加载频，如图 24.12 所示，弹出确认对话框，单击是按钮增加载频。这时 1X 载频参数视图将出现在右侧，如图 24.13 所示，可以首先在 1X 载频参数界面单击缺省参数按钮；然后根据实际网络修改参数；在载频参数表中修改基本参数，载频参数配置说明见表 24.5。

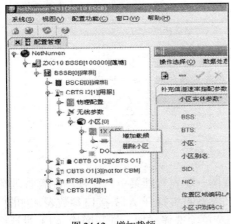

图 24.12　增加载频

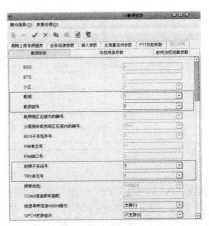

图 24.13　载频参数

表 24.5 载频配置参数说明

参数名称	配置说明
载频	选择预定的载频号
载频组号	选择相应的 CHM0 单板 CSM 组。
射频子系统号	选择相应的 TRX 单板的子系统号
TRX 单元号	选择相应的 TRX 单板的单元号

4．配置 1X 载频信道参数

载频信道参数包括：配置导频信道、同步信道、寻呼信道、接入信道和快速寻呼信道。下面以配置导频信道为例说明，其余信道的配置过程类似。

配置导频信道：在网管主控界面，选择视图→配置管理菜单，打开配置管理视图。展开视图左侧配置管理树上的 CBTS I2 树节点，选择无线参数→1X 参数→1X 载频→导频信道，打开导频信道视图，点击工具栏加号图标按钮弹出增加导频信道界面（如需删除一条导频信道，则点击减号按钮），如图 24.14 所示，单击缺省和确定按钮完成导频信道增加。

5．配置 EV-DO 小区参数

配置 EV-DO 小区参数的步骤包括：增加 EV-DO 小区；配置 A13 接口参数；配置 EV-DO 载频参数；配置控制信道参数；配置接入信道参数；配置前向业务信道参数。

图 24.14 增加导频信道

增加 EV-DO 小区：在网管主控界面，选择视图→配置管理菜单，打开配置管理视图，在配置管理树节点 CBTS I2→无线参数，右击无线参数弹出快捷菜单选择增加小区，弹出选择待增加的小区类型对话框，单击 DO 小区按钮添加 DO 小区，出现 DO 小区参数视图，如图 24.15 所示。可以首先在 DO 小区参数界面点击<缺省参数>按钮；然后根据实际网络情况修改参数。

图 24.15 DO 小区参数

配置 A13 接口参数：在网管主控界面，选择视图→配置管理菜单，在视图配置管理树节点中选择 DO 小区打开 DO 小区参数，选择 A13 接口参数页签打开 A13 接口参数表，如图 24.16 所示。右击 A13 页签下的一条记录，在弹出的快捷菜单中选择增加，打开增加 A13 对话框，如

图 24.17 所示，根据实际网络输入相应参数值，单击确定完成增加 A13 接口。

图 24.16　A13 接口参数

配置 EV-DO 载频参数：在网管界面上，选择视图→配置管理，展开配置管理树节点 CBTS I2→无线参数→小区，右击 DO 小区，在弹出的快捷菜单中选择增加载频，单击确定。出现 DO 载频参数视图，如图 24.18 所示，首先在 DO 载频参数视图工具栏上单击缺省参数按钮，然后根据实际情况配置 DO 载频参数。完成参数配置后，保存配置。

图 24.17　增加 A13　　　　　　　　　图 24.18　DO 载频参数

配置 EV-DO 载频信道参数：需要配置控制信道参数、接入信道参数、前向业务信道参数，其配置过程类似，以下以配置控制信道参数为例说明配置过程。

配置控制信道参数：在网管界面上，选择视图→配置管理，展开配置管理树节点 CBTS I2→无线参数→DO 小区→DO 载频→控制信道，在 DO 控制信道参数视图上，右击 DO 控制信道参数配置数据的一行，选择修改弹出修改控制信道对话框，如图 24.19 所示。在修改控制信道对话框上，分别选择控制信道周期开始到同步信道包被发送的时间偏置和控制信道速率下拉列表，选择缺省值，单击确定返回 DO 控制信道参数视图，结束配置。

图 24.19　修改控制信道

6. Abis 接口配置

CBTS I2 与 BSC 的连接有 E1 和 Ethernet 方式。其中 E1 方式又分：E1 和 UID E1 连接两种。

以 E1 方式与 BSC 连接配置：在网管界面上，选择视图→配置管理，展开配置管理配置管理树节点 CBTS I2→物理配置→机架组，配置管理视图中出现 CBTS I2 机架视图。在 CBTS I2 机架视图上，右击 DSMA/DSMB 单板，选择快捷菜单配置与 BSC 的连接→E1 方式，如图 24.20 所示。弹出配置 BSC 与 BTS 之间的连接关系对话框，如图 24.21 所示。

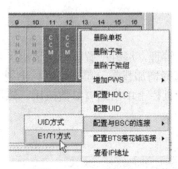

图 24.20 配置 BSC 与 BTS 之间的 E1 连接方式

图 24.21 配置 BSC 与 BTS 之间 E1 连接关系

在配置 BSC 与 BTS 之间的连接关系上，选择未配置连接的 IPBSC_DT E1 未配置连接的 IPBTS_DSM E1，单击连接按钮，弹出配置 ABPM 参数界面，如图 24.22 所示。单击确定按钮，所选未配置连接的 IPBSC_DT E1、未配置连接的 IPBTS_DSM E1 成为已配置连接的 IPBSC_DT E1 和 IPBTS_DSM E1。

图 24.22 配置 ABPM 参数

以 UID 方式与 BSC 连接（E1）：首先在 DSM 单板上配置 BTS HDLC。配置 HDLC 包括配置 HDLC 时隙信息，每条 DT E1 和 ABPM E1 时隙的连接关系。在网管界面上，选择视图→配置管理，展开配置管理树节点 CBTS I2→物理配置→机架组，出现 CBTS I2 机架视图。在 CBTS I2 机架视图上右击 DSMA/DSMB 单板，在弹出的快捷菜单中选择配置 HDLC，弹出配置 BTS HDLC 对话框，如图 24.23 所示。在配置 BTS HDLC 对话框上，单击增加弹出增加 HDLC 对话框，如图 24.24 所示。在下拉列表中选择要配置的 HDLC、E1，在可配的时隙中选择该

HDLC 对应的时隙。单击确定结束配置。

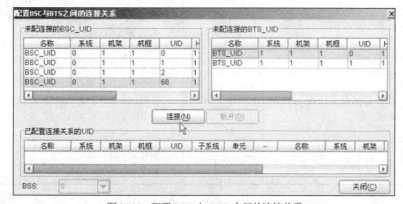

图 24.23　配置 BTS HDLC　　　　　　　　　　图 24.24　配置 BTS UID

增加 BTS 的 HDLC 后，需绑定相应的时隙。配置方法如下：在图 24.23 的配置 BTS HDLC 视图中，选择需要修改时隙的 HDLC，右击所选 HDLC 弹出快捷菜单，选择修改 HDLC 中时隙；或者在选择 HDLC 后单击修改执行相同的操作。在修改 HDLC 中时隙视图左侧选择可用时隙，单击增加完成与 HDLC 绑定。该时隙将移到已配时隙区域。最少需要增加 2 条 HDLC 并绑定时隙，其中一条 HDLC 用作上电，另一条 HDLC 用作服务。

配置 BTS UID：UID 可以看作是 CBTS I2 的标识。每个 UID 都有上电 UID 和业务 UID。每个 CBTSI2 只配置一个上电 UID 用于在上电时用于与 BSC 进行通信，只占用 1 个时隙。配置时，在网管界面上，选择视图→配置管理，展开配置管理树节点 CBTSI2→物理配置→机架组，弹出 CBTS I2 机架视图。在 CBTS I2 机架视图上，右击 DSMA、DSMB 单板，选择配置 HDLC，弹出配置 BTS HDLC 对话框，如图 24.24 所示，确认 BSS、系统、子系统和单元标识。

在图 24.24 配置 BTS UID 对话框上，单击增加按钮，弹出增加 UID 对话框。在增加 UID 对话框上，选择需要配置的 UID 及对应的可配的 HDLC 选项。单击增加按钮，增加的 BTS UID 就会在配置 BTS UID 中出现，单击关闭完成。

配置 CBTS I2 与 BSC 的连接（E1）：在网管界面上，选择视图→配置管理，在配置管理树节点 CBTS I2→物理配置→机架组，弹出 CBTS I2 机架视图。在 CBTS I2 机架视图上右击 DSMA、DSMB 单板，选择快捷菜单配置与 BSC 的连接→UID 方式，弹出配置 BSC 与 BTS 之间的连接关系，如图 24.25 所示。在配置 BSC 与 BTS 之间的连接关系上，选择未配置连接的 BSC_UID 和未配置连接的 BTS_UID，单击连接。连接两端的 UID 类型必须相同，业务 UID 对业务 UID，上电 UID 对上电 UID。BSC 侧上电 UID 范围为 64～127，其余为业务 UID；BTS 侧上电 UID 为 0，其余为业务 UID。

图 24.25　配置 BSC 与 BTS 之间的连接关系

24.3 配置 BTS 数据任务教学实施

情境名称	BTS 数据配置情境		
情境准备	一个 BSC 机架，包含两个资源框一个控制框，配置相应单板；一个 BTS I2，包括机架主设备，电源、传输设备及天馈系统；BSC、BTS 间线缆已接好；BSC 数据配置完成；后台网管系统及若干 OMC 客户端；前后台正常通信		
实施进程	1. 资料准备：预习学习工单与任务引导内容；整理 BTS 数据配置相关知识；通过设置提问检查预习情况 2. 方案讨论：讨论制订本组 BTS 数据及其关联数据计划 3. 实施进程 ① 打开网管，并观察前后台，检查前后台通信 ② 在机架上观察和在网管上分别查看，检查物理设备配置开工 ③ 在网管软件中增加 BTS 机架 ④ 在网管软件中增加 BTS 机框 ⑤ 在网管软件中增加 BTS 各单板 ⑥ 在网管软件中配置 BTS 无线参数 ⑦ 在网管软件中配置 DO 小区参数 ⑧ 在网管软件中配置 Abis 接口 4. 配置完成检查配置数据，并按教师要求完成小组数据备份操作 5. 任务资料整理与总结：各小组梳理本次任务，总结发言，主要说明本小组 BTS 数据配置数据情况、配置中遇到的问题与疑惑、配置注意事项		
任务小结	1. BTS 数据配置的主要步骤 2. 1X 小区配置中各参数含义 3. 配置 DO 小区步骤和内容 4. BTS 与 BSC 的连接方式 5. Abis 接口配置		
任务考评	任务准备与提问	20%	1. BTS 数据配置包括哪些主要步骤 2. 1X 小区参数配置各主要参数含义是什么 3. 空中接口有哪些主要物理信道 4. 本 BTS 与 BSC 是以什么方式连接的
	分工与提交的任务方案计划	10%	1. 讨论后提交的完成本次任务详实的方案和可行情况 2. 完成本任务的分工安排和所做的相关准备 3. 对工作中的注意事项是否有详尽的认知和准备
	任务进程中的观察记录情况	30%	1. 小组在配置前是否检查过前后台通信、是否检查物理配置、是否记录过 BTS 与 BSC 的物理连接情况 2. 小组对 BTS 数据配置的数据规划情况 3. 本组 BTS 数据配置情况 4. Abis 接口的数据配置情况 5. 组员是否相互之间有协作
	任务总结发言情况与相互补充	30%	1. 任务总结发言是否条理清楚 2. 各过程操作步骤是否清楚 3. 每个同学都了解操作方法 4. 提交的任务总结文档情况
	练习与巩固	10%	1. 问题思考的回答情况 2. 自动加练补充的情况

近端维护基站主设备

25.1　近端维护基站主设备的任务工单

任务名称	近端维护基站主设备
学习目标	1. 专业能力 ①掌握 CDMA2000 基站系统的一般维护过程 ②了解 BSSB LMT 系统的功能及命令结构 ③学会通过单板指示灯识别是否开工与故障识别的技能 ④学会单板的安装与更换 2. 方法与社会能力 ①培养观察记录的方法能力 ②培养机房维护操作的一般职业工作意识与操守 ③培养完成任务的一般顺序与逻辑组合能力
任务描述	1. 了解本地维护终端 LMT 2. 学会常用基站维护操作 3. 观察并记录单板指示灯及其含义，识别是否开工及故障 4. 完成几块主要单板的更换操作
重点难点	重点：单板更换操作 难点：LMT 命令结构的理解
注意事项	1. 正确佩戴防静电腕带，腕带的金属内面应贴紧皮肤 2. 确保证单板的拔出不影响用户业务使用 3. 主备用的单板，如 CCM 单板，需倒换至备用后再进行更换操作 4. 插入或拔出单板沿着槽位插拔，不要倾斜或偏离槽位 5. 取出单板避免直接接触印制板表面 6. 插入单板时，要用手推面板使单板基本到位，如因异物、装配误差等原因单板难以到位，严禁强行使用扳手造成单板或背板损坏
问题思考	1. 基站维护主要有哪两种方式 2. 基站维护主要有哪些常用方法 3. 如何通过单板指示灯，识别是否开工及故障 4. 简述单板更换的操作步骤
拓展提高	1. 使用 LMT 查看告警 2. 使用 LMT 命令完成单板诊断测试
职业规范	中国电信 CDMA 基站维护规范

25.2 近端操作维护基站主设备任务引导

25.2.1 本地维护概述

1. 维护概述

基站系统的维护过程，一般包括以下 3 方面。

① 获得系统运行信息，如：查看告警、查看指示灯、查看话统、用户申告等。

② 判断系统运行状态，如：告警分析、话统分析、故障判断等。

③ 进行运行维护处理，如：检查线路、调整参数、复位单板、部件更换等。

当系统运行状态不正常时，可从如下几个方面进行考虑。

① 软件问题。如：数据配置问题，加载程序文件和数据文件版本不对，程序运行出错。

② 硬件问题。如：传输、时钟线路故障，单板坏（更换相同版本的单板时行测试），背板的槽位故障，更换一下槽位（注意修改相应的数据），根据版本配套表，检查单板的相关软硬件是否配套。

③ 外界干扰因素。

基站维护的主要方式，有近端维护和远端维护两种。其中，远端维护是指通过 BSC 维护平台或本地网统一网管进行监控、管理；近端维护是指通过 PC 机直连到 BTS 设备上进行查询、维护。下面着重介绍本地近端维护方式。

2. 本地维护终端

本地维护终端（Local Maintenance Terminal，LMT），使用 LMT 在 BTS 机房通过以太网用笔记本（或机房的维护 PC 终端）Telnet 登录 BTS 的 CCM 板，再输入 LMT 命令对 BTS 进行操作和维护。这样在 BTS 侧无需登录 OMM 即可操作 BTS，便于 BTS 的现场维护。笔记本（或机房的维护 PC 终端）不需要安装任何软件，只需要直接运行操作系统自带的 Telnet 功能以及生产厂商提供的软件下载工具即可。

某 Z 厂商的 BSSB LMT 包括两部分软件模块：BSSB LMT 代理（运行在 BTS 的 CCM 板上）和 3G DOWN LOAD 软件下载工具。

BSSB LMT 系统的主要功能有：进入/退出 LMT 模式；BTS 自启动功能；本地 BTS 各单板软件版本和配置数据文件下载；查询 BTS 当前告警信息；执行单板诊断测试；支持射频控制功能，包括：开始自动定标；结束自动定标；查询射频功率；设置射频功率和查询 RSSI。

LMT 的命令结构：LMT 命令的使用方式完全等同于函数调用，格式为"命令（参数 1，参数 2，……）"。此外，LMT 命令还有的规则是：LMT 命令区分大小写，大多支持的命令都是小写；LMT 命令末尾无需添加分号。下面以单板诊断测试命令为例说明命令结构。

命令格式：boarddiagtest（BYTE ucRack，BYTE ucShelf，BYTE ucSlot）。

功能描述：单板诊断测试。

输入参数：为 TRX 单板的物理地址，BYTE ucRack 是单板机架号，BYTE ucShelf 是单板机框号；BYTE ucSlot 是单板槽位号。

输出信息：有以下可能输出的信息。

① 当前存在测试单板：Board:rack%d，shelf%d，slot% is diagnosing，Please try later

② 查询数据库失败：Fail to query DBS for the board: subsystem=; Unit=; Slot=

③ 数据库返回结果异常：Query DBS Error for the board: subsystem=; Unit=; Slot=

④ 输入参数效验不通过：Input Para Error for the board: subsystem=; Unit=; Slot=

⑤ 发起测试成功：Already start the boardtest，please wait: subsystem=; Unit=; Slot=

⑥　测试超时：BoardDiagTest timeout

25.2.2　基站维护常用方法

1．故障现象分析

无线网络设备包含多个设备实体，各设备实体故障现象是有区别的。维护人员发现故障，或接到故障报告，可对故障现象进行分析和判断，进而重点检查可能出现问题的设备实体。在出现突发性故障时，只有经过仔细的故障现象分析，准确定位故障的设备实体，才能避免对运行正常的设备实体进行错误操作，缩短解决故障时间。

2．指示灯状态分析

设备状态指示灯反映了设备的运行状况。例如，前台大多数单板有状态指示灯，用于指示设备的运行状态；有的单板有错误指示灯，用于指示单板是否出现故障；有的单板有电源指示灯，用于指示电源是否已经供电；有的单板有闪烁灯，指示单板是否进入正常工作状态。后台服务器有电源指示灯和故障指示灯。

根据状态指示灯，可以分析故障产生部位或原因。RUN、ALM 灯一起组合，可表示单板的各种状态，主要表示上电过程中的各种状态，以及版本运行后 SCS 及 OSS 内发现的故障。

如果当前有多个告警，则指示灯状态是基于优先级，优先级高的告警在指示灯中出现，优先级主要根据告警的重要性来分的。RUN、ALM 灯的状态组合及表示意义，如表 25.1 所示。

表 25.1　　　　　　　　　　单板 RUN、ALM 灯状态组合及表示意义

状态名称	RUN 状态	ALM 状态	表示含义
初始状态	常亮	常灭	初始状态
正常运行	1Hz 周期性闪烁	常灭	正常运行中
版本下载	5Hz 周期性闪烁	常灭	版本下载中
	1Hz 周期性闪烁	5Hz 周期性闪烁	版本下载失败，单板单板与配置不符，无法下载版本
	常亮	常灭	DEBUG 版本下载 VxWorks 成功，等待下载版本、运行；RELEASE 版本表示版本下载成功，正在启动版本
自检失败	常灭	5Hz 周期性闪烁	单板自检失败
	常灭	2Hz 周期性闪烁	支撑启动失败
	5Hz 周期性闪烁	5Hz 周期性闪烁	获取逻辑地址失败
	5Hz 周期性闪烁	2Hz 周期性闪烁	基本进程上电失败或者超时
	5Hz 周期性闪烁	1Hz 周期性闪烁	初始化核心数据区失败
	2Hz 周期性闪烁	5Hz 周期性闪烁	版本与硬件及配置不匹配的告警
	2Hz 周期性闪烁	2Hz 周期性闪烁	媒体面通信断
	2Hz 周期性闪烁	1Hz 周期性闪烁	HW 断
	1Hz 周期性闪烁	2Hz 周期性闪烁	与 OMP 断链
	1Hz 周期性闪烁	1Hz 周期性闪烁	正在主备倒换
	不变	常亮	8K、16M 硬件时钟丢失

3．告警和日志分析

BSC 系统能够记录 BTS 设备运行中出现的错误信息和重要的运行参数。错误信息和重

要运行参数主要记录在后台服务器的日志记录文件（包括操作日志和系统日志）和告警数据库中。

告警管理的主要作用是检测基站系统、后台服务器节点和数据库以及外部电源的运行状态，收集运行中产生的故障信息和异常情况，并将这些信息以文字、图形、声音、灯光等形式显示出来，以便操作维护人员能及时了解，并作出相应处理，从而保证基站系统正常可靠地运行。同时告警管理部分还将告警信息记录在数据库中以备日后查阅分析。

通过日志管理系统，用户可以查看操作日志、系统日志，并按照用户的过滤条件过滤日志和按照先进先出或先进后出顺序显示日志，使用户可方便地查看到有用的日志信息。

通过分析告警和日志，可以帮助分析产生故障的根源，同时发现系统的隐患。

4. 业务观察分析

业务观察可以协助维护人员进行系统资源分析观察、呼叫观察、呼叫释放观察、切换观察、BSS 软切换观察、指定范围的业务数据（呼叫、呼叫释放、切换、BSS 软切换）观察、指定进程数据区观察和历史数据的查看等。

5. 信令跟踪分析

信令跟踪工具是系统提供的有效分析定位故障的工具，从信令跟踪中，可以很容易知道信令流程是否正确，信令流程各消息是否正确，消息中的各参数是否正确，通过分析就可查明产生故障的根源。

6. 仪器仪表测试分析

仪器仪表测试是最常见的查找故障的方法，可测量系统运行指标及环境指标，将测量结果与正常情况下的指标进行比较，分析产生差异的原因。

7. 对比互换

用正常的部件更换可能有问题的部件，如果更换后问题解决，即可定位故障。此方法简单、实用。另外，可以比较相同部件的状态、参数以及日志文件、配置参数，检查是否有不一致的地方。可以在安全时间里进行修改测试，解决故障。

25.2.3 单板更换操作

单板的运行状态，可从指示灯和 OMC 告警管理中观察到，若出现单板告警无法消除或单板无法正常工作，则需按工程规范更换单板。单板和部件的更换通常应用在硬件升级或者设备维护的过程中。单板和部件的更换是维护人员进行故障清除和维护的基本方法。通过维护人员进行手工更换操作，可以隔离发生问题的部件，清除大部分的故障，实现故障的定位和清除。更换、定位解决部件故障后，将更换下的故障部件进行打包处理，并及时送修。

单板更换操作的主要步骤如下。

1. 取出单板

先松开单板扳手上的松不脱螺钉，左右手分别扣住上下扳手，食指按压扳手外侧的锁紧钮。两拇指用力向外掰动扳手，使扳手脱离开导轨并自然拔出单板。扳手在拉力下向外旋转，如同杠杆一样，将对单板产生向外的更大的拉力，会使单板从背板中脱出，当扳手旋转约 90°时，单板从背板中完全脱离。

顺插槽取出单板，并将拆下的单板置于防静电包装中，此过程中避免接触。

2. 安装单板

通过板名条和槽位号确定安装单板的槽位。确定上下扳手都处于张开的位置，然后对准相应的槽位垂直用力推入单板。听到清脆的响声后表明单板已经完全插到位，然后拧紧扳手上的不脱出螺钉。

25.2.4　基站主设备维护作业计划

基站主设备维护作业，需检查涉及主设备和天馈系统的各项目，并做好记录填写维护作业表。基站主设备维护作业项目，如表 25.2 所示。

表 25.2　　　　　　　　　　　　　　　　基站主设备维护作业项目表

项目	子项目	参考标准	操作指导
更新基站记录		是否更新	按要求填写更新基站档案表
机架清洁	机架机柜	干净整洁无明显灰尘附着	使用吸尘器、毛巾对机柜清洁，注意防止误动开关、接触电源、水滴进入设备等，防静电
基站单板运行状态检查		指示灯运行正常，查询结果正常	现场观察单板指示灯状态，查询单板
检查语音业务和数据业务	呼叫测试，上网测试	正常呼叫，正常上网	通过手机拨打测试和进行上网业务测试
检查风扇运行情况	风扇硬件，风扇散热	风扇硬件正常，且有散热效果	现场检查风扇运行情况
检查接地、防雷系统		无异常	检查接地、防雷系统工作情况，连接是否可靠，避雷器有无烧焦痕迹
标签检查		清晰可见	标签是否模糊不清，需要更换
GPS 检查	连接检查	牢固，GPS 安装在塔桅时天线距离杆水平距离大于 30cm	检查连接是否牢固，天线处是否有阻挡
地线与接地电阻检查	接头	安全整齐牢固	检查每个接地线的接头是否有松动和老化
	地阻值	联合接地电阻小于 10 欧	用地阻仪测试阻值是否合格
基站周围路测		无异常	测试手机测试基站切换和信号覆盖范围是否正常
防雷检查		安全整齐牢固	避雷接地线是否连接可靠，接头防锈检查
天线覆盖方向		无遮挡	天线覆盖方向是否有遮挡
天馈系统	天线牢固检查	无松动锈蚀现象	观察轻动检查
	天线环境检查	仰视角 150° 范围无阻挡，视野开阔	观察检查
	馈线、小跳线安装固定检查	无松动锈蚀现象	观察轻动检查
	天馈系统防雨密封性能检查	连接处密封胶泥、胶带无开裂和老化	观察检查
	馈线回水弯检查	满足工程回水弯要求	观察检查
	馈线接头检查	无松动锈蚀现象	观察检查
	馈线破损程度检查	馈线外皮无破损	观察检查
	馈线标识	清晰可见	标签是否模糊不清，需要更换
天馈驻波比	6 根馈线均检查	小于 1.5	是否驻波比告警，有告警的要测试驻波比，测试完毕要可靠连接

续表

项目	子项目	参考标准	操作指导
天线方位角与下倾角	防水检查	安全整齐牢固	无漏水，各端口密封良好
	俯仰角检查	与设计值比对	实测俯仰角
	方位角检查	与设计值比对	实测方位角
	高度检查	与设计值比对	检查挂高实测

25.2.5 基站配套设备维护作业计划

基站配套设备维护作业，主要是检查电源、传输、环境各项目，并做好记录填写维护作业表。基站配套设备维护作业项目，如表 25.3 所示。

表 25.3　　　　　　　　　　基站配套设备维护作业项目表

项目	子项目	参考要求
蓄电池	电池端电压测试和环境温度检查	每组至少 12 只标示电池；测试浮充时的浮充端电压和单体电压，开路时的开路端电压和单体电压，电池的单体电池电压差小于 0.05V；全组各单体电池端电压不低于 2.18V；环境温度在 5～30℃之间
	清洁	电池外表清洁干燥；清扫时采取防静电措施；清洁电池表面时可用拧干的湿布，禁用香蕉水、汽油、酒精等有机溶剂接触蓄电池
	电池机壳变形和漏液检查	电池外壳无变形、无膨胀、无开裂；极柱和安全阀周围无酸雾溢出
	引线端、连接条接触情况　检查	电缆连接牢固、无腐蚀；充放电电缆护层无老化龟裂现象；均衡充电时电缆无明显发热
UPS 电源	检查告警指示、显示功能	面板指示灯、蜂鸣器、液晶显示屏是否正常
	接地保护检查	接地电阻小于 5Ω
	测量直流熔断器压降或温升、接线端子接触检查	压降小于 1V，无明显温升；接线端子接触良好，无打火发热现象
	检查继电器、断路器、风扇	继电器、断路器接触良好，无明显打火、温升，切换正常；风扇运转平稳、匀速、无噪声
	清洁设备	设备无明显粉尘、油迹、污染
	旁路功能检查	交流停电情况下能够切换成蓄电池供电
	UPS 蓄电池外观、环境检查	电池是否清洁，电池有无漏液，电池壳体有无变形，温升是否正常
	UPS 蓄电池性能检测	测试蓄电池组的端电压，各单体电池电压
低压配电	检查空气开关接触是否良好	开关的动作正常，接触良好，触点无氧化
	检查信号指示、告警是否正常	各信号灯指示正常，无损坏现象
	测量熔断器（空开）的温升或压降	熔断器（空开）的温升应低于 80℃
	检查电路是否正常	结合电路图检查各配电电路是否正常；电路无告警、变动及隐患等异常
	检查避雷器工作情况	防雷器工作情况是否正常
	测试电压电流	测试线、相电压（-15%～+10%），各相电流
	检查零地电压	万用表检查测试零线与地线之间的压差小于 2V
	清洁设备	清洁设备时做好防护；设备表面无灰尘，清洁时可用拧干的湿布，禁用香蕉水、汽油、酒精等有机溶剂接触蓄电池

项目	子项目	参考要求
空调	室内机组清洁	清洁室内机组，要求蒸发器无灰尘或杂物；清洁排水系统；清洁室内机风叶上的灰尘或杂物；滤网清洁
	气路系统检查	测试空调高低压压力，250℃时低压在 0.4～0.02MP，高压在 1.6～1.8MP
	检查清洁	空调外部清洁，无明显灰尘或赃物
	检查排水、堵小动物出入	检查空调内外机连接回路封堵是否完好；排水是否畅通，空调下无积水
动力环境	前端采集设备数据正确性 检查	检查前端采集设备与基站实际情况一致；检测采集设备数据处理的完整性；检测数据备份的完 整性
	各机房图像状态检查	检测各个机房图像是否正常可控
	设备及机柜清洁	清理主设备、红外、温湿度等采集设备的卫生
开关电源	设备内外清洁	模块风扇风道、机柜风道等无遮挡物，无灰尘积累
	熔断器压降或馈线温升检查	1000A 以下，每百安压降小于或等于 5mV；温升不超过 70℃
	模块风机滤网检查	风机滤网清洁，无破损，无灰尘
	整机告警系统检查	系统异常要有告警；模拟告警时监控模块有告警记录
	防雷检查	防雷模块是否损坏
	机架保护接地及接点接触 检查	连接电缆无局部发热或老化现象，无被金属件挤压变形情况；各种开关、熔断器、接插件、接线端子接触良好，无电饰
传输设备	网元和电路板状态检查	各板件接触良好，运行正常无告警
	电路板指示灯检查	指示灯正常无告警
	保护倒换检查	有保护路由的，对其保护倒换功能测试
	风扇检查和定期机架清洁	风机滤网清洁，无破损，无灰尘
	传输 2M 接头接触状况	线缆布放整齐，弯曲半径符合工程标准；接触良好，无虚焊漏焊；接地良好
机房环境	基站机房配备灭火器	检查灭火器压力、有效期
	应急联系卡	无人站点应张贴标志，联系电话
	机房内无老鼠、飞虫等隐患	检查机房内无老鼠、飞虫等隐患
	机架清洁	机架、机柜清洁
	温湿度检查	温度在-5～45℃；湿度在 15%～93%RH

对于年度维护过程中，还有一些项目可纳入检测的范围。

25.3　近端操作维护基站主设备任务的教学实施

情境名称	基站主设备和LMT 情境
情境准备	一个 BTS 机架主设备（数据配置完成）；LMT 网管系统及若干 OMC 客户端；前后台正常通信
实施进程	1. 学习任务准备：分组领取任务工单；自学任务引导；教师提问并导读 2. 任务方案计划：各小组根据任务描述，制订完成任务的分工和方案计划 3. 任务实施进程 ① 熟悉本地维护终端 LMT ② 进行常用的几项基站维护操作 ③ 观察并记录单板指示灯及其含义 ④ 完成几块主要单板的更换操作 4. 任务资料整理与总结：各小组梳理本次任务，总结发言

续表

情境名称	基站主设备和 LMT 情境		
任务小结	1. 本地维护的基本情况概述说明 2. LMT 终端介绍 3. 基站主设备常用的维护方法 4. RUN、ALM 灯的状态组合及表示意义 5. 更换（拆卸安装）单板的基本步骤和注意事项		
任务考评	任务准备与提问	20%	1. 基站系统的一般维护过程包括哪 3 个方面 2. 什么是 LMT 3. 列举基站维护的常用方法 4. 更换单板的基本步骤
	分工与提交的任务方案计划	10%	1. 讨论后提交的完成本次任务详实的方案和可行情况 2. 完成本任务的分工安排和所做的相关准备 3. 对工作中的注意事项是否有详尽的认知和准备
	任务进程中的观察记录情况	30%	1. 单板指示灯的闪烁情况是否记录清楚 2. 能否通过指示灯的闪烁情况区别正常开工与故障单板 3. 对主要单板的更换操作是否正确 4. 是否相互之间有协作
	任务总结发言情况与相互补充	30%	1. 任务总结发言是否条理清楚 2. 能否总结取下故障单板时的注意事项 3. 能否总结插入故障单板时的注意事项 4. 任务总结文档情况
	练习与巩固	10%	1. 问题思考的回答情况 2. 自动加练补充的情况

26.1 跟踪 MS 信令任务工单

任务名称	跟踪 MS 信令
学习目标	1. 专业能力 ① 掌握 CDMA 移动台的 4 种状态 ② 掌握 CDMA 移动台初始化状态所包括的 4 种子状态 ③ 掌握 CDMA 移动台如何空闲状态和进入空闲状态的监听、登记过程； ④ 了解 MS 主呼、被呼的语音业务过程 ⑤ 学会用网管跟踪一次呼叫信令流程，并学会查看某条信令的详细内容 2. 方法与社会能力 ① 培养观察记录的方法能力 ② 培养机房操作维护的一般职业工作意识与操守 ③ 培养完成任务的一般顺序与逻辑组合能力
任务描述	1. 掌握 MS 的基本状态和语音业务主呼被呼流程 2. 学会用网管跟踪一次 MS 主呼信令流程 3. 学会用网管跟踪一次 MS 被呼信令流程 4. 查看某条信令的详细内容，并分析其中参数的含义 5. 观察并记录主叫先挂机和被叫先挂机跟踪到的信令流程有什么不同
重点难点	重点：网管跟踪一次呼叫信令流程 难点：解释某条信令的参数含义
注意事项	1. 不更改和删除原有备份数据 2. 未经同意，不执行信令跟踪外的其他数据操作
问题思考	1. CDMA 移动台有哪 4 种状态 2. 移动台初始化状态包括哪 4 种子状态 3. CDMA 中 MS 有哪些类型的登记 4. 如何进入 MS 呼叫的信令跟踪 5. 如何查看一条跟踪到的信令消息详细内容
拓展提高	1. 跟踪一次数据业务的信令流程并解释跟踪到的信令消息 2. 跟踪一次位置更新的信令流程并解释跟踪到的信令消息
职业规范	CDMA2000 空中接口技术规范 CDMA2000 数字蜂窝移动通信网技术要求 YD/T 1681-2007 CDMA2000 蜂窝移动通信技术要求空中接口层三信令 YD/T 1583-2007

26.2 跟踪 MS 信令任务引导

26.2.1 CDMA 移动台工作状态

CDMA 移动台有两种类型：机卡合一和机卡分离。UE 内部都会保存（Preferred Roaming List，PRL）文件，以定义移动台的 IMSI、AKEY、频点列表、SID 和 NID 等信息，移动台 ESN 保存在机身中。如果为机卡分离移动台，则移动台以 UIM 卡中所写内容为主。

移动台状态分为 4 种：初始化、空闲、接入和业务状态。其中，初始化状态：主要完成移动台对系统的选择；空闲状态：移动台检测寻呼信道的消息；接入状态：完成移动台与系统间建立连接的过程；业务信道状态：完成移动台与系统间的业务交互。如图 26.1 所示。

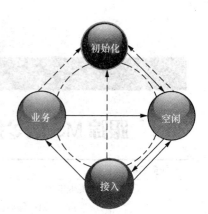

图 26.1 CDMA 移动态状态

1. CDMA 移动台初始化状态

移动台开机或重启后会先进入初始化状态。初始化状态包含如下几个子状态：系统选择、导频获取、同步信道获取、定时改变。

系统选择阶段：系统选择子状态中，移动台选择使用哪个系统。移动台会在所有前向链路上进行搜索，直到搜索到一个可用的 CDMA 信号。搜索依据：History List 和 Preferred Roaming List。如果搜索不到可用系统，移动台会进入省电模式。

导频获取：导频获取子状态中，移动台将其 Walsh 指针指到 Walsh0 去搜索可用导频信道。移动台会遍历所有 PN，直到搜索到一个强导频信号。如果移动台在指定时间内无法搜索到强导频，则移动台会重新回到系统选择子状态。当移动台搜索到一个强导频后，则进入同步信道获取子状态。

同步信道获取：同步信道获取子状态中，移动台将其 Walsh 指针指到 Walsh32，去获取该强导频所对应的同步信道，接收同步信道消息，获得系统配置信息和定时信息。

对于一个 CDMA 信道最多只能有一个码道（Walsh 32 码道）用做同步信道，SCHM 消息在基站支持的同步信道上连续发送，其发送的比特率率是 1200bit/s，帧长为 26666ms，使用的 PN 序列偏置与同一前向信道的导频信道上使用的相同。因此一旦手机捕获到了导频信道，即与导频 PN 序列同步，就可认为手机与这个前向信道的同步信道也达到同步。手机在同步信道获取子状态下接收 SCHM，要求在 T_{21m} 获取 SCHM，$T_{21m}=1$ 秒。

手机开机获取导频后，手机将搜索 Walsh 32 对应的前向信道（同步信道），进入到获取同步信道子状态。如果在指定的时间内成功获取同步信道，则从同步信道上接收 SCHM（Sync Channel Message）消息，对接收到的 SCHM 消息中的相关参数进行判断，包括 P_REV、MIN_P_REV、PRAT（寻呼信道速率）等，其中 CDMA_FREQ 及 EXT_CDMA_FREQ 参数用来确定主寻呼信道所在的载频，手机在成功获取同步信道后，首要要完成时间调整和长码状态调整；然后将进入获取系统主寻呼信道的过程，在主寻呼信道上获取其他系统消息。如图 26.2 所示。

在图 26.2 中，P_REV: Protocol Revision Level 表示最大支持协议版本；MIN_P_REV 表示 Minimum Protocol Revision Level 最小支持版本；PILOT_PN 表示 Pilot PN Sequence Offset Index 导频 PN 偏置；LC_STATE 表示 Long Code State 长码状态；SYS_TIME 表示 System Time 系统时间；PRAT 表示 Paging Channel Data Rate 寻呼信道速率。

SYNC CHANNEL MESSAGE

98/05/24 23:14:09.817 [SCH]

Sync Channel Message

MSG_LENGTH = 208 bits

MSG_TYPE = Sync Channel Message

P_REV = 3

MIN_P_REV = 2

SID = 179

NID = 0

PILOT_PN = 168

Offset Index

LC_STATE = 0x0348D60E013

SYS_TIME = 98/05/24 23:14:10.160

LP_SEC = 12

图 26.2　同步信道消息中的相关参数

同步信道消息（Sync Channel Message，SCHM）所包含的重要参数有：同步信道消息（SCHM）中的重要参数：最小协议修订版本（MIN_P_REV），SID，NID，PILOT_PN，长码状态（LC_STATE），系统时间（SYS_TIME），寻呼信道速率（PRAT），指配频率与扩展指配频率。

定时改变：移动台在收到同步信道消息后，进入定时改变子状态。在定时改变子状态中，移动台根据 SCHM 消息中的 PILOT_PN、LC_STATE 和 SYS_TIME，改变自己的长码状态和系统时间，与系统实现同步。

2. CDMA 移动台空闲状态

移动台在完全捕获系统定时后进入空闲态。接下来，移动台将其 Walsh 指针指到 Walsh1，准备接收系统主寻呼信道消息：IS-95 手机使用 SCHM 中的 CDMA_FREQ 接收主寻呼信道系统消息。 如果当前手机所在频点与该 CDMA_FREQ 不一致，手机将频点调整到该频点。CDMA2000 手机使用 SCHM 中的 EXT_CDMA_FREQ 接收主寻呼信道系统消息。如果当前手机所在频点与该 EXT_CDMA_FREQ 不一致，手机将频点调整到该频点。

在接收系统主寻呼信道过程中，移动台进行服务频点选择和寻呼信道选择。寻呼信道选择结束后，移动台正式进入空闲状态。

服务频点的选择：手机在寻呼信道上首先接收的系统消息与手机协议版本有关: IS-95 手机，首先接收 CCLM 消息；CDMA2000 手机，首先接收 SPM 消息，判断其中 EXT_CHAN_LIST 是否为 1，如果不为 1，处理方式与 IS-95 相同；如果为 1，忽略 CCLM 消息，而接收 ECCLM 消息。通过上面步骤，得到 CDMA_FREQ 个数及列表。然后通过 HASH 算法，选择其中的一个作为服务频点。

寻呼信道的选择过程：

① 移动台在服务载频的主寻呼信道上获取系统消息；

② 从 SPM 消息中，得到本载频配置的寻呼信道数目 PAGE_CHAN；

③ 用 HASH 算法，计算出分配给手机的寻呼信道号。

对非时隙模式的 IS-95 手机，就进入空闲态了。对于时隙模式的手机，还要根据 IMSI 计算出寻呼时隙号，之后才进入空闲态。对 CDMA2000 手机，根据收到的 ESPM 消息中的 QPCH_SUPPORTED 是否为 "1"，决定是否进行快速寻呼监听。如果 QPCH_SUPPORTED 设置为 1，并且手机支持快速寻呼，那么手机需要从 ESPM 消息中获取其 QPCH 相关参数，计算出需要监听的快速寻呼信道号码。并且使用当前的系统时间，计算出需要监听的快速寻呼指示器的位置。然后开始监听该快速寻呼信道的相关指示器位置。至此，对于支持快速寻呼的 CDMA 2000 手机，才算进入了空闲状态。

因此，所谓空闲状态，也就是经历上述过程后，MS 监听寻呼信道，可以发起呼叫或接收呼叫，还可进行位置登记的状态。当 MS 发起呼叫或收到 BS 的寻呼消息时，就由空闲状态转入接入状态。

（1）寻呼信道监听

寻呼信道被分成 80ms 的时隙，称为寻呼信道时隙。工作在非分时隙模式的移动台可以在任何寻呼信道时隙上接收寻呼和控制消息，因此要求非分时隙模式的移动台监听所有时隙。工作在分时隙模式的移动台，仅在某些分配的时隙上监听寻呼信道，在不监听寻呼信道的时隙里，移动台可以停止或减少其处理过程，以便节省电源，除了处于移动台空闲状态，其他状态下移动台均不能工作在分时隙模式。

（2）登记

登记就是移动台通知基站：它的位置、状态、标识、时隙周期和其他特性的过程。移动台通知基站它的位置和状态，使得当基站想要建立一个移动台被叫时能有效的寻呼到移动台。当运行在分时隙模式时，移动台提供 SLOT_CYCLE_INDEX 参数，使基站能确定移动台在哪些时隙监听。移动台提供等级标志和协议版本号，使基站知道移动台的特性。

CDMA 系统支持以下 10 种不同的登记类型。

开机登记：当移动台打开电源时，就进行开机登记，为了防止在电源被快速开关的而带来的多次登记，移动台在进入空闲状态后延迟 T57m 秒后再进行登记。

关机登记：移动台关机时会进行关机登记，如果执行关机登记，移动台会在完成登记尝试后才会关机，如果移动台没有在当前的系统进行登记，则关机时不会执行关机登记。

周期登记：移动台周期性进行登记，注册周期由系统参数消息（SPM）中的 REG_PRD 字段决定。

基于距离的登记：在移动台的当前基站与它上次登记的基站之间的距离超过一个门限时，移动台将进行基于距离的登记。移动台通过计算当前基站与它上次登记基站之间的经纬度之差来得到它所移动的特定距离，如果这一距离超过门限值，移动台就开始进行登记。

基于区域的登记：基于区域的登记，在移动台移至一个不在它内部存贮访问登记区域表上的新区域时登记。系统 REG_ZONE（登记区）信息在系统参数消息里广播发送。一个移动台可以在多于一个区域里登记。通过 REG_ZONE 和该区域的 SID 和 NID 可以唯一识别该区域。

参数改变登记：当移动台内存储的参数发生变化，或移动台所支持的性能发生变化时，发起登记。

指令登记：基站可以通过发送一条"登记请求指示"来命令移动台登。

隐含登记：当发送一条始呼消息或寻呼响应消息时，基站能推断出移动台的位置，这被认为是一个隐含登记。

业务信道登记：当移动台进入业务信道时，基站通过移动台已登记消息通知移动台已经在系统中登记。

用户区域登记：用户区域登记在移动台选择一个有效用户区域时发生。

（3）登记流程

以不同 MSC/VLR 间位置更新，说明位置登记更新流程，如图 26.3 所示，经历了以下步骤：

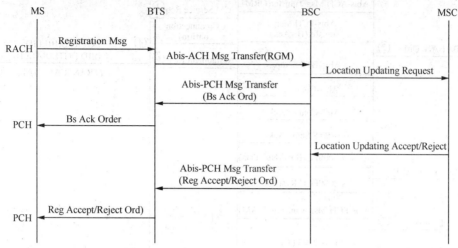

图 26.3　MS 在不同 MSC/VLR 间位置更新的流程

① 手机通过 SCCP 的连接请求消息上报位置更新请求；

② MSC 给 BSC 回送 SCCP 的连接证实表示建立了连接；

③ MSC 通过 C/D 接口给 HLR 发送位置登记请求；

④ 如果 HLR 存在旧的 VLR，则该旧 VLR 发送登记取消消息；

⑤ 旧的 VLR 取消登记成功，给 HLR 回送响应；

⑥ HLR 登记成功，给 VLR 登记成功响应；

⑦ MSC 给 BSC 发送位置登记成功消息；

⑧ MSC 下发清除命令（图中未显示）；

⑨ BSC 回送清除完成。

26.2.2　语音业务信令流程

1．移动台起呼

以同 MSC，不同 BSC 间呼叫举例，流程说明如下，如图 26.4 所示。

① MS 在空中接口的接入信道上向 BS 发送带层 2 证实请求的始发消息以请求业务。

② BS 收到始发消息后向 MS 发送基站证实指令。

③ BS 构造一个 CM 业务请求消息并放入完全层 3 信息消息中将其发送给 MSC，带了被叫号码（IMSI、MDN）和业务选择，业务选择表示此次呼叫的业务类型和无线口传输速率，对于电路型呼叫，BS 可以请求 MSC 分配首选的地面电路。

④ MSC 给 BSC 回 CC 消息表示 SCCP 的连接已经建立，对 CR 消息进行确认。

⑤ MSC 给 HLR 发位置请求，CM 对被叫号码进行分析 。

⑥ MSC 向 BS 发送指配请求消息，请求 BS 分配无线资源，如果地面电路在 MS 和 BS 之间使用，那么消息中将包括关于该地面电路的信息；如果在 CM 业务请求中 BS 请求了首选的地面电路并且 MSC 可以支持该地面电路，那么 MSC 将在分配请求消息中使用该地面电路，否则 MSC 将指配不同的地面电路、指配无线通道类型、指示无线口的速率和类型。

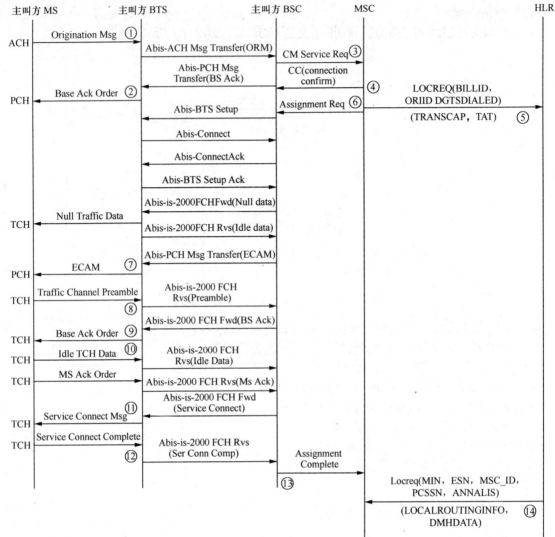

图 26.4　移动台起呼流程

⑦　如果有用于该呼叫的业务信道，并且 MS 不在业务信道上，BS 将在空中接口的寻呼信道上发送信道指配消息（带 MS 的地址）以启动无线业务信道的建立。

⑧　MS 开始在分配的反向业务信道上发送前同步码（TCH 前同步）。

⑨　获取反向业务信道后，BS 将在前向业务信道上向 MS 发送带层 2 证实请求的基站证实指令。

⑩　MS 收到基站证实指令后发送移动台证实指令，并且在反向业务信道上传送空的业务信道数据 （空 TCH 数据）。

⑪　BS 向 MS 发送业务连接消息/业务选择响应消息，以指定用于呼叫的业务配置，MS 开始根据指定的业务配置处理业务。

⑫　收到业务连接消息后 MS 响应一条业务连接完成消息。

⑬　无线业务信道和地面电路均建立并且完全互通后 BS 向 MSC 发送指配完成消息，并认为呼叫进入通话状态。

⑭　本局呼叫，HLR 不去 MSC 分配漫游号码，在 ROUTING INFO 中带 LOCALTERMINATION，

表示手机在服务请求 MSC 内；对于非本局呼叫，MSC MAP 到 VDB 要求分配漫游号码（TLDN），然后再给 CCB 回响应。

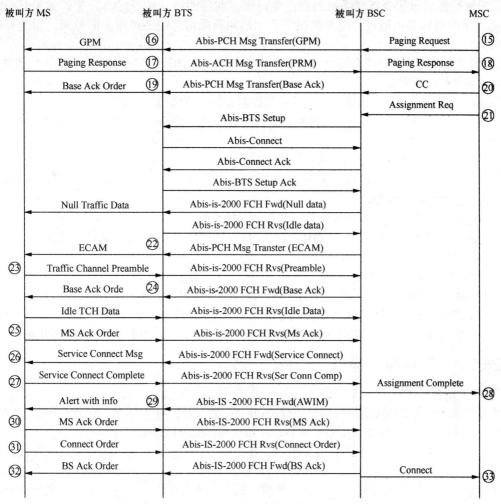

图 26.5 移动台被呼流程

2. 移动台被呼

⑮ 当 MSC 确定被呼的移动台在本 MSC 的服务区内时它向 BS 发送寻呼请求消息，启动移动台被呼的呼叫建立过程。

⑯ BS 在寻呼信道上发送带 MS 识别码的寻呼消息，

⑰ MS 识别出一个寻呼请求包含它的识别码，然后在接入信道上向 BS 回送一条寻呼响应消息。

⑱ BS 利用从 MS 收到的信息，组成一个寻呼响应消息，把它附加在完全层 3 消息里，发送到 MSC，BS 可以请求 MSC 分配一个优选的地面电路。

⑲ BS 在空中接口上回应一条基站证实指令。

⑳ MSC 给 BSC 回 CC 消息表示 SCCP 的连接已经建立，对 CR 消息进行确认。

㉑ 指配请求消息从 MSC 发到 BS，以请求无线资源指配，如果 MSC 和 BS 间使用地面电路，那么该消息还将包括地面电路信息；如果 MSC 可以支持 BS 请求的首选地面电路，那么

MSC 将在在指配请求中使用该地面电路，否则 MSC 将指配不同的地面电路，被叫指配中带手机震铃方式，被叫指配消息带 SIGNAL 的 IE，指示被叫手机震铃的方式，主叫则不需要，被叫的铃音是网络侧通过信令指使手机自己产生，而主叫的回铃音是 MSC 产生；如果是局间呼叫，则主叫的回铃音是通过对端交换机送音，被叫指配消息中还可带主叫号码，用于号码显示业务。

㉒ 如果 MS 没有在业务信道上那么 BS 将在空中接口的控制信道上发送信道指配消息，以启动无线业务信道的建立。

㉓ MS 开始在反向业务信道上发送业务信道前导码 （TCH 前同步）。

㉔ 一旦获取了反向业务信道，BS 将在前向业务信道上发送基站证实指令，并带有 MS 请求的层 2 证实。

㉕ MS 用移动台证实指令回应 BS 的基站证实指令。

㉖ BS 向 MS 发送业务连接/业务选择响应指令，以指定用于该呼叫的业务配置，MS 根据指定的业务配置开始处理业务。

㉗ 收到业务连接消息后，MS 响应一条业务连接完成消息。

㉘ 在无线业务信道和地面电路均建立起来之后，BS 向 MSC 发送指配完成消息。

㉙ BS 发送带特定信息的振铃消息使 MS 振铃。

㉚ MS 收到带特定信息的振铃消息后向 BS 发送移动台证实指令。

㉛ 当 MS 应答该呼叫时（摘机），移动台向 BS 发送带层 2 证实请求的连接指令。

㉜ 收到连接指令消息后 BS 在前向业务信道上向 MS 回应基站证实指令。

㉝ BS 发送连接消息，通知 MSC，移动台已应答，此时该呼叫被认为进入通话状态。

26.2.3　信令跟踪操作

1. 信令跟踪概述

通过信令跟踪主窗口可以进行信令跟踪操作，包括：跟踪 MSC_MAP 信令、跟踪 BCM 信令、跟踪 SCM 信令、跟踪 TM 信令、查看跟踪信令的详细信息等操作。

在网管平台主窗口中，选择菜单视图→工具管理→信令跟踪，进入信令跟踪主界面，可进行相应操作。

在信令跟踪子系统主界面中，选择菜单信令跟踪→需要跟踪的信令，进入子菜单信令跟踪界面。通过使用相应工具对信令进行跟踪分析。

在信令结果显示窗口中，选中一条信令跟踪的记录，单击信令查看图标或双击该记录，可查看某条信令消息体的细节。详细信息的查看要求维护人员了解相关协议及每条消息的结构、每个字段的意义。

2. 信令跟踪步骤举例

① 单击开始→程序→NetNumen→BSSB 服务端快捷菜单，打开统一网络管理平台服务器控制台，单击启动按钮，启动 NMC/OMM 服务器。如果在控制台中显示操作结果为“成功”，则出现红色框表明服务器已经成功启动。

② 服务器成功启动之后，单击开始→程序→NetNumen→BSSB 客户端快捷菜单，启动 NMC/OMM 客户端，系统弹出登录界面，输入服务器 IP 地址，如果服务器运行在本机上，则选择默认的“127.0.0.1”，单击确定按钮。

③ NetNument BSSB 客户端的主界面中单击视图→系统工具→信令跟踪菜单项，打开信令跟踪视图；点击信令跟踪→1X；选择跟踪→设置。

④ 跟踪类型有指定用户、指定 BTS 及指定小区 3 种，跟踪类型选择不同，相应界面需要输

入的条件也不同。

⑤ 这里选择指定用户进行跟踪，选择跟踪的范围、跟踪的起始及结束时间；如果需要将跟踪结果保存，可以在自动保存选项的选择框中打勾。

⑥ 输入特定用户的 IMSI 号码，单击添加按钮将要跟踪的用户添加到右边的框中（可以输入多个用户），单击确认按钮。

⑦ 使用测试手机发起呼叫，拨通另一部测试手机后，主叫先挂机（或被叫先挂机）；视图内将显示跟踪结果。

⑧ 单击菜单工具，可以保存全部信令或保存选择的信令。

⑨ 在某条信令上点击鼠标右键，出现相应的界面。可以查看信令的详细结构、删除选择的信令、删除所有信令或查找信令。

⑩ 选择查看详细结构，可以查看选中信令的详细内容。

26.3 跟踪 MS 信令任务的教学实施

情境名称	网管信令跟踪情境		
情境准备	BSSB 基站网管系统、CDMA 手机		
实施进程	1. 学习任务准备：分组领取任务工单；自学任务引导；教师提问并导读 2. 任务方案计划：各小组根据任务描述，制订完成任务的分工和方案计划 3. 任务实施进程 ① 打开网管，确认前后台通信正常 ② 进入信令跟踪：视图→系统工具→信令跟踪 ③ 进行跟踪条件设置：选择跟踪→设置 ④ 用网管跟踪一次 MS 主呼信令流程 ⑤ 用网管跟踪一次 MS 被呼信令流程 ⑥ 查看某条信令的详细内容，并分析其中参数的含义 ⑦ 观察并记录主叫先挂机和被叫先挂机跟踪到的信令流程有什么不同 4. 任务资料整理与总结：各小组梳理本次任务，总结发言		
任务小结	1. CDMA 移动台的 4 种状态 2. 移动台的初始化的 4 个子状态 3. CDMA 移动台如何空闲状态 4. MS 进入空闲状态的监听、登记过程 5. 用网管跟踪呼叫信令流程的操作步骤 6. 查看某条信令的详细内容的方法		
任务考评	任务准备与提问	20%	1. CDMA 移动台的 4 种状态 2. 移动台的初始化状态又包含哪些子状态 3. CDMA 移动台进入空闲状态后，可完成哪些操作 4. 如何进行 MS 呼叫信令跟踪？如何查看信令具体内容
	分工与提交的任务方案计划	10%	1. 讨论后提交的完成本次任务详实的方案和可行情况 2. 完成本任务的分工安排和所做的相关准备 3. 对工作中的注意事项是否有详尽的认知和准备

情境名称	网管信令跟踪情境		
任务考评	任务进程中的观察记录情况	30%	1. 是否能正确启动网管服务器和客户端 2. 是否能正确设置菜单中的跟踪类型 3. 跟踪到的信令是否完整正确 4. 是否能说明主叫先挂机和被叫先挂机的信令流程有何不同之处 5. 查看某条信令的详细内容，能否说明其中参数的含义 6. 是否相互之间有协作
	任务总结发言情况与相互补充	30%	1. 任务总结发言是否条理清楚 2. 利用网管客户端跟踪一次呼叫信令流程的方法 3. 是否每个同学都了解信令跟踪的操作步骤 4. 任务总结文档情况
	练习与巩固	10%	1. 问题思考的回答情况 2. 自动加练补充的情况

第四篇

天馈系统

认识通信塔桅和天馈系统

27.1 认识通信塔桅和天馈系统任务工单

任务名称	认识基站塔桅和天馈系统
学习目标	1. 专业能力 ① 掌握通信铁塔的种类及其特点 ② 掌握通信铁塔的组成 ③ 掌握天馈系统的结构 ④ 熟悉天馈基本参数 2. 方法与社会能力 ① 培养观察记录塔桅、天馈系统的方法能力 ② 培养高空作业的职业工作意识 ③ 培养辐射环境下作业的职业工作意识
任务描述	1. 认识通信铁塔的类别和组成结构 2. 认识天馈系统的组成架构 3. 画出通信铁塔的基本组成结构 4. 画出天馈系统各组件的连接情况 5. 了解天馈基本参数含义
重点难点	重点：天馈系统的组成架构 难点：天线参数的理解
注意事项	1. 切忌雷雨天，进入塔桅环境和天馈环境操作 2. 避免长时间受到天线对人体的正面辐射 3. 实训环境确保塔桅天馈牢固，规避高空坠物 4. 高空作业要有保护和现场监督观察
问题思考	1. 通信铁塔有哪些类型，主要特点是什么 2. 自立式铁塔和拉线式铁塔分别由哪些部分组成 3. 天馈系统的组成结构如何 4. 天线有哪些基本参数 5. 馈线有哪些基本参数
拓展提高	1. 拓展学习如何检查塔桅是否符合规范 2. 拓展学习塔桅施工安装知识
职业规范	1. 移动通信工程钢塔桅结构设计规范 YD/T 5131—2005 2. 移动通信工程钢塔桅结构验收规范 YD/T 5132—2005 3. 移动通信钢塔桅工程施工监理暂行规定 YD/T 5133—2005 4. 通信工程建设环境保护技术规定 YD 5039—2008 5. 通信局（站）防雷与接地工程设计规范 YD 5098—2005

27.2　认识通信塔桅和天馈系统任务引导

27.2.1　通信塔桅系统

1. 通信铁塔

通信铁塔的特点是高度不大，一般在 60m 以下；除微波塔对位移要求较高外，一般放置天线的通信塔对变形要求均较小，设计时以强度为主，同时兼顾刚度的要求。通信铁塔数量较多，由此决定通信铁塔要便于加工，便于安装。

通信塔的设计按材料来分，有 3 种：以角钢作为主要受力构件的角钢塔；以无缝钢管作为主要受力构件的钢管塔；使用大直径焊接圆钢管或近似圆多边形焊接钢管为主要受力构件的单管塔。

从受力性能来分，也有 3 种：空间桁架结构，结构主要受力构件为角钢及钢管；悬臂结构，以单根受弯构件作为主要受力构件；桅杆结构，以一组拉线及杆身作为受力系统，杆身可以采用空间桁架结构或单杆结构。

国内常用的通信塔基本上有以下几种形式：四边形角钢塔、四边形钢管塔、三边形钢管塔、单管塔、桅杆。这 5 种形式各有其优缺点，也各有适用场合，下边分别介绍。

（1）四边形角钢塔

四边形角钢塔为国内最常用的形式，其优点是构造简单，加工、运输及安装方便。钢结构部分焊接少，质量容易控制。其外形坚实稳固。又由于角钢的材料单价较低，因此建设成本较低。其缺点是钢材耗用量较大，基础造价相对于其余几种塔型高，占地也较大。另外角钢塔的体形系数较大，而角钢又有最大构件限制。因此不适合风压较大且高度较大情况。建议在中低风压及地质情况较好的情况下采用。

（2）四边形钢管塔

钢管塔一般在电视塔、微波塔等大高度、大荷载的铁塔中采用，由于该塔型体形系数小，塔身附加构件少，对地基承载要求低于角钢塔，占地也比角钢塔小。其缺点是钢管加工要求较高，塔柱间连接需要使用法兰等精加工部件。加工周期也较角钢塔长，对施工人员的技术要求比角钢塔高，钢管单价比角钢高。该塔型适用于风压较大、高度较高、荷载大的通信塔。

一般通信塔的造价包括钢结构塔身造价及基础造价两部分。基础造价占了一定的比例，特别是在地基条件较差的地区，基础部分的造价甚至超过钢结构部分，而钢管塔的另一个主要优点是对基础的压拔力明显比角钢塔小，因此在地基条件差的地区，使用钢管塔能有效地降低基础造价，建议在风压较大、地基较差的沿海地区采用。

（3）三边形钢管塔（三管塔）

三管塔是钢管塔的一种，采用三边形的截面形式，能有效地降低钢管塔的造价。在风压不大、高度不大、负载较小的情况下时采用，占地小，外形美观。特别是在高度不大（小于 40m），地基较差情况下，采用三管塔对降低造价效果明显。三管塔的另一个特点是占地小，与单管塔接近。三管塔的缺点是塔身自振周期较大，风载作用下位移较大，因此不适合做微波塔。另外，由于跨距较小，对地基要求较高，加工方面与钢管塔类似。建议在风压不大，塔身高度较低、地基状况良好地区采用。三管塔对于角钢塔在总造价对比上，高度越小其优势越是明显。建筑场地较小的场合，建三管塔及后面提到的单管塔是最合适的。

（4）单管塔

单管塔在国外广泛采用，其特点是采用大机械加工安装，对人工要求低，有利于批量生产安装，机械化加工、安装，能有效减低成本，控制质量，与三管塔类似，其占地面积较小。其缺点是加工及安装均需要大机械，目前国内成本较高；塔身位移大，不适合做微波塔；对安装现场要求有一定的运输及施工条件。对基础的要求也比三管塔高。建议在现场交通、安装条件好，风压小，高度较低时采用。

（5）桅杆（拉线塔）

桅杆在通信塔中应用很多。它的最大特点是节省钢材，加工及施工都十分快速，对基础要求低，相对于自立式铁塔，拉线塔的设计及施工技术要求都较高，拉线塔由于整体失稳或局部失稳导致的倒塌事故也是高耸结构中最多的。拉线塔的缺点是需要有较大的拉线空间，塔身位移较大。建议在楼顶或地基状况较差，有一定的拉线空间的位置设立。特别是临时性或过度性的基站，选用拉线塔较为合适。

铁塔工作平台，安装 6 付（双极化为 3 付）定向天线，或 2 付（双极化为 1 付）全向天线，平台结构为圆形结构，平台围栏高 1200mm，平台直径 D=4000mm。考虑安装 3 对天线支撑钢管，每对钢管以 120°等间隔布置。其中之一不论铁塔处于何种位置，应处于磁北偏东 60°方向。每对支撑钢管中的两根钢管间距为 600mm。每根天线支撑钢管下露平台底部 500mm。天线固定钢管伸出平台为 800mm，要求钢性支撑（能站人）。各固定钢管的直径×长度均为Φ70×2800mm，钢管壁厚≥5mm。考虑到天线的调整需要，平台结构应每间隔 30°预留一对固定钢管的相应孔位，便于天线调整。

2．通信铁塔的组成

（1）自立式铁塔

自立式铁塔主要是由基础（隐蔽工程）、塔身（主腹杆、内外侧的辅助撑）、辅助设备（平台、爬梯、走线架）和防雷接地（避雷针、接地引线、接地网）4 大部分级成。

自立塔为塔式结构，塔身下端固定，上端为自由的高耸构筑物，塔身多数为上小，下大的变倾角锥形结构，少数铁塔为直柱形，塔身常做成空间桁架和钢架，塔身横断面形状有三角形、正方形、六边形，腹杆由横撑、斜撑，辅助撑组成，除横断面为三角形的金属塔外，需每隔 定高度以及在塔柱变倾角截面处设置水平横膈，每段横隔应加装十字撑，全塔一般为独立的钢筋混凝土结构，楼顶金属塔的塔柱应锚于建筑物钢筋混凝土框架柱头内。

（2）拉线式铁塔

拉线式铁塔主要是基础、塔身、拉线，接地网 4 大部分组成。

拉线式铁塔是沿塔身高度等距或不等距设置若干层拉线，拉线下端锚于地面，用拉线保持塔身直立和稳定，塔身越高，拉线层数越多，一般每层布置 3 根拉线，双桅杆时可用 5 根拉线（中间两根为两杆间水平拉线），拉线与地面的倾角为 30°～60°，以 45°较好，拉线材料为高强度镀锌钢绞线，用开式具螺旋扣（花蓝螺丝）预加压力，以增强杆身强度和整体稳定性，拉线地锚基础有重力式，挡土墙式、板式和锚杆基础等，塔身断面形状一般采用钢管，圆钢、角钢材料做成三角形状，塔身主杆每段连接方式为内外刨钢，法兰盘或拼接连接，塔身基础一般为钢筋混凝土阶梯形独立基础。

27.2.2　基站塔桅维护作业计划

基站塔桅维护作业，主要检查项目如表 27.1 所示。

表 27.1　　　　　　　　　　　　　　　基站塔桅维护作业项目表

塔桅类型	检查项目	参考要求
地面单杆、支撑杆	接地电阻	小于等于 10Ω
	接地扁钢	无损坏生锈
	螺栓与构件连接	无出扣、无松动
	抱杆垂直度	偏差小于等于千分之一 H
	抱杆镀锌	无锈蚀
	抱杆	无弯曲
	接地引线	完好
三角塔、四方塔、格构塔	接地电阻	小于等于 10Ω
	铁塔构件	是否齐全
	节点间主材	无弯曲
	塔体镀锌	无锈蚀
	螺栓与构件连接	无出扣、无松动
	铁塔垂直度	偏差小于等于千分之一 H
	基脚混泥土	无裂缝
	地网、室外接地排焊接	是否防锈处理完好
	接地扁钢	无损坏生锈
	铁塔表面	无生锈
	室外走线架	牢固安全
	回填土	无下沉
	排水沟	无变形堵塞
	爬梯	安全牢固、无锈蚀
	接地引线	完好
	基础顶面高差	约等于 30cm
	铁塔保护帽	完好无损坏
	安全标志	完好无损坏
组合抱杆、H 塔	铁塔垂直度	偏差小于等于 1/750H
	铁塔螺栓	无出扣、无松动
	基脚混泥土	无裂缝
	拉线卡子	牢固、无锈蚀
	接地电阻	小于等于 10Ω
	接地引线	完好
	塔体镀锌	无锈蚀
	螺栓与构件连接	无出扣、无松动
	铁塔表面	无生锈
	接地扁钢	无损坏生锈
	基础顶面高差	约等于 30cm
	安全标志	完好无损坏

27.2.3 天馈系统

1. 天馈系统组成

天馈子系统主要包括天线、馈线、跳线、避雷器和塔放等，它们的连接关系如图 27.1 所示。天馈子系统的主要功能是作为射频信号发射和接收的通道，将基站调制好的射频信号有效地发射出去，并接收 MS 发射的信号。室内型基站的天馈系统由天线、馈线、跳线、馈线接地夹、天馈避雷器、馈线密封窗和塔顶放大器（可选件）组成。室外型基站的天馈系统除了没有馈线密封窗，其他组件与室内型基站相同。

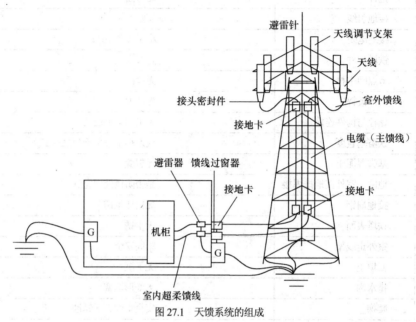

图 27.1　天馈系统的组成

其中，天线调节支架用于调整天线的俯仰角度，范围为：0～15°；室外跳线用于天线与 7/8″ 主馈线之间的连接；常用的跳线采用 1/2 ″ 跳线，长度一般为 3m；接头密封件用于室外跳线两端接头（与天线和主馈线相接）的密封，常用的材料有绝缘防水胶带和 PVC 绝缘胶带；接地装置（7/8″ 馈线接地件 ）主要是用来防雷和泄流，安装时与主馈线的外导体直接连接在一起，一般每根馈线装三套，分别装在馈线的上、中、下部位，接地点方向必须顺着电流方向；室内超柔馈线用于主馈线（经避雷器）与基站主设备之间的连接，常用的室内超柔馈线采用 1/2″ 超柔馈线，长度一般为 2～3m，由于各公司基站主设备的接口及接口位置有所不同，因此室内超柔馈线与主设备连接的接头规格亦有所不同，常用的接头有 DIN 型和 N 型，也有直头和弯头等；尼龙黑扎带用于安装主馈线时，临时捆扎固定主馈线，待馈线卡子装好后，再将尼龙扎带剪断去掉，在主馈线的拐弯处，由于不便使用馈线卡子，故用尼龙扎带固定，室外跳线亦用尼龙黑扎带捆扎固定，尼龙白扎带用于捆扎固定室内部分的主馈线及室内超柔馈线。

2. 天线

（1）天线与天线分类

天线是辐射和接收电磁波信号的设备，其作用是将导线（传输线）中的高频电磁信号转变为电磁波辐射出去，反之将空间接收到的电磁波转化为导线（传输线）中的信号。

① 全向天线和定向天线

按照水平方向图和极化特性分，基站天线可以分为：全向天线和定向天线。其中全向天线是指天线在水平面内的所有方向上辐射出的电波能量都是相同的，但在垂直面内不同方向上辐射出的电波能量是不同的。定向天线是指一种在空间特定方向上具有比其他方向上能更有效地发射或接收电磁波的天线，在水平面与垂直面内的所有方向上辐射出的电波能量都是不同的。

移动通信基站所用的定向天线一般为板状天线，具有增益高、扇形区方向图好、后瓣小、垂直面方向图俯角控制方便、密封性能可靠以及使用寿命长等特点。

② 单极化定向天线和双极化定向天线

定向天线按极化方式不同，分为单极化定向天线和双极化定向天线。其中双极化定向天线通常被用于替换单极化定向天线使用，以减少天线数量，一根双极化定向天线等同于两根单极化定向天线。极化天线组成如图 27.2 所示。

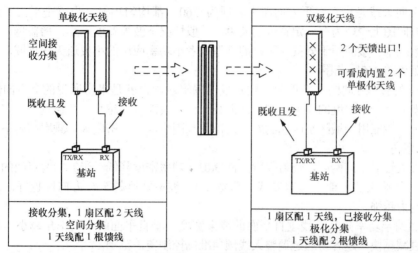

图 27.2　极化天线的组成

③ 机械下倾天线和电调下倾天线

定向天线按波束下倾的调整方式不同，分为机械下倾天线和电下倾天线。由于覆盖或网络优化的需要，基站天线的主波束需指向地面。当机械调节角度超过垂直面半功率波束宽度时，基站天线的水平面波束覆盖将变形，会影响扇区的覆盖控制，则需要使用电下倾天线。而电下倾天线又可以分为：固定电下倾角天线（FET）、手动可调电下倾角天线（MET）和远程可调电下倾角天线（RET）。

固定电下倾角天线（FET）：在设计时，通过控制辐射单元的幅度和相位，使天线主波束偏离天线阵列单元取向的法线方向一定的角度（如：3°、6°、9° 等）。手动可调电下倾角天线（MET）：在设计时采用可手动调节移相器，使主波束指向连续调节，不包括机械调节，可以达到 0~10° 的电调范围。远程可调电下倾角天线（RET）：在设计时增加了微型伺服系统，通过精密电机控制移相器达到遥控调节目的，由于增加了有源控制电路，天线可靠性下降，同时防雷问题变得复杂。

（2）天线参数

天线是发射的最末端和接收的最前端，天线的类型、增益、方向图、前后比都会影响系统性能，网络设计时可根据用户量、覆盖范围等进行选择。下面对天线主要指标进行说明。

① 输入阻抗

天线的输入阻抗是天线馈电端输入电压与输入电流的比值。天线与馈线的连接，最佳情形是天线输入阻抗是纯电阻，且等于馈线的特性阻抗。这时馈线终端没有功率反射，馈线上没有驻波，天线的输入阻抗随频率的变化比较平缓。天线的匹配工作就是消除天线输入阻抗中的电抗分量，使电阻分量尽可能地接近馈线的特性阻抗。匹配的优劣一般用 4 个参数来衡量，即反射系数、行波系数、驻波比和回波损耗，4 个参数之间有固定的数值关系，使用哪一个纯粹出于习惯。在我们日常维护中，用的较多的是驻波比和回波损耗。一般移动通信天线的输入阻抗为 50Ω。

② 天线的方向性

天线的方向性是指天线向一定方向辐射电磁波的能力。对于接收天线而言，方向性表示天线对不同方向传来的电波所具有的接收能力。天线方向性的特性通常用方向图来表示。

方向图可用来说明天线在空间各个方向上所具有的发射或接收电磁波的能力。

所谓的全向天线是指在水平方向图上表现为 360° 都均匀辐射，也就是平常所说的无方向性；在垂直方向图上表现为有一定宽度的波束，一般情况下波瓣宽度越小，增益越大。全向天线在移动通信系统中一般应用于郊县大区制的站型或者小功率应用的小灵通天线领域，覆盖范围涵盖周围不同距离的 360° 范围。

定向天线在水平方向图上表现为一定角度范围辐射，也就是平常所说的有方向性；在垂直方向图上表现为有一定宽度的波束，同全向天线一样，波瓣宽度越小，增益越大。定向天线在移动通信系统中一般应用于城区小区制的站型，覆盖范围小，用户密度大，频率利用率高。

③ 半功率角

在主瓣最大辐射方向两侧，辐射强度降低 3dB（功率密度降低一半）的两点间的夹角定义为半功率角（又称波束宽度或主瓣宽度或波瓣宽度）。波瓣宽度越窄，方向性越好，作用距离越远，抗干扰能力越强。

垂直平面的半功率角是天线垂直平面的波束宽度。垂直平面的半功率角越小，偏离主波束方向时信号衰减越快，越容易通过调整天线倾角准确控制覆盖范围。

水平平面的半功率角是天线水平平面的波束宽度。角度越大，在扇区交界处的覆盖越好，但当提高天线倾角时，也越容易发生波束畸变，形成越区覆盖。角度越小，在扇区交界处覆盖越差。

在市中心基站，由于站距小、天线倾角大，应当采用水平平面的半功率角小的天线，郊区选用水平平面的半功率角大的天线。一般在市区选择水平波束宽度为 65° 的天线，在郊区可选择水平波束宽度为 65°、90° 或 120° 的天线（按照站型配置和当地地理环境而定），而在乡村选择能够实现大范围覆盖的全向天线则是最为经济的。

④ 天线的极化方式

所谓天线的极化一般是指天线辐射形成的电场强度方向。当电场强度方向垂直于地面时，此电波就称为垂直极化波；当电场强度方向平行于地面时，此电波就称为水平极化波。

在移动通信系统中，随着新技术的发展，出现了一种双极化天线，一般分为垂直与水平极化和±45° 极化两种方式，性能上一般后者优于前者，因此目前大部分采用的是±45° 极化方式。双极化天线组合了 +45° 和-45° 两种极化方向相互正交的天线，并同时工作在收发双工模式下，大大节省了每个小区的天线数量；同时由于±45° 为正交极化，有效保证了分集接收的良好效果。双极化天线的两个天线为一个整体，传输两个独立的波。

⑤ 天线增益

天线增益是用来衡量天线朝一个特定方向收发信号的能力，它是选择基站天线最重要的参数之一。取定向天线主射方向上的某一点，在该点场强保持不变的情况下，此时用无方向性天线发射时所需的输入功率，与采用定向天线时所需的输入功率之比称为天线增益，常用"G"表示。

一般来说，增益的提高主要依靠减小垂直面辐射的波瓣宽度，而在水平面上保持全向的辐射性能。天线增益对移动通信系统的运行质量极为重要，因为它决定蜂窝边缘的信号电平。增加增益就可以在一确定方向上增大网络的覆盖范围，或者在确定范围内增大增益余量。表征天线增益的参数有 dBd 和 dBi。dBi 是相对于点源天线的增益，在各方向的辐射是均匀的；dBd 相对于对称阵子天线的增益，它们之间的换算关系是 $dBi = dBd + 2.15$。相同的条件下，增益越高，电波传播的距离越远。一般地，GSM 定向基站的天线增益为 18dBi，全向的为 11dBi。

⑥ 前后比

前后比表明天线对后瓣抑制的好坏。选用前后比低的天线，天线后瓣有可能产生越区覆盖，导致切换关系混乱，产生掉话。前后比一般在 25～30dB，应优先选用前后比较高的天线。

⑦ 下倾角

下倾角反映了天线接收哪个高度角来的电波最强。天线的下倾角是指电波的倾角，而并不是天线振子本身机械上的倾角。

对于定向天线可以通过机械方式调整倾角。所谓机械天线，即指使用机械调整下倾角度的移动天线。机械天线与地面垂直安装好以后，如果因网络优化的要求，可以通过调整天线背面支架的位置改变天线的倾角来实现。在调整过程中，虽然天线主瓣方向的覆盖距离明显变化，但天线垂直分量和水平分量的幅值不变，所以以天线方向图容易变形。

实践证明：机械天线的最佳下倾角度为 1°～5°；当下倾角度在 5°～10°变化时，其天线方向图稍有变形但变化不大；当下倾角度在 10°～15°变化时，其天线方向图变化较大；当机械天线下倾 15°后，天线方向图形状改变很大，从没有下倾时的鸭梨形变为纺锤形，这时虽然主瓣方向覆盖距离明显缩短，但是整个天线方向图不是都在本基站扇区内，在相邻基站扇区内也会收到该基站的信号，从而造成严重的系统内干扰。

另外，在日常维护中，如果要调整机械天线下倾角度，整个系统要关机，不能在调整天线倾角的同时进行监测；机械天线调整天线下倾角度非常麻烦，一般需要维护人员爬到天线安放处进行调整。

全向天线的倾角是通过电子下倾来实现的。电子下倾的原理是通过改变共线阵天线振子的相位，改变垂直分量和水平分量的幅值大小，改变合成分量场强强度，从而使天线的垂直方向图下倾。由于天线各方向的场强强度同时增大和减小，保证在改变倾角后天线方向图变化不大，使主瓣方向覆盖距离缩短，同时又使整个方向图在服务区内减小覆盖面积但又不产生干扰。

实践证明，电调天线下倾角度在 1°～5°内变化时，其天线方向图与机械天线的大致相同；当下倾角度在 5°～10°内变化时，其天线方向图较机械天线的稍有改善；当下倾角度在 10°～15°内变化时，其天线方向图较机械天线的变化较大；当机械天线下倾 15°后，其天线方向图较机械天线的明显不同，这时天线方向图形状改变不大，主瓣方向覆盖距离明显缩短，整个天线方向图都在本基站扇区内，增加下倾角度，可以使扇区覆盖面积缩小，但不产生干扰，这样的方向图是我们需要的。因此采用电调天线能够降低呼损，减小干扰。

另外，电调天线允许系统在不停机的情况下对垂直方向性图下倾角进行调整，实时监测调整的效果，调整倾角的步进精度也较高（为 0.1°），因此可以对网络实现精细调整。

对高话务量区也可通过调整基站天线的俯仰角改善照射区的范围，使基站的业务接入能力加大。而对低话务量区也可通过调整基站天线的俯仰角加大照射区范围，吸入更多的话务量，这样可以使整个网络的容量扩大，通话质量提高。

3. 传输线（馈线）

（1）传输线（馈线）

连接天线和发射（或接收）机输出（或输入）端的导线称为传输线或馈线。传输线的主要任务是有效地传输信号能量。因此，它应能将天线接收的信号以最小的损耗传送到接收机输入端，或将发射机发出的信号以最小的损耗传送到发射天线的输入端，同时它本身不应拾取或产生杂散干扰信号。这就要求传输线必须屏蔽或平衡。

超短波段的传输线一般有两种：平行线传输线和同轴电缆传输线（微波传输线有波导和微带等）。

平行线传输线通常由两根平行的导线组成，它是对称式或平衡式的传输线。这种馈线损耗大，不能用于 UHF 频段。

同轴电缆传输线的两根导线为芯线和屏蔽铜网，因铜网接地，两根导体对地不对称，因此叫做不对称式或不平衡式传输线。

（2）传输线（馈线）参数

① 传输线特性阻抗

无限长传输线上各点电压与电流的比值等于特性阻抗，用符号 Z_0 表示。同轴电缆的特性阻抗

$$Z_0 = \left(138 / \varepsilon_r^{1/2}\right) \times \log\left(D / d\right)$$

式中：D 为同轴电缆外导体铜网内径；d 为其芯线外径；ε_r 为导体间绝缘介质的相对介电常数。通常 Z_0=50Ω或 75Ω。

② 馈线衰减常数

信号在馈线里传输，除有导体的电阻损耗外，还有绝缘材料的介质损耗。这两种损耗随馈线长度的增加和工作频率的提高而增加。因此应合理布局，尽量缩短馈线长度。损耗的大小用衰减常数表示。单位用分贝（dB）/米或分贝/百米表示。当输入功率为 P，输出功率为 P_0 时，传输损耗可用 γ 表示为

$$\gamma = 10 \times \log\ (P_0/P)$$

馈线损耗如下。

450MHz：7/8″—2.7dB/100m；5/4″—1.9dB/100m。

800MHz：7/8″—4.03dB/100m；5/4″—2.98dB/100m。

1900MHz：7/8″—6.46dB/100m；5/4″—4.77dB/100m。

③ 馈线和天线的电压驻波比

馈线终端所接负载阻抗 Z 等于馈线特性阻抗 Z_0 时，称为馈线终端是匹配连接的。

当馈线和天线匹配时，高频能量全部被负载吸收，馈线上只有入射波，没有反射波。馈线上传输的是行波，馈线上各处的电压幅度相等，馈线上任意一点的阻抗都等于它的特性阻抗。而当天线和馈线不匹配时，也就是天线阻抗不等于馈线特性阻抗时，负载就不能全部将馈线上传输的高频能量吸收，而只能吸收部分能量，入射波的一部分能量反射回来形成反射波。在不匹配的情况下，馈线上同时存在入射波和反射波，在馈线上形成驻波反射波和入射波幅度之比叫作反射系数；也可用回波损耗表示。

$$反射系数\,\varGamma = \frac{反射波幅度}{入射波幅度}$$

天线驻波比是表示天馈线与基站匹配程度的指标。驻波波腹电压与波节电压幅度之比称为驻波系数，也叫电压驻波比（Voltage Standing Wave Rati，VSWR）。驻波比的值在 1 到无穷大之间。驻波比为 1，表示完全匹配；驻波比为无穷大表示全反射，完全失配。

$$驻波系数 = \frac{驻波波腹电压幅度最大值(V_{\max})}{驻波波节电压幅度最小值(V_{\min})} = \left|\frac{1+\varGamma}{1-\varGamma}\right|$$

设基站发射功率 10W，反射回 0.5W，可算出回波损耗：$RL = 10\lg\ (10/0.5) = 13dB$。

计算反射系数：$RL = -20\lg\varGamma$，$\varGamma = 0.223\,8$，VSWR $=\ (1+\varGamma) / (1-\varGamma) = 1.57$。

在移动通信系统中，一般要求驻波比小于 1.5，但实际应用中 VSWR 应小于 1.2。过大的驻波比会减小基站的覆盖，并造成系统内干扰加大，影响基站的服务性能。

（3）传输线（馈线）的选用

常用的馈线类型有 7/8″、5/4″、1/2″ 等。馈线规格的选择，其对应关系如表 27.2 所示。

表 27.2　　　　　　　　　　　　　馈线规格选择

频段	馈线规格选择原则
450MHz	一般只采用 7/8″ 而不采用 5/4″
800MHz	馈线长度大于 60～80m 采用 5/4″
1900MHz	馈线长度大于 50m 采用 5/4″

常用馈线每 100 米的损耗指标（常温）如表 27.3 所示。馈线的选用由馈线的长度和损耗决定。一般情况下，连接室外天线与室内机柜统一选择用标准 7/8″ 或 5/4″ 馈线。

表 27.3　　　　　　　　　　　　　馈线损耗指标

频段	7/8″ 馈线	5/4″ 馈线
450MHz	2.64dB	1.87dB
800MHz	4.03dB	2.98dB
1900MHz	5.9dB	4.51dB

其中 7/8″ 主馈线和 1/2 ″ 跳线的主要技术指标如表 27.4 所示

表 27.4　　　　　　　　　　7/8″ 主馈线和 1/2 ″ 跳线技术指标

性能名称	7/8″ 主馈线指标	1/2″ 跳线指标
特征阻抗	50Ω	50Ω
电压驻波比	450～2200MHz≤1.15	450～2200MHz≤1.2
衰减	3.97dB 100 米 800MHz	≤7.45dB 100 米 800MHz
额定功率	≥1.0kW	≥0.49kW
绝缘电阻	≥3000MΩ km	≥3000MΩ km
最小弯曲半径	单次弯曲 120mm；多次弯曲 250mm（≤15 次）	单次弯曲 80mm；多次弯曲 160mm（≤15 次）
工作温度	-40° ～-70℃	-40° ～-70℃

27.3　认识通信塔桅和天馈系统任务教学实施

情境名称	通信基站塔桅和天馈情境
情境准备	一套通信基站塔桅系统；一套天馈系统；几副不同类型天线；不同线径馈线若干
实施进程	1. 资料准备：领取任务工单，预习学习工单与任务引导内容；整理塔桅天馈的相关知识；通过设置提问检查预习情况 2. 方案讨论：讨论制定本组关于认识、记录塔桅和天馈的方案计划 3. 实施进程 ① 进入塔桅、天馈现场，做好安全作业准备 ② 认识通信铁塔的类别和组成结构 ③ 画出现场塔桅情况并标注名称和简要功能 ④ 认识天馈系统的组成架构

情境名称	通信基站塔桅和天馈情境			
实施进程	⑤ 画出天馈系统各组件的连接情况 ⑥ 认识不同类别天线，查看天线参数说明 ⑦ 认识不同线径的馈线和作用，列出基本参数 4. 清理现场环境离开，不留安全隐患 5. 任务资料整理与总结：各小组梳理本次任务，总结发言，主要说明铁塔类别和结构，说明天馈类别和结构，说明天线参数含义			
任务小结	1. 塔桅类别 2. 塔桅组成结构 3. 天馈系统组成作用 4. 天线类别与参数 5. 馈线类别与参数			
任务考评	任务准备与提问	20%	1. 通信铁塔有哪些类型，主要特点是什么 2. 自立式铁塔和拉线式铁塔分别由哪些部分组成 3. 天馈系统的组成结构如何 4. 天线有哪些基本参数 5. 馈线有哪些基本参数	
	分工与提交的任务方案计划	10%	1. 讨论后提交的完成本次任务详实的方案和可行情况 2. 完成本任务的分工安排和所做的相关准备 3. 对工作中的注意事项是否有详尽的认知和准备	
	任务进程中的观察记录情况	30%	1. 小组在进入现场环境时，是否检查过安全隐患 2. 小组所选位置是否为正面面对天线辐射点，登高是否有保护安全措施 3. 本组讨论问题情况 4. 本组完成任务是否详尽 5. 组员是否相互之间有协作	
	任务总结发言情况与相互补充	30%	1. 任务总结发言是否条理清楚 2. 各过程记录是否清楚 3. 每个同学是否都了解组成结构和功能 4. 提交的任务总结文档情况	
	练习与巩固	10%	1. 问题思考的回答情况 2. 自动加练补充的情况	

安装和测试天馈系统

28.1 安装测试天馈系统任务工单

任务名称	安装和测试基站天馈系统
学习目标	1. 专业能力 ① 掌握天线安装方法和注意事项 ② 掌握馈线安装和注意事项 ③ 了解室内分布天线安装 ④ 学会测试调整天线方位角和下倾角 ⑤ 学会测量天馈驻波比 ⑥ 能够按工程规范安装基站天馈系统 2. 方法与社会能力 ① 在天馈安装过程中培养团队合作意识 ② 培养安装测试操作的一般职业工作意识与操守 ③ 培养完成任务的一般顺序与逻辑组合能力
任务描述	1. 准备和检查天馈系统安装环境 2. 安装全向天线和定向天线 3. 完成主馈线的制作与安装 4. 记录天馈安装中的注意事项和常见问题 5. 了解室内分布天线的安装 6. 测量和调整天线方位角 7. 测量和调整天线下倾角 8. 测量天馈驻波比
重点难点	重点：天馈系统的安装与测试 难点：馈线制作和天馈测量仪的使用
注意事项	1. 切忌雷雨天，进入塔桅环境和天馈环境操作 2. 在天馈线安装过程中，塔上塔下相互配合，注意人身与设备安全 3. 注意关掉功放，避免长时间受到天线对人体的正面辐射 4. 实训环境确保塔桅天馈牢固，规避高空坠物 5. 制作馈线时，需正确使用刀具，避免伤及人体 6. 高空作业要有保护和现场监督观察
问题思考	1. 天线安装过程中有哪些常见需要注意的问题 2. 馈线接头处和接地处的密封方法如何 3. 简要回答用罗盘测量天线方位角的操作步骤 4. 简要回答用倾角测量仪测量天线下倾角的步骤 5. 简要说明用 Site Master 测量频率域 SWR 的步骤 6. 简要说明用 Site Master 测量距离域 SWR 测试（DTF 测试）的步骤

任务名称	安装和测试基站天馈系统
拓展提高	1. 天馈系统安装完成后，如何检查其是否合格规范 2. 天馈系统常见故障与排除
职业规范	1. 基站天馈系统工程安装规范 2. 移动通信系统基站天线技术条件 YD/T1059—2000 3. 800MHz2GHzCDMA2000 蜂窝移动通信网工程验收规定 YDT 5172—2009 4. 无线通信系统室内覆盖工程验收规范 YD/T 5160—2007 5. 通信局（站）防雷与接地工程设计规范 YD 5098—2005

28.2 安装测试天馈系统任务引导

28.2.1 安装天馈系统

1. 全向天线安装

全向天线为圆柱形，一般为垂直安装，接收天线向上，而发射天线向下。做发射天线时，排水口向上，应封住；做接收天线时，排水口向下，不封住。因接收天线向上，天线顶上会进水，故在下面馈线口边有一个排水孔，安装时应将此孔留出，不能封住，否则长期使用后会引起积水，如图 28.1 所示。

2. 定向天线安装

定向天线为板状形，安装时有两个参数：方位角与下倾角。方位角可以为正北为基准，一小区天线指向正北，二小区天线指向东偏南 30°，三小区天线指向西偏南 30°。下倾角为天线与垂直方向的夹角。定向天线的安装如图 28.2 所示。

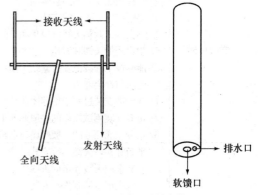

图 28.1 全向天线的安装

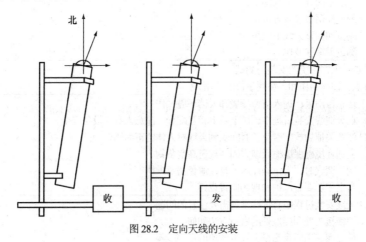

图 28.2 定向天线的安装

3. 馈线安装

硬馈线弯角不应大于 90°，软馈线可以盘起，但半径应大于 20cm。室内与室外的接地是分开的，室内采用市电引入的地线，室外采用大楼地网，接地点应在尽量接近地网处，而且应在下铁塔转弯之前 1m 处接地，或者是在下天台（楼顶）转弯之前 1m 处接地，一个接地点不应超过两条馈线的接地，接硬馈线的接地点采用生胶密封，而接地网的接地点应用银油涂上。图 28.3 所示为室内外接地示意图。室外馈线一般是通过走线架爬梯上塔架，但也有通过 PVC 管方式走线。

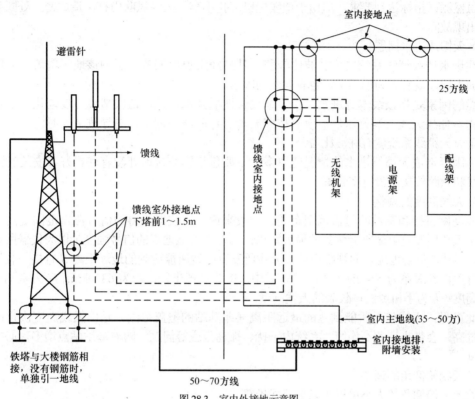

图 28.3　室内外接地示意图

馈线拐弯应圆滑均匀，弯曲半径不小于馈线外径的 15 倍；软馈线弯曲半径不小于馈线外径的 10 倍。馈线屏蔽层应在塔顶、离开塔身转弯处、进入机房前等处妥善接地，实际施工中如果塔不是太高，塔顶一点可不考虑；但如果馈线较长（如超过 60m），则相应增加接地点，实际工作中分为两个基本原则：一是在离两种不同物质接口或拐弯 1.5～2m 处接地；二是直线长度超过 45m 处接地，原则上不能直接利用塔梯作为接地点。馈线进入机房前要有滴水弯等防雨水措施；馈线接头和馈管接地处要做防水处理，先裹半导电自溶胶（防水胶）、然后是密封胶（自溶胶）、最后再裹 PVC 绝缘胶，缠绕防水胶带时，首先应从下往上逐层缠绕、然后从上往下逐层缠绕、最后再从下往上逐层缠绕，上一层覆盖下一层三分之一左右，这样可防雨水和湿气渗漏，影响接地效果；避雷接地夹接地线引向应由上往下，顺势引出，与馈管夹角以不大于 15° 为宜，不可成 U 型直弯形状。

其他注意事项如下：

① 室外地线与室内地线不可汇接后再下地，这样会把雷电引入机房内，有可能会烧坏机架。正确的方法是室外与室内地线在下地之前分开；

② 每条馈线两头都要有明显标志，以防安装天线出错，也有利于维护工作；

③ 室外的馈口一定要加生胶，内层为电工胶（左旋），中间一层为生胶（右旋），外层为

267

电工胶（左旋）；

④ 拖拉馈线时不能交叉，否则会扭伤馈线。

4．天馈线安装中的常见问题

天馈线在安装过程中，由于安装人员疏忽，容易造成天馈线短路和馈线接头有灰尘、污垢以及天馈线接头密封处老化断裂等天馈线故障，这些故障往往比较难于查找。有些天馈线安装完毕后，虽然测试指标达到要求，但由于馈线尾巴绑扎不牢，久经风吹雨打，造成密封处断裂，致使基站出现故障。

（1）天馈线进水问题

馈线进水造成馈线系统出现驻波比告警，基站经常退出服务，影响该地区覆盖。天馈线进水问题的出现，既有人为的因素，也有自然的因素。

自然的因素是指馈线本身进水。由于馈线长期受雨水侵蚀，造成馈线外皮老化，雨水渗透到馈线内。如果天线安装好以后，没有按照要求进行驻波比测试，易导致晴天时没有驻波比告警，下雨时天馈线系统就有驻波比告警。

人为因素造成天馈线进水的情况就更多，主要包括馈线接地处没有密封好、安装时划伤馈线、馈线和软跳线接头没有密封好。

（2）天线高度的调整

天线高度直接和基站的覆盖范围有关。一般来说，用仪器测得的信号覆盖范围受两方面影响：一是天线所发直射波所能达到的最远距离；二是到达该地点的信号强度足以为仪器所捕捉。900MHz 移动通信是近地表面视距通信，天线所发直射波所能达到的最远距离 S 直接与收发天线的高度有关，其关系为 $S = 2R(H + h)$，式中：R 为地球半径，约为 6370km；H 为基站天线的中心点高度；h 为手机或测试仪表的天线高度。

由此可见，无线信号所能到达的最远距离（即基站的覆盖范围）是由天线高度决定的。天线架设过高，会带来话务不均衡、系统内干扰、孤岛效应等问题。随着基站站点增多，必须降低天线高度。

（3）天线俯仰角的调整

理论上，俯仰角的大小可以由以下公式推算。

$$\theta = \text{arctg}\ (h/R)$$

式中：θ 为天线的俯仰角；h 为天线的高度；R 为小区的覆盖半径。

上式是将天线的主瓣方向对准小区边缘时得出的。在实际工作中，调整的角度在理论值的基础上加 1°～2°。

（4）天线方位角的调整

天线方位角的调整对移动通信无线网络的质量很重要，一方面，准确的方位角能保证基站的实际覆盖与所预期的理想模型之间相同；另一方面，可以用于话务均衡，依据话务量或网络存在的具体情况对方位角进行适当的调整，解决盲区和弱信号覆盖，以便于更好地优化移动无线网络。

蜂窝移动通信中理想定向站模型的 3 个小区，分别为：A 小区天线指向正北、B 小区天线指向东偏南 30°、C 小区指向西偏南 30°，每个小区覆盖 120° 区域。但在实际网络中，由于地形地貌和人口稠密度不同，可以对方位角进行调整，但在调整过程中要注意调整带来的系统内干扰影响。

5．室内分布系统天线选用

室内分布系统的天线选型必须满足以下两个原则：首先，既要满足所要求的室内覆盖效果，又要尽量减少对室外的覆盖，避免造成干扰；其次，天线要求美观，形状、颜色、尺寸和室内的环境要和谐。

室内分布系统的天线大部分都是小增益天线，主要有以下几种。

① 吸顶天线。吸顶天线是一种全向天线，主要安装在房间、大厅、走廊等场所的天花板上。吸顶天线的增益一般在 2～5dBi，天线的水平波瓣宽度为 360°，垂直波瓣宽度 65°左右。

吸顶天线增益小，外形美观，安装在天花板上，室内场强分布比较均匀，在室内天线选择时应优先采用。吸顶天线应尽量安装在室内正中间的天花板上，避免安装在窗户、大门等这类信号比较容易泄漏到室外的开口旁边。

② 壁挂板状天线。这是一种定向天线，一般安装在房间、大厅、走廊等场所的墙壁上。壁挂天线的增益比吸顶天线要高，一般在 6～10dBi，天线的水平波瓣宽度有 65°、45°等多种，垂直波瓣宽度在 70°左右。

壁挂板状天线的增益较大，外形美观，用在一些比较狭长的室内空间，天线安装时前方较近区域不能有物体遮挡，且不要正对窗户、大门等信号比较容易泄漏到室外的开口。

③ 八木天线。八木天线是一种增益较高的定向天线，主要用于解决电梯等狭长区域的覆盖。八木天线的增益一般在 9～14dBi。

④ 泄漏电缆。泄漏电缆也可以看成是一种天线，通过在电缆外导体上的一系列开口沿电缆纵向均匀进行信号的发射和接收，适用于隧道、地铁等地方。

28.2.2 测试天馈线系统

1．罗盘测天线方位角

（1）天线方位角

天线是发射的最末端和接收的最前端，天线的类型、增益、方向图、前后比都会影响系统性能。天线的方向图描述天线在各方向上的辐射强度，在通信领域通常取水平面方位角和下倾角为坐标来描述。BTS 天线按方位角描述，一般分为两种：全向天线和定向天线。全向天线无方位角概念，因为它是全方向的。定向天线有方位角的概念。全向天线水平方向通常呈圆形覆盖，定向天线主瓣宽度有 120°、90°、65°等几种。

移动基站天线的方向是天线主瓣方向。通常情况下，正北方向对应第一扇区，从正北顺时针转 120°对应第二扇区，再转 120°对应第三扇区，即：如果一站点 3 扇区，一个正北，另一为东偏南 30°，就是指天线方向在正东偏南 30°或称南偏东 60°；如果一站点 6 扇区，一个正北，另一为北偏东 60°，就是指天线方向在正北偏东 60°。

调整天线方位角需根据工程设计文件，用指南针确定天线方位角。天线方位角度也可根据现场环境和用户分布情况进行调整。调整时，轻轻扭动天线调整方位角，直至满足设计指标，要求方位角误差小于等于 5°。

（2）用罗盘测量天线方位角

地质罗盘外观和结构如图 28.4 所示。

罗盘测试的方法如下。

第 1 步：手握罗盘，距离天线或铁塔适当距离以便瞄准。

第 2 步：使罗盘的瞄准觇板与罗盘顶部对准测试天线。具体是右手握紧仪器，手臂贴紧身体减少抖动，瞄准觇板指向天线主瓣辐射方向，左手调整长照准器和反光镜，转动罗盘，使天线、瞄准觇板孔和镜子上的细丝，三者在同一直线上（也就是罗盘主轴与天线主瓣方向处于同一轴线）。

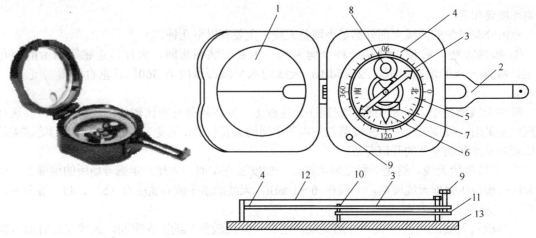

1—反光镜　2—瞄准觇板　3—磁针　4—水平刻度盘　5—垂直刻度盘　6—垂直刻度指示器　7—垂直水准器
8—底盘水准器　9—磁针固定螺旋　10—顶针　11—杠杆　12—玻璃盖　13—罗盘仪圆盆

图 28.4　地质罗盘结构图

第 3 步：保持罗盘圆水泡居中，则读磁针北极所指示的度数，即为该天线的方位角，如图 28.5 所示。

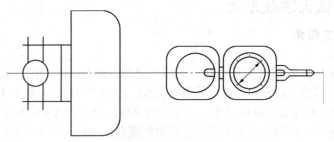

图 28.5　罗盘测方位角方法

2. 倾角测量仪测下倾角

定向天线安装时可下倾，一般说天线下倾角减小，定向覆盖的半径越大。天线下倾角一般通过机械调节或电调谐实现，即下倾方式分为电调下倾（最大下倾角为 10°）和机械下倾。目前的基站定向天线固有下倾角有 0°、2° 等，通过机械式的俯仰调节器可以实现较大角度的调节（如 0°～10°），机械下倾，如图 28.6 所示。

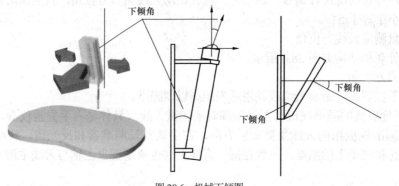

图 28.6　机械下倾图

电调下倾有两种：一种是将连接于 DATU 单板的电调天线控制信号线连接到机顶的 Bias-Tee 接头，控制远端的电调天线驱动马达（天线下与之配套），控制天线内部；另一种是机顶智能 Bias-Tee（SBT），SBT 通过馈线为 RCU 提供直流电源与控制命令。天线外体不需要下倾。

天线下倾角要根据地形、周围建筑环境、邻站距离、话务量等因素来决定，且根据运行状况还作一定的调整，并没有固定的值。测量倾角一般用倾角测量仪。

倾角测量仪结构和测试的操作方法，如图 28.7 所示。

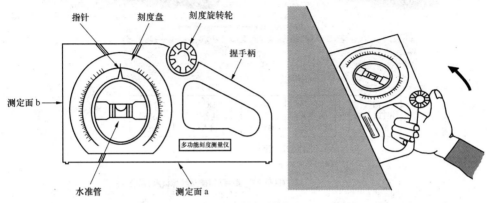

图 28.7　倾角测量仪

倾角测量仪测试方法如下：

（1）携带测量工具上塔，系好安全带；

（2）手持倾角测量仪握手柄，将测定面 a 紧贴在天线背面的平面；

（3）大拇指旋转刻度旋轮，直到水准管气泡居中；

（4）读取指针尖端对准刻度盘上的数字即是天线下倾角；

（5）轻轻扳动天线，调节俯仰角，直至满足工程设计指标；将天线上部的固定夹拧紧，直至手用力推拉不动。

3．天馈分析仪测驻波比

（1）驻波比

驻波比表现为天馈系统发射功率和反射功率的一种比值关系：

$$SWR = \frac{P_f + P_r}{P_f - P_r}$$

它反映了天馈系统本身的质量。天馈系统质量好，驻波比值则越低；天馈系统质量差，驻波比则越高。驻波比最低为 1，表示信号无反射。

（2）天馈测试仪

Site Master 是常用的天馈及射频通道检测设备，可用来测试功率、衰耗、驻波比 SWR、故障距离定位 DTF 等，常用用途是 VSWR 测量和 DTF 测量，工作频率范围为 625～2500MHz。图 28.8 所示是 Site Master 的外观和外部接口示意图。图 28.9 所示为各按键区域。其中常见按键的说明和中英文对照，如表 28.1 所示。

（3）频率域 SWR 测量

驻波比测量过程如下。

① 开机自检。按电源键 ON/OFF 即可。

接打印机 接直流电源 射频输入 射频输出 射频检测

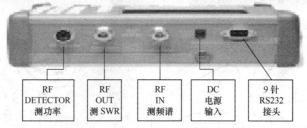

| RF DETECTOR 测功率 | RF OUT 测 SWR | RF IN 测频谱 | DC 电源 输入 | 9 针 RS232 接头 |

图 28.8　Site Master 外部接口

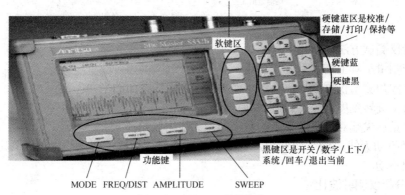

软键区是平率/距离/扫描/标记/极限/系统

硬键蓝区是校准/存储/打印/保持等

软键区

硬键蓝

硬键黑

黑键区是开关/数字/上下/系统/回车/退出当前

功能键

MODE　FREQ/DIST　AMPLITUDE　　　　SWEEP

图 28.9　Site Master 按键说明

表 28.1　　　　　　　　　　　常见按键中英文对照表

MODE	选择测试项目	AMPLITUDE	幅　　度
FREQ/DIST	设置频率/距离	SWEEP	扫描
Start Cal	开始校准	Auto Scale	自动调整坐标到最佳显示
Save Setup	保存设置	Recall Setup	存储
Limit	极限线，高于此限报警	Recall Setup	调出存储
Marker	标记	Save Display	保存当前显示
Run/Hold	连续运行/运行一次	Recall Display	调出历史显示

　　② 选测试项目。按 MODE 键（选择主菜单中 OPT 选项）选择频率域驻波比 FREQ-SWR，按 ENTER 键确认，按 ESCAPE 键返回主菜单。如图 28.10 模式选择界面所示。

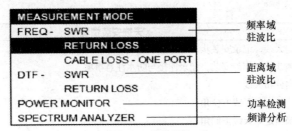

图 28.10　模式菜单

③ 选择频率。FREQ/DIST 按键，选择 F1 按键进入频率低端设置 ENTER 返回；选择 F2 按键进入频率高端设置。

④ 校准。任何测量前或频率改变都需要重新校准。校准时使用 3 个部件：开路器 OPEN、短路器 SHORT 和 50Ω负载 LOAD。新购设备也有配一个三通器件，分别用做短路、开路与负载。按 START CAL（CALIBRATION）键，屏幕提示将开路器接到 RF OUT 口，按 ENTER 键仪表将完成校准，显示 CAL ON；同样，返回后按相同步骤接短路器校准；再返回后按相同步骤接负载校准。

⑤ 连线：连接所测试天馈系统至 SITE MASTER 测试 RFOUT 口。

⑥ 测试：按 RUN 键开始测试。

⑦ 其他：按 AUTO SCALE 可自动优化显示比例；按 AMPLITUDE 或 LIMIT 键可设置坐标选项单；按 SAVE SETUP 键再选一个数字可存储相应内容；按 RECALL SETUP 键再按相应的数字可调出对应的存储内容。

（4）距离域 SWR 测量

距离域 SWR 测试的测试方法和步骤与频率 SWR 测试基本相同。

① 按 MODE 键，选择 DTF-SWR。

② 将测试延长电缆连接到 RF 口，仪表校准。

③ 将测试天馈系统连接到仪表延长电缆，仪表将显示一条曲线。

④ 按 FREQ/DIST，设置 D1（一般设置为 0）和 D2（一般根据馈线实际长度设置）。

⑤ 选择面板上 LIMIT 按键，进入驻波比门限设置，一般设置为 1.4。

⑥ 观察屏幕显示波形，若显示波形超出门限显示，则表示馈线连接不良；若显示波形未超出门限显示，则表示馈线连接良好。当发现某处驻波比超出所设定门限值时，可选择按键 DIST，进入距离设置菜单；选择 MARK 按键，设置距离标记，则可找出故障位置。

⑦ 按 SAVE DISPLAY，将曲线存储。

28.3　安装和测试天馈系统任务教学实施

情境名称	天馈安装情境
情境准备	一套通信基站塔桅系统；几副不同类型天线；不同线径馈线若干；安装工具；罗盘；倾角测量仪；天馈测试仪
实施进程	1. 资料准备：预习任务工单与任务引导内容；检查准备天馈安装环境；通过设置提问检查预习准备情况 2. 方案讨论：讨论制定本组安装测试方案 3. 实施进程 ① 到达天馈现场，准备和检查天馈系统的安装环境 ② 安装全向天线，记录安装步骤和注意事项

情境名称	天馈安装情境		
实施进程	③ 安装定向天线，记录安装步骤和注意事项 ④ 完成主馈线的制作与安装，记录连接与防水注意事项 ⑤ 安装室内分布天线 ⑥ 测量和调整定向天线方位角 ⑦ 测量和调整定向天线下倾角 ⑧ 操作天馈测试仪 ⑨ 测量天馈系统驻波比 4. 安装测试完成，清理天馈安装现场 5. 任务资料整理与总结：各小组梳理本次任务，总结发言，主要说明安装步骤、安装注意事项和测试步骤		
任务小结	1. 天线如何安装？安装过程中的常见注意问题 2. 馈线如何制作？接头处和接地处的密封方法 3. 用罗盘测量天线方位角的操作步骤 4. 用倾角测量仪测量天线下倾角的步骤 5. Site Master 的操作使用方法 6. 用 Site Master 测量频率域 SWR 的步骤 7. 用 Site Master 测量距离域 SWR 测试（DTF 测试）的步骤		
任务考评	任务准备与提问	20%	1. 天线安装步骤？安装注意事项 2. 馈线接头处和接地处的密封步骤 3. 罗盘测量天线方位角的操作步骤 4. 倾角测量仪测量天线下倾角的步骤 5. 用 Site Master 测量频率域 SWR 的步骤 6. 用 Site Master 测量距离域 SWR 测试的步骤
	分工与提交的任务方案计划	10%	1. 讨论后提交的完成本次任务详实的方案和可行情况 2. 完成本任务的分工安排和所做的相关准备 3. 对工作中的注意事项是否有详尽的认知和准备
	任务进程中的观察记录情况	30%	1. 小组在配置前是否检查过天馈安装环境 2. 小组操作过程中是否注意安全保护 3. 本组安装完成情况 4. 本组数据测试完成情况 5. 组员是否相互之间有协作
	任务总结发言情况与相互补充	30%	1. 任务总结发言是否条理清楚 2. 各过程操作步骤是否清楚 3. 每个同学都了解安装测试的方法 4. 提交的任务总结文档情况
	练习与巩固	10%	1. 问题思考的回答情况 2. 自动加练补充的情况

设计和安装基站防雷接地系统

29.1 设计安装基站防雷接地系统任务工单

任务名称	设计和安装基站防雷接地系统
学习目标	1. 专业能力 ① 掌握基站遭遇雷害的基本途径 ② 了解站点防雷接地系统的组成与设计 ③ 掌握基站防雷采取的主要措施 ④ 掌握防静电（接地）的主要措施 2. 方法与社会能力 ① 培养设计方案的文档处理能力 ② 培养安装防雷接地系统的职业工作意识 ③ 培养完成任务的一般顺序与逻辑组合能力
任务描述	1. 站点环境和天馈场地下，查看归纳引入雷害的主要途径 2. 学习任务引导，设计基站防雷基地系统的方案文档 3. 拆装基站的各种防雷接地设施 4. 检查防静电设施，按照防静电方法装卸单板和设备
重点难点	重点：基站防雷措施方法 难点：防雷接地设计
注意事项	1. 切忌雷雨天，进入塔桅环境和天馈环境操作 2. 进行塔桅天馈操作时，注意人身与设备安全 3. 注意关掉功放，避免长时间受到天线对人体的正面辐射 4. 实训环境确保塔桅天馈牢固，规避高空坠物 5. 制作接地线时，需正确使用刀具，避免伤及人体 6. 操作基站主设备时，防止短路事故 7. 操作单板时，注意防静电和损坏接口
问题思考	1. 基站可能会有哪些遭遇雷害引入的途径 2. 站点防雷接地系统由哪几部分构成 3. 基站防雷有哪些主要的措施？并简要说明 4. 基站馈线接地有哪些具体要求 5. 操作单板时，有哪些防静电注意事项
拓展提高	1. 如何现场监理防雷接地系统是否合格 2. 了解一般通信机房、计算机机房等的防雷接地系统
职业规范	通信局（站）防雷与接地工程设计规范 YD 5098—2005 GB50689—2011

29.2 设计安装基站防雷接地系统任务引导

29.2.1 移动通信基站遭遇雷害的主要途径

雷电所释放出的巨大能量，常常会造成通信局所和站点中断，甚至通信系统瘫痪。移动通信系统包含有无线设备：机房、站点、铁塔、天馈线等，且天馈线系统架设较高，很容易引入雷电。因此移动通信基站的雷害防护就显得尤为重要。

以负雷云为例，由于电云负电的感应，使附近地面积累正电荷，地面与雷云之间形成强大的电场，当某处积累的电荷密度很大，激发的电场强度达到空气游离状态（空气击穿）的临界值时，雷云便开始向下梯级式放电，接近地面物体达到一定的距离时，地面物体在强电场作用下产生尖端放电，形成向雷云方向逐渐向上先导放电，二者汇合形成雷电通路，异性电荷剧烈中和形成很大的雷电流，并发出强烈的闪电和雷鸣。其雷害通常有以下几种表现形式：直击雷——带电的云层与大地、树木、建筑物或其他设施之间的放电，从而使雷电流在建筑物或设施上产生热效应作用和电动力作用；感应雷——在直击雷的放电过程中，雷电流产生静电感应和电磁感应作用，强大的脉冲电流在周围产生瞬时强磁场，对周围的导线或金属物产生电磁感应，感应电动势 $\varepsilon = -\dfrac{\mathrm{d}\varphi}{\mathrm{d}t}$，本质上与雷电流陡度 $\alpha = \dfrac{\mathrm{d}i}{\mathrm{d}t}$ 有关，感应出的高电压以致发生闪击的现象；雷电侵入波——雷电发生时，雷电流经架空线路或空中金属管道等金属物体产生冲击电压，随物体走向而迅速扩散，形成危害。在移动通信站点的防雷上，应有针对性地认识雷电成因和危害，找出基站引入雷害的主要途径。

（1）电力线或其他架空线引入雷害

移动通信系统的基站的架空缆线，为引入雷害的一个重要途径之一。一方面架空电力线路在靠近终端时，主要成分是水平电场；又根据静电理论，面电荷分布与曲率半径的关系为

$$\frac{\sigma_1}{\sigma_2} = \frac{\rho_1}{\rho_2}$$

即表面突出曲率半径较小处，面电荷密度较大，因此出现在电场中的突出物体最易出现感应电荷的集中，使其周围电场强度显著增加，架空电力线路或其他架空线的突兀部分就会发生尖端放电而被雷电击中，将雷电侵袭的过电压引入基站机房，很可能烧毁基站主设备。另一方面，当发生雷击放电时，即使是对地放电，根据电磁场理论也会在架空电力线路上感应出较高的电压，从而对设备造成威胁，特别容易引起基站交直流电源盘的损坏；同理，有其他架空线时也可能产生出类似的感应过电压。

（2）基站铁塔和天馈线引入雷害

移动通信系统的基站天线一般架设在较高的铁塔上，当铁塔超过一定高度之后，受雷击的概率将显著增加，根据原 CCITT《防雷手册》的资料，铁塔每年受雷击次数的计算式为：

$$N = n_g (CH + h)^2 D \times 10^4 \quad （次/年）$$

其中，n_g——地面落雷密度；C——地形系数，山顶铁塔取 0.1～0.3，周围为开阔地及陡坡时取 0.3，否则取 0.1，介于之间取 0.2；非山顶铁塔取 0.05～0.1，平地铁塔取 0；H——塔所在位置与周围 1Km 范围内地平面之间平均差值；h——塔高；D——年平均雷暴日。

当铁塔的避雷针受到直接雷击时，雷电流通过铁塔经其接地装置散流入地会使地网地电位

升高，如图 29.1 所示，雷电流波形取斜角波头时，A 点对地电压

$$u_a = L\frac{I_m}{\tau_t} + I_m R$$

其中，L 是铁塔电感，I_m 是雷电流幅值，R 为铁塔接地电阻。而一般铁塔塔身电感 $L_0 = 0.5\,\mu H/m$ 左右，如果塔高 10m，则 $L=5\times10{\text -}6H$，且假设 R 取 2Ω，雷电流幅值 I_m=40kA，波头持续时间 $\tau_t = 2.6\,\mu s$，由此可得 $u_a = 157\,kV$，如此高的电压可能将 BB' 间空气击穿，此高电压向设备放电造成损坏。另一途径是如果天馈线为同轴电缆，在其内导体上会感应出较强的感应电流，整个同轴电缆上的感应电流为 i_{AC}，如果有 n 条同轴电缆从铁塔天线进入基站机房，则进入合分路单元 CDU 及收发信单元 TRX 的总感应电流为 $I=ni_{AC}$，如图 29.2 所示，将可能毁坏 BTS 设备。

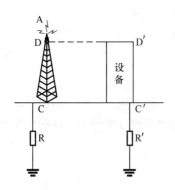

图 29.1 雷击塔顶感应

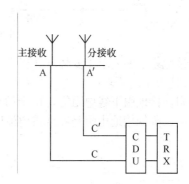

图 29.2 馈线感应电流

（3）站点机房引入雷害

如果机房位置海拔高度很高，虽有避雷针保护，但直击雷可能从横向及侧面发生，出现绕过避雷针再侧击到设施的绕击现象，即所谓的绕击雷。特别指出，有时误认为站点机房在避雷针保护范围之内，而未在建筑物顶（或机房顶）安装或设计避雷带以形成法拉第笼，会因绕击雷造成事故。此外房屋金属门窗、室内走线架等也是雷电二次感应的重要途径。

29.2.2 站点防雷接地系统的设计

根据电磁理论原理，采取泄流、消峰、均压、屏蔽等综合防护措施，可以将雷害对无线站点的影响最大限度控制，但这些措施都依赖于有效的防雷接地系统设计。大地是导电体，当接地电极与大地接触时，便会以接触点为球心形成地电场，球面积 $S=4\pi r^2$，电阻 $R = \frac{\rho l}{s}$，因此相距接地点越远（r 越大），R 越小，使电流能经电极迅速向大地扩散，一般在离接地点 20m 以上时，两点间便不再产生压降，成为真正的地电位。

1. 防雷接地系统构成

防雷接地系统是由大地、接地电极、接地引入线、地线汇流排、接地配线 5 部分组成的整体。其中：大地具有导电性和无限大的容电量，是良好的公共地参考电位；接地电极是与大地电气接触的金属带等，用于使电流扩散入地；接地引入线是在接地电极与室内地线汇流铜排之间起连接作用的部分；地线汇流排为汇集接地配线所用的母线铜排；接地配线是连接设备到地线汇流排的导线，如图 29.3 所示。

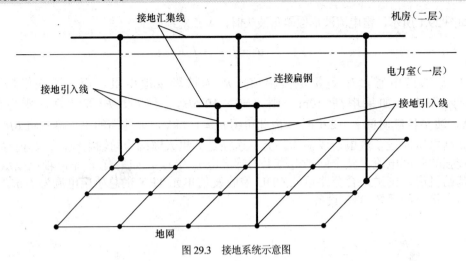

图 29.3　接地系统示意图

防雷接地系统的要求主要体现在以下两个方面。

① 接地电阻的要求：接地电阻主要包括土壤电阻、土壤和接地电极之间的接触电阻、地电极自身电阻、接地引下线电阻等，由于后几种电阻很小，一般可忽略不计，因此接地电阻主要是指土壤电阻。降低接地电阻是实现雷电流泄流的关键，雷电流通过单根引下线的全部电压降计算公式为

$$U = iR + L_0 \ell \frac{\mathrm{d}i}{\mathrm{d}t}$$

其中，U 为电压降，单位为 kV；i 为雷电流，单位为 kA；R 为接地电阻，单位为 Ω；L_0 为单位长度的电感，约为 $1.5 \frac{\mu H}{m}$；ℓ 为引下线的长度，单位为 m；$\frac{\mathrm{d}i}{\mathrm{d}t}$ 为雷电流的陡度，单位为 kA/μs。

从公式可以知道在防雷接地装置中，接地电阻阻值越小，则瞬间内冲击接地电压降就越小，雷击时对设施的危险性就越小。不同设施对接地电阻的要求稍有差异，移动通信基站基座 $R \leqslant 4\,\Omega$、天馈线金属屏蔽层 $R \leqslant 4\,\Omega$、信号避雷器 $R \leqslant 10\,\Omega$、电源避雷器 $R \leqslant 4\,\Omega$、安全保护地 $R \leqslant 4\,\Omega$、通信机房 $\leqslant 1\,\Omega$。系统设计时要正确规划、符合规范参数。

② 联合接地的要求：IEC（国际电工委员会）和 ITU-T（国际电信联盟电信标准化部门）的相关防雷接地设计规范中都不再有单独接地，而是建立公共地网以防雷，即电源地、工作地、保护地等在公共地线上连成电气一体化，以建立零电位参考电平平台。移动通信基站中，防雷接地为针对雷击防护采用的泄流接地；工作接地为直流电源接地；保护接地为室内设备机壳接地。

2. 勘测估算接地电阻

收集通信站点所在地的地形地貌、地质结构、土壤性质、含水层情况、当地雷暴情况等，其关键有：①接地电极周围的土壤电阻率 ρ_0，②电阻率季节修正系数 K，具体参数可参见有关电力工程手册等资料，得出不同季节的土壤电阻率 $\rho = \rho_0 K$。当 ρ 一定时，接地电阻就仅与接地电极的形状、埋设方式有关。对常用的单根圆棒形垂直接地电极，当埋设时上端与地面平齐，如果长度为 ℓ 且 $\ell \gg d$ 时，接地电阻

$$R = \frac{\rho}{2\pi\ell}(\ln\frac{4\ell}{d} - 0.31)\ \Omega$$

式中：ℓ 为接地电极的长度，单位为 m；d 为接地电极的直径，单位为 m；ρ 为土壤电阻率，单位为 Ω·m。当采用多电极并联接地时，能够进一步降低接地电阻。如果有多接地系统并

续表

情境名称	基站站点和天馈场地情境		
实施进程	1.　资料准备：预习学习工单与任务引导内容；整理防雷接地的相关知识；通过设置提问检查预习情况 2.　方案讨论：讨论制定本组防雷接地设计和安装的具体实施计划 3.　实施进程 ①　站点环境和天馈场地下，查看归纳引入雷害的主要途径 ②　拆装基站的各种防雷接地设施：电源电力线防雷设施，基站中继线防雷设施，天馈线防雷设施，站点机房防雷设施 ③　画出基站、天馈环境采取的各种防雷接地图 ④　检查防静电设施，按照防静电方法装卸单板和设备 4.　清理基站和天馈操作现场 5.　任务资料整理与总结：各小组梳理本次任务，总结发言，主要说明本小组防雷接地的方案、拆装防雷接地时的操作步骤、展示各种连接的图片、操作中遇到的问题与疑惑和注意事项		
任务小结	1.　基站遭遇雷害的途径 2.　站点防雷接地系统的设计 3.　基站防雷措施 4.　通信设备防静电接地措施		
任务考评	任务准备与提问	20%	1.　基站会有哪些引入雷害的途径 2.　站点防雷接地系统由哪几部分构成 3.　基站防雷有哪些主要的措施 4.　操作单板时，有哪些防静电注意事项
	分工与提交的任务方案计划	10%	1.　讨论后提交的完成本次任务详实的方案和可行情况 2.　完成本任务的分工安排和所做的相关准备 3.　对工作中的注意事项是否有详尽的认知和 准备
	任务进程中的观察记录情况	30%	1.　小组在进入站点和天馈场地时的记录情况 2.　小组制定防雷接地方案的详尽情况 3.　本组操作实施情况 4.　组员是否相互之间有协作
	任务总结发言情况与相互补充	30%	1.　任务总结发言是否条理清楚 2.　各过程操作步骤是否清楚 3.　每个同学都了解操作方法 4.　提交的任务总结文档情况
	练习与巩固	10%	1.　问题思考的回答情况 2.　自动加练补充的情况

基站共建共享的工程应用

30.1 基站共建共享工程实际应用任务工单

任务名称	基站共建共享工程实际应用
学习目标	1. 专业能力 ① 掌握基站机房空间共享的应用 ② 掌握基站防雷接地系统共享的应用 ③ 掌握基站交流、直流供电系统的共享应用 ④ 掌握基站室内外走线架、馈窗和杆塔的共享应用 ⑤ 了解基站传输系统、调温系统的共享应用 2. 方法与社会能力 ① 培养共建共享的环保节约意识和全局思维能力 ② 培养基站共享系统施工安装的职业工作意识 ③ 培养多方单位的协作意识
任务描述	1. 完成基站防雷接地系统共享的规划和安装 2. 完成机房空间共享的规划和安装 3. 完成基站交流、直流供电系统共享的规划和安装 4. 完成基站室内外走线架、馈管馈窗共享的规划和安装 5. 完成基站杆塔共享的规划和安装 6. 完成基站传输系统共享的规划和安装
重点难点	重点：基站杆塔共享 难点：基站杆塔共享
注意事项	1. 切忌雷雨天，进入塔桅环境和天馈环境操作 2. 进行塔桅天馈操作时，注意人身与设备安全 3. 注意关掉功放，避免长时间受到天线对人体的正面辐射 4. 实训环境确保塔桅天馈牢固，规避高空坠物 5. 关闭电源操作，操作交流电时预防触电事故，直流电避免短路事故
问题思考	1. 移动基站建设可以在哪些方面进行共建共享 2. 机房共享需要考虑哪些因素 3. 杆塔共享要考虑哪些因素的影响
拓展提高	1. 通信动力环境 2. 通信传输：光纤通信技术和微波传送技术
职业规范	1. 通信局（站）防雷与接地工程设计规范 YD 5098—2005 GB50689—2011 2. 移动通信工程钢塔桅结构验收规范 YD/T 5132—2005 3. 通信局（站）电源系统维护技术要求 YD/T1970.1—2009

30.2 基站共建共享工程应用任务引导

随着我国电信重组完成、3G 牌照颁发、运营商向全业务转型，移动通信网络建设与升级换代进入一个大发展时期。自 2009 年 3G 牌照发放以来，在 2010 年末我国 3G 基站建设规模达到 36.7 万个，建设总量是 2G 网络十几年来所累积规模的一半，开创了全球规模最大、速度最快的建设记录；3G 基站数量移动/联通/电信的比例为 1/0.92/1，处于均衡发展态势。2010 年 4 月，工信部等八部委联合发布《关于推进 3G 网络建设的意见》提出，到 2011 年 3G 网络将覆盖全国所有地级以上城市及大部分县城、乡镇、主要高速公路和风景区，3G 建设总投资 4000 亿元，3G 基站超过 40 万个，3G 用户达到 1.5 万亿户。如此大规模的网络投资，将使基站数量日益增多，密度不断加大，选址更加困难。如何避免重复建设，实现移动通信基站共建共享，具有极其重要的战略意义。

全业务运营商格局的形成，以及运营商本身的多制式系统，使基站密度大，站址资源受限；同时，普通群众对天线电磁辐射的恐惧，使站址选点更困难。但各运营商频段和移动制式不同，通过有效规划使得在同一建筑物或同一塔架站点位置建站共享成为可能。

1. 防雷接地系统共享

移动通信多系统共享站址，需要着重考虑建筑物或塔架防雷接地设施的共享性。对于原有站址，基站设计时对室外杆塔、建筑物防雷带、室内联合接地排的设计，一般能满足移动通信基站接地电阻参数小于 5Ω 的要求（YD 5098—2005 规范在土壤电阻率小于 700Ω·m 时 $R \leqslant 10\Omega$）；对于新建站点，只需按共享标准要求设计。基站不同设施对接地电阻的要求稍有差异，在共享基站时可按以下参数进行测试或设计，基站基座 $R \leqslant 4\Omega$、天馈线金属屏蔽层 $R \leqslant 4\Omega$、信号避雷器 $R \leqslant 10\Omega$、电源避雷器 $R \leqslant 4\Omega$、安全保护地 $R \leqslant 4\Omega$、通信机房 $\leqslant 1\Omega$。

基站室内接地系统可按如图 30.1（a）所示进行设置。基站室外接地系统可按如图 30.1（b）所示进行设置。共享接地系统时，如室内室外接地排接线端子已满，可在相应汇流铜排上钻孔，将接地线接到新钻孔洞。新装天线位置应确保在避雷针保护区内，保护设计角取 30°。

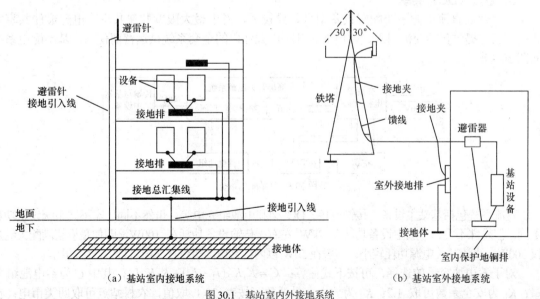

（a）基站室内接地系统　　　　　　　　　　　　　　　　（b）基站室外接地系统

图 30.1　基站室内外接地系统

2. 机房空间共享

虽然各厂家设备和机架配置要求不同，但基站主设备和传输设备机架占地面积一般为

600mm×300mm 或 600mm×600mm；电源设备机架占地面积一般为 600mm×400mm；蓄电池 4 组（-48V800Ah）占地面积一般为 1000mm×500mm；3P 或 5P 空调 1 个占地面积约为 900mm×400mm。机架列架前后走道间距一般为>0.8m；列架左右两侧间距一般不小于 0.8m。基站共享按比较充裕的冗余因素考虑，可按单系统三扇区主设备 3 架、传输设备 1 架、电源 2 架、蓄电池 4 组和空调 2 个设计机房空间。因此 2G 单系统机房按矩形如图 30.2 所示进行冗余预算，占地面积约 15m^2，实际原有建站一般都不小于 20m^2。

图 30.2 单系统机房占地预算简图

如按移动公司（GSM900/DCS1800/TD-SCDMA）、电信公司（CDMA2000）和联通公司（GSM900/WCDMA）的多系统共享机房配置，共享传输架、电源架和蓄电池组，仅增加电源和蓄电池组容量，则机房只增加机柜 2～3 列，机房宽度增加 3.2～4.8m，所需机房总面积达到 34.22～43.66m^2。3G 基站由于采用射频拉远技术一般只占两个机架位置，实际工程中可以更有效节省空间，所以机房一般在 35m^2 就可以满足三家企业共享空间。

在机房空间满足的情况下，需要考虑机房承重因素。对于落地机房可不予考虑，但对于非落地机房则需要在每平米承重满足的情况下，才能实现共享。一般移动通信基站机房地板承重应大于 600kg/m^2，电源蓄电池机房要求 800kg/m^2。对于已建基站可以采取查询建筑物图纸确定载荷；对于较久远的建筑物，则需要采用常见的承重评估方法进行测算，比较简单易行的是"现场设备检测法"。

3. 直流（DC）共享

各运营商直流电源系统配置设备型号差异较大，考虑最大限度共建共享，电源最佳共享方式是第三方提供包括交流引入、蓄电池、开关电源在内的全套系统供运营商使用。基站配电系统如图 30.3 所示。

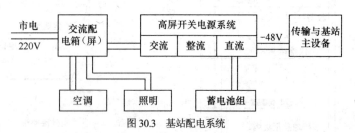

图 30.3 基站配电系统

直流系统包括基站主设备、传输设备、DC 架和电池组充电等。虽然不同厂家不同系统设备功耗不同，但悬殊不大，一般主设备功耗在 2kW 左右；传输设备功耗在 100W，即使是机架满配大约也仅 300W；直流开关电源功耗较小，一般在 50W 以内；蓄电池仅在充电过程中产生功耗。

对于蓄电池容量的选择，可按下式估算：$C = K_1K_2(I_1+I_2) + K_1K_2I_2$，其中 C 为蓄电池组容量；K_1 为安全系数可取 1.2；K_2 为放电容量系数可按表 30.1 取值，农村站点可取四类市电；在基站中 I_1 为主设备负载电流，I_2 为传输设备等负载电流。如基站主设备 2kW/−48V 基站负载约 40A，传输 250W/−48V 负载约 5A，可设停电时先供电 5 小时，然后断主设备后对传输再维持 10 小时供电，电池欠压保护，则 $C=1.2×6.02(40+5)+1.2×10×5=385.08AH$，因此可配置 400AH/2 组的蓄电池组。

表 30.1　　　　　　　　　　　　　　　　蓄电池放电容量系数

每组电池放电小时	0.5	1	2	3	4	5	6	8	9	10	>10
25℃放电容量系数	1.43	2	3.28	4	5.06	6.02	6.74	8.51	9.28	10	10

对于开关电源的容量与选择，首先确定基站主设备和传输设备负载总电流 ifz；其次按公式计算开关电源总输出电流 IOUT=ifz+组数×0.2c，c 为蓄电池额定容量（AH）；第三，计算整流模块数量 $n \geq$ IOUT/iz，iz 为整流模块的额定输出电流；第四，n 取整数，$n \leq 10$ 时配置整流模块数为 n+1，n>10 时每 10 个模块加配 1 个。如基站主设备 2kW 传输 250W，-48V 直流供电负载 ifz 约为 45A，代入开关电源总输出电流 IOUT =45+2×0.2×200=125A；选额定输出电流 iz 为 50A 的整流模块，则 n=IOUT/iz=2.5；取整按 n+1 原则配置整流模块数量为 4 个。

对于直流电源馈线的选择，一般按公式 $A = \frac{IL}{\Delta U \gamma}$ 计算，其中 A 为导体截面积 mm²；I 为流过导线的最大电流 A；L 为导线长度 m；ΔU 为导线上的允许压降 V；γ 为导体的电导率 m/Ω·mm² 铜 57。ΔU 取值按规范，直流放电回路（即从蓄电池组两端到通信设备受电两端）的全程压降，-48V 电源一般取不大于 3V（包含直流配电屏内连接蓄电池组的两端到各直流输出分路两端电压降应不大于 500mV）；蓄电池组至直流配电屏导线允许压降以不超过 0.5V 为宜。如直流负载 ifz 约为 45A，蓄电池到直流配电屏之间距离 10m，则蓄电池组到直流配电屏之间直流导线可按下式计算 $A = \frac{IL}{\Delta U \gamma} = \frac{45 \times 2 \times 10}{0.5 \times 57} \approx 32$mm²。因此，选择截面为 35mm² 的铜芯电力电缆 4 根（每组电池组两根）。同理，可测算直流配电屏到通信设备受电端的直流导线。

4．调温系统共享

根据 GF014—1995《通信机房环境条件》的规范要求，基站机房温度应保持在 10℃~35℃之间；湿度应保持在 10%~90%之间；空气洁净度达到 B 级，并要求基站机房不能出现结露情况；但按照 DXJS1006-2005 要求更严格；实际基站共享过程中室内温度不高于 28℃，湿度不高于 75％为宜。机房内显热量占全部发热量的 90% 以上，包括设备运行发热量，照明发热量，人体显热发热量，通过墙体结构的传热量。通信机房设备发热量一般按 160~220W/m² 计算，对基站机房即使比较密集的共享也基本适宜，无论选择柜式空调或其他节能恒温系统均可据此估算，而且建议选用大风量、小焓差的机房专用空调。如共享基站面积为 35m²，按 220W/m² 估算所需的制冷量约为 7.7kW；墙体或门窗消耗一定制冷量，不同方向略有不同，可按 150W/m² 估算，设 6×6×3m 按 5 面计算所需制冷量约为 16.2kW；照明热可取 8W/m²×35；新风热可取 15~20W/m²×35；忽略人体热。因此，可配置制冷量为 24.88kW，这比单纯按移动基站单位面积所需制冷量 300~350W/m²×35 再冗余 30%计算得到的 15.925kW 大得多。如取 22kW，根据输入功率=空调制冷量/能效比，设能效比取 3，则空调输入功率 7.35kW，按需配置普通柜式空调 7.35÷0.735≈10 匹，大约配置 2 台 5P 空调已足够密集共享。

现在，也有较简便的基站空调容量计算公式：

$$(P_x \times 860 + S_x \times 85) \times (1.2 \sim 1.4) \times 1.163W$$

其中，P_x 为机房所有设备发热量 kW，S_x 为机房面积 m²。

5．市电引入（AC）共享

共享基站交流引入容量，要满足基站直流和交流系统功耗要求。直流系统包括基站主设备 2kW、传输设备 300W、开关电源功耗小一般在 50W 以内、蓄电池组仅在充电过程中产生功耗，而充电时间较长，充电电流小可不予考虑。交流系统包括空调、照明、监控设施、应急备用插座和室外拉远设备等，2 台 5P 空调设备耗电功率约 7.35kW 左右；监控设施耗电量较小，冗余考虑 50W；照明设备按机房平均照度 300～450Lx，无眩光采用镶入天花板日光灯照明，35m² 机房按 4 组 8 支 25W 共 200W 考虑；射频拉远功耗 350W 以内；备用插座考虑两组各 400W 左右。上述合计总功耗约为 11.1kW。

交流电源线的线芯截面积可按如下过程计算。$S=\sqrt{p^2+Q^2}$；单相负载供电时 $I=S/U$；三相负载供电时 $I=S/3U$；$A \geqslant I/j$。其中，S 为视在功率；P 为有功功率；Q 为无功功率；U 为相电压有效值；I 为导线通过电流有效值；A 为导线线芯截面积；j 为导线电流密度，铜芯绝缘导线的电流密度可按 2～5A/mm² 来选取：当通过导线的电流不大于 40A 时，取电流密度为 5～4A/mm²；当导线电流为 41～100A 时，取电流密度为 3～2A/mm²；当导线电流大于 100A 时，取电流密度为 2A/mm²。

机房外引入机房内配电箱交流电源线，可选择三相 4 芯阻燃铜芯电力电缆，如以 11.1kW 全部负荷为有功功率计算，则：$A=I/j=S/3Uj=1110/3 \times 220 \times 4=4.20$mm²。绝缘导线的线芯标称截面积系列为：1mm²、1.5mm²、2.5mm²、4mm²、6mm²、10mm²、16mm²、25mm²、35mm²、50mm²、70mm²、95mm²、120mm²、150mm²、185mm²、240mm² 等。如果计算结果电源线所需线芯截面积在 6mm² 以下，宜从机械强度考虑，选用线芯截面积为 10mm²。因此可选截面为 6 或 10mm² 的三相 4 芯阻燃铜芯电力电缆。

机房内配电箱到开关电源系统交流电源线，如上述基站主设备和传输设备 2.3kW，可按同样方法计算选择截面为 1mm²、1.5mm²、2.5mm²、4mm² 或 6mm² 的三相 4 芯阻燃铜芯电力电缆。同样，也可以根据-48V 基站负载电流大小，计算所需要的开关电源系统和整流模块个数，从而计算开关电源系统输入功率或电流，以此来计算交流电源线。

以上是对单系统基站进行的模拟计算，当实施基站共建共享时，就需要考虑多系统主设备增加的功耗，初步估算新建站所需要的线径，以及原建站交流电源线是否满足共享。如按移动公司（GSM900/DCS1800/TD-SCDMA）、电信公司（CDMA2000）和联通公司（GSM900/WCDMA）的多系统共享，考虑冗余配置，一般基站市电交流容量引入都不小于 40～45kW。

6. 室内外走线架共享

通常机房室内走线架宽 400mm，距离屋顶 300mm，距离地板 2600mm 左右，安装在机架上方。对于基站共建共享时，可考虑加宽走线架到 500mm 或采取架设 2～3 层走线架的方式实现共享。走线架需保护接地，室内走线架应每隔 5～10m 接地一次，走线架接地处应除去防锈漆才装接地线，接好后再涂上防锈漆。所有线缆在走线架上应进行固定，并设置标签，非屏蔽交直流电缆与通信线并行敷设时，应预留 100～150mm 间距。馈线在水平走线架每隔 1.5～2m 要固定；在垂直方向每隔 1m 要固定；无论水平走线架或爬墙走线架均要横平竖直，增加固定点，确保牢固。

室外楼顶水平走线架距楼面不小于 300mm，共享时可考虑加宽走线架到 500mm 或 600mm。在距离拐弯 40cm 处设立横档以使馈线在弯曲后能有一个固定。

7. 馈管（窗）共享

室外馈线一般是通过楼顶走线架爬梯上塔架，但也有部分是通过 PVC 管方式走线。对于预埋管道形式，主要考虑共享时馈线数量、型号，留有冗余。馈线拐弯应圆滑均匀，弯曲半径大于等于馈线外径的 15 倍；软馈线的弯曲半径大于等于馈线外径的 10 倍。馈线屏蔽层应在塔顶、离开塔身的转弯处、进入机房前等处妥善接地，实际施工中如果塔不是太高，塔顶一点可不予考虑；但如果馈线较长（如超过 60m），则相应增加接地点，实际工作分为两个基本原则：一是在离两种不同物质接口或拐弯 1.5～2m 处接地；二是直线长度超过 45m 处接地，原则上不能直接利用塔梯作为接地点。馈线进入机房前要有滴水弯等防雨水措施；馈线接头和馈管接地处要做防水处理，先裹半导电自溶胶（防水胶）、然后是密封胶（自溶胶）、最后再裹 PVC 绝缘胶，缠绕防水胶带时，首先应从下往上逐层缠绕、然后从上往下逐层缠绕、最后再从下往上逐层缠绕，上一层覆盖下一层三分之一左右，这样可防止雨水、湿气渗漏，影响接地效果；避雷接地夹接地线引向应由上往下，顺势引出，与馈管夹角以不大于 15°为宜，不可成 U 型直弯形状。

馈线穿墙板的规格有 4 孔、6 孔等，如图 30.4 所示，⅞馈线外径 27.75mm。已建 2G 基站馈线窗一般为可穿 3 根⅞的馈线，实现共享时需要重新扩窗。新建共享站点要按 3 家运营商 2G/3G 不同制式的需求配置，开设馈线窗，一般 2G 需要 3 根⅞馈线；CDMA2000 与 WCDMA 一般需要 1 根 GPS 线 3 根馈线；TD-SCDMA 单扇区 9 根馈线（8 信号线 1 校准线），三扇区 27 根馈线 1 条 GPS 线 3 条电源线，但如果采取光纤拉远则只需要 1 光缆 1GPS 线 3 条电源线 1 条接地线共 6 根线，每根约½馈线外径大小 16mm。GPS 馈线也需要接地；在共建共享站点中可预留 1~2 个馈线窗；未使用的入室洞或馈线窗要密封。

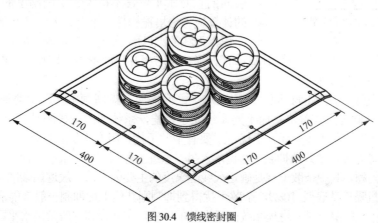

图 30.4　馈线密封圈

8．传输系统共享

传输系统共享，最典型的是基站到基站之间光缆（传输网环或链上网元之间）、基站室内到室外拉远光缆之间的共享；有条件的可实现传输设备共享。如图 30.5 所示为站点间光缆共享示意图，室外与室内间光缆共享同理。

图 30.5　共享站点间光缆共享

9．共享室内环境监控系统

对于监控系统，如果是由第三方建站和维护管理，可以共享。站点或远程安装报警控制主机，用来收集防盗、防火、防振、水侵、潮湿、温度等像监控信号，经传输网络把监控信号上传到监控中心，实现环境监控，一般包括门禁、烟感、温湿度感应、电源监控等。

10．杆塔（塔桅）共享

（1）杆塔安全负荷要求

新建塔桅共享时，设计应考虑塔桅安全负荷、风荷。原建塔桅共享，需对塔桅安全评估，

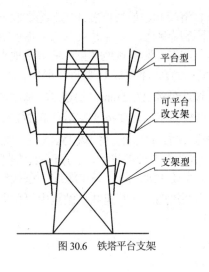

图 30.6　铁塔平台支架

要能满足塔桅设计负荷要求；必要时需对基础和塔身构件加固改造；如因地质原因无法加固改造或本身存在安全隐患的塔桅，不宜实施共享。塔桅风荷载大小与受风面积有关，主要与塔身构件、平台构件和天线面板面积相关，如果原塔桅加装天线受风面积太大，可考虑平台改支架方式减小风阻，如图 30.6 所示。

杆塔安全负荷要求可参见"移动通信塔桅设计规范"。移动通信钢塔桅结构的设计基准期为 50 年，基本风压不得小于 $0.35\frac{\mathrm{kN}}{\mathrm{m}^2}$；在风荷载作用下，塔桅结构任意点的水平位移不得大于该点离地高的 1/75，桅杆结构层间的相对水平位移不得大于层间高度的 1/75；风荷载的计算应考虑塔桅构件、平台、天线及其他附属物的挡风面积，天线的挡风面积应按实际方向角度计算，无法确定方向时可按天线正面面积的75%计算；正方形角钢塔根开尺寸不小于塔高的1/8。

（2）天线隔离度要求

相同系统的不同站之间和同站点不同扇区之间需要考虑同频干扰，主要通过合理的频率复用规划、天线下倾等方式解决。而不同系统共享塔桅，系统间的干扰源是站点内一个系统的 T_x（下行）对另一系统的 R_x（上行）干扰，主要有杂散干扰、阻塞干扰和互调干扰。

频谱的合理划分，较好地抑制了互调落入另一系统上行频带内。杂散干扰与阻塞干扰是共塔桅需着重考虑的问题，其中杂散干扰是确定天线隔离度的主要因素，一般遵循杂散干扰寄生辐射信号强度应比接收机噪声基底低 10dB，杂散干扰得到抑制则其他干扰抑制一般都能满足。天线隔离有多种措施，其中空间隔离是共塔桅系统间最有效的方式，空间隔离一般常用水平隔离和垂直隔离。采用双斜率传播模型分析基站天线间传播损耗，则水平和垂直空间隔离可分别用下式计算。

$$H = 22 + 20\lg\frac{D_h}{\lambda} - G_{Tx} - G_{Rx}; \quad V = 28 + 40\lg\frac{D_v}{\lambda}$$

其中，H 为收发天线水平隔离度，单位为dB；V 为收发天线垂直隔离度，单位为dB；D_h 为收发天线水平距离，单位为m；D_v 为收发天线垂直距离，单位为m；λ 为接收天线波长单位为m；G 指天线在收发天线连线方向上的增益。理论上，共站系统空间隔离的要求可参照表30.2计算结果。

表 30.2　　　　　　　　　　共站系统空间隔离度

共站干扰源系统	隔离参数	受干扰系统				
		GSM900	DCS1800	CDMA2000	WCDMA	TD-SCDMA
GSM900	要求隔离度（dB）		37	35	30	33
	水平隔离距离（m）		0.99	0.70	0.39	0.57
	垂直隔离距离（m）		0.29	0.23	0.17	0.21
DCS1800	要求隔离度（dB）	45		43	30	33
	水平隔离距离（m）	4.76		1.75	0.39	0.57
	垂直隔离距离（m）	0.90		0.37	0.17	0.21

续表

共站干扰源系统	隔离参数	受干扰系统				
		GSM900	DCS1800	CDMA2000	WCDMA	TD-SCDMA
CDMA2000	要求隔离度（dB）	61	61		30	59
	水平隔离距离（m）	30.04	15.64		0.39	11.30
	垂直隔离距离（m）	2.25	1.17		0.17	0.95
WCDMA	要求隔离度（dB）	35	43	30		58
	水平隔离距离（m）	1.51	1.97	0.39		10.07
	垂直隔离距离（m）	0.50	0.42	0.18		0.90
TD-SCDMA	要求隔离度（dB）	22	30	48	45	
	水平隔离距离（m）	0.34	0.44	3.12	2.18	
	垂直隔离距离（m）	0.24	0.20	0.49	0.41	

共站系统天线隔离度的理论推算和传播损耗模型，包含有假设和留有冗余，计算相对保守，较高评估所需天线隔离度，一般隔离距离都超过了实际值。因此，共站工程主要通过实测的方法确定天线所需隔离距离。垂直隔离效果优于水平隔离，建议尽可能多采用垂直隔离。工程中限于塔桅条件达不到隔离要求的，可考虑在基站发射机输出端增加带通滤波器，减少杂散功率发射。

（3）电磁辐射参量要求

按国家《电磁辐射防护规定》，共享型基站所产生的电磁辐射加环境电磁辐射后不能超过 $40\mu W/cm^2$；按辐射环境保护管理的相关规定，单个移动系统的项目辐射管理值为 $8\mu W/cm^2$。因此，理论上共享型站点可建 5 个系统，但加上环境电磁辐射，一般不高于 4 个。增加载频与容量一般不会明显增加电磁辐射。天线与环境敏感点的高差距离越大，辐射越小。

共建共享可有效降低能耗与原材料消耗，符合环保和节能减排的需要；可有效节省投资、增大效益，避免重复建设，提高基础设施利用率。因此，基站共建共享是推动移动通信可持续发展，实现利国利民利企业的重要举措。共建共享是通信运营商之间、通信运营商与通信服务商之间，站点建设实现共赢的最好投资模式。但是也应看到，由于主客观条件的多种因素制约，共建共享工作任重而道远。共建共享本身也需要因地、因时而异，区别规划和对待。最好的共建共享模式之一仍然是第三方—通信服务商建塔站、温控和环境监控系统并维护，运营商租借站点设施建网的方式。

30.3 设计安装基站防雷接地系统任务教学实施

情境名称	基站站点和天馈场地情境
情境准备	通信基站站点机房；基站杆塔场地；基站防雷基地系统；基站 AC/DC 动力系统；基站机房配套设施等
实施进程	1. 资料准备：预习学习工单与任务引导内容；整理基站共建共享相关知识；通过设置提问检查预习情况 2. 方案讨论：讨论制定本组完成基站共建共享工程应用的方案计划 3. 实施进程 ① 完成基站防雷接地系统共享的规划和安装 ② 完成机房空间共享的规划和安装 ③ 完成基站交流、直流供电系统共享的规划和安装 ④ 完成基站室内外走线架、馈管馈窗共享的规划和安装

情境名称			基站站点和天馈场地情境
实施进程			⑤ 完成基站杆塔共享的规划和安装 ⑥ 完成基站传输系统共享的规划和安装 4. 清理基站和天馈现场，离站 5. 任务资料整理与总结：各小组梳理本次任务，总结发言，主要说明本小组共建共享的可实施计划、遇到的问题与疑惑和注意事项
任务小结			1. 为什么要实施共建共享？有何意义 2. 如何实现基站防雷接地系统共享 3. 如何实现机房空间共享 4. 如何实现基站交流、直流供电系统共享 5. 如何实现基站室内外走线架、馈管馈窗共享 6. 如何实现基站杆塔共享 7. 如何实现基站传输系统共享
任务考评	任务准备与提问	20%	1. 移动基站建设可以在哪些方面进行共建共享 2. 机房共享需要考虑哪些因素 3. 杆塔共享要考虑哪些因素的影响
	分工与提交的任务方案计划	10%	1. 讨论后提交的完成本次任务详实的方案和可行情况 2. 完成本任务的分工安排和所做的相关准备 3. 对工作中的注意事项是否有详尽的认知和准备
	任务进程中的观察记录情况	30%	1. 基站防雷接地共享系统的方案和安装是否正确 2. 基站空间共享的规划方案是否合理 3. 基站交直流电源共享的规划安装是否正确 4. 室内外走线架、馈管馈窗共享规划和安装是否正确 5. 基站杆塔共享的规划和安装是否正确 6. 基站传输系统共享的规划和安装是否正确
	任务总结发言情况与相互补充	30%	1. 任务总结发言是否条理清楚 2. 各过程操作步骤是否清楚 3. 每个同学都了解操作方法 4. 提交的任务总结文档情况
	练习与巩固	10%	1. 问题思考的回答情况 2. 自动加练补充的情况

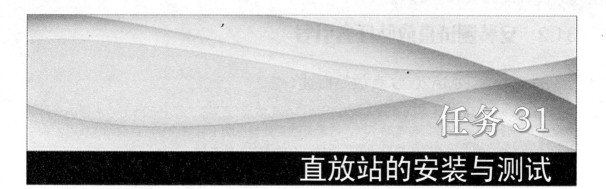

任务 31

直放站的安装与测试

31.1 安装测试直放站任务工单

任务名称	直放站的安装测试
学习目标	1. 专业能力 ① 了解直放站的基本原理 ② 了解直放站的分类和主要无线指标 ③ 掌握光纤直放站的系统组成 ④ 掌握光纤直放站的安装、线缆连接 ⑤ 掌握光纤直放站的主要测试和一般问题处理 ⑥ 掌握无线直放站的安装、线缆连接、主要测试和一般问题处理 2. 方法与社会能力 ① 培养观察记录的方法能力 ② 培养安装操作的一般职业工作意识与操守 ③ 培养联调过程中的协调、表达能力
任务描述	1. 画出直放站覆盖端与接入端的连接关系 2. 安装光纤直放站 3. 熟悉并安装光纤直放站覆盖端与接入端的端口连线 4. 观察并记录指示灯的含义 5. 测试主要指标并处理直放站的一般问题 6. 安装无线直放站，重复2～5步
重点难点	重点：直放站的安装，端口连接，指示灯观察与含义 难点：直放站的测试和问题分析处理
注意事项	1. 为保证设备的正常运行，在设备上电时，严禁设备开路 2. 触及直放站内部电源单元是危险的，不允许带电操作，以防电击 3. 安装连接光路时，切勿将光接头对着人眼，以防激光对人眼造成伤害 4. 进行设备的配置与状态更新及插拔单元、部件，一定要先断开备用锂电池和设备电源 5. 登高作业要有保护
问题思考	1. 直放站的主要作用是什么 2. 直放站有哪些类型 3. 光纤直放站、射频直放站分别由哪几部分组成 4. 直放站指示灯的含义如何 5. 直放站的常见问题如何处理
拓展提高	1. 观察直放站是如何接地的，画出机房接地情况图 2. 了解室内分布系统
职业规范	1. 移动通信直放站工程设计规范 YD/T 5115—2005 2. 中国电信 800MHz cdma2000 直放站技术规范 3. CDMA2000 蜂窝移动通信网直放站技术要求和测试 YD/T 1596—2007

31.2 安装测试直放站任务引导

31.2.1 CDMA2000 直放站概述

直放站（中继器）属于同频放大设备，是指在无线通信传输过程中起到信号增强的一种无线电发射中转设备。直放站与基站不同，它没有基带处理电路不解调信号，直放站仅仅是双向中继和放大信号，增大覆盖范围和提高覆盖质量，不能增加系统容量。

直放站的基本功能就是射频信号功率增强器。直放站在下行链路中，从施主天线现有的覆盖区域中拾取信号，通过带通滤波器对带通外的信号进行隔离，将滤波信号经功放放大后再次发射到待覆盖区域。在上行链接路径中，覆盖区域内的移动台手机的信号以同样的工作方式由上行放大链路处理后发射到相应基站，从而达到基地站与手机的信号接力传递。

直放站是一种中继产品，衡量直放站好坏的指标主要有:智能化程度（如远程监控等）、低IP3（输入输出三阶互调截点小于-36dBm）、低噪声系数（NF）、整机可靠性等。

直放站是实现"小容量、大覆盖"的一种手段。使用直放站，一是在不增加基站数量的前提下保证网络覆盖；二是其造价远低于有同样效果的微蜂窝系统。直放站是解决通信网络延伸覆盖能力的一种优选方案。

直放站与基站相比结构简单、投资较少和安装方便，可广泛用于覆盖盲区、弱区或用于业务调配等，如商场、宾馆、机场、码头、车站、体育馆、娱乐厅、地铁、隧道、高速公路、海岛等各种场所，提高通信质量，解决掉话等问题。

典型的无线射频直放站工作原理如图 31.1 所示。直放站面向基站的天线称为施主天线；直放站面向用户的天线称为转发天线。施主基站和施主天线之间的链路称为施主链路，按照施主链路的不同，直放站分为光纤直放站和无线直放站两类。

直放站根据载频带宽，又分为宽带直放站和选频直放站。选频直放站放大 CDMA2000 一个1.25MHz 的载波信号；宽带直放站可放大多个载频信号。此外，还有移频直放站、微波直放站等。

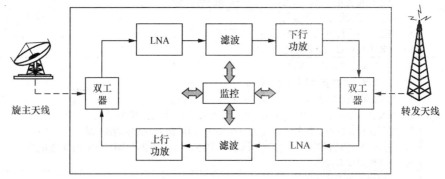

图 31.1 直放站原理框图

直放站的主要无线指标有：标称最大输出功率是指直放站所能达到的最大输出功率，主要以前向最大发射功率来衡量，一般有 2W、5W、10W 等；最大增益是指直放站在线性工作范围内对输入信号的最大放大能力；带内波动是指直放站有效工作频带内或信道内最大和最小电平的差值；传输时延是指直放站输出信号对输入信号的时间延迟；输入/输出电压驻波比是指直放站输入端和输出端的输入信号与反射信号的比值，要求≤1.4。噪声系数是指直放站在工作频带范围内，正常工作时输入信噪比与输出信噪比的差值。

31.2.2　CDMA 光纤直放站

1.　光纤直放站系统组成

光纤直放站如图 31.2 所示。光纤直放站由接入端、覆盖端两部分构成；设备采用波分复用方式，接入端到覆盖端之间用光纤连接，RF 信号与 FSK 信号（接入端和覆盖端间的通讯信号）共用光纤；光纤传输具有线路损耗小，传输距离远的特点；采用高线性模拟激光器件，工作稳定可靠。

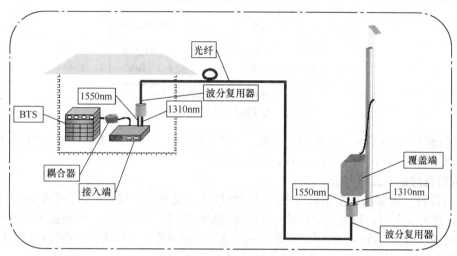

图 31.2　CDMA 光纤型直放站的系统组成

新型 CDMA 光纤直放站采用射频选带的方案，对带外信号抑制较高。光纤接入端监控单元为光纤系统的主控单元，它不仅能查询、控制上行的有关参数，还能查询下行的所有参数，并能控制下行增益和下行功放开关。覆盖端监控单元为本地控制单元，它只能查询、控制下行的有关参数，不能查询、控制上行的任何参数。

CDMA 光纤型直放站接入端引入基站信号，由覆盖端完成无线信号的覆盖。从基站耦合的下行信号在接入端经过电/光转换，将其调制到光信号上，通过光纤传送到覆盖地点，覆盖端机经过光/电转换，从光信号上解调出射频信号，该信号经放大后，再通过功率放大 ，最后通过重发天线发射给移动台；反之，重发天线接收到移动台发送的上行信号，进行低噪声放大后，进行电/光转换，将电信号调制到光信号上，通过光纤传送回接入端，接入端机先进行光/电转换，将光信号恢复成射频信号，滤波放大送回给基站。从而实现了信号的中继、转发、延伸覆盖等功能。

CDMA 光纤型直放站由定向耦合器（从基站引出下行信号，并将上行信号送入基站）、接入端机（实现下行信号电/光转换和上行信号光/电转换等功能）、单模光缆（完成远距离传输）、覆盖端机（实现下行信号光/电转换和上行信号电/光转换并完成区域覆盖等功能）、射频同轴电缆、重发天线（面向移动用户）、光分路器（选用）和尾纤组成。

2.　光纤直放站线缆连接

图 31.3（a）所示为接入端面板接口图。其中，DOONR 为射频电缆接口，连接定向耦合器，通过定向耦合器连接 BTS；DIV 为分集接收口（可选）；ANT 为 Modem 接口，外接小鞭状天线，一般未用；MON 为 monitor 数据监控接口；OPTIC 为光接口，通过光纤连接覆盖端；TX/RX 为光发射/接收告警指示灯；POWER 为电源接口，接入端一般可从基站取电-48V。

图 31.3（b）所示为覆盖端面板接口图。其中，POEWER 分别为电源指示灯和防水电源接口；OPTIC 为光接口，接防水尾纤，通过光纤连接接入端；REP 为覆盖段天线接口；DIV 为分

集天线接收口（可选）。

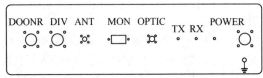

（a）光纤直放站接入端面板接口

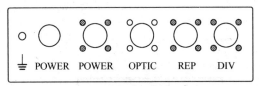

（b）光纤直放站覆盖端面板接口

图 31.3   光纤直放站接入端面板接口

电源接口线无论交直流，都采用三芯线。如果接交流，蓝线 L 接零线；棕线 N 接火线；黄线 N 接地线。如果接直流，棕线接正极，蓝线接负极。

3．光纤直放站安装

接入端设备一般安装在基站机房内，采用壁挂式或支架放置模式，适合于室内安装。如采用壁挂式，选好安装点，按照支架孔位打孔，安装膨胀螺钉，钉到墙上，再将接入端机箱挂到墙上，最后将线缆按接口连接。如采用支架安装，选好平整位置，安放支架，再将机箱平稳固定到支架上。

覆盖端一般为壁挂式。安装方式同上。

4．光纤直放站测试

需要测试的主要指标如下。

① 接入电平：用频谱仪测试从基站耦合到接入端口的下行信号电平值。

② 下行输出功率：用频谱仪测试覆盖端天线口输出功率。实际输出应比最大输出功率低。

③ 驻波比：用驻波比测试仪测试直放站天馈系统驻波比。驻波比要求低于 1.5.

④ 上行发射功率：用测试手机测试直放站覆盖区域内的手机上行发射功率。

常见故障处理方法如下。

① 电源无指示：检查电源线连接是否正确，接触是否良好；是否因直流电源的极性接反而烧毁模块保险。

② 无光功率输出：检查光纤接头是否连接好；检查监控单元的光发射开关是否打开。

③ 下行无功率输出：检查监控单元的光发射开关是否打开；检查光通路是否正常；检查功放表面温度，如无热现象则有可能已坏。

④ 驻波告警：检查天馈线接头是否连接好。

31.2.3   无线射频直放站

1．无线直放站概述

无线射频直放站如图 31.4 所示。施主链路为无线射频。在下行方向，通过施主天线接收基站下行信号，经双工器滤波、LNA、高 Q 选频段、PA、双工滤波后到重发天线发射。在上行方向，重发天线接收移动用户的发射信号，经双工器滤波、LNA、高 Q 选频段、PA、双工滤波后到施主天线发到基站。

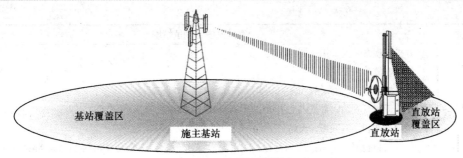

图 31.4　无线射频直放站

2．无线直放站连线

无线直放站外部连线接口如图 31.5 所示。RS232 接口可直接与 PC 机相连；射频开关打开，运行指示灯亮；正常运行，告警指示灯灭；BTS 口连接施主天线；MS 口连接转发天线。

图 31.5　无线直放站外部接口

3．无线直放站安装

对于光纤直放站施主链路选择光纤容易，但对于无线施主链路就需要选择面向基站，无地物影响，而且要避开两个扇形小区的分界处。施主天线要与基站具有相同集化特性。施主天线和重发天线之间要有合适的隔离度。施主天线和重发天线一般都为定向天线。

直放站转发天线也包括天线、馈线、接地卡、避雷器等天馈系统，其安装操作与基站天馈安装操作和测试方式一致。

4．无线直放站常见问题处理

① 电源无指示：检查电源线连接是否正确，接触是否良好。

② 下行无功率输出或输出低：检查监控单元的功放开关是否打开；是否衰减过大。

③ 上行无功率输出：检查监控单元的功放开关是否打开；是否衰减过大。

④ 驻波告警：检查天馈线接头是否连接好。

31.3　安装测试直放站任务实施

情境名称	直放站安装测试情境
情境准备	基站与天馈场地，直放站（光纤直放站/射频直放站）；测试手机、频谱仪、驻波比测试仪；连接线缆；安装工具
实施进程	1．资料准备：预习学习工单与任务引导内容；整理直放站相关知识；通过设置提问检查预习情况 2．方案讨论：讨论制定本组观察、安装、测试直放站的方案计划 3．实施进程 ① 安装一个光纤直放站 ② 连接光纤直放站覆盖端与接入端的端口连线

情境名称	直放站安装测试情境		
实施进程	③ 开机，观察并记录指示灯的含义 ④ 测试直放站主要指标 ⑤ 分析处理直放站的一般问题 ⑥ 安装无线直放站，重复以上步骤 4. 清理基站和天馈现场，离站 5. 任务资料整理与总结：各小组梳理本次任务，总结发言，主要说明本小组安装、测试、处理的可实施计划，遇到的问题与疑惑和注意事项		
任务小结	1. 说明直放站的基本功能和基本原理 2. 说明直放站的分类和主要无线指标 3. 光纤直放站的系统组成、安装方法、线缆连接、指示灯和问题处理过程 4. 无线直放站的安装、线缆连接、指示灯、主要测试和一般问题处理		
任务考评	任务准备与提问	20%	1. 直放站的主要功能和分类如何 2. 光纤直放站、射频直放站的组成情况 3. 直放站指示灯的含义如何 4. 直放站安装步骤、测试方法如何 5. 直放站的常见问题如何处理
	分工与提交的任务方案计划	10%	1. 讨论后提交的完成本次任务详实的方案和可行情况 2. 完成本任务的分工安排和所做的相关准备 3. 对工作中的注意事项是否有详尽的认知和准备
	任务进程中的观察记录情况	30%	1. 直放站安装是否准备充分，安装是否符合规范要求 2. 直放站端口连线是否正确到位 3. 指示灯记录情况是否准确 4. 直放站测试：是否正确使用仪表，是否测试连接正确 5. 对常见问题的分析处理是否正确 6. 组员是否相互之间有协作
	任务总结发言情况与相互补充	30%	1. 任务总结发言是否条理清楚 2. 对直放站使用效果测试的掌握是否清楚 3. 是否每个同学都能了解并补充直放站测试方面的其他知识 4. 任务总结文档情况
	练习与巩固	10%	1. 问题思考的回答情况 2. 自动加练补充的情况

附　件

英文缩写对照表

英文缩写	原文	中文含义
3GPP	3rdGeneration Partnership Project	第三代移动通信伙伴计划
AAA	Authentication/Authorization/Accounting	鉴权、认证和计费
ABPM	Abis Processing Module	Abis 处理单元
AMC	Adaptive Modulation and Coding	自适应调制和编码
APE	Adaptive Prencdictive Encoding	自适应预测编码
AS	Application Server	应用服务器
ASP	Application Server Porcess	应用服务器进程
AT	Access Termination	接入适配终端
BCSN	Backplane of Core Circuit Switching Subsystem	核心电路交换子系统背板
BCTC	Backplane of Signaling Control Subsystem	信令控制子系统背板
BDS	Baseband Digital Subsystem	基带数字子系统
BICC	Bearer Independent Call Control protocol	与承载无关的呼叫控制协议
BIM	BDS Iterface Module	BDS 接口模块
BITS	Building Integrated Timing System	大楼综合定时系统
BPSN	Backplane of Core Packet Switching Subsystem	核心包交换子系统背板
BUSN	Backplane of Resource Subsystem	资源子系统背板
CCM	Communication Control Module	通信控制模块
CDR	Call Detail Record	呼叫详细记录
CHM	Channel Control Module	信道处理模块
CHUB	Control HUB	控制面集线器
CI	Cell Identity	小区识别
CIB	Circuit-bearer Interface Board	计费接口板
CLKG	CLOCK Generator	时钟产生板
CMP	Control Main Processor	呼叫控制主处理
CRC	Cyclic Redundancy Check	循环冗余校验
CS	Circuit Subsystem	电路域
CSCF	Call Session Control Function	呼叫会话控制功能
CWTS	China Wireless Telecommunications Standardsgroup	中国无线电标准化协会
DPA	Digital Power Amplifier	数字预失真功放

英文缩写	原文	中文含义
DPC	Destination Point Code	目的信令点编码
DRF	Diversity Reception Filter	分集接收滤波器
DS-CDMA	Direct Sequence CDMA	直接序列扩频码分多址
DSM	Data Service Module	数据业务模块
DSMP	Dedicated Signaling main Processing Module	专用信令主处理模块
DTB	Digital Trunk Board	数字中继板
DTMF	Dual Tone Multi-Frequency	双音多频
EV-DO	Evolution-Data Only	演进-仅支持数据
EV-DV	Evolution-Data and Voice	演进-支持数据和语音
EVRC	Enhanced variable Rate Coding	增强型可变速率编码
FA	Foreign Agent	外部代理
F-BCCH	Forward Broadcast Control Channel	前向广播控制信道
F-CACH	Forward Common Assignment Channel	前向公共指配信道
F-CCCH	Forward Common Control Channel	前向公共控制信道
F-CPCCH	Forward Common Power Control Channel	前向公共功率控制信道
F-DCCH	Forward Dedicated Control Channel	前向专用控制信道
FE	Fast Ethernet	快速即百兆以太网
FET	Fixed Electrical Tilt	固定电下倾角天线
F-FCH	Forward Fundamental Channel	前向基本信道
FHSS	Frequecy Hopping Spread Spectrum	跳频扩频
F-PCH	Forward Paging Channel	前向寻呼信道
F-PICH	Forward Pilot Channel	前向导频信道
FPLMTS	Future Public Land Mobile Telecommunication Systems	第三代移动通信系统
F-QPCH	Forward Quick Paging Channel	前向快速寻呼信道
F-SCH	Forward Supplemental Channel	前向补充信道
F-SYNC	Forward Synchronous Channel	前向同步信道
GCI	Global Cell Identification	全球小区识别码
GCM	GPS Control Module	GPS 接收控制模块
GE	Gigabit Ethernet	千兆以太网
GIT	Global Title Decoding	全局码译码
GLI	Gigabit Ethernet Line Interface	千兆以太网（GE）接口板
GLIQV	GLI Vitesse Quad	GE 接口板子卡版本
GMSC	Gateway MSC	关口移动交换中心
GPRS	General Packet Radio Service	通用分组无线业务
GPS	Global Positioning System	全球卫星导航系统
GSM	Global System of Mobile Communication	全球移动通信系统
GT	Global Title	设备的全局标识（全局码）
HA	Home Agent	归属代理

英文缩写	原文	中文含义
HARQ	HybridAutomaticRepeatRequest	混合自动重传
HDLC	Hight Level Data Link Control	高速标准数据链路层协议
HLRe	HLR emulator	归属位置寄存器仿真
HRPD	High Rate Packet Data	高速分组数据
HSDPA	High Speed Downlink Packet Access	高速下行分组接入
HSPA	High-Speed Packet Access	高速分组接入
HSS	Home Subscriber Server	归属用户服务器
IMS	IP Multimedia Subsystem	IP 多媒体子系统
IMSI	International Mobile Subscriber Identification	国际移动识别码
IMSI	International Mobile Subscriber Identification Number	国际移动识别码
IMT – 2000	International Mobile Telecommunication-2000	国际移动通信 2000
IPI	IP Bearer Interface IP	IP 承载接口板
IWF	Interwork Function	互连功能节点
LAB	Low-noise Amplifier board	低噪声放大器板
LAC	Location Area Code	位置区编码
LAI	Location Area Identification	位置区识别
LCSD	Legacy Circuit Switched Domain	传统电路交换域
LE	Local Extend Mode	本地扩展模式
LMSD	Legacy Mobile Switched Domain	传统移动交换域
LMT	Local Maintenance Terminal	本地维护终端
LS	Local Single Mode	本地单站模式
LTE	Long Term Evolution	长期演进
MAC	Media Access Control	媒体接入控制
MAP	Mobile Application Part	移动应用部分
MBMS	Multimedia Broadcasting/MulticastService	多媒体广播业务
MCC	Mobile Country Code	移动国家码
MDM	Message Distribution Module	消息分发模块
MDN	Mobile Identification Number	移动识别码
MDN	Mobile Directory Number	移动个人用户号码
ME	MIX Extend Mode	混合扩展模式
MET	Mechanical Electrical Tilt	手动电调下倾
MFC	Multi-Frequency Control	多频互控
MGCF	Media Gateway Control Function	媒体网关控制功能
MGW	Media Gateway	媒体网关
MIMO	Multiple-Input Multiple-Output	多输入多输出技术
MIN	Mobile Subscriber Identification Number	移动用户识别号
MMD	Mobile Multimedia Domain	移动多媒体域
MNC	Mobile Network Code	移动网络码

英文缩写	原文	中文含义
MNIC	Multi-service Network Interface Card	多功能网络接口板
MPB	Main Procss Board	主处理器版
MRB	Media Resource Board	媒体资源板
MRFP	Media Resource Function Processor	多媒体资源功能处理器
MSCe	MSC emulator	移动交换中心仿真
MSIN	Mobile Subscriber Identification Number	移动用户识别号
MTP	Message Transfer Part	消息传递部分
NID	Network Identification	网络识别码
NMC	Network Management Center	集中网管中心
OMM	Operator Maintenance Module	网元操作维护模块
OMP	Operation Main Processor	操作维护主处理
OTA	Over The Air	空中放号
OTD	Orthogonal Transmission Diversity	正交发射分集
OTD	Orthogonal Transmit Diversity	正交发射分集
PCF	Packet Control Function	分组控制功能
PCN	Packet Core Network	分组核心网
PDS	Packed Data Subsystem	分组数据子系统
PDSN	Packet Data Serving Node	分组业务数据节点
PIM	PA Interface Module	功放接口模块
PMM	Power Management Module	电源管理模块
PPD	Power Cabinet Power Distributor	电源分配模块
PPP	Point to Point Protocol	点对点协议
PRL	Preferred Roaming List	优先漫游列表
PRM	Power Rectifier Module	电源整流器模块
PS	Packet Subsystem	分组域
PSN	Packet Switching Network	分组交换网板
PTT	Push To Talk	即按即说一键通业务
PWS	Power Subsystem	电源子系统
QCELP	QualComm Code Excited Linear Predictive Coding	高通码本激励线性预测编码
RAB	Radio Access Bearer	无线接入承载
R-ACH	Reverse Access Channel	反向接入信道
RADIUS	Remote Authentication Dial-In User Service	远端认证拨号接入服务器
RAN	Radio Access Network	无线接入网
RC	Radio Configuration	无线配置
R-CCCH	Reverse Common Control Channel	反向公共控制信道
R-DCCH	Reverse Dedicated Control Channel	反向专用控制信道
RE	Remote Extend Mode	远端扩展模式
R-EACH	Reverse Enhanced Access Channel	增强型反向接入信道

英文缩写	原文	中文含义
RET	Remote Electrical Tilt	远程电调下倾
R-FCH	Reverse Fundamental Channel	反向基本信道
RFE	Radio Frequency Front-End	射频前端
RFS	Radio Frequency Subsystem	射频子系统
RIM	RF Interface Module	射频接口模块
RMM	RF Management Module	射频管理模块
RMP	Routing Protocol Processing Module	路由协议处理模块
R-PICH	Reverse Pilot Channel	反向导频信道
RPU	Route Processor Unit	路由处理单元
RS	Remote Single Mode	远端单站模式
R-SCCH	Reverse Supplemental Code Channel	反向补充码分信道
R-SCH	Reverse Supplemental Channel	反向补充信道
RSSI	Received Signal Strength Indicator	接收信号强度指示
RTO	Remote Transcoder Operation	远端码型转换操作
RTP	Real-time Transport Protocol	实时传输协议
RTP	Real-time Transport Protocol	实时传输协议
SAM	Site Alam Module	现场告警板
SBCX	Single Board Computer X86	架构服务器板
SCCP	Signaling Connection and Control Part	信令连接控制部分
SCHM	Sync Channel Message	同步信道消息
SCN	Switch Circuit Network	电路交换网
SCP	Sever Contol Point	业务控制点
SCPe	SCP emulator	业务控制点仿真
SCTP	Signalling Control Transport Protocol	信令控制传输协议
SDTB	SONET Digital Trunk Board	光接口数字中继板
SID	System Identification	系统识别码
SIGTRAN	Signaling Transport	信令传输协议
SIP	Session Initiation Protocol	会话发起协议
SIPI	Sigtran IP Bearer Interface	SINGTRAN IP 接口
SMC	Short Message Service Center	短消息平台
SMP	Signal Main Processor	信令主处理
SNM	SDH Network Module	SDH 接口模块
SNMP	Simple Network Management Protocol	简单网络管理协议
SPB	Signaling Procss Board	信令处理板
SPCF	Signaling module of PCF	分组控制功能处理模块
SR	Spreading Rates	扩频速率
SSN	SubSystem Number	子系统号码
SSP	Service Switching Point	业务交换点

英文缩写	原文	中文含义
SSTD	Site Selection Transmit Diversity	基站选择发射分集
STS	Space Time Spreading	空时扩展分集
STS	Space Time Spreading	空时扩展分集
STTD	Space Time Transmission Diversity	空时发射分集
SWR	Standing Wave Ratio	驻波比
TD-SCDMA	Time Division-Synchronous Code Division Multiple Access	时分同步码分多址
TFI	TDM Fiber Interface	TDM 光接口板
THSS	Time Hopping Spread Spectrum	跳时扩频
TLDN	Temporary Local Directory Number	临时本地号码
TMSC	Tandom MSC	汇接移动交换中心
TrFO	Transcoder Free Operation	免码型转换操作（免编解码操作）
TRX	Transceiver	收发信机
TSNB	TDM Switch Network Board	TDM 电路交换网板
TSTD	Time Switched Transmit Diversity	时间切换发送分集
UAL	User Adaptation Layer	用户适配层
UID	Unique Identifier	唯一识别码
UIM	Universal Interface Module	通用接口模块
UP	User Part	用户部分
UPCF	User Part of Packet Control Function	分组控制功能用户面处理单元
VMSC	Visitor MSC	拜访移动交换中心
VTC	Voice Transcoder Card	语音码型变换板
VTCD	Voice Transcoder	声码器板
WCDMA	Wideband Code Division Multiple Access	宽带码分多址
WIN	Wireless Intelligent Network	无线智能网

存时，那么不同接地系统之间的接地电极至少应间距在 25m 以上，以防止相互产生干扰。

3．设计接地方案

接地电极的选择可以灵活多样，因地制宜，如水平埋设沟电极、垂直打入土壤的垂直棒电极以及多接地电极并联形成多极接地体都是常用方案。除此而外，降低土壤电阻率也是优化接地设计中的一个重要方面，常用的方法，如换土法——将接地体周围 1～4m 范围内土壤换为小电阻率的优质土；层叠法——在接地体周围交替铺上小电阻率的优质土壤（或混入木炭）及食盐 6～8 层，浇水夯实；降阻剂法——使用长效降阻剂敷设填充于电极周围土壤，可以有效降阻。

4．电阻仪测地阻

如图 29.4 所示为直线布极法，就是被测接地体（或地网边缘的中间位置）与电压接地极棒 P 和电流接地极棒 C 在一条直线上。

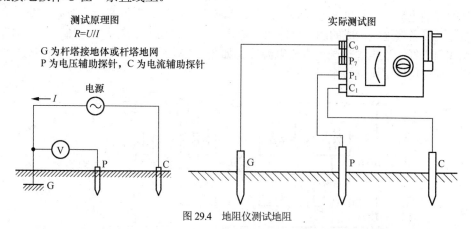

图 29.4　地阻仪测试地阻

如果被测接地体 G 为单极接地，如直立杆入地，则应 GP 间最小距离为 20 米，GC 间最小距离为 40 米。

如果 G 是接地网，基站接地网最大对角线长度一般在 20m 左右。GC 间一般取接地网最大对角线长度的 4～5 倍；GP 约为电流极到接地网边缘距离 GC 的 50%～60%。测量时，沿接地网和电流极的连线移动 3 次，每次移动距离为 GC 的 5%左右，3 次测得值接近即可。若 GC 取值 4D～5D 有困难，在土壤电阻率较均匀的地区，GC 可取值 2 倍对角线，GP 取值 20m；在土壤电阻率不均匀的地区或城区，GC 可取值 3 倍对角线，GP 取值 1.7 倍对角线。

高速转动地阻仪摇把，读取地阻仪读盘数值乘以倍率，即为接地电阻值。

29.2.3　基站防雷措施

移动通信 BTS 机柜主要通过如下途径与外界相连：电源线与供电设备连接；传输中继线与 BSC 连接；馈线电缆（或跳线软电缆）与天馈系统连接。因此基站的防雷主要是电源防雷、中继线防雷、天馈线防雷和机房的防雷四个方面。

1．电源和电力线防雷

BTS 机柜支持交流 220V、直流-48V、直流 24V 3 种电源方式，在防雷方式上主要考虑交流电源防雷设计和直流电源防雷设计。

交流电源防雷设计：高压部分电力局有专用高压避雷装置，380V 低压线路按国家规范分三级进行过压保护，一级保护为高压变压器后端到楼宇总配电盘间的电缆芯线对地加避雷器；二级保护为楼宇总配电盘至楼层配电箱间的电缆芯线对地加避雷器；三级保护为重要、精密设备以及 UPS 前端对地加避雷器。BTS 设备的交流防雷主要是防直击雷和感应雷，其

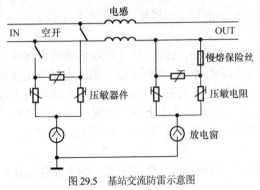

图 29.5　基站交流防雷示意图

交流防雷器基本功能框图如图 29.5 所示，采用了两级防雷，电感的作用是抑制电流突变，使压敏电阻充分发挥作用，正常状态下空气开关闭合，交流指示灯亮，一旦遭受直击雷或雷电侵入波，则压敏电阻呈低阻（短路）特性，空气开关断开，指示灯灭。

直流电源防雷设计：一是 -48V 直流供电时，供电设备直流电源的接地点与通信设备的接地点位置不同，则雷击发生时有可能在两点间的瞬时电位差造成直流电源正极到通信设备接地点间的浪涌电流；二是供电设备端接地和通信设备端接地，若其最终在某点汇集，则直流电源正极线与两设备接地线构成的闭合环路将在雷击的交变磁场中产生感应电流；三是浪涌电流从交流电源线引入经一次电源输送到直流电源线。如图 29.6 所示为直流防雷器功能图，为三级防护，最后一级使用残压钳位的作用。

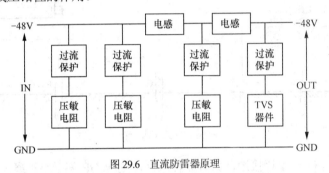

图 29.6　直流防雷器原理

出入通信站点（局所）的电力缆线，分级保护要严格按规范实施，尤其租用民房时，交流电力一定要加装电源避雷箱再引入设备，通流容量按设备负荷选取。

2. BTS 中继线防雷设计

BTS 支持的中继线有 75Ω 同轴 E1、120Ω 双绞线 E1、光纤（SDH）等，其中光纤方式为尾纤接入基站，不考虑防雷问题。对于其他方式，防雷将在 DDF 上实现，如图 29.7 所示，DDF 为铁质，使用时用粗导线将机房的地排和 DDF 的地线连在一起；如果是 75Ω 同轴电缆，可以将避雷器直接串接上去；如果是 120Ω 双绞线，将该中继线的地线接在 DDF 的机壳上，信号线用打线刀打在相应位置，由于各连线单元为常开，必须将保安单元插入才能使线路闭合，当中继线上电流大到一定程度时，保安器自毁断路，从而达到保护 BTS 设备的目的。（实际上，部分设备 BTS 除了外加 E1 线避雷器外，在基站单板内也设计了专门的防雷保护电路）。

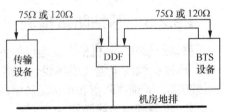

图 29.7　基站中继线连接示意图

3. BTS 天馈线防雷

基站天馈线防雷主要在以下 3 个方面进行设计。一是铁塔（架）：铁塔顶部天线平台处，塔身中部及塔基处应预留接地孔，铁塔为楼顶塔时，在屋顶防雷引下线或在相同作用的建筑物主钢筋上分别就近焊接，焊点做防护处理且要保证连接点的数量和分散性；铁塔为落地塔时，铁塔应建地网，在其四周埋设镀锌扁钢带（5～10cm），扁钢带每隔 1～3m 打地桩一个（地桩可用 0.5～1m 的圆钢），此外还可在铁塔四角入地埋设垂直地桩，四角外四周再设环形闭合接地体形成多点连接，即地网面积应延伸到塔基四角 1.5m 以远的范围，网格尺寸应不大于 3m×3m，周边为封闭式，最后铁塔地网与机房地网之间，应每间隔 3～5m 相互焊接连通（至少两处相互连通）。当不建铁塔而直接采用抱杆安装天线时，每根抱杆应分别接至楼顶避雷带，焊点作防锈蚀处理；楼顶避雷带有严重锈蚀损坏，或其引下线、地网情况无详细设计资料时，最好用地阻仪测量，必要时须另设地网和避雷引下线。

　　二是天线的安装方面：移动通信天线应有防直击雷的保护措施，如天线铁塔设避雷针与塔可靠焊接，确保避雷针有良好的接地线，以保证雷电流泄放；天线安装的位置应在避雷针的保护区内，其保护区如图 29.8 所示，保护角取 30°～45°，多数保护设计取 30°。

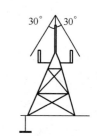

图 29.8　基站避雷保护区示意

　　三是馈线问题：馈线屏蔽层应在塔顶、离开塔身的转弯处、进入机房前等处妥善接地，实际施工中如果塔不是太高，塔顶一点可不予考虑；但如果馈线较长（如超过 60m），则相应增加接地点，实际工作分为两个基本原则：一是在离两种不同物质接口或拐弯 1.5～2m 处接地；二是直线长度超过 45 米处接地，原则上不能直接利用塔梯作为接地点；馈线进入室内加装避雷器时，避雷器应尽可能靠近进入建筑物的入口处（一般在，800～1500mm），同时注意避雷器的安装方向，设备端与防雷端不能装反；室内走线架应每隔 5～10m 接地一次，走线架接地处应除去防锈漆才装接地线，接好后再涂上防锈漆；馈线接头和馈管接地处要做防水处理，先裹半导电自溶胶（防水胶）、然后是密封胶（自溶胶）、最后再裹 PVC 绝缘胶，缠绕防水胶带时，首先应从下往上逐层缠绕、然后从上往下逐层缠绕、最后再从下往上逐层缠绕，上一层覆盖下一层三分之一左右，这样可防止雨水、湿气渗漏，影响接地效果；避雷接地夹接地线引向应由上往下，顺势引出，与馈管夹角以不大于 15° 为宜，不可成 U 型直弯形状。此外，CDU 除外加的天馈避雷器，本身也内置有扼流电感。

4．站点机房防雷

　　机房单独建设时，机房屋顶应设避雷网，形成"准法拉第笼"，其网格尺寸不大于 3m×3m，并与屋顶避雷针（带）按 3m 间距一一焊接连通。机房屋顶四角设避雷电流引下线，该引下线可用 40mm×4mm 镀锌扁钢，其上端与避雷带、下端与地网焊接连通。机房屋顶上其他金属设施分别就近与避雷带焊接连通。

　　机房为租用民房时，应找到房屋本身的接地引下线或建筑物中起防雷作用的主钢筋，用镀锌扁钢焊接引入机房周围形成一圈密闭接地环。一般是建筑物的主钢筋上端与楼顶避雷网、下端与联合接地网、中间与楼层间的闭合环形接地母线做可靠电气连接，为保险起见，金属窗框、电缆屏蔽层、设备外壳等也应与主钢筋（或地排）作可靠连接，形成等电位体。

　　下面列出 BTS 站点接地网络如图 29.9 所示，其中的序号要求可见表 29.1。图 29.9 可作为一般 BTS 系统站点接地网络设计的参考。

5．通信设备防静电措施

　　机房内具有金属外壳的设备都应该做保护接地，检查系统接地，保证系统接地良好是防静电的重要措施。机房活动地板支柱应接地良好：工程安全保护地、防雷接地、抗静电接地使用大楼综合接地系统，机房内所有电气设备外壳、金属管道、金属吊顶、全钢抗静电地板、金属隔断框架均牢固连接大楼综合接地，接地电阻不大于 1Ω。

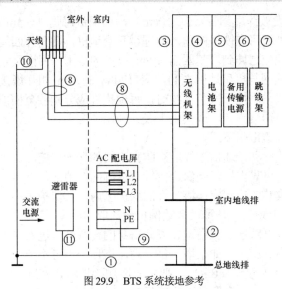

图 29.9　BTS 系统接地参考

表 29.1　　　　　　　　　　　　　　　　BTS 接地线选择

序号	接地线选择	From	To	注意
1	Min35mm^2	接地电极	总地线排	在较小的系统，总地线排与室内地线排可合为一点
2	35mm^2	总地线排	室内地线排	室内地线排与 RBS 系统连在一起
3	35mm^2	室内地线排	无线设备	
4	25mm^2	室内地线排	无线机架	
5	35mm^2	室内地线排	电池架	
6	25 或 35mm^2	室内地线排	备用传输电源	
7	25mm^2	室内地线排	跳线架	
8	同轴电缆	天馈线屏蔽层的两端均应接地		
9	35mm^2	地线排	AC 配电屏	首先考虑从总地排连，若距离太远可使用室内地线排
10	35mm^2 或扁铁	天线角铁	接地	
11	35mm^2	雷击保护单元	接地	接地电缆的截面积由所用避雷器设备的类型及到地距离决定
12	系统内的所有其他设施均应接地至地线排			

　　手抓单板前戴好带防静电手套，避免直接抓单板；戴好防静电手腕，防静电手腕要接地；取下的单板不要直接放在地上、桌子上等，要套上防静电袋；拿单板时注意不要碰触单板上的器件，最好是拿单板的边沿；单板不可重叠放置；插拔电缆时，手不可接触连接器的芯线。

29.3　设计安装基站防雷接地系统任务教学实施

情境名称	基站站点和天馈场地情境
情境准备	通信基站站点机房；基站天馈场地；地阻仪；接地电极、接地引入线、地线汇流排、接地配线；避雷器（保安器）；避雷针；防静电手腕等